U0748645

美国人力资源管理协会 著

SHRM-CP®和SHRM-SCP®考试成功指南

学习指南+练习题（第2分册）

A Guide to Success on the SHRM-CP® and SHRM-SCP® Exams

STUDY GUIDE + PRACTICE QUESTIONS (VOLUME 2)

電子工業出版社
Publishing House of Electronics Industry
北京·BEIJING

版权贸易合同登记号　图字：01-2021-6597

图书在版编目（CIP）数据

SHRM-CP®和 SHRM-SCP®考试成功指南：学习指南+练习题. 第 2 分册 ＝A Guide to Success on the SHRM-CP and SHRM-SCP Exams：Study Guide + Practice Questions（Volume 2）/美国人力资源管理协会著. —北京：电子工业出版社，2022.3

ISBN 978-7-121-42930-9

Ⅰ. ①S…　Ⅱ. ①美…　Ⅲ. ①人力资源管理－资格考试－自学参考资料　Ⅳ. ①F243

中国版本图书馆 CIP 数据核字（2022）第 030397 号

责任编辑：杨洪军
印　　刷：北京盛通商印快线网络科技有限公司
装　　订：北京盛通商印快线网络科技有限公司
出版发行：电子工业出版社
　　　　　北京市海淀区万寿路 173 信箱　　　邮编 100036
开　　本：880×1230　1/16　印张：29.25　字数：623 千字
版　　次：2022 年 3 月第 1 版
印　　次：2022 年 4 月第 2 次印刷
定　　价：188.00 元

凡所购买电子工业出版社图书有缺损问题，请向购买书店调换。若书店售缺，请与本社发行部联系，联系及邮购电话：（010）88254888，88258888。

质量投诉请发邮件至 zlts@phei.com.cn，盗版侵权举报请发邮件至 dbqq@phei.com.cn。

本书咨询联系方式：（010）88254199，sjb@phei.com.cn。

序

恭喜！你在成长为人力资源专业人士的职业发展中迈出了一大步。

当在人力资源职业发展路径上前行时，你对终身学习的兴趣与专注投入会为你带来很大的收益，特别是当你准备参加 SHRM①认证考试——SHRM-Certified Professional（SHRM-CP®）或 SHRM-Senior Certified Professional（SHRM-SCP®）时。

正如本套书中的第 1 分册所指出的，得到 SHRM 认证展示了你在人力资源领域的专注和努力，证明了你已经掌握人力资源日常工作中所需的人力资源知识，并且证明了你能够运用这些人力资源知识在工作场所中胜任人力资源管理者的职位。在获得 SHRM-CP®或 SHRM-SCP®证书之后，你需要每三年进行一次重新认证，这将成为你作为人力资源专业人士，不断学习、发展自己、提高能力的一部分。然而，这个旅途的第一步是至关重要的。

你通过 SHRM 认证的旅途现在开始。你需要利用本套书准备考试，并成功通过考试。SHRM 以一种能够帮助你掌握应对人力资源专业知识问题所需的特定内容的方式，整理了第 2 分册中的学习资料，并将其分成三个会在 SHRM 认证考试中测试的知识领域：人员、组织和工作场所。

第 2 分册与第 1 分册一起使用。它既包括胜任力的主体和知识，使你能够以此为基础制订学习计划；也包括 SHRM 学习系统®所包含的所有配套资料。

---

① SHRM：人力资源管理协会，英文全称为 Society for Human Resource Management。

第 2 分册着重于 SHRM 认证考试所考核的知识点，包含以下学习内容，能够帮助你掌握 SHRM 认证考试中所考核的人力资源知识：

- 13 个人力资源技能知识领域主题的定义和概念。
- 总结或定义各种概念对管理者和员工有影响的图表和展示。
- 强调在 SHRM 认证考试中所考核的知识点应用的信息。

如果想进一步为 SHRM 认证考试做更好的准备，你也可以使用 SHRM 学习系统®，它将以不同的方式为你带来更多的信息。你可以使用第 1 分册中的实践测验，对第 2 分册包含的主题内容进行检测。然后，通过 SHRM 学习系统®入口，你可以使用你的专属选项进行一次额外的测试。

不管你更适用于哪种学习方法，本套书以及中国当地合作伙伴或 SHRM 所提供的其他学习途径都能够帮助你为即将到来的 SHRM 认证考试做出更好的准备。

我们期待着成为你的事业发展合作伙伴，并且很高兴有此机会为你的学习和成长提供支持，帮助你发展成为人力资源专业人士。你在人力资源发展路径上的下一个目标是获得 SHRM 认证，我们希望你在考试中获得成功。

祝你职业发展顺利，学习快乐！

Nicholas Schacht

SHRM-SCP®

SHRM 首席全球发展官

致谢

本书的编写得到了许多睿智的主题专家的慷慨建议、指导和贡献，在此特别感谢：

Nancy A. Woolever，MAIS，SHRM-SCP®，SHRM 认证运营副总裁

Alexander Alonso，PhD，SHRM-SCP®，SHRM 首席知识官

Nicholas Schacht，SHRM-SCP®，SHRM 首席全球发展官

Elite Shi，CPA，SHRM-CITEF 战略合作经理

Charles Glover，SHRM 考试开发专员

Ashley Silver，SHRM-CP®，SHRM 测试开发专员

Selina Russ，SHRM 测试开发专员

Scott Oppler，PhD，人力资源研究组织（HumRRO）高级技术顾问

Jeanne Morris，SHRM 教育副总裁

Susie Davis，SHRM 数字化教育总监

Eddice L. Douglas，SHRM-CP®，SHRM 认证教育产品专员

Patricia Byrd，SHRM 认证关系总监

Mark Smith，PhD，SHRM 考试开发总监

Janis Fisher Chan，首席作家与发展编辑

Dennis Carr，MSIR，SHRM-SCP®，莱恩社区大学首席人力资源官

Ed Hasan，EdD，MBA，SHRM-SCP®，SPHR，Kaizen 人力资本首席执行官与主管合伙人及乔治镇大学兼职教授

Jennifer C. Loftus，MBA，SHRM-SCP®，GPHR，SPHR，PHRca，CCP，CBP，GRP，Astron Solutions 国家总监

我们同时感谢一些 SHRM 会员、测试者和考生，他们自愿为本书分享了他们的故事和建议。

前言

欢迎来到第 2 分册！本书对 SHRM 认证考试 SHRM-CP®和 SHRM-SCP®的一些知识点进行了更加深入的阐述。这些单独的检测问题对某一信息进行检测，并且由特定的人员来确定答案，也就是关于这个知识点的准确回答。

回忆一下第 1 分册，其中的特定知识点检测了九项行为胜任力的主要概念，这些被称作基础知识问题。你要先复习第 1 分册中第 4~12 章的特定知识内容，熟悉九项行为胜任力所包含的基本概念。

在本书中，信息的展示将帮助你掌握回答人力资源专业技能胜任力问题时所需的知识点，这些知识点被分为三个知识领域：人员、组织和工作场所。注意，这里的信息涵盖了 13 个人力资源主题，被称作人力资源技能知识领域，这些主题会出现在中国的 SHRM 认证考试中。来自中国的考生不需要了解，也不需要测试第 14 个人力资源主题：美国相关就业法律与法规的内容。因此，本书未包含这个主题的内容。

你要充分利用第 1 分册中建议使用的所有学习工具，其中一个例子是教学卡片。它非常有助于你掌握专业知识与基础知识项目中会测试到的许多不同的人力资源知识主题。同时，你可以依靠中国的区域教育合作伙伴项目，来学习与掌握回答专业知识和基础知识问题所需的内容。你要对认证考试中所需测试的人力资源知识进行复习、理解，或者利用它们来解决问题或做出严格的评估。你可以将本书中的信息作为你学习计划中的下一个重点。

请注意，对于情境判断题的学习，帮助你掌握知识的科学卡片和学习方法将不仅不再被需要，而且也不是最好的方法。情境判断题用于测试你作为人力资源专业人士的经验，并且要求你使用自己的判断和决策在每个问题所展现的情境中选择最佳的行动方案或者做出最有效的行动。因此，本书中并没有包括“使用你的人力资源技能熟练进行”决策或者判断的教育内容。你要凭借你在工作中所积累的经验以及实施解决方案的情况做出决策和判断，并选择正确答案。答案代表了 SHRM 应用技能与知识体系 ™ 的九项行为胜任力中每个专业能力指标所定义的最佳行动方案。这是对你完成情境判断题测试的指导，包含九项行为胜任力模块中的每个专业能力指标。

在使用本书准备考试的同时，你也可以使用 SHRM 学习系统®，它会使你的学习经验演变成实践能力。在这里，我们的意思是人力资源是一种需要行动的专业。SMRM 学习系统®所包含的听觉和动觉学习方法，可以作为你学习本书的一种补充。

另外，SHRM 对过去 7 年的 SHRM 认证考生进行了研究。研究结果显示，同时使用SHRM胜任力主体知识和SHRM学习系统®的人员比使用其他学习方法的人员得到的分数更高。事实上，SHRM 的研究结果显示，使用 SHRM 应用技能与知识体系 ™ 和使用 SHRM 学习系统®所有功能的考生，相比采用其他学习方法的考生，通过 SHRM-CP®考试的可能性高出 27%，通过 SHRM-SCP®考试的可能性高出 40%。举例来说，SHRM-CP®考试的整体通过率是 66%。对于不使用 SHRM 应用技能与知识体系 ™ 或 SHRM 学习系统®的考生，通过率只有 59%。然而，同时使用 SHRM 应用技能与知识体系 ™ 和 SHRM 学习系统®的考生的通过率是 75%。同样对于 SHRM-SCP®，整体通过率是 50%，而不使用这些学习方法的考生的通过率只有 43%。然而，同时使用 SHRM 应用技能与知识体系 ™ 和 SHRM 学习系统®准备考试的考生的通过率是 60%。

这就是我们推荐你使用 SHRM 认证考试资源来学习 SHRM 应用技能与知识体系 ™ 和完整的 SHRM 学习系统的原因。我们的愿望是，当在考试当天到达考试中心时，你会感到对于自己通过这次考试充满了信心。

让我们从人力资源专业技能胜任力中的人员知识领域开始学习，重点是知识项的学习。

目录

第 1 部分　人力资源专业技能：人员

第 2 部分　人力资源专业技能：组织

第 3 部分　人力资源专业技能：工作场所

第1部分

人力资源专业技能：人员

SHRM 应用技能与知识体系 ™ 中的 SHRM-CP®和 SHRM-SCP®认证考试领域包括五大人力资源主题，称为人员管理职能：人力资源战略规划、人才获取、员工敬业度和留任、学习与发展、全面薪酬。

本知识领域的内容占 SHRM-CP®和 SHRM-SCP®考试内容的 18%。这些概念作为知识项目进行考察。

第 1 章　人力资源战略

人力资源战略包含为制定、实施、管理战略方向所需开展的活动，以实现组织的成功并为利益相关者创造价值。

战略是组织采取绝大多数行动的根据。没有适当的战略，组织的生存和发展会很困难。

战略规划可包含组织使命和愿景，它有助于创建品牌形象，并为组织如何努力实现其战略目标奠定基础。

创建战略规划需要利用多个模型和多种分析方法。为了成功地引导战略形成过程，人力资源部门领导者及专业人士必须非常熟悉制定战略所需的工具和流程。一些任务将由组织的领导层和人力资源部门领导者合作完成，如确定组织使命和愿景；与创建和实施战略有关的其他许多任务将完全由人力资源专业人士来完成。

战略一旦创建完成，就必须付诸实践，这包括战略沟通与战略评估。沟通与评估组织战略是战略成功的关键流程。它确保战略获得正式采纳并得到正确遵循，还可以为必须做出的任何调整提供反馈意见。它也有助于确保战略随着组织的发展和运营环境的改变而保持有效。

战略与战略管理

所有成功的组织，包括公共部门和私营组织、营利和非营利组织，都为自己的利益相关者创造价值。它们需要有效地理解利益相关者的需要、自身的环境、资源，以及这些元素会如何随着时间而变化。组织的领导使用战略规划和管理来制定长期目标，并匹配组织的资源和行动来实现这些目标。

战略

战略基本上是指为实现组织创造价值的长期目标而制订的行动计划。战略详细说明了各项活动（策略或计划），这些活动必须随时间进行调整。战略必须考虑内外两个方面，对内要考虑组织的优势和劣势，对外要考虑可能的外部影响、机会和威胁。发展并不是战略而是成功设计和实施战略的结果。

战略层次

战略有三个突出层次：

- 组织战略注重考虑整个组织的未来，是组织对未来的总体愿景和长期目标。
- 业务战略解决组织如何把重点放在创造价值上，以及从何处着手的问题。
- 营运战略反映组织和业务部门战略通过职能战略在职能层面的行动方式。战略规划和管理在每个层面都要重复进行，职能部门领导者必须具备该组织领导者已采取的思维模式。

这些战略层次必须保持一致。这意味着人力资源战略将与组织战略和职能战略交织在一起。人力资源战略必须与组织战略保持一致，且必须支持其他职能战略。组织必须选择并评估所有的政策、计划和流程的战略影响。人力资源必须用在对雇佣管理周期的各方面都能增值的战略活动中：劳动力规划、人才获取、员工敬业度和留任、全面薪酬，以及培养所需技能和未来领导者。人力资源部门必须自我组织，获得所需的战略技能，如管理风险和变化的能力、利用数据做出更好决定的能力、管理多元化全球性企业的能力，最重要的是，领导大型组织的人力资源部门的能力。

制定战略必须考虑组织的利益相关者，以及他们各自对组织提供的价值和组织的自身环境情况（影响战略选择的市场力量）的看法。

战略规划

战略规划是指制定目标和设计如何通往竞争优势地位的过程。战略规划有助于保持各项工作的一致性并提供全面控制。

战略管理

战略管理包括领导层为实现组织在战略规划中制定的目标，以及为所有利益相关者创造价值而采取的行动。战略管理根据需要对计划逐步进行调整，并对组织本身逐步进行增量调整。这些调整经常展示了组织的创新能力。

战略管理为组织提供：

- 稳定的长期目标。减少在与目标无关的活动上的资源浪费，或者减少不能支持目标实现的活动上的资源浪费。
- 领导层决策的一贯性。战略给组织提供自上而下的整体指导。每个行动及每项资源的投资必须根据组织的长期目标进行评估。
- 更强的竞争力和外部愿景。在决策和风险管理的过程中，组织需要收集和监控外部环境的信息。这有助于确定战略的选择，并让组织为有利结果和不利结果做好准备。在此我们应当指出，所有组织（包括非营利组织）必须意识到外部的竞争环境。非营利组织必须从优先级和能力可能发生变化的资源中去争夺。它们需要调整自己的经营重点，把重点放在满足客户的需要上。
- 更好的内部愿景。战略管理为组织提供了一个更好的内部愿景，即组织可以将哪些资源应用其战略目标，以及如何开发或补充这些资源。

战略规划与管理的关键成功因素

那些在战略上成功的组织已经掌握了某些特定的技能。所有这些关键成功因素都直接与人力资源部门所需的技能和责任有关。

- 保持一致。为了保持组织对既定使命和目标的关注，需要战略的一致性。随着战略在组织的其他层面（业务部门和职能部门）逐步细化，每个部门都必须把自己的目标与公司目标放在一起审视。例如，人力资源活动是否有助于组织向目标靠近？人力资源活动是否全面考虑了最初规划的逻辑和价值？
- 控制漂移。战略漂移，是指组织在战略环境发生变化之后，没有认识到并做出相应战略改变的现象。组织像一艘失去舵手的船，没有对路线做出必要的纠正。它与当前的外部力量背道而驰，离目标越来越远。漂移经常是因为组织文化深深地扎根于过去造成的，组织习惯了一切照旧的工作方式。人力资源部门可以帮助组织培养有远见和勇气的领导者，人力资源的领导者也可以体现这些价值观。
- 关注核心技能。核心技能通常是组织自身特有的优势，是创造客户价值必不可少的能力，对于这些技能竞争对手很难效仿。例如，核心技能可以是技术专长或卓越的设计、营销和经营能力，也可以是远见卓识，如能看到组织何时需要变革及如何变革。组织了解自身的优势，把核心技能集中用在可以发挥最大功效的地方。

组织可以把必要的但是非核心的技能外包给可靠的供应商。

战略规划中应避免的错误

组织没有获得战略规划与管理带来的好处，可能有以下几个原因：

- 走捷径。有效的战略需要对组织及其竞争形势进行大量研究、仔细分析，以及实事求是的评估。如果缺乏深度研究，模棱两可的战略或过于宏伟的战略通常不会成功，也没有说服力。
- 没有跟进。战略规划往往是走形式，制定的规划是用来挂在墙上的。这可能是因为规划在早期就与年度预算等联系在一起。战略规划应当引导决策。因为这些决策存在风险，需要复杂的决策过程，或者与当前的组织文化有冲突，领导层可能不愿意把想法付诸行动。战略需要有领导才能和优秀的决策者。
- 无法跳出舒适圈。战略往往需要组织改变和冒风险。组织必须按照商定的标准和指导原则有条理地、透明地处理风险、开展尽职调查。
- 缺乏管理层的投入。制定战略的任务有时候交给顾问完成，或者高管和董事会没有投入或直接参与制定过程，因而很难获得他们对战略计划的支持。
- 缺乏组织其他部门的参与。如果战略是由寥寥几人的管理层制定的，那么要让整个组织相信战略决策是明智的并做出改变、努力和牺牲都将非常困难。
- 交流不充分。战略意图和决定可能没有在整个组织内部分享。这就否定了战略的一个主要作用，即成为组织各层及各部门决策的指导原则。

战略规划与管理

战略可以是在深思熟虑的基础上为未来行动制订的清晰、细致的计划，也可以是刚出现的，是管理层根据组织使命、愿景、价值观，为了应对外部情况而做出的可预期的决定。

为了全面理解规划的流程，我们将重点关注在深思熟虑的基础上的战略规划与管理。这种方式包含四项任务：

- 制定战略，在此期间，领导者收集和分析内部和外部信息，确定组织当前的地位、能力、机会和约束条件。
- 制定战略规划，根据环境、机会、约束条件对结果进行优化，即战略计划。

- 实施战略，即战略管理。这需要向团队明确沟通目标，协助和支持团队工作，并控制资源。
- 评估结果，既要持续进行，以确保活动保持战略重点和有效性，又要在指定期间持续进行，以确定战略本身的有效性，以及是否需要修改或改进。

战略规划与战略管理的区别在于对组织资产、结构和政策有不同的整合方式，以实现某些目标。组织的各部门应协调一致地工作，而不是各自为政或互相对立。组织应持续地考虑结果，并致力于不间断地改进。

战略的制定

战略规划过程从收集和分析信息开始，因为这将促进更多的自我认识，以及对约束和优势的更好理解，这必定会反映到组织的战略中。没有这一层的意识，组织在前进的道路上，即使在最好的情况下，也会遇到更多的挫折，这会让组织花费更长的时间，不但绕远路而且需要消耗更多的资源重回正轨。在最坏的情况下，一个盲目坚定的战略规划会把组织推下悬崖。本节讲述的是用于提高组织对内外部环境的理解的可用工具，以及组织所面临的机会和挑战。这些工具提供的高质量的深入信息可用来制定组织的使命、愿景、价值观和战略目标。

系统理论

系统思维认为，组织是由互相影响、有时互相依赖的部分组成的一个动态的内部环境。各部分根据自己在系统中所起的作用，以及自身的特定挑战、价值、流程（称为部门差别）加以区分。内部环境通过各部分相互作用的不同方式而创建。战略规划与管理的挑战是，协调这些部分实现战略目标。

系统是不断变化的，一个部分的变化会影响其他部分。显而易见，领导层的改变，会在组织的各部门之间产生自上而下的瀑布效应。但是，组织还必须认识到对一个部门的较低级别进行改变会波及多个部门并向上影响到组织的结构。

由于系统各部分之间彼此相连，因此组织对发现的问题采取行动时，必须找到解决问题的根本原因。如果组织只是治标不治本，那么意想不到的问题会在系统的其他地方出现。

更为复杂的是，组织还处于外部环境的包围中，该环境由多个独立的系统组成，各自向组织施加其影响力。例如，法律会影响不同部分的工作流程；经济和社会条件会影响财务情况、劳动力质量和数量。对于影响组织任何部分的任何变化，都必须仔细检查其可能给其他部分造成的不利影响。

输入–流程–输出模型

鉴于组织所处环境的复杂性，制定和实施战略的人员往往使用输入-流程-输出（IPO）模型来分析行动。

输入是指会影响结果的因素，包括：

- 导致选定战略难以实现的内外部限制。例如，组织文化不具备快速决策和创造性所需的特征，或者组织人员不具备必要的技能。
- 增加战略目标实现机会的组织资源或外部条件。它们可能包括充足的资金储备、为研究和发展提供资金或被用来削弱竞争对手。

流程包括组织可用来实现机会最大化并管理约束的所有方法。这些方法包括工作流程和劳动力技能（如分析、沟通、资源控制、质量控制）。

输出包括预期的战略效果。例如，扩大市场或重新定位市场，增加销售或利润，增加多元化，或者改善环境的可持续发展。

环境分析工具

环境扫描可定义为系统地调查和收集源自内部和外部数据的流程，通过分析这些数据来发现机会和威胁，并强化战略规划和目标。

下面讨论的具体技能包括 PESTLE 分析、SWOT 分析、增长–份额矩阵、情境分析。

PESTLE 分析

环境扫描流程通过搜索特定类别下的环境力量加以系统化。此流程通常称为 PESTLE 分析，即按政治、经济、社会、技术、法律和环境类别进行分析。

PESTLE 分析可以在不同层面进行，如整个企业内部、个别单位或职能部门，或者特定的活动。

开展这类分析需要人力资源专业人士摒弃日常视角，用更广、更长期的眼光进行分析。同时，人力资源专业人士必须限制其扫描的数据范围和方向，否则组织会被数据淹没，因为分析这些数据会消耗太多时间，而数据的复杂性会导致组织无法决策。

分析的一般流程类似风险管理流程中的一些步骤。PESTLE 分析步骤如下。

- 列出清单，包括现在的可能事件或趋势，或者在规定时间内会出现的事件或趋势。这可以通过头脑风暴会议、面试、有特定领域的专家参与的工作小组，或者文献回顾来完成。
- 发现组织的潜在影响，包括正面和负面影响，或者即时和长期影响。人力资源专业人士还应留意那些看似没有联系的流程或组织各部分所产生的涟漪效应。
- 全面研究影响，理解可能的原因、原因的维度，以及与其他事件或趋势的关联。例如，可以从政府机构或行业协会那里获取趋势信息。
- 根据数据的强度评估潜在影响的重要性。

表 1-1 列举了通过 PESTLE 分析确定的事件或趋势可能对企业和人力资源产生的影响。注意：每个类别都可能包括独特的伦理考量，例如，政治分析可能包括考察腐败的程度。

表 1-1　PESTLE 分析

类　　别	可能对企业的影响	可能对人力资源的影响
政治（对政府政策、法律和条例的影响）		
• 监管环境和行为 • 税收政策 • 条约及关税结构 • 移民政策 • 治理法规 • 政府稳定性 • 腐败程度	组织的领导者讨论是否要向某个国家/地区扩展业务，因为那里的贪污贿赂风气给业务开展带来困难	公司决定扩展业务，人力资源部门考虑提供哪些指导，指导即将在该国家/地区工作的人员，以及指导对这批人员进行绩效考核的人员
经济		
• 业务预测 • 劳动力供应和成本 • 服务和材料价格（通胀/通缩率） • 家庭收入 • 消费者信心 • 资本供应和成本 • 收入差距	扩展计划可能因出现融资成本增加或难以获得投资而受到限制	一个分析购买新人力资源信息系统的商业案例，可以通过立即购买来强调节省利息

（续表）

类　　别	可能对企业的影响	可能对人力资源的影响
社会		
• 群体在年龄、族裔背景方面的变化 • 教育背景和技能状况 • 住房模式 • 歧视形式 • 家庭结构 • 价值 • 生活方式和购买习惯 • 使用的媒体 • 全球化对本地文化的影响	组织不断加大其投入社交媒体的营销预算份额，旨在吸引日益增长的年轻群体	人力资源部门必须评估其政策并实施监测，以确保平等使用社交媒体来进行招聘，并确保员工知道哪些社交媒体活动符合公司政策
技术		
• 全新技术培训和专业技能中心 • 创新科技和科技应用 • 获得技术的机会不平等性 • 新技术标准或修改的技术标准 • 技术脆弱性	组织必须在数据安全保障方面进行大量投资	人力资源部门必须审查招聘计划，发现和吸引技术领域高级人才所在的新源头
法律		
• 专利法和知识产权保护趋势 • 职场民事诉讼增加 • 股东法律行为增加 • 获得法律代理的不平等性 • 证据的要求和惩罚趋势 • 辩护成本增加 • 企业过失调查结果的趋势	高管增加法律服务预算和专为法律问题准备的意外风险资金	人力资源部门加强对法律薄弱环节的风险管理（例如，合规检查项目和审计，使用其他争端解决方式）
环境		
• 减少碳排放 • 增加使用替代燃料车辆 • 需要创新科技和创新做法来减少对资源的使用或减少对环境的影响 • 环境破坏或环境政策的不平等后果 • 可靠的饮用水供应的不稳定性 • 对环境影响的关注增加	组织可以有一个包含环境目标的企业社会责任战略	人力资源部门可以在组织的雇主品牌中使用企业社会责任战略来吸引人才

SWOT 分析

SWOT 分析是评估组织对威胁和机会的战略能力的简单、有效的流程，这些威胁和机会是在环境扫描中发现的。虽然在本节中我们把 SWOT 看成一个组织工具，但是它也可以用来分析组织各部门（如人力资源部门）的优势和劣势、产品或服务，以及个人计划。

SWOT 分析回答以下四个基本问题：

- S，即组织的内部优势是什么？
- W，即组织的内部劣势是什么？
- O，即组织能够利用的外部机会有哪些？
- T，即组织若想成功，必须接受或应对的外部威胁有哪些？

优势和劣势是指内部环境，而机会和威胁是指外部环境。机会是指可以用来产生预期效果的正面或有利情形，而威胁是指可能存在的危险、损害或威胁。优势和机会是可以利用的；劣势和威胁是必须解决的问题，且往往更难以控制。

在环境扫描中收集的信息可以用来完成 SWOT 分析。组织可以用会谈方式产生项目并把它们归入四个类别（这些类别通常用四象限矩阵表示），然后着重分析优势和劣势相对于特定环境变化（威胁或机会）的比重。这些分析通常以排名的形式进行：根据四个类别对每个情境（如战略选择）打分，然后按照综合得分对这些情境排名。

SWOT 分析可以在战略实施前强调解决文化冲突或技能差距的需求。它往往在公司考虑进入新市场、在全球扩展业务，或者形成战略同盟时进行。与战略规划的所有方面一样，对全球性公司进行 SWOT 分析更加复杂。它必须考虑业绩、竞争形势、汇率、劳动力供应的本地变量，以及各地政治、文化和法律的各种影响。

增长–份额矩阵

较大的组织使用矩阵工具（如增长–份额矩阵）来发现组织存在的最大价值。增长–份额矩阵中的纵轴表示该领域的增长率，横轴表示市场份额的占有率。该矩阵的假设是高增长趋势（而不是停滞或下降）表示价值增加，高市场份额占有率表示强大的竞争地位。增长的业务线和主导的份额（“明星”产品）具有高价值。静止但主导的业务线（“现金牛”产品）创造可靠的价值，但显示缺乏增长机会。“瘦狗”产品既耗费资源又不创造高价值或未来增长。“问题”产品的未来尚不清楚，可能是赢家，也可能是输家。

情境分析

情境分析帮助组织比较环境变化对组织产出的影响。这让战略规划人员能够发现可能造成最大的积极或消极影响的环境因素，并在战略的形成中运用风险管理基本原则。

例如，大型律师事务所可以分析新近毕业律师的求职变化给事务所经营造成的影响。如果事务所收到的求职申请减少了 25% ~ 50%，那么会有怎样的影响？这会如何影响招聘费用、薪酬或空缺的职位？

使命、愿景和价值观的定义

在规划战略之前，组织必须选定一个终点。该终点形象地展示了组织确定的目标（使命）、预期的未来（愿景），以及公认的指导行为准则（价值观）的方式。

在一些组织中，关于使命、愿景和价值观的战略表述的制定是经过深思熟虑和正式公开的。这些表述本身被看作对利益相关者期望的重要沟通。另一些组织则通过决定和行为的非正式方式制定战略定位，但是并不公开、明确地进行表述，这可能是因为它们认为限制这些信息会有竞争优势。如果这些决定和定位在组织内部被广泛沟通，那么会很有效率。一些组织认为整个流程是“做做样子”的公共关系，因此没有抓住机会来主动指导和明确组织的身份和特征。

这些战略表述有如下目的：

- 在危机时刻，战略表述指导管理层思考和决策。个人计划可以对比任务声明，看其是否真的符合组织战略。员工将了解组织对他们的期望，从而更有可能按照组织的价值观来设定日常行为。
- 战略表述体现了组织实现的使命和愿景，以及支持战略表述的价值观所需的文化类型。在一些情况下，战略的改变需要文化的改变。这些表述可以概括新文化的要点。
- 战略表述有利于树立雇主品牌，并使招聘和融入组织的新员工更加专注、有效。
- 利益相关者可以看到他们如何被包括在内，并可以要求领导者实现这些承诺。

使命和愿景

使命明确组织意图开展活动及未来的管理方针，这是组织战略的简要说明。使命可以提到一个或多个关键利益相关者，如员工、客户、供应商、股东和投资人、社区等。使命表达了目的，描述了组织意图向股东交付的价值。使命的语言往往表达出对重要事务的紧迫感。

愿景生动地描绘了组织预期的未来景象，这是一个希望通过组织战略来实现的未来。愿景是领导层展望组织未来的最终景象。一个坚实愿景的关键是组织的每个成员都能想到类似的景象。愿景的目的是启发和激励大家。它可以充满抱负。

今天，这些愿景通常可以在组织的网站上被找到。有时候，表述以简要的视频来表现，而不是以书面说明的形式。

组织价值观

组织价值观（不同于企业为利益相关者创造的经济价值）是组织的重要信仰，往往支配着员工的行为。罗伯特·格兰特（Robert Grant）在《现代战略分析》中把价值观定义为指引决策和行为的准则。有时候，组织让员工来确定其价值观。组织通过召开研讨会，让员工在整个组织中被认可和尊重，成为组织信仰的代表。组织通过小组创意和决策手法让员工就核心价值观达成一致意见。在组织的文化与其充满抱负的价值观相吻合的情况下，这一方法是有效的。如果组织代表的价值观与支持其使命的价值观之间存在差距，那么组织必须面对改变文化的挑战。

欧莱雅支持六项“奠基性价值观”：激情、创新、企业家精神、开明、追求卓越和责任感（关心客户安全和环境影响）。国际人类栖身地组织提到了基督教精神，但是也提到了不会劝诱他人入教的承诺。它不要求与之合作的实体或个人坚持相同的信仰，或者听取意在改变他人信仰的对话。其他价值观包括提倡可负担住房、推广尊严和希望，以及支持以长久的社区变化、相互信任、分享成功、负责任使用资源为基础的可持续发展。

使命、愿景和价值观沟通

制定使命、愿景和价值观的流程要在业务部门和各职能部门中重复进行。每个部门根据组织的战略表述考虑自己的工作，并表达自己的使命、愿景和价值观。例如，在欧莱雅，人力资源团队的使命是“吸引、发现、挑选、培养集团所有的业务部门和各分部的优秀人才，并给予他们奖励”。美国的一个政府部门（加利福尼亚州圣马特奥县）与欧莱雅的承诺相呼应，即有效地管理员工生命周期，并力图创造多元化的劳动力，从而

“为员工、其家庭、部门和公众建立一个健康、安全、富有生产力的工作环境”。他们推行的价值观包括：诚实、正直和信任，团队合作，沟通，以客户为中心，积极接受变化和创新，组织高质量的服务。

制定战略目标

使命可以包括组织的一般性目标，指出组织将如何关注自己的资源。这些目标受到对组织及其周围环境的更深入理解的影响，引领组织及其成员朝着既定的方向前进。目标描述了一般的、长期的预期战略结果。

人力资源目标与具体目标的战略一致

就像制定战略一样，制定目标的流程也必须在业务部门或职能部门重复进行，包括人力资源部门。这为业务/职能部门目标与组织目标相一致提供了支持。换句话说，从组织的战略目标可以看到组织职能部门和业务部门的具体目标。

职能部门利用组织的高层战略目标来制定相关的业务或职能部门的目标，参见表 1-2。

表 1-2　从组织目标到业务/职能部门目标

组织目标	业务/职能部门	业务/职能部门目标
增加生产力	人力资源	提高人才供应链的质量和效率
减少生产成本	生产	为每条生产线优化全球化流程
进入新市场	营销	进入某国家/地区的市场
减少销售成本	销售	增加单独的销售量
改进外汇管理	财务和行政	实施货币对冲政策
提高投资回报	研究与发展	减少取得专利的时间
在职能部门和全球各地整合信息	信息技术	让管理层即时看到关键业绩数据

业务/职能部门目标产生了管理项目和具体计划，这是“我们实现目标的方式”。对这些更为具体的活动，职能部门规定了基于时间的具体的短期目标（有活动终点，届时将评估该项活动）。

例如，一家全球软件公司决定提高移动应用程序的销售量，因为这是公司创造价值最具优势的机会，但是这只有在公司快速开发出合适产品的情况下才能实施。人力资源部门面临的挑战是要找到支持公司实现这一目标的方法。根据 SWOT 分析，以及与高管的讨论，人力资源部门领导者认识到高效、创新的产品团队是此处的关键价值驱动因素。价值驱动因素是实现预期价值所需的行为、流程或结果。

项目执行力和团队管理能力的不足，以及科技和政策难以识别和召集最佳人员，这些都会阻止公司组建高效的团队。因此，人力资源部门制定的目标为：提高组织内部各个团队的效能。为了实现这一目标，人力资源部门领导者制定了下列具体目标：促进团队的发展和团队技能的提高；在所有招聘和选拔工具中加入与团队工作经验有关的审查和评估；建立人才管理数据库；制定支持全球人才管理的政策。

组织可以给具体目标设置特定的指标来支持评估。例如，衡量到达项目终点所需的时间，利益相关者的满意程度，以及团队发展活动的效率等。人才管理库的具体目标可以包括具体的特征和能力，以及会议预算和上线日。

使用平衡计分卡确定关键绩效指标

一些组织使用平衡计分卡方法确定其关键绩效指标（KPI），并确保衡量绩效的具体目标在战略上与组织的各种价值源平衡且一致。

最初的平衡计分卡确定的关键绩效指标从下列四个角度进行评估：

- 财务。财务的关键绩效指标可能不同，但是在人力资源方面，可以计入招聘服务预算或控制加班费预算。这些目标的实现关系管理层、员工和利益相关者的利益。
- 客户。这一角度反映了组织提供优质产品和服务的能力，以及满足客户需求的能力。组织可以通过使用自助服务系统来设置新员工的人数，处理薪酬费率变更或更正福利的处理率，或者衡量员工对争端解决服务的满意程度。
- 内部业务流程。这一角度关注实现财务成功和客户满意目标的内部业务结果。对于人力资源部门来说，内部业务流程可能是管理人才招聘和留任，管理员工发展，以及向其他职能部门提供咨询。
- 学习与发展。这一角度考察组织为未来的成功所做的准备工作。例如，通过提升雇主品牌来吸引人才，确保员工具备最新的技能，或者实施知识管理系统。

并非所有平衡计分卡都只评估这四个角度。例如，一些组织可能希望强调绩效的可持续方面，从而确定不同的关键绩效指标来评估环境保护做法和社会计划等活动。其他可能的角度包括员工参与和员工创新。

然而，平衡原则保持不变。成功战略的定义并不应该仅从财务指标来考察。

综合业绩评价的目的是在下列三个关键领域实现平衡：

- 成功的财务指标和非财务指标之间的平衡。
- 组织的内部成分和外部成分之间的平衡。
- 绩效的滞后指标和超前指标之间的平衡。

对战略的最有效评估是关注绩效的超前指标而不是滞后指标。超前指标是预测性的，是指当前领域中的某项行为可以改变未来的表现，以及帮助组织获得成功。例如，员工满意度显示未来的员工留任率，以及相关的雇佣成本。滞后指标描述已经发生的不可改变的结果。例如，离职率表明了员工参与是否成功。

组织在实施战略计划提高绩效的过程中会发现超前指标和滞后指标之间存在令人不安的脱节。但是，如果组织继续改善其超前指标，那么最终将扭转滞后指标的表现。

制定人力资源绩效目标

衡量绩效必须确定每个关键绩效指标的目标。指标可以显示预期的绩效水平；它们是根据一个确定的尺度或一个方面与另一个方面的比率进行测量的。

例如，指标可以是使用“员工援助计划”的员工人数，或者招聘一名员工支出的金额等。

绩效目标将一个组织的重点放在实现一定的绩效水平上。那么，有效的绩效目标由什么组成呢？

SMARTER 这个首字母缩略词描述了有效的绩效目标的七项特征。虽然 SMARTER 中的字母多年来代表过不同的单词，但是人们通常认为其描述的是包含下列特征的具体目标：

- 具体的（Specific）。关注特定范围的活动而不是笼统的活动。
- 可衡量的（Measurable）。能得到客观的衡量（只要确立了衡量体系，即使无形物体也可以得到客观的衡量）。
- 可实现的（Attainable）。只要努力，并且有合适的工具和支持就能实现。
- 相关的（Relevant）。产生的结果与目标保持一致。
- 时限性（Timebound）。在确定的合理时间框架内接受评估。
- 经评估的（Evaluated）。评估在指定的时间或时间间隔进行，经常以连续或间隔检查的方式进行。

- 经修订的（Revised）。改变以反映所学到的内容。目标设定的过程要反复进行，是为了确保选定的活动仍然是正确的活动，并确保为活动结果设定的目标是能够实现的，但也要能将绩效推向更高的水平。

例如，人力资源部门可能制定多项战略绩效目标，这些目标与提升管理者全球思维模式的组织目标相关。每项目标落实到个人，以建立问责制和提升透明度。目标可能是制定一项学习与发展项目，旨在提高员工对组织业务所在国家的文化意识。该SMARTER目标可能如下：

开发一个介绍某国家/地区的在线学习试点模块，内容围绕文化因素，如社会和宗教传统、历史和政治、社会和环境问题，以及法律体系。该模块向全体员工开放，四小时可以完成学习。试点将在当年的第三季度推出。该项目将在转折点根据其要求在各阶段进行评估，并且利用学习前后的调查来衡量试点项目参加者的态度变化。在分析调查结果之后，将考虑对该项目的修订和扩展。

标杆是制定具体目标的工具

组织如何决定一项具体的指标呢？它们通常使用标杆。标杆把某个实体的绩效水平和/或过程同其他一个实体进行比较，从而找出绩效差距并制定提升绩效的目标。

标杆过程：

- 确定关键绩效指标。
- 衡量当前绩效。
- 确定合适的标杆评估并获得该组织的绩效数据。
- 找出自身和该标杆评估组织的绩效差距。
- 制定具体目标并实施任何必要的支持活动。

标杆可以是内部的，也可以是外部的。内部标杆可能基于组织自身的历史绩效或基于视为绩效明星部门的绩效。外部标杆可能源自专业协会、贸易协会或政府机构，并且被认为是标准或最好的做法；其他组织也可能提供绩效的标杆，因为人们认为他们开创了最佳做法。例如，一家人力资源组织可能以其招聘和雇佣优秀人才的能力而闻名，也可能以“从摇篮到坟墓”的员工发展体系而闻名。

这种组织将自身与另一个组织进行比较的过程，有助于管理层确定具有挑战性的目标，并发现为实现这些目标必须攻克的障碍。标杆有助于确保组织不仅衡量绩效，而且提升绩效，此外，标杆也有利于鼓励企业发展。

虽然标杆是一个实用的评估工具，但是只限使用不存在文化歧视的现实标杆。例如，在政府补贴医疗保健的国家/地区，每位员工的医疗保健费用可能是一个无价值的标杆。在一些情况下，员工的任职期限长是绩效好的表现；在另一些情况下，则恰恰相反。因此，组织在全球各地使用标杆时，必须认真分析和权衡，并且对表面价值不予采纳。

战略发展

在更好地了解组织内部和外部环境的情况下，公司领导层开始关注如何竞争的一般性问题：如何充分利用组织的资源创造竞争优势？在哪里竞争？是否需要发展、订立合同，或开拓新市场？

战略拟合

在战略规划的第二阶段，组织首先考虑要往哪儿走（愿景），以及对自身和所处环境的了解（环境扫描的结果），然后列出如何走向目标的选项。组织必须对选项本身进行分析，以便决定其实现预期绩效的可能性、相关的风险和要求。这一阶段的结果是一个或一组具有“拟合性”的战略。

罗伯特·格兰特在《现代战略分析》中把战略拟合定义为组织战略与其内部和外部环境相一致或相适合，特别是与组织选择的目标和价值观，以及可用来实现战略目标的资源和能力相一致或相适合。

迈克尔·波特补充道，当战略拟合时，组织的活动与战略相一致，两者相互影响、相互强化，在最优化的情况下实现战略目标。“最优化”是指组织将采取一切实现目标所需的手段。

战略各不相同，但是有类似的一面。每个组织的战略都必须说明：

- 业务战略。组织将如何创建迈克尔·波特所说的战略定位，在该定位下，组织比对手更具竞争优势。
- 公司战略。就市场和行业而言，组织将在哪里竞争。这确定了组织的范围。

基于这些战略选项，包括人力资源部门在内的职能领导者将制定自己的战略，提供各种活动想法来支持组织的战略意图，并选择成本效益和潜在风险合适的战略。

运营策略

运营策略涉及企业与其行业和市场的关系，以及企业如何向客户说明自己特定的价值。

一个组织创造竞争优势的途径有两条，这两条都包含变化。第一条途径涉及改变外部环境，如客户要求、价格或科技。第二条途径涉及改变组织内部。如果行业、市场、组织只有停滞，则没有机会。一般来说，这些行业都会成为商品市场。

外部变化可以给组织创造竞争优势，可以让组织快速应对变化。例如，对汽油价格上涨和政府油耗要求做出迅速反应的汽车制造商，其更加经济的车型或使用新能源的车型具有控制该部分汽车市场的优势，至少在其他制造商有时间对客户需求的改变做出应对之前具有优势。

一些公司没有资源且面临市场份额的下滑，或者被有更多资源的大公司收购。一些公司还没有进入这个特定的市场，不知道怎样吸引并不富裕但有更多环保意识的消费者。

在其他行业，速度可能是指迅速改变产品设计或制造过程的能力，发现消费者的新兴趣和新品味的能力，或者看到新科技潜力的能力。

内部变化是指组织促使改变、创新的能力。创新可以是技术方面的创新，也可以是发现尚未得到满足的客户需求，发现吸引客户的全新方式，或者创造新的流程或业务模式，如大量依靠供应链各部分集成的模式。此类变化往往能够使处于行业或组织衰退阶段的行业或组织复活。

蓝海战略是通过创新来建立竞争优势的极端例子。在传统的红海战略中，企业在现有的市场中开展竞争。它们通过夺取竞争对手所占的份额取胜，常常采用差异化或低成本的手段。相反，实施蓝海战略的企业会建立一个全新的市场，这个市场往往建在现有行业内。蓝海战略是由 W. Chan Kim 和 Renée Mauborgne 提出的，他们把蓝海描述为“未受竞争影响的、未知的市场空间”。因为没有其他竞争对手，所以企业拥有竞争优势，至少这种情形可以保持一段时间。Kim 和 Mauborgne 提出的案例包括克莱斯勒推出的小型货车，以及开创了家用电脑市场中操作方便的苹果电脑。

波特的竞争战略

最早建立在竞争优势基础上的战略模式是由迈克尔·波特在 1985 年提出的。竞争优势战略有两个基本类型：成本领先和差异化。每个类型都可在大范围中运用，组织可以关注整个市场，也可关注某个特定的行业或某个细分市场。换句话说，组织可以有一个宽泛的成本领先或差异化战略，也可以有一个集中的成本领先或差异化战略。

↘ 成本领先

采用成本领先战略的公司旨在运用最低价夺取市场份额。成本领先战略有多种实施途径。Charles Schwab 建立了“没有冗余功能”的投资公司，运用计算机科技处理订单。宜家成本领先战略的成功是通过细致的产品设计，把一些工作交给客户自己动手，以及与供应商密切合作实现的。

公司致力于：

- 建立规模经济来降低成本和增加产量。
- 分享知识和信息，让员工获得必要的技能，从而加快完成关键任务。
- 重新设计流程，去除不产生价值的行为、造成延误和产生开支的行为，或者重复的行为。
- 设计易复制的产品和服务。
- 降低经营成本（如投资能源效率领域、使用廉价劳动力、靠近市场经营以降低运输成本）。
- 根据需求快速调整产能（如把工作转到不同的生产中心，或空置生产线）。
- 建立支持型劳动力，包括有效的管理者和积极主动的员工。

沃尔玛的案例表明用低成本建立和保持竞争优势是可行的。该公司的战略原则和任务声明指出“我们给消费者省钱，让他们生活得更好”。

↘ 差异化

追求差异化战略的公司旨在通过提供差异化的产品或针对相同产品的差异化提供方式，或者让高端市场的客户认为某产品与众不同，从而在其产业或市场的竞争对手中脱颖而出，能够以更高的价格提供产品或服务。例如，可以在许多网上零售商那里购买昂贵镜架的处方眼镜片，然而 Warby Parker 的销售方式与竞争对手不同，该公司每卖一副眼镜就会向有需求的人捐赠一副眼镜。梅赛德斯–奔驰利用营销专业知识来接触客户，针对不断变化的兴趣和需求传递信息，并灵活运用其产品线来满足不同客户的价格需求，从而使自己与其他豪华汽车制造商区别开来。

波特指出，公司要实现差异化战略，就需要在产品设计、产品表现、客户支持、市场、推销、集成和质量方面都做到一流。

专一化

专一化战略在狭小的行业领域或利基市场采用成本领先或差异化战略。例如，一家财务服务公司可能选择专注服务高净值人群。瑞安航空公司向航空业休闲旅游市场实施超低成本战略。一些大公司可能对不同的业务部门采用专一化战略。香港上海汇丰银行有限公司有专门处理跨境银行业务的部门，专为在国外工作的人士和跨国公司提供服务。

经营策略选择对人力资源战略的影响

由于职能战略必须与组织战略相一致，因此企业采用成本领先或差异化战略的决定将对人力资源战略造成明显影响。人力资源战略的目标是执行经营策略。人力资源战略可以影响组织成功实施战略的主要杠杆之一——员工。

公司战略

根据罗伯特·格兰特所述，公司战略“在它所竞争的行业和市场方面定义了公司的范围”。虽然这里的决定通常以发展和集成为中心，但是有时候战略涉及收缩和削减，以便重新专注某项核心业务。

组织在哪里开展竞争呢？这个问题有多种不同的回答。某个企业可能认为最好的竞争方式是在自己的行业范围内进行横向扩展，这可以通过在新区域并购竞争对手或类似的企业实现；也可能在全球范围内扩展，成为一家全球性企业。另一个企业可能通过纵向集成重新确定其业务范围，这可以通过并购与其目前的核心活动相关的企业来实现。一些企业将进行多元化发展，进入不同的行业。

发展战略选择

选择发展战略将在全面分析比较投资回报、风险，以及实现战略目标的能力后进行。（注：发展不是战略，而是战略目标。在此使用“发展战略”一词，表示的是组织意图要发展的方式。）表 1-3 描述了组织发展的几种发展战略。

表 1-3　组织发展的几种发展战略

发展战略	描　　述
战略联盟	公司同意通过共享资源来实现同一个目标，如共享科技或销售能力。联盟关系的紧密程度及形式可能不同。 一些联盟包含客户、合作伙伴或竞争对手
合资企业	两个或两个以上的公司共同投资组成一个各方共有的新公司
股权合伙企业	一个公司通过购买股份获得部分所有权。合伙关系可能是普遍的（按比例行使控制权、分配利润、承担责任），或有限的（没有管理权）。合伙协议对领导权、利润分配和损失分担问题做出明确规定
合并/收购	公司购买一家地方公司的全部资产，收购方的基地设施因此得以扩大。整合被收购的公司经常涉及大量的文化、系统和管理方面的挑战。数据隐私可能是一个大问题
特许经营	商标、产品或服务在交付入门费后获得使用许可，并要持续缴纳使用费。经常用于快餐行业。特许经营类似许可证，也是进入市场的一个低风险战略，但是特许经营人的行为更好控制
许可证	地方公司获得可以生产或销售某产品的授权。这是进入市场的低风险战略，避免针对出口产品的关税和配额。但是，无法控制被许可方的活动和结果
合同制造	为降低劳动力成本，公司安排地方制造企业生产部件或产品
管理合约	由另一个公司对地方企业的日常运营进行管理和经营。所在国家/地区的企业所有者决定财务问题，享有所有权
交钥匙经营	购买方在收购现有的设施及其经营权后自己经营，不做重大改变
绿地经营	公司在一个新地点从头开始建立新企业。这是一项巨大的工程，公司要负责在新企业投入所有的人员和设施
棕地经营	公司通过扩张或再开发来重新制定遭弃用、关闭或未充分利用的工业或商业地产的用途

每个发展战略都需要不同程度的投资，提供不同程度的控制权和回报。与找到一家地方制造企业并与其订立合同相比，从头开始建立新企业（绿地经营）需要更长的时间，还可能需要更多的资源。同样地，组织对整体收购的公司在战略上有更多的控制，利润也全归收购方，但是战略联盟提供的资源要比组织能独自投资的资源多，而且成功的机会也多。

发展战略中的人力资源参与

绿地经营包含风险分析、人员配备、与地方当局合作，以及在新企业的经营中实施人力资源政策和程序。如果战略涉及两个可能不同实体的整合，则必须在组织内确定拥有必要技能、知识和能力的领导者。如果新业务在一个不同的国家/地区，则政策和程序可能需要调整，以符合本地法律、业务惯例、本地文化。即使在不需要和组织进行整合的战略中，如特许经营或合同制造，人力资源部门也可能履行组织的道德义务，对工作场所的惯常做法进行审计。

剥离战略中的人力资源参与

发展战略经常会碰到剥离的问题。

剥离是组织选择性“修剪”业绩不佳的部分或不再与组织战略相一致的部分。剥离给母公司带来下列好处：

- 子公司的感知价值可能增加，或者其机会可能增多。母公司有时候缺乏必要的人才，无法把“子公司”带上发展的新台阶。
- 投资可能通过出卖高价值的子公司收回，并且现金可以用在他处来提升母公司的价值。
- 企业活动可能重新集中在新的优先事项上，这可能是竞争威胁和/或竞争机会造成的结果。
- 能够控制由财务状况（如糟糕的现金流或高额债务）或战略前景（如市场增长下降或可能的恶意收购）造成的可能风险。

剥离中遇到的一大挑战是确保组织在剥离期间和剥离结束后能留住重要人才。人力资源部门通过为不同的员工群体（包括留任的员工和正打算去买家那里的员工）制订沟通计划并加以实施来支持员工留任。与确定被剥离的员工最好的沟通时间通常是在确定后立刻进行，目标是留住和吸引这些员工，以保持交易的价值。在安永的一项调查中，被调查者表示最有效的留任策略是：

- 如果员工在交易结束后不久就被解雇，则提供强化的离职保护。
- 要求经理对员工留任负责。
- 针对标杆评估薪酬和福利。

战略的实施与评估

在战略实施阶段，战略意图被转化为具体的行动计划，这通常在职能和跨职能层面。组织和职能战略的成功取决于同所有成员沟通战略价值，以及有效管理计划的实施。在评估阶段，必须按照商定的指标衡量结果，并通知组织。

保持预算与战略相一致

人力资源预算有两部分：为持续活动提供资金的运营预算；为与组织战略目标相一致的项目提供资金的战略预算。

许多运营费用会发生变动，并且受到组织和人力资源战略的影响。例如，发展和撤退战略会影响员工人数，可能涉及增加招聘或再就业的服务费用。改变组织结构或组织文化的战略可能需要为顾问和发展活动拨款。

因此，当分配资源给战略活动时，人力资源部门领导者必须首先对过去/当前活动和预算分配与支持提出的组织战略所需的资源进行比较。通过拥有几年的人力资源数据来建立估算的经验法则和支出的趋势，将有助于确定新预算。记住：资源的分配过程不仅应在人力资源部门进行，还应在组织的所有职能部门进行。

支持一次性战略计划的资源是通过项目预算单独申请的。

沟通战略

一项对一千多家不同类型的组织开展的全球调查确定了有效实施战略的五大因素，它们都与沟通有直接联系。

- 与整个团队的对外沟通。领导者必须就个人必须采取的行动和他们被授权做出的决定进行清楚的沟通。可能需要重新安排战略来支持此类沟通。
- 与领导者的对内沟通。最有效的沟通是闭环沟通。领导者需要知道什么有效、什么无效，但是他们也需要迅速分享来自现场的竞争信息。可能需要对外部环境的变化调整战略。
- 领导者对于下属做出的决定应支持而不是猜测。

- 信息在组织的各部门之间自由流动，以便支持协作。
- 有足够的信息让员工把自己的工作与战略联系起来。现场经理和员工必须把战略目标与日常工作和决定联系起来。了解工作的战略相关性让员工变得积极、自主。

战略可以通过不同的方式沟通，也可以在不同的层次沟通：与全体职能部门进行正式沟通；利用业务部门会议或团队会议沟通；利用个人绩效管理会议沟通。如上所述，沟通计划应当包括提供持续的反馈机会。

管理战略计划

人力资源行动计划通过日常运作，以及作为限时项目管理的具体计划加以实施。注意：在整个组织的其他职能部门中应当使用类似的流程。

项目管理的复杂性会有所不同。

在许多小型项目中，团队可以手工制订预算和计划。涉及大型团队（有时候分成多个在不同职能部门工作的团队或跨部门的团队）的项目可能有多个阶段和多项交付成果，非常大的预算，以及需要一名专业的项目经理。一些组织会提供项目经理作为给项目负责人的资源。

项目步骤

在传统的项目管理中，许多项目都包含三个步骤：计划、执行、结束。如果项目包含不同的阶段，则每个阶段都会重复这些步骤。

↘ 计划

在计划这一步中，项目经理：

- 和利益相关者共同确定与战略相一致的项目目标。这些目标用来建立评估项目结果要用的指标。这项活动至关重要。项目虽然实现了目标，但是没有战略优势，这种情况是有可能的。项目的目标应当与组织战略之间有明显的联系。
- 定义项目的交付成果。这些交付成果会进一步细分为代表完成可交付成果所需的基本工作的单元，这是工作的分解结构。该结构将决定所需投入的资源（如时间、团队人数、特殊技能和工具，以及出差或培训等额外费用）。这些又会被用来建立项目预算。

- 建立项目计划表。项目计划表经常表示时间、资源、质量这三个互相竞争和互相依赖因素的最佳平衡。如果时间和质量至关重要，那么必须增加资源。如果质量和资源有限，那么需要的时间会更多。目前，已经有很多工具被开发出来，以用于协助项目安排。
  - 关键路径分析利用开始或结束的日期、任务的逻辑关系（例如，是否必须在 C 任务完成后才可以开始 F 任务），以及每项任务的时间长短来找到最早的完成日期（或最晚的开始日期）。
  - 甘特图直观地展示了任务的安排，显示了具体活动的时间长短和时间点。它们有助于确定活动或差距中存在的问题冲突，解决这些冲突可以缩短计划表的时间安排。它们还是向团队传达预期和协调活动的主要方式。
- 组建团队。组建具有必要技能的团队，并向团队成员传达项目和组织战略、具体目标以及具体任务和责任之间的联系。可以用矩阵图显示每项任务（如负责、撰写、查阅）中每个团队成员的责任，以便分清各自的角色，尽量减少误解。

执行

项目负责人的责任是确保项目满足计划表、预算、质量方面的目标。这需要建立支持工作、监测进展、监测资源使用的流程。项目经理：

- 建立并保持沟通渠道。包括项目团队内部，以及项目团队与项目利益相关者之间的沟通渠道。
- 发挥领导作用。通过沟通贡献的价值，团队将专注于目标，并树立组织价值观，从而发挥领导作用。
- 扫清前进道路上的障碍。这需要迅速发现工作中的问题（如冲突、工作差距、管理不到位、资源不充分、士气问题）并采取步骤加以纠正，以带领团队回到正轨、平稳前进。
- 应对内部和外部利益相关者。这包括确保预期是能够实现的，大家都了解和认同预期，并且定期检查以确保利益相关者对此感到满意，或者了解他们的需求是否发生了改变。项目经理需要注意项目范围内的各项进展或改变。
- 监测和控制进展。不能等到计划结束后才开始衡量。可以设定里程碑来判断实现目标的进展。对资源的使用进行定期衡量和预测，以发现有问题的趋势。利用偏差分析比较资源的实际使用情况与计划使用情况（如员工的工作时间、费用）和时间表。可以利用数据预计未来，以便发现可能出现的问题。

↘ 结束

项目完成后应当进行评估：项目投资是否产生了预期的结果？项目是否实现了目标中确定的预期结果？对项目的时间和资源使用的管理是否有效？结束项目还应当包括团队的汇报过程，记录实现了哪些，未实现哪些，以及出现了哪些意料之外的问题。团队要努力找出可以改进过程的方法。有序地结束项目是组织持续学习的一部分。即使项目在实现目标前被取消，也应当有序地结束项目。

替代的项目管理方法

替代的项目管理方法是由不同行业的需求和条件演变而来的。人力资源专业人士应当了解这些方法，了解所在组织使用这些方法的程度。这些方法有重叠，但是每种方法都有自己的特点。

- 精益项目管理注重用下列方法消除浪费：
  - 保持对项目既定价值的密切关注。
  - 让团队自主决策。
  - 分析、解决问题而不是无的放矢。
  - 强调持续学习。
- 六西格玛项目管理源自质量原则。“六西格玛”是指极少有错误发生的高质量水平。它强调专注于具有可量化价值回报的项目，鼓励团队致力于项目质量并参与问题的解决，采用能进行实验分析的方法衡量结果，根据事实决策。
- 敏捷管理用于项目所依据的假设不清楚或随着项目的进行可能发展的情况。该项目专注于可交付成果的迭代——完成一个迭代，然后利用客户的意见来计划下一个迭代。
- 关键链项目管理用于无法增加资源来如期完成项目的情况。例如，人力资源部门可能给项目安排的人员工作时间每周不超过 10 小时。项目活动在此基础上做出相应安排。在计划表中设置缓冲区来解决依赖问题（需要等待另一项任务的完成），以及为估计的任务要求变化提供缓冲空间。然而，缓冲区一旦设定，就要严格执行。

衡量绩效是战略管理的一个关键环节，也是人力资源部门领导者工作的重要部分，其重要性日益增加。衡量绩效有助于组织决定战略计划是否按计划实施，计划是否实现了预期效果，对计划的投资是否给组织带来了回报。

因此，绩效目标包含对活动的衡量（做了什么）及对结果的衡量（活动的效果是什么）。

衡量战略绩效

收集绩效数据并与绩效目标进行比较。这些目标应当衡量：

- 效能。计划是否实现了目标？例如，新的招聘计划是否导致候选人数量增加？
- 效率。计划产生的结果超过了对计划的投资吗？这需要通过找到最具时间效益和最具成本效益的流程来实现目标。继续上面的例子，新的招聘计划必须产生足够的经济效益（通过提高留任率和生产力）来收回投资。
- 影响。计划是否有助于组织实现战略目标？计划是否产生了影响？计划是有效的（实现目标），而不产生影响。招聘计划不仅应当增加候选人的数量，还应当增加满足所有条件、接受职位，以及入职后第一年评估良好的候选人的比例。

关键绩效指标有助于组织做出正确衡量。关键绩效指标是衡量绩效的量化指标，以用来测量实现战略目标或实现认可的绩效标准的进程。例如，关键绩效指标可能是已完成产品中的制造缺陷数量，或者是在提高质量流程中接受训练的管理者数量。

衡量绩效的过程可能需要大量时间，其自身必须有效、高效，且有影响力。Mark Graham Brown 在 Keeping Score 中讨论了绩效衡量在战略管理中的关键作用。他通过列举一些指导原则（见表 1-4）来帮助经理决定他们应当衡量什么及不应当衡量什么。

表 1-4　衡量绩效的建议

不要事事都衡量，应关注支持战略目标的绩效	不要把资源浪费在衡量与组织战略目标和职能战略目标没有直接关联的活动上。战略专一目标有助于建立“清晰的视线”，以便从单位和个人的工作中看到组织的成功
通过混合对过去、当前和未来绩效的认识来树立目标	有效的衡量体系不仅可以检查组织在评估阶段已实现的部分，还可以检查组织当前是怎么做的，以及将如何采取行动影响未来的绩效。 经过更及时审查的目标（可能通过仪表盘）提供了纠正和恢复的机会，而与建立未来绩效有关的目标有助于组织的发展

（续表）

考虑所有利益相关者	关注影响组织财务绩效的活动，从而满足组织经济上的利益相关者（如投资者、银行或高管），这一点是可以理解的。然而，组织还要关心其他利益相关者，如员工、工会、社区、本地机构和政府，他们有不同的担忧。一些目标应当反映这些利益相关者的利益
重新审视定期衡量的活动	绩效目标应该随着战略的修订以及内部和外部条件的需要而改变

评估战略结果

评估战略结果是必不可少的，这基于下列原因：

- 衡量活动的结果是正确的战略管理，因为组织的有限资源必须投入到能产生最大战略影响的活动中。
- 衡量也是良好治理的内容，向利益相关者展示经理在资源利用方面干得很出色。
- 分析结果可以让组织改进战略，不断增加组织知识和技能。

虽然评估总在战略管理的最后阶段进行，但正如我们所看到的，它是前面阶段的一个因素。

在战略制定过程中，要设定与战略相一致的目标，确定具体的关键绩效指标，并选择适当的衡量标准。

在战略实施阶段，要收集数据，然后进行分析。

- 创建工具和流程，以收集与关键绩效指标相关的数据。衡量工具可能包括绩效计分卡、可量化指标的评分表、比较计划结果与实际结果的电子表格、观察指南、叙述。人力资源团队成员必须经过培训，如实、准确地履行数据收集责任。他们不仅应当知道如何使用衡量工具和流程，还应知道为什么要用这些工具和流程，即知道评估带来的益处。
- 对数据进行持续分析。直接目标是确保数据按照计划收集，并且是可用的。这些中期分析的战略目标是确定战略是否在实施，是否在正确实施，以及是否会产生预期结果。良好的结果激励着人力资源团队，以开展持续的管理支持工作。实施过程中遇到的计划与现实的差异，可能引发对战略背后的假设的分析，确定造成战略绩效表现不佳的可能原因，以及对战略进行修正或放弃。

在商定的间隔内，团队将对整体战略结果进行评估，此外，还应当开展特别的临时评估。

沟通战略结果

和任何沟通一样，沟通战略结果的一大挑战是高效地使用信息及有效地表达观点。数据分析在很多情况下都是通过一组列举要点的幻灯片或多张电子表格来展示的。这是一大挑战，因为大量的数据可能让大多数人应接不暇，尤其是高管。

比较好的沟通成果的做法是以叙述的方式分析数据，并用数据加以支持。数据并不能驱动报告。

假设一位人力资源部门经理想就人力资源部门的战略目标之一，即提高组织的 12 个分支机构的管理者的多样性，提交一份临时进展报告。人力资源部门已经收集了组织和各分部的大量历史数据，开展了调查，检查了不同工具的效果，实施了一项计划，并进行了初步评估。表 1-5 概括了该经理会如何使用这些数据向决策人员进行清晰的叙述。

表 1-5　沟通战略成果

逻辑步骤	数据使用
说明我们分部的管理层在一年前的多元化情况	摘要条形图显示了目标多元化群体的总人数与各分部管理层人数的对比。 显示某特定群体人数对比其分部人数的独立的柱状图或条形图（包含在外带材料中，供观众查看）
一年前制定的目标	组合条形图显示各分部三年内实际和计划的情况
对以前招聘工作分析的结果	帕累托图显示以前工作预算的大部分集中使用的地方。 散点图显示具体的招聘方式对留任时间超过两年的员工所产生的总体影响
人力资源部门经理在这时指出，很明显，找到一个更好的招聘策略是当务之急	
对这些群体内的员工进行调查的结果	显示员工对招聘新战略的建议，根据支持程度显示
造成本领域绩效差的其他可能原因（考虑过这些原因，但没有证明有说服力）	散点图显示了招聘成功率与各种特征的对比，包括分部经理的族裔身份
人力资源部门经理讲述招聘新战略及如何实施	
初步结果（很有前景，但有两个分部除外）	重复原先的条形图，添加雇佣的新数据。两个柱状图改善不大，被圈了出来
显示可能的原因	使用树形图。“原因”的相对大小反映其概率
人力资源部门经理描述了这些分支的后续步骤并提出问题	

第 2 章　人才获取

人才获取包含涉及建立和保持符合组织需求的劳动力的各项活动。

无论组织的战略有多么强大，如果缺乏合适的人才执行战略，则组织不可能走向成功。人才获取是人力资源部门向组织提供的最明显的一项服务，人力资源部门在这一领域的有效性和效率会严重影响人们对人力资源职能价值的看法。

一旦制定战略，人力资源专业人士就要开始搜寻和招聘人才，他们的目标是建立一个足够大的人才库，以便找到最佳候选人（不仅是找到适合的人选）。选拔流程既要保持连贯性，又要符合法律规定。它可以支持劳动力管理规划和多元化战略。一旦选定候选人，就必须让他们融入组织、融入组织文化。恰当地完成融入组织和融入组织文化有助于确保选定的候选人做好长期成功的准备，从而避免员工流失和发生人员变动。

人才获取战略

采取战略性的人才获取方法有助于人力资源部门把自身工作与组织的长期业务目标及战略相结合。这允许人力资源部门扩展工作重点，从关注眼前的员工配备需求扩大到为组织的未来所需而招聘劳动力。如同组织领导者在制定经营策略时把环境因素考虑进去一样，人力资源部门领导者必须了解内部和外部因素会怎样影响人才招聘战略。

人员配置战略

在寻求成功所需人才的过程中，组织通常会面临一系列相互关联又错综复杂的挑战。许多因素会影响特定组织的具体流程。

人力资源管理层在人才招聘过程中担心的主要问题包括：

- 融合劳动力规划和雇佣战略。
- 解决组织的短期和长期需求，从而可以及时预料员工配备的要求。

- 招聘文化切合的人才。

人力资源部门的责任是熟悉组织的战略和目标，并实施让企业领导者执行这些战略和目标的人才获取计划。

劳动力规划确定可以在现在和未来实施组织战略和目标的劳动力。它预测劳动力的需求，评估内部和外部人才供应，确定需求和供应并优先考虑两者的差距，实施行动计划来弥补差距。健全的劳动力规划有助于保护组织免受不可预见的困难。当然，正确的劳动力组合对组织来说是独一无二的。

人员配置是人力资源部门的职能，它根据劳动力规划确定的组织人力资本需求采取行动，并试图提供足够的合格人员来完成组织财务成功所需的工作。人力资源专业人士有责任预测组织的人员配置需求，并通过实际的人才供应平衡这些需求，这需要考虑劳动力规划工作的投入。通过人才获取流程，人力资源部门吸引和聘用合格的人才来完成所需的工作主体。

招聘新员工是一项巨大的时间、资源和金钱投资。组织无论大小，都不能留用“错误的员工”。不断变化的劳动力市场情况及对高技能工人的争夺，要求人力资源部门的经营策略对搜寻和招聘手段及聘用质量进行改善。不再受国界限制的人才获取战略及雇主品牌有助于人力资源部门发现和招聘所需的人才，以支持所有当前和未来的业务活动。

发展战略对人员配置战略的影响

人才获取直接受组织如何决定扩展的影响，无论是在国内还是跨越国界。在一些情况下，扩展的形式影响整个人才库；在另一些情况下，则没有影响。但是，在所有情况下，组织人才库的总体特征随着新收购或新设地点而变化。

表 2-1 列举了不同发展战略对人员配置的影响。

表 2-1 发展战略对人员配置的影响

发展战略	对人员配置的影响
合并/收购	新人才资源成为组织的一部分。关键人才留任是一个重要问题。 人力资源专业人士要在尽职调查中发挥重要作用以，以确保事先发现所有可能的费用，这点至关重要

（续表）

发展战略	对人员配置的影响
合资企业	合资企业的类型、合伙协议的内容、合伙方带来的人员（如员工人数、技能）都会影响人员配置
绿地经营	新址需要全部配备新员工。 尽职调查是了解当地法律和就业法规的重要步骤。 这可能会花费大量的精力，尤其是在当地劳动力市场欠发达的情况下
战略联盟	取决于联盟的类型，战略联盟可能对人员配置没有任何影响，也可能有相当大的影响。 在许多战略联盟中，员工留在自己的公司。 如果联盟中形成了一项新投资，那么人才获取计划会直接受到影响

人才获取的全球规划

现在所有组织都是在全球背景下经营的，竞争对手、客户和供应方来自世界各地。人才获取的全球背景可以有不同的形式。如果组织跨国经营，那么人力资源部门会遇到许多全球人才获取的挑战，这些挑战在组织熟悉的国内环境中并不存在，而且风险也增加了，因为控制分散很广的位置会更加困难，而且解决问题的费用会非常高。

在世界各地的许多国家/地区，组织关注合同和法律政策对就业的影响特别困难，而且需要关注的不仅是法律问题。

文化对全球人才获取战略和实践也会造成巨大影响。此外，还涉及组织对待人才的公开、包容方式。例如，如果一家美国公司的网站上充满了与其业务有关的缩略词，并且使用的是独特的“美式”语言，那么它在其他文化中可能不具有吸引力。任何文化审查都要考虑另一个国家/地区对正常、合理和习惯的看法，这一点很重要，而且必须对组织文化的态度和开放性进行内部检查。

打造雇主品牌

一家联合国性质的国际人道主义组织很多年都没有在技术人才的招聘上遇到困难。为什么这家非政府组织在招聘上如此成功？这十有八九是因为该组织的品牌吸引了人们为其工作。候选人和员工都认识到组织的使命对自己的家庭及对世界的重要性。

雇主品牌是组织展现给现有员工和潜在员工的形象，它是组织对整个就业体验的承诺价值。无论人才供应是充足的还是紧缺的，独特的雇主品牌都是组织招聘工作的关键部分。换种方式表述：这对吸引最好的人才至关重要。很多传统的招聘战略都是为了填补职位空缺而采取的短期行为，与之相反，树立强大的雇主品牌则是长期行为，能够持续稳定地提供候选人。雇主品牌是一个人们渴望为该组织工作的形象。

稳固和有效的雇主品牌还给组织带来大量优势，如使组织在竞争中脱颖而出，并与员工及目标候选人的价值观真正联系在一起。在组织为价值型人才展开争夺的情形下，一个良好的雇主品牌树立战略所产生的影响变得至关重要。

打造雇主品牌是把组织塑造成劳动力市场“最佳雇主”的过程。雇主品牌树立战略应当：

- 建立积极、令人信服的组织形象（如社会责任、管理方式、道德、声誉）。
- 提供有关工作体验的信息（例如，对多样性和包容性的承诺、创新、团队合作、工作/生活平衡、总回报、发展机会），信息要明确，前后要一致。
- 鼓励优秀的潜在候选人申请工作。
- 强化组织的公众形象。

雇主价值主张

组织的雇主价值主张是打造雇主品牌的基础。如同组织挑选想要聘用的人员一样，有才能的人也会挑选想要工作的组织。雇主价值主张回答了两个方面的问题：“为什么有才之士想在某个组织工作？为什么想继续留在该组织工作？”雇主价值主张创造了一块吸铁石，以增加组织雇主品牌的吸引力。

> 雇主价值主张必须与组织的战略规划、愿景、任务、价值观相一致，并且必须建立有吸引力的形象。此外，它还必须为员工和候选人描绘聘用期间的准确画面。工作环境中存在的任何不一致都会侵蚀雇主品牌树立战略的可信度。雇主价值主张必须符合组织的外部品牌。

为什么雇主价值主张很重要？人们工作的原因多种多样。当然，薪酬是很重要的因素，但在评估人们工作的原因时，它不是唯一的考虑因素。组织在寻找各种方法来应对吸引人才过程中遇到的众多挑战。

强大的雇主品牌能够带来良好的招聘结果，例如：

- 以具有明确价值观的最佳雇主而闻名。
- 吸引大量合格的候选人。
- 宣传多元化价值主张。
- 员工对合格候选人的推荐增多。
- 促进就业市场建立关键人才渠道。

良好的招聘结果还有：候选人接受工作的比例增加；职位空缺的填补速度加快。

雇主价值主张应当宣传人们在组织工作所带来的有形和无形的益处。许多人之所以受到国际非政府组织或其他非营利组织的吸引，想去那里工作，是因为他们想改变世界。他们认为这是流动的机会，能从工作中获得内在价值。其他雇主价值主张提供更多有形奖励，如作为整体奖励方案一部分的薪酬补偿和其他福利。此外，另一些雇主价值主张吸引人们对创造或创新的渴望，如研究和设计新产品的机会。

打造雇主品牌

每个组织都有雇主品牌和雇主价值主张，即使它们没有被正式、明确地表达出来。“非正式”品牌和“非正式”雇主价值主张是在人们对组织及其工作体验的正面或负面看法上形成的。

打造正式品牌则需要依靠传播信息。雇主品牌树立战略使用许多在推销产品和服务中使用的营销、沟通和性能技术工具，描绘在组织工作的情形，以建立雇主形象。

组织通常使用的方式（可以使用全部，也可以使用一些）包括：

- 该组织的网站。
- 媒体广告（如印刷广告、电视广告、电台广告、网络广告）。
- 社交媒体。
- 相关材料（如手册）。
- 市场宣传。
- 组织在传统招聘活动（如招聘会、教育机构）中的展示。
- 出席社区活动、赞助活动等。
- 来自员工、前员工、退休员工的正式或非正式的口碑营销。
- 对话。可以方便地与现有员工就组织的工作情形开展交流，包括面对面交流、网站上的在线交流，或者公布外部员工的调查结果和推荐。

在一些国家/地区和文化中，组织打造品牌除了面向潜在的候选人，还需面向他们的父母。父母在孩子的职业选择上可能有很大的影响力。孩子在决定应该接受哪个工作机会时，其父母可能会参与进来。这证明雇主的品牌营销需要采取全面的方式，面向所有潜在的对象。

遗憾的是，在打造卓越雇主品牌和雇主价值主张方面并没有最佳实践模式。这也不完全是人力资源部门的责任。但是，在追求人才的过程中，不能低估展示有吸引力的文化和鼓舞人心的价值观的必要性，以及为吸引正确类型的员工所付出的代价。

使用社交媒体支持打造雇主品牌

人力资源部门正面临着多年来在招聘人才方面的诸多从未改变的挑战。而被改变的是人力资源专业人士处理寻找和吸引人才、建立关系，以及沟通组织文化和品牌等老生常谈的挑战的方式。虽然组织继续使用传统招聘方法（如推荐、招聘网站、广告、职介所），但是它们越来越多地运用社交媒体来补充传统方法。随着许多不同年龄段的精通技术的员工进入职场，组织的决定已不再是是否出现在社交媒体平台上，而是该如何充分利用这个平台。

通过社交媒体平台传播体现雇主品牌形象的雇主价值主张，有助于组织对目标群体的吸引力。最重要的是，无论用什么平台，要有一个连贯的信息。下一步是根据平台的选择，调整信息的内容。信息发布成功的关键，是确保雇主价值主张反映组织作为一个雇主努力想要实现的价值。

组织还应当考虑通过社交媒体建立雇主品牌的投资回报。组织应当确定战略、制定目标、确定指标，以确保它们达到目标。组织需要评估：

- 用户在网上如何评价组织。
- 组织的受众人群在哪里，以及他们如何使用社交媒体。

职位说明书

职位说明书要经过适当调查、准确撰写，并且要给予充分维护，以便帮助人力资源专业人士寻找合适的人才。这个流程具有战略影响：描述了生产价值的工作和从事该项工作的要求。它还具有法律后果：雇佣行为的公平性可能取决于创建工作描述过程的有效性。

职位说明书的构成元素

职位说明书是职位的基本职能和要求的书面描述，包括任务、知识、技能、能力、责任，以及报告结构。职位说明书通常比较简短，可能刊登在纸质媒体上或网络上。

不同国家/地区的组织可能用不同的术语表示职位说明书，如“职责介绍”“职责描述”“岗位描述”等。无论用什么术语表示，职位说明书都包含了职位的最重要特征，并以标准形式发布信息。这确保整个组织的员工对该职位的理解一致。

大多数职位说明书都包含表 2-2 列出的元素。

表 2-2　职位说明书的常见元素

职位元素	描　　述
职位确认	• 职位名称。 • 部门或地点。 • 职位说明书的完成日期。 • 报告
职位概要	简短概述（四五个句子）包括： • 职位的目的和目标。 • 预期结果。 • 自由程度（如独立工作或在直接监督下工作）
最低资格	胜任职位的最低知识、技能和能力要求
职责和责任	职位的最主要职责和责任
成功因素	体现胜任职位的个人特点（行为或技能熟练），经常是指职位技能
体力要求	职位在体力方面的最低要求，通常明确说明从事此类体力活动的频率
工作条件	职位的工作环境，特别是令人不快的（或危险的）情况
绩效标准	明确说明将对在职者的工作表现根据目标、具体目标和组织的绩效因素（如质量、安全、出勤、客户服务、效率）进行评估

↘ 职位胜任力

胜任力是密切相关的各种素质组合，包括知识、技能和能力（KSA），从而能实施所需的行为来有效开展具体职位的工作。为有效开展具体职位、专业或组织的工作而规定的一组技能要求统称为胜任力模型。

职位胜任力通常是逐渐发展起来的，代表成功所需的多种能力、特性和知识的组合。胜任力是属于员工个人的，跟随员工到不同的项目、不同的岗位，甚至不同的雇主。

具体的胜任力随组织不同而变化。越来越多的组织利用胜任力方法的一些方面进行职位分析,使胜任力与组织的具体目标和/或价值观相一致,后者是组织走向成功的因素。

胜任力的确定会用到几种方法。行为面试是一种常见的方法，同时也参考了特定组织角色可能存在的通用胜任力清单。SHRM 及其他专业组织经常发布通用胜任力清单。

以下是一家制造厂经理可能具备的职位胜任力：

- 以客户为导向，以客户为中心。
- 人员管理和团队授权。
- 沟通。
- 计划和项目管理。
- 财务管理。
- 质量管理。
- 分析和解决问题。
- 诚实和正直。

职位说明书的变化

注意：不是每个职位说明书都包含上述所有元素。此外，在一些国家/地区，可能包含其他元素。

- 基本职能。基本职能是指一名合格的人员必须履行的主要工作职责，无论是否有合理的便利条件。一项职能之所以被视为基本，是因为它是一项工作所需要的，或者因为它是高度专业化的。国际劳工组织将合理的工作安排描述为必要的、适当的修改或调整，这些便利条件不会给雇主造成不成比例或不适当的负担。适当的便利条件旨在确保残障人士可以与他人一起平等地进入职场。改造或其他形式的支持可根据个人的具体残障和职位需要为其量身定制。适当的便利条件可能不仅限于实物改造，还包括修改职位申请流程、提供职位教练，或者修改工作计划表等情形，从而让合格的残障人士成为候选人并履行该职位的基本职能。
- 非基本职能。非基本职能是职位的理想方面，但并非必要方面。
- 签字。职位说明书包含认可整个内容的签字，以及一份声明，如“员工在就业期间应该遵守公司的所有政策”“我已阅读并理解本职位说明书的内容”，并附上签名和日期。
- 免责声明。免责声明是指如“本文件所列的责任和任务并不详尽，可能根据公司的需要进行更改”一类的声明。

John Boudreau 和 Peter Ramstad 在 *Beyond HR: The New Science of Human Capital* 中

清楚地表达了职位说明书的另一项挑战。他们坚持认为除了传统的职位说明书形式，还有其他的“未知机会”。Boudreau 和 Ramstad 并未小看传统的、概括的职位说明的重要性。但是，他们指出职位说明通常反映当前的状况：一个典型的在职者如何利用时间，以及该职位的哪些元素被认为是重要的。他们发现用这种传统方法会产生一些问题，如缺少新出现的关键性角色挑战，缺乏一致的行为和互动。换一种方式表述：传统的职位说明反映分组的任务，这些任务合理描述个人的工作内容，但经常缺少各种职位都要采取的基本行为。Boudreau 和 Ramstad 坚持认为“关键人才库”可以改进组织的决定和绩效。

全球环境下的职位说明书

全球环境下的职位说明书含有极为重要的其他目的。

- 国家/地区内部调动和跨境调动。国家/地区内部调动和跨境调动有助于把员工的技能与职位相匹配，从而避免不适当且费用高的调动。
- 职业生涯管理和制订继任计划。职位说明书使得职业生涯管理和制订继任计划能够系统地进行。全球职业道路可以通过已知特征的职位进行规划，以确保按照恰当的顺序获得所需的知识和技能。
- 薪酬研究。职位说明书提高对不同国家/地区的薪酬进行比较的能力。如果工资和薪资管理成本基于职位说明书相同的职位，那么对这两方面所做的比较是合理的。使不同国家/地区普遍理解的职位说明书有助于避免薪酬政策和管理预期的模棱两可。
- 组织内职位类型的统计数字。如果缺乏一致的职位说明书，就不可能管理整个组织的各种职位类型的数量信息，以及填补这些职位的当前和预测需求。
- 各国/地区业务流程的比较和统一。对跨国企业而言，如果各业务流程中的职位都使用相同的名称和职位说明书，那么建立全球一致的业务流程就会更加容易。一致的职位说明书还能改进一个流程向另一个流程的传递。

在全球环境下，清晰、明确、一致的职位说明书非常重要，因为它们为组织内部就职位问题进行交流并做出决定提供了共同的语言。但是，全球环境给建立一致的职位说明书带来了特殊挑战。

- 缺少全球能力模型。能力模型提供人员配备方面的部分基本术语。如果缺少能力模型，那么说明职位及在组织内交流职位信息就会更加困难。
- 对工作职能的不同解释。用来描述职位的相同词汇在全球各地的含义可能并不相同。或者，可能用完全不同的词汇来描述任务、活动或权利。

- 类似职位的不同预期。不同国家/地区对类似职位名称的解释可能相差很大。虽然这是建立全球职位说明书的重要原因，但是当地的管理者和员工可能觉得难以改变对特定职位名称的传统解释。
- 在职发展的不同路径。在一些国家/地区，某个职位可能被视为职业发展路径，鼓励人们冒适当的风险。在另一些国家/地区，职位名称相同的员工的主要任务应该是执行上司的命令。在分析和描述职位时，请考虑这些不同之处。
- 不同的工作环境对同一职位有不同的要求。工作条件、劳动法规、工会要求、谈判协议、员工委员会或其他本地因素可能导致相同的职位名称有不同的资格条件。
- 不同的合规要求需要全面的尽职调查。不同国家/地区的劳动和就业法律千差万别，甚至在国家/地区内部也如此。

合规因文化问题变得愈加复杂，而文化根据不同的国家/地区、区域、宗教、种族，以及组织的行为规范、规则和旨在保护员工的程序而可能大不相同。人力资源部门与律师必须一起制定战略，以确保所有适用的当地劳动和就业法律得到确认。困难在于，不仅要知道法律条文，还要理解对法律的解释。专业人员需要留意自己国家/地区的法律，并实施符合道德标准的行为，因为这关系“做正确的事”及“正确地做事”。

- 获得工作许可。有时，个人通常不能直接进入外国寻找工作，除非职位已经存在。员工的工作授权通常取决于雇主能证明当地的劳动力不具备类似的技能。一般来说，当组织想要招聘外国人时，他们往往必须向政府证明无法找到具备所需技能的当地人。

职位要求

职位要求说明从事职位工作必备的最低资格。职位要求应当体现令人满意的表现的必要条件，而不是最佳候选人应具备的条件。撰写的职位要求必须确保符合所有当地法律（包括非歧视政策）。

职位要求是职位说明书的进一步合理说明，它们通常包含在同一份文件的单独章节中。

职位要求的内容包括经验、教育背景、培训情况、资质和证书（若需要）、心理能力和体能，以及级别责任或组织责任。

职位要求在一个国家/地区的法律和监管环境中所起的作用可能与其在其他国家/地

区所起的作用不同。当把职位要求从一个国家/地区用到另一个国家/地区时，应当对这些要求进行本地相关性及合法性的审查。

员工类别

职位说明书通常表明与职位相关的员工类别。这样的分类对正确管理薪酬与福利计划至关重要。

> 俄罗斯劳工法包含一类远程工作的员工，这些员工不在雇主的场所内履行职责。一份特殊的远程就业协议可能通过电子文档交换方式予以执行、修改、终止。虽然远程工作的员工可以自行制订工作和休息计划表，但是准许休假的条款适用于劳工法的规定。

对确保薪酬的支付符合法律规定及满足所有法律要求而言，有全球通用的、适当的员工类别很重要，以便在福利计划资格方面不存在歧视。

职位说明书的撰写与更新

职位说明书和职位要求必须基于在组织内执行的具体职责和责任。表 2-3 列出了撰写职位说明书和职位要求的一些基本指导原则。

表 2-3　撰写职位说明书和职位要求的基本指导原则

• 设定实际的、描述性的职位名称。 • 保持职位概要简短（最多四五个句子）。 • 仅列出最重要的职责、任务或责任	• 确定基本职责和责任。 • 审查知识、技能和能力要求，确保它们与职位相关。 • 获得批准及日期。 • 包括任何适当的免责声明

职位说明书通常由人力资源部门撰写。在一些组织中，撰写职位说明书则是招聘新员工的部门的任务。在这种情况下，人力资源部门会加以指导，并在职位说明书的构成元素及如何包括组织或部门的具体信息方面提供培训和咨询。

有一些帮助撰写职位说明书的资源可供人力资源专业人士使用，包括许多标准的工作描述包（纸制版和电子版）。这些标准工作描述包可以提供给人力资源专业人士一个切入点，以建立职位说明书和职位要求的一致性。

职位说明书包含对从事各种职位工作的关键内容的描述。它们还为组织在吸引和保留职位的理想人才方面所做的努力提供支持。

职位随时间变化，因此职位说明书需要跟上变化。大多数组织都有定期审查职位说明书的流程。审查职位说明书的具体时间框架通常受到可以用来审查职位的资源及影响职位的变化频率的影响。

一般来说，人力资源专业人士的作用是构建审查流程并确保流程得到遵守。由于从事工作的员工和职位主管对影响具体工作的任何变化有亲身体验，因此他们应当参与更新流程。

职位说明书更新的通常做法是在绩效评估期间加入对每项职位说明书的审查。更新在主管和员工讨论反馈意见期间或者在员工的目标或具体目标已经确立时进行，这些是更新的最佳时间。另一个更新职位说明书的机会是职位空缺已得到填补的时候。在招聘流程开始之前，应当对职位说明书的现时性和准确性进行审查。

无论流程是如何执行的，人力资源部门都应当审查所有变化的适当性。一旦变化经过审查并获得批准，人力资源部门就必须更新职位说明书文件。

搜寻与招聘人才

拥有有才之士是一项竞争优势。为此，首先要找到这些人才，联系他们，并使他们相信加入组织的价值。其次对搜寻与招聘人才战略持续进行评估和更新。这样，人力资源部门就可以接触多元化的候选人群体，这些人具备最新且最相关的技能。

搜寻与招聘的定义

搜寻是实际招聘的前期工作。它提供合格的人才库，确定可能的招聘对象（包括主动或被动的求职者）或可以推荐潜在招聘对象的推荐人。

搜寻流程包括内部和外部广告。组织通常用多种方式搜寻，如内部公告、员工推荐、组织网站、社交媒体、线上或线下社区（兴趣小组）、专业协会等。搜寻要融入品牌树立战略中，尤其在试图吸引未主动申请新职位的在职员工时。

招聘是鼓励候选人申请招聘职位的流程。吸引合适数量的申请人很有必要，但不够充分。申请人的质量是招聘的关键因素。

组织可通过许多方法和渠道招聘申请人。合格申请人的最有成效的来源在不同的环境中有所不同，并可能由于一些因素而迅速变化（如组织文化或国家/地区文化、科技发展、本地企业和经济情况、政府宣传培训和就业课程的计划）。

经验证明，任何试图维持一刀切的招聘方式的想法都是注定要失败的。

招聘方法

招聘是为了吸引合适、合格的申请人来实现组织目标。组织一旦确定要招聘的人员，下一步就要选择合适的人才来确定潜在的候选人。组织可以从组织内部确定的人才库中进行挑选，或者从外部的一般劳动人才库中寻找候选人。大多数组织结合两种招聘方法，即从内部晋升员工和从外部招聘新员工。

内部和外部招聘都有其优势和劣势，参见表 2-4。

表 2-4　内部和外部招聘的优势和劣势

优　势	劣　势
内部招聘	
• 奖励现有员工的优秀工作表现。 • 充分利用“熟悉”：候选人已经熟悉组织目标和组织文化，组织也熟悉候选人的知识、技能、态度及能力。 • 比外部招聘更具成本效益比。 • 提高士气。 • 宣传职业晋升道路并加入雇主价值主张	• 会造成组织上的近亲繁殖；候选人的视角可能有局限性或缺少外部视角。 • 给学习与发展增加了沉重的负担。 • 由于员工为升职而竞争，所以可能造成负面的工作环境
外部招聘	
• 带给组织新想法/新人才。 • 帮助组织获得所需的技能。 • 提供跨行业的看法。 • 可能减少培训费用（录用有经验的人）。 • 帮助组织促进多元和包容的环境	• 可能导致招错人。 • 可能增加招聘费用。 • 可能给内部候选人造成士气问题。 • 需要更长时间的入职培训和融入组织

选择招聘战略通常考虑的因素包括文化背景、地点、劳动力市场情况、空缺职位的等级、薪资与福利、晋升政策、时间和预算限制、科技能力，以及多元与包容/适用的法律要求（如反歧视行动义务）。方法（内部或外部）是否适合最终取决于组织的需求、文化和原则。无论选择哪种方法，都必须对所有职位统一适用，以避免引起任何不公平的看法。

内部招聘

内部招聘是指组织从其国内或全球运营的各部门确定潜在候选人。大多数情况下，组织通过内部的招聘启事及用继任计划数据来完成招聘。其他方法也有不同程度的使用。

组织的招聘与管理软件、人力资源信息系统、人力资本管理系统可以提供能力简介来帮助组织确定潜在的候选人。为了掌握新技能和培养领导力，员工也会谋求招聘中的职位。

表 2-5 列出了内部招聘的常用方法。

表 2-5 内部招聘的常用方法

内部招聘方法	概 述
员工推荐	现有员工从家人和朋友中推荐人选来填补职位空缺
内部兼职	兼职是指员工在平常工作时间以外从事第二份工作。当员工有兴趣在组织内从事第二份工作时，就出现了内部兼职。如果工作需求是短期的且增加的工作量极少，则这是最合适的做法。在一些组织中，兼职非常普遍，以至于人力资源部门不得不制定兼职政策
职缺竞争	该流程让员工在职位空缺前就表示对该职位的兴趣
招聘启事	该流程提供职位的简短介绍，让员工回复自己感兴趣且具备技能的职位信息
提名	经理提名表现出色的个人作为内部职位的候选人
技能库和技能跟踪系统	计算机处理的人才或技能清单，提供有资格的人员
继任计划	发现组织内部的潜在人才，并制订发展计划来帮助员工为晋升后的工作做准备

虽然内部招聘是许多西方组织（特别是美国公司）的传统做法，但是人才短缺及非西方国家的变化等现实情况已迫使组织尽量把网撒大，在全球范围内发现人才。

外部招聘

来自组织外部的候选人可以在各种各样的地方找到。表 2-6 列出了外部招聘的常用方法。

表 2-6 外部招聘的常用方法

外部招聘方法	概 述
广告（印刷媒体和非印刷媒体）	印刷出版物（如《华尔街日报》全球版、《经济学人》、《金融时报》、航空公司杂志，以及本地和地区媒体）、小亭子、广告牌、电台广告、电视广告

（续表）

外部招聘方法	概　　述
职介所（第三方招聘人）	合同供应商寻找主动寻职和尚未寻职的候选人，并迅速提供经过审查的合格候选人
社区知名度	增加组织品牌知名度和确定组织是最佳工作场所的方法（如参加社区志愿者活动、人道主义活动、本地招聘会、本地学校活动）
签约机构	根据组织与技术服务公司签订的合同，为长期项目提供人才库（通常是高技能的工程师、专家等）
教育机构	在学院、大学、技术学校的网站招聘栏刊登招聘启事，现场招聘会，以及现场面试
雇主网站	为了各种目的而交互使用组织网站，例如： • 树立品牌、沟通、建立关系（如发布现有员工的简介，提供个人创建简介的机会）； • 在线申请流程
离职员工	• 可能对兼职或全职感兴趣的退休员工。 • 因个人原因离开的员工（如照顾孩子或继续学业）。 • 因去其他组织工作而离开的人员。 • 受先前裁员影响的人员
政府机构	连接雇主和寻工者的在线服务和现场服务
人力资源协会	雇主可以在人力资源协会的在线招聘栏及出版物上刊登招聘启事/职位广告，如 SHRM、加拿大人力资源协会理事会
国际招聘网站（公告栏）	加拿大、印度、阿根廷和美国等一些网站上的职位招聘
实习	雇主提供给潜在员工（实习生，往往是本科生或学生）机会，让他们在一定时期内在该组织工作
区域内招聘	在特定国家/地区为无法由本地应聘者填补的职位（如在东欧国家招聘在罗马尼亚工作的职位，在新加坡招聘在中国工作的职位）搜寻特定的技能（如语言和文化技能）人才
在线社交网络和博客	利用网站（如领英）扩大组织的人才库，推广雇主品牌，获取顶尖人才
开放日	邀请来访的申请人了解组织的活动
再就业服务	为被裁员工持续提供招聘网站或招聘栏的服务
个人关系网	联系能提供有助于确定潜在候选人信息及其他数据的各地人员并与之建立联系
推荐	候选人推荐来自新录用的员工、现有员工、退休人员，以及协会的同事
提供临时安排服务的机构	签约外部人事公司，由它们通过不同的服务安排（固定期限的聘用或试用期项目）提供人才
贸易和专业组织	特定的贸易和专业组织提供的各种就业安排服务（如在线招聘栏、出版物），雇主可以在那里刊登招聘启事/职位广告

在招聘中利用科技手段

发现合适的人才能够决定组织是成功的，还是平庸的，抑或是不尽如人意的。组织要争夺人才，而候选人对招聘流程中的沟通频率、节奏、透明度的预期也在不断增加。组织要努力应对因年龄群变化、新科技工具，以及消费者类型的寻工体验趋势而带来的各种变化，它们必须：

- 实现候选人预期的沟通速度、透明度和频率。
- 促进沟通和加强主动联系，从而吸引社会工作者和流动型工作者。
- 在人才招聘流程中加入主动和被动战略。
- 确保雇主品牌反映该组织文化。

上述内部和外部招聘方法的论述简要介绍了互联网的使用（如招聘栏、网站、社交媒体）。介绍是为了深入观察网络招聘（在线招聘）和社交媒体，这两种方法在促进搜寻和招聘人才方面具有极大的潜力。

网络招聘

从雇主的角度看，互联网提供了许多种员工类型的招聘渠道，从入门级员工和小时工到专业职位和管理职位，甚至包括领导层职位。

网络招聘的重要特征是显著增加招聘职位的曝光率。指导和管理在线招聘工具离不开人力资源专业人士。

互联网作为招聘的一种工具，具有下列特征：

- 数量庞大的服务提供者。
- 专业招聘人员允许客户搜索更多与有效技能匹配的数据。
- 对申请进行电子筛选。
- 通过互联网进行面试的技术，其中包含视频。
- 组织在即时聊天论坛上回答候选人的提问。
- 候选人能够通过互联网展示自己。

然而，网络招聘并非在所有国家/地区都有效，也并非适合所有文化。例如，它会造成严重的数据隐私问题，它的有效性在重视面对面沟通的文化中可能会降低。此外，在一些文化中，在网站上发布个人简历被认为是不合适的。

表 2-7 描述了用互联网支持招聘活动的一些优势和劣势。

表 2-7　网络招聘的优势和劣势

优　　势	劣　　势
拓宽招聘资源，包括主动和被动候选人。 提供对招聘广告的即时回复。 增加申请人数据库。 促进提高候选人匹配度。 允许对潜在的工作和地点进行更真实的预览。 能针对特定的技能。 能针对特殊的生活方式的群体或文化切合的群体	在大量的回复中可能有许多不合格的候选人。 可能需要劳动密集且费用高昂的过滤流程，以避免对不适当或不充分的申请做出回应。 数据隐私法规可能使活动受限。 一些更愿意发送个人简历的合格的候选人可能被排除在外。 一些不能随时使用科技的人群可能被排除在外

为避免网络招聘中的法律问题，一个简单的建议是牢记适用于一般招聘过程的协议——那些旨在避免歧视的行动。例如，除非因业务需要，否则任何发布的职位招聘都不应当包含阻止任何群体的人员提出申请的语句，这些群体是受到当地或国家法律保护的。

社交媒体

社交媒体在招聘中可以发挥巨大的潜能，吸引候选人参与招聘流程，并大大增加高质量的候选人数。

社交媒体网站为雇主在搜寻和招聘合格申请人方面提供数项优势。一项优势是为组织提供低成本宣传，发布职位空缺启事，树立品牌，审查不同地点的人才及候选人。利用社交媒体招聘有助于减少招聘成本和缩短职位填补时间。另一项优势是吸引被动职位候选人（使用社交媒体但是没有主动寻找工作的个人）。

在招聘中利用社交媒体的确也有需要注意的地方。例如，组织通过社交媒体了解到的潜在候选人信息可能不准确。个人资料可能包含错误或夸大的内容。一些社交媒体内容可能是恶意植入的。

在招聘中利用社交媒体的另一个弊端是雇主可能在无意中了解到潜在候选人的一些超出其想知道范围的信息。不当使用或管理从社交媒体获取的信息可能有严重的法律风险，如产生歧视、侵犯隐私和侵犯言论自由的断言。

↘ 提高招聘效果的措施

人才招聘的一项基本原则是，对一个组织有效的做法可能不适用另一个组织，在一个国家/地区有效的做法可能在全球的其他地区毫无成效。考虑表 2-8 列出的指导原则，想一下它们可以如何提高组织的招聘效用。

表 2-8　招聘效用指导原则

• 积极主动。有明确的人才招聘战略。 • 品牌。激励优秀的潜在候选人提出申请，并留住工作表现出色的员工。 • 提出切合实际的资历要求。职位要求和所倾向的候选人资历应当保证反映经理、主管、在职者和其他人员共同的想法。 • 自动化。拥有合格候选人的数据库。有准备就绪的系统和人才库流程来确定合格的候选人，并在各经营部门间共享信息。 • 创新。寻找宣传职位空缺的机会，可能是从未尝试过的富有创意的全新宣传方式。 • 互动。真诚对待寻找工作的人。把他们当作宝贵的潜在员工来对待，不使用自动回复或千篇一律的通用跟进方式	• 宣传。建立前员工数据库，让他们了解组织的最新消息和潜在的职位。 • 适应。必要时，修改战略，以便适应不同地点和不同文化招聘的细微差别。 • 捍卫多元化。在适当的情况下，寻找那些重视个人价值和有多元文化取向的候选人。 • 明智。认真选择招聘源，确保在合适的时间录用合适的人才，以满足当前和未来的需求。 • 警醒。采取持续招聘的方式，而不是仅为了填补特定的/现有的职位空缺

人才招聘会给组织造成巨大的经济影响。无论组织的经营性质如何，是营利性的还是非营利性的，是政府组织还是非政府组织，是国内组织还是全球组织，人才都是组织前进和实现战略成功的首要驱动因素。

但是，当一个职位由于员工的意外离职或更替而出现空缺时，或者在新职位长期空缺的情况下，会发生什么呢？这两种情形都有可能产生巨额费用，例如：

- 因员工流失而直接产生的费用。
- 与招聘、入职培训、留住新员工相关的费用。
- 损失的机会成本（如职位空缺造成组织放弃或牺牲收入或收益）。

在此，必须提及一条久经考验的原则："无法衡量就无法管理。"收集组织在人才方面的相关指标是人力资源部门的职责。组织的领导者向来关心相关指标，还关心人力资源部门的人才管理是如何影响顶层和底层员工的。

劳动力指标和工具不应仅用来"衡量"人才招聘费用。"相关"一词是关键词。衡量标准必须充分展示战略目标的结果。

遗憾的是，人力资源专业人士经常只"分析和报告活动"。当然，人力资源专业人士应当收集指标数据。但是，同样（或更加）重要的是，人力资源专业人士应该运用数据提出看法以改进人才管理决定，从而提高组织效用。他们要做的是分析数据并报告活动实现的结果。

用这种方式使用指标，有利于制定劳动力规划战略，从而在正确的时间把合适的人员放在合适的职位。

人力资源部门可以用许多种指标证明对组织做出的贡献。人力资源部门所选的指标应当与组织文化相一致，并反映组织成功的重要之处。这些指标应当使人力资源部门能提供有用的数据来支持组织的战略及决策过程。

这里涵盖了劳动力报告、雇佣成本/单次雇佣成本、招聘成本与收益比率、填补天数，以及员工流失。

劳动力报告

无论组织是雇佣 50 人还是 5000 人，是在一个国家/地区还是在 15 个国家/地区，理解劳动力的核心素质和特征对有效实现目标战略都至关重要。在劳动力报告中可以找到多种信息，特别是人员编制、组和小组所代表的员工类别、人口统计资料等信息，为关键人才领域的员工部署决策，以及为估计和预测未来人员配备需求提供决策依据。

人员编制。人员编制是指组织在职人员名单中在一个特定时间点的人数。它是某一时刻的人数快照，如 6 月 1 日（6 月人数）为 3.5 万人。人数是术语“全时当量”（Full-Time Equivalence，FTE）的同义词。计算年平均人数得出的结果表示组织运营一年所需的平均员工人数。

人员编制随着员工的离开和接替而有所变化，但是这些变化很小。人数的大幅波动并不是员工流失的结果。巨大变化是在经营发生改变导致对人才需求增加时出现的（如收购、绿地经营、剥离导致的人才需求）。提高留任率和生产力也会影响人数。

人员编制是基础指标，可以用它来建立其他人力资源指标，因为负责员工招聘的人力资源专业人士必须对劳动力有更多的了解。

组和小组。员工按照各种类别分入不同的员工组（如高管、经理、职员、实习生、合同工）。员工组进一步分成员工小组来加以区分（例如，根据活跃员工的状况，把员工分成小时工或领薪水的员工）。关于各种类别中劳动力的分布报告有助于规划多元性和不同的运营要求。

人口统计资料。人口统计资料是某些员工组的基本统计数字及其特征，包括年龄、职业、收入等。

对人力资源专业人士而言，人口统计资料趋势是规划和预测人力资源的重要指标，如有多少人即将退休，有多少新人在进入劳动力市场。例如，如果现任主管的平均年龄为 60 岁，那么主管类别的员工很可能将开始退休。技能熟练、知识丰富的员工退休带来了挑战，必须做出决定并采取行动来缓解因这部分人群退休而造成的影响。这可能促成学习和发展的机会，让年轻职员能成功竞争主管职位，也可能推动组织从外部招聘人员。

雇佣成本/单次雇佣成本

雇佣成本。雇佣成本是衡量招聘费用的传统方法，用总雇佣人数的全部费用除以新雇佣人数来确定。

$$雇佣成本=\frac{总雇佣人数的全部费用}{新雇佣人数}$$

“全部费用”看似简单，其实不然，它包括所有与招聘有关的费用：广告费、招聘人和代理费用、推荐奖励、搬迁费、推荐费、审查费、差旅费，以及与内部招聘员工有关的薪资和经常性支出。

雇佣成本与雇佣所有类型员工成本混在一起。把不同类型的员工混在一起会导致雇佣某个特定职位的真实成本偏离。例如，如果在计算绿地经营的雇佣成本时把所有类别的员工都包含在内，那么这可能歪曲从其他地方雇佣人员的雇佣成本，也可能导致高级别员工、主管和低级别员工的雇佣成本偏离真实成本。

根据员工类别计算雇佣成本在一定程度上解决了这种局限。对绿地经营而言，根据录用的员工类型（如员工职位级别或类别）采用不同的计算方法，这会提供更有用的衡量。

雇佣成本指标已经使用了几十年。

单次雇佣成本。单次雇佣成本是在规定的时间段内（参见表 2-9 中所列的成本术语），组织支出的总金额（包括外部成本和内部成本）与总雇佣人数的比率。

表 2-9　单次雇佣成本术语

单次雇佣成本术语	描　述
外部成本	外部成本是组织在该段时间内进行外部招聘支出的所有费用，如第三方代理费、广告费、招聘会费用及招聘期间的差旅费
内部成本	内部成本包含在该段时间内所有的内部资源费用及人员配备的费用，如招聘团队的薪资和福利等
总雇佣人数	包含评估时间段内雇佣的总人数

招聘成本与收益比率

招聘效能和效率也可以用比率表达。比率可能回答招聘战略的某些问题，从成本到申请人的多元化，再到接受聘用。

收益比率可以在招聘流程中的多个阶段被计算，也可以在招聘结束后被计算。它们可以决定哪个招聘源或方法，或者招聘人类型产生的收益最大，并确定需要改进的方面。

填补天数

填补天数（又称填补时间）是指从要求填补的职位开放招聘到候选人接受聘用的天数。该信息有助于人力资源专业人士确定招聘新员工所需的合乎实际的时间，有助于经理计划如何在职位空缺期间以最佳方式重新分配工作给现有员工。这项指标还可用于资源和预算计划。

填补天数指标须考虑的一个因素是重视速度可能增加招聘成本和降低质量。同样地，过度提倡成本效率可能影响招聘质量和增加招聘时间。只关注质量可能延长周期和增加成本。

通常而言，职位开放招聘的时间越长，招聘战略可能越积极，成本也可能越昂贵。相应地，这会增加成本效率和单次雇佣成本。鉴于填补天数与单次雇佣成本之间的关系，应当把这两项指标放在一起看待，以便改进招聘工作和解释未来的招聘预算。除此以外，最好再加上对新员工质量的某项评估。

许多因素会急剧影响填补天数指标。一些最常见的因素包括：

- 员工类型（如全职、兼职、临时工）。
- 员工级别（如高管、主管、低级别）。
- 员工职责（专业职责通常需要更长的填补时间）。
- 法律合规性要求。
- 劳动力市场情况。
- 总奖励的提供。

员工流失

员工流失一般是指因解雇及雇主提出的其他情形之外的员工流失情况。这意味着雇主对因离开而流失的员工人数没有直接控制。

衡量流失的方式多种多样，例如：

- 总流失（自愿和非自愿）。
- 关键（至关重要的）人才流失。
- 新员工流失。

员工流失是一项重要的指标，通常是组织劳动力规划和战略的主要衡量指标。员工离开当前职位的原因，而不仅是离开这一事实，对现有全体员工的未来留任率、工作满意度和员工敬业度，以及组织吸引有才之士填补职位空缺的能力都具有至关重要的影响。

以新员工流失为例进行讨论。新员工流失，顾名思义，显然与新员工的离开（人员变动）直接相关。组织投资了大量的时间和费用来招聘一名新员工。当一名新员工离开时，会产生直接和间接成本。

- 直接成本是支出的货币，是在搜寻、招聘、选择、雇佣人才，以及入职培训和入职培训方面损失的所有货币。
- 间接成本（有时称“看不见的成本”）很难用财务术语加以量化，但是可能给商誉和名声造成很大损害，也可能带来巨大的经济损失。

新员工离开组织还有其他几个负面影响，包括职位空缺期间的生产力损失，以及组织知识方面的损失，造成工作出错，在一些情况下会受到处罚。然后，组织为填补该职位空缺，又要承担一次招聘费用。

不同的国家/地区在指标的计算上有不同的做法。跨国企业经常面临的一项挑战是，为这些计算建立通用的公式，从而可以对各个地点的数字进行比较。

> 招聘效用的数值必须始终放在具体情况下考虑。回想一下，填补天数可能体现了短期招聘目的的实现，但是也会因快速完成流程（没有开展尽职调查或治理工作）而导致招聘质量下降。同样地，在全球环境下，具体指标在不同国家/地区可能需要进行不同的解读。例如，在某种文化中，人们决定换工作的情况相对较少发生，在另一种文化中，人们则经常换工作，填补天数在前一种文化中可能比在后一种文化中长得多。

劳动力分析方法

一般来说，更多的人力资源专业人士正在监测人员配置指标，并深化数据分析。然而，许多人仍然深陷在收集大量数据的泥潭中或遭受“数据瘫痪”，这让他们无法打破这种模式，无法确定人力资源在支持组织处理优先事务上的实践价值。正如 Wayne

Cascio 和 John Boudreau 在 *Investing in People: Financial Impact of Human Resource Initiatives* 中写道："人力资源衡量能够用来改进在人才和如何安排人才方面的至关重要的决定。"实际情况是，高管对劳动力数据的相关性和准确性要求越来越高。人力资源部门应当会同管理者确定既定指标，这些指标能有望满足后者的预期和组织的需要。

大多数传统人力资源信息系统的设计是用来制作事物性报告的。为了围绕人才招聘做出明智决定，组织需要快速审查数据。劳动力分析方法是指帮助组织快速高效地从其人力资源数据中得出结论的软件产品或工具。通过把大多数人力资源部门已经存在的指标转换成有用的分析方法，人力资源部门可以改进对许多劳动力挑战的决策。这些产品和工具被认为对大多数与人才招聘有关的战略人才管理任务特别重要。其潜力在于获取人才招聘的有用数据，把该数据转化成可采取行动的信息，并提供需要的看法来做出明智的决定。预测分析方法属于劳动力分析方法的一个分类，是一种可以用于人才招聘的方法。

招聘流程的有些方面始终都需要由人来完成，但是组织越来越多地发现在人才招聘计划中加入"大数据"与分析方法，可以带来明显的好处。在招聘领域，预测分析方法和数据具有前瞻性，有助于组织利用人才数据创造经济价值。

预测分析方法可以帮助人员配备团队具备各种能力，例如：

- 发现在某个职位有成功表现的员工特征。
- 找到比传统方法提供的候选人范围更广的人选。
- 减少搜寻时间。
- 提高对候选人质量的分析。
- 减少填补时间。

预测招聘不仅能够改进对候选人的选择，而且有助于组织提高竞争力，使其最终更加成功。组织雇佣的人员不仅能更好地满足工作要求，也更能融入组织文化。

预测招聘的成功故事比比皆是。著名的全球猎头公司在招聘活动中加入预测分析方法，尽可能优化自身的人才渠道。许多全球公司利用预测招聘模型来改进招聘流程和人才管理流程。

在人才招聘中，组织会见候选人并与他们交谈永远有一席之地。虽然预测招聘方法不是万能的，也不能取代招聘中人的参与，但是它给人力资源部门提供了有效的工具。对其加以适当利用，就能帮助组织制定更完善、更规划的可执行的人才招聘战略。

人才选拔流程

人才选拔流程对于以最有效的方式获得新员工——最大限度地减少招聘时间和成本——以及招聘到能够在工作中取得成功并在组织中茁壮成长的员工至关重要。员工的长期留任和低变动率是高效选拔的关键指标。此外，在许多国家/地区，选拔流程有法律含义。人力资源部门必须证明选拔流程的公平性。

在正确的时间把合适的人员放在合适的职位对一个组织的成功至关重要。选拔是评估某一职位的最合适候选人的流程。它是根据职位分析和职位文件资料上的职位标准进行的。

选拔包括一系列步骤：审查，面试，考核和评估，选定和邀请。每个步骤旨在缩小申请人的范围，直到找到最合适的人选。有关潜在候选人的信息，在每个步骤都会进一步予以收集。雇主可以利用这些信息把潜在员工的资历与组织的要求进行匹配。

上述一系列步骤是许多组织使用的选拔流程。但是，你的组织在招聘每个职位时可能不需要逐步执行，或者，你的组织可能有不同的步骤。

在选拔流程期间有很多因素要考虑。除了教育和其他资历，雇主还必须评定候选人融入组织文化的能力。

“正确雇佣”的重要性怎么强调也不为过。在“人类潜能管理技巧的领导者/管理者精通包”中，Nina E. Woodard 阐述了雇佣决定对组织经济的影响。搜寻人才成本，相关人员的时间和薪资或付给第三方招聘人的费用，与背景调查和测试有关的各种费用，与入职培训和入职培训有关的时间和开销，这些都属于雇佣成本。Woodard 讲述了由一家著名招聘网站进行的研究，该研究显示雇佣一个糟糕员工的成本是该岗位个人薪资的 1 ~ 1.5 倍。Woodard 进一步谈论雇佣一个糟糕员工会如何对其他员工的态度和士气带来负面影响，相应地，这经常会导致生产力减少和成本增加。正如 Woodard 所指出的，招聘决定和组织经济上的成功紧密联系在一起，不应仓促地做出决定。

为每个职位雇佣合适的员工对每个组织都至关重要，但是雇佣新员工应当在认真考虑后才可进行。不应忽视填补职位的其他可用选项，因为完成所需工作的最合适人选可能并不是新员工。例如，外包、应急劳动力，以及与组织中的另一个部门共享人力资源等，这些选项可能更适合组织考虑。

人才选拔流程第一步：审查

选拔流程的第一步是审查候选人。审查包含分析候选人申请表、个人简历来确定招聘职位的最合格的候选人。审查的结果要：

- 确定满足最低选拔标准的候选人。
- 提供接下来的面试要问的问题出处。
- 提供信息进行背景调查。
- 帮助确保该职位的直属管理者或其他内部利益相关者只对合格的候选人花时间进行面试。

↘ 跟踪申请人

从传统来看，组织要么人工检查候选人文件，要么外包给外部机构来完成，由招聘专业人员担任候选人和企业参与招聘和录用过程的人员之间的联络人。一些组织继续使用这些传统做法。

鉴于经济现实（如经济发展缓慢，失业率高）以及社交媒体平台的问世，数百人申请紧缺职位的情形并不少见。许多组织现在使用申请人跟踪系统，有时称“自动跟踪系统”或“聘用前电子审查”。此类系统为组织提供自动化方式来管理从收到申请到聘用员工的整个招聘流程。根据组织的需要，公司或小企业都可以使用申请人跟踪系统。

申请人跟踪系统在候选人文件中查找关键词，把候选人的资历与职位要求相对应，以节省时间并提高审查效率。组织使用申请人跟踪系统时必须注意一点，即申请人越来越了解软件审查，在个人简历中加入关键词（即使他们没有真正符合招聘职位的要求）。

使用申请人跟踪系统的明显好处是大大减少了人力资源专业人士或招聘经理审查文件的时间。软件程序还跟踪候选人从哪里找到招聘启事（如在招聘栏，直接从组织网站上，通过推荐或其他来源）。申请人跟踪系统可以帮助组织建立潜在候选人数据库，以用于填补未来的职位空缺。在一些情况下，为了遵守法规，申请人跟踪可能是强制性的。

↘ 申请表

申请表的形式可能不同（如根据职位类型、长度或法律要求）。无论形式如何，申请表以及所需的所有信息都应当完整，并易于阅读、易于审查。

如果组织在自己的网站上有在线申请流程，那么该流程应当易于使用，从而不会阻止合适的申请人进行申请。

简历和履历

简历和履历都提供了个人经验和其他资历的概况。虽然这两个文件的目的在概念上类似，但是它们有一些重要的区别。

- 简历。简历是对候选人才能的一个颇为详细的概述，特别是有关学术领域的介绍。因此，简历经常用在学术或研究领域的职位申请中。因为学术研究人员经常进行许多项目研究，同时还履行教学责任，所以简历通常需要进行更新。对刚开始工作的人而言，简历可能只有两三页；对经验丰富的人来说，简历的页数可能达到两位数。
- 履历。典型的履历更简洁，对候选人的经验和技能进行大概介绍。履历经常根据候选人申请的每个职位进行修改，强调与他申请的职位最相关的技能和经验。履历通常为一（或两）页。履历经常带有附函，附函提供履历传递（收件人、申请职位、发件人）的永久书面记录。在一些国家/地区，附函称为“兴趣函”和“意向函”。

特定职位的申请说明可能会明确指明希望收到简历还是履历。

必须记住简历和履历因国家/地区和文化的不同而不同。

许多人力资源专业人士认为候选人除了递交简历或履历，还应递交申请表，原因如下：

- 简历和履历提供候选人想让你知道的信息；申请表提供你想知道的信息。
- 申请表可能显示候选人是否在简历和履历中夸大才能。
- 申请表上的候选人签名在法律上证明该信息是准确、真实的。

此外，如果组织使用申请人跟踪系统，那么填写完整的申请表经常是候选人进入申请人跟踪系统的工具。

申请表、简历和履历中的警示征兆

组织对候选人申请某个招聘职位所递交的文件应始终进行认真审查，以确保组织想聘用的候选人说真话，他们的资历是有效的且与组织的需求相匹配。

显示申请表、简历或履历中存在潜在问题的警示征兆包括：

- 是否有过多的与职位无关的“填充信息”？
- 文件是否乱七八糟（如语法或拼写错误）、结构差、不完整？
- 申请人是否把团队完成的项目过多地说成自己的功劳？
- 申请人是否用含糊的词语描述自己的工作？
- 候选人的职业道路是否变化不定，是否有许多平级调动、改变专业，或在某个职位上时间很短的情况？

警示征兆有时称“危险信号”。此处显示的列表并不包括所有内容。有任何上述警示征兆或其他危险信号并不一定表示该候选人应当遭拒。

但是，在决定是否要排除候选人有获得招聘职位的机会之前需要其他信息。从人力资源的角度看，必须进行全面考核，但不要拒绝有希望成为理想员工的求职者。

筛选电话可用于澄清危险信号。打此类电话的另一个好处是可以让面试人员更详细地描述职位情况并回答问题。

人才选拔流程第二步：面试

面试旨在调查面试官感兴趣的地方，从而决定候选人满足组织需求的程度。来自组织的一名代表（通常是经理），询问候选人一系列问题，以决定候选人是否满足空缺职位或招聘职位的需求。同选拔流程中的其他步骤相比，组织更倾向依靠面试找到合格的候选人。因此，面试官必须在面试技巧和技能方面接受适当训练。注意，这一方面毫无疑问能够增加选拔流程的有效性。

面试类型

一些组织进行一系列面试，从审查前面试（不超过 20 分钟）到长时间的深入面试（不少于 1 小时）。表 2-10 列出了审查前面试和深入面试的不同之处。

表 2-10　审查前面试和深入面试的不同之处

审查前面试	深入面试
• 通常不超过 20 分钟。 • 通常由人力资源专业人士进行。 • 当组织有大量申请人申请同一职位，并且需要通过面试来判断资格预审因素时，是很有用的	• 通常不少于 1 小时。 • 通常由直属管理者进行。 • 可能分成几个深入面试，由直属管理者和其他同事进行

深入面试有很多风格。下文讲述常用的类型。

结构式面试

表 2-11 列出了结构式面试的特征。

表 2-11　结构式面试的特征

描　述	评　价
• 面试官问每位候选人同样的问题。后续问题可能不同。 • 面试官控制面试	• 确保从所有候选人那里收集到类似的信息。 • 提供每位候选人同样的机会以给面试官留下一个好印象。 • 可以比较资历并减少对公平性的担忧

结构式面试可以问不同类型的问题。关键是面试官要问每位候选人同一组问题。结构式面试又称“重复式面试”。

非结构式面试

与结构式面试相反，非结构式面试往往更加非正式、轻松随意、灵活和流畅。表 2-12 列出了非结构式面试的特征。

表 2-12　非结构式面试的特征

描　述	评　价
• 面试官与候选人的交流更像日常对话。问题不是预先设定的，但面试官可能有部分事先确定的话题。 • 面试官根据候选人的回答提问，以友好、没有威胁的方式进行	• 依靠面试官与候选人之间的互动交流。 • 给每位候选人机会来考虑怎么回答。 • 给面试官机会来讨论某个话题，通过后续问题进一步考察

因为向每位候选人提出的是各不相同的一系列问题，所以非结构式面试可能导致许多不同的结果。这可能给不同面试数据的比较带来很多问题。非结构式面试又称“非定向型面试”。

行为面试

表 2-13 列出了行为面试的特征。

> 行为面试的前提是假设过去表现是未来表现的最佳预测指标。

表 2-13　行为面试的特征

描　　述	评　　价
• 面试官注重了解候选人过去是如何处理各种情形的（如实际经历，并非假设）。 • 面试官提出非常尖锐的问题，以确定候选人是否具备职位所需的最基本资历	• 了解候选人如何处理过去工作中发生的情况。 • 与传统面试提问相比，面试官可以调查更多的内容

例如，面试官可能要求申请管理职位的候选人描述过去指导难相处员工的情况。候选人举例说明自己过去的表现，面试官借此寻找下列三项关键内容：

- 对情形或任务的描述。
- 采取的行动。
- 结果或后果。

行为面试中的问题包括以下例子：

- “请举例说明你曾经设立过的一个重要目标以及你是如何实现这个目标的。”
- “请描述一个你曾经在指导说明有限的情况下如何完成任务的情形。”
- “请告诉我，面对团队成员不为项目出力的情形，你以前是怎么处理的。”

基于胜任力的面试

回顾上一章谈到的能力，胜任力是指有效开展工作所需的知识、技能、能力和其他特质。表 2-14 描述了基于胜任力的面试。

表 2-14　基于胜任力的面试

描　　述	评　　价
• 面试官提出基于实际情况的与职位胜任力相关的问题。 • 面试官要求候选人提供曾经发生的例子来说明其胜任力	• 了解候选人某项特定胜任力的熟练情况。 • 收集能预测候选人在招聘职位上的可能行为和表现的信息

例如，关注对改变进行管理的能力，可能提出的问题包括：

- “请告诉我你在职业生涯中曾经不得不做出的最困难的改变。你是如何做到改变的？”
- “给我举个例子，说明你什么时候错过了发现员工抵制组织变革的早期迹象。”
- “请描述一个过去发生的你认为某项既定改变不合适的情形。你当时是怎么做的？结果如何？”

集体面试

有数种类型的面试可以归为集体面试。

一种类型是一个或多个面试官对多位候选人同时进行面试。通常只有在工作职责明确，并且可以告知和询问众多候选人有关工作要求的情况下，才会这样做。

另一种类型是“金鱼缸”面试。这通常是互动式的。“金鱼缸”面试的一种形式是把多位候选人聚在一起，在一个模拟现实的工作环境中互相合作。另一种形式是让一位申请人与一组员工配对，合作解决一个真实的工作问题。无论哪种形式都有助于雇主了解个人如何与他人合作解决有关业务问题，并了解个人的分析技能水平，是否拥有领导天赋，以及是否具有团队精神。

面试官的人数可能不同。最常见的集体面试类型是组织中的多名员工作为面试官共同面试一位候选人。每个面试官都有各自的面试目的，分别审查候选人的特定素质（如技术能力、文化适应性、领导技能、管理能力或决策能力），但通常不超过五个。一名人力资源代表可能参加集体面试。在大多数集体面试中，候选人与所有面试官同时见面。

这些面试可以进一步描述为团队面试和专家组面试。

- 团队面试用于职位严重依靠团队合作的情形。它类似 360 度流程。主管、下属、同事通常都是团队面试流程的成员。
- 在专家组面试中，结构式问题分配给专家组的各个成员。通常由对相关领域最熟悉的人提出问题（例如，人力资源专业人士或经理会提出行为问题以评估决策能力；同事可能会提出该项目涉及的特定知识问题）。在一些专家组面试中，面试官之间可能争强斗胜，提出“站队式”问题。

集体面试为雇主和候选人节省了时间。但是这类面试可能让候选人感受到威胁。为了减少威胁并帮助候选人放松和交流，要考虑每个面试官的角色和座位安排。面试官的角色必须经过计划，以便确保充分涵盖职位要求。在面试前要确定每个面试官将做什么以及整个面试组如何运作。面试官的就座位置决定候选人的感觉：觉得自己在人数上处于弱势，还是觉得自己是团队中的一员。把座位摆放成圆圈、弧形，面试官的座椅在候选人座椅的前方而不是围绕着摆放，或者采用客厅方式，这可以让面试更像对话，更加自在。

组织经常向参与集体面试的成员提供面试培训，以确保他们理解工作内容。此外，还应当告知面试官有关不合适或不合法的面试问题，以及如何避免透露组织的所有信息。

压力面试

压力面试有许多种形式，从轻微的冒犯到咄咄逼人的面试策略，把候选人推向防守的境地。其目的是了解候选人如何面对压力。压力面试背后的逻辑是，面试中能在压力下表现出色的候选人将会用类似的方式面对工作中的压力。

在压力面试中，面试官可能表现出挑衅的态度或其他不寻常行为，或者面试官可能会问谜题类问题。一些压力面试给出一个案例情况（例如，无确定答案的商业情形，或者提供一组很难抉择的选项来解决困境问题），需要候选人谈论解决方案。压力面试经常测试候选人在相关业务问题上的知识，定量分析技能，优先解决重要问题和预测问题的能力，以及沟通技能。例如，在招聘空中交通管制员职位时，为了模拟工作条件，可能会用压力面试。

面试指导原则

成功进行选拔面试需要一系列技能和能力。

下面的建议有助于组织准备只有一位候选人参加的面试：

- 熟悉招聘职位的职责和要求。
- 做好回答有关组织的一般问题的准备。
- 准备好要问的问题。
- 按照提出顺序排列问题。
- 审查候选人的申请表、简历和/或履历。

表 2-15 描述的是增加有效面试可能性的行为。

表 2-15　增加有效面试可能性的行为

行　为	描　述
建立融洽氛围	告诉候选人面试期间会发生什么，建立鼓励候选人放松和提供信息的环境
认真倾听	经常对听到的内容进行总结或换种方式解释，确保理解候选人所说的内容。别光顾着说，应当更多地观察和倾听
顺利转换话题	合乎逻辑的有条理的面试对面试双方都是最有利的。全面讨论一个话题，然后转向下一个
观察非语言行为	注意面部表情、姿势、肢体语言，这适用于面试双方

（续表）

行　　为	描　　述
记笔记	记笔记有助于记住对候选人的印象以及面试中的重要信息。但是，保持与候选人进行交流，不要直接根据申请表、简历或履历记笔记
结束面试	询问候选人是否有任何问题或疑问，并告诉候选人流程的下一步是什么

面试问题

面试问题应当评价申请人的资历、技能水平，以及履行特定职位的总体能力。Woodard 提供了人力资源专业人士或招聘经理可以运用的有效的提问手段，有以下几点内容：

- 把职位（以及胜任该职位）所需的各项技能或特质转化成一系列没有确定答案的问题。
- 促进候选人在回答中分享他们的经验和专长。
- 提出的问题要能让候选人详细描述自己的技术专长，讨论核心能力，展示如何解决问题，反映学习和沟通方式，以及其他必要的素质。

Woodard 表示，候选人的某些情况在其申请表、简历或履历中是显然易见的（如教育背景和工作年限）。然而，她指出，还有很多有关候选人的情况虽然可能并非显而易见，却是非常重要的（如敏锐的商业眼光、出色的沟通技能、适应和创新的能力或领导能力）。因此，提出不同类型的问题有助于为招聘职位确定合适的候选人。

例如：

如果你想知道……	那么请提问……
候选人对新想法或新概念的适应性	“请谈谈你最近在工作上遇到的一个重大变化以及你是如何应对的。”
一项出色的成就	“你认为自己最杰出的专业成就是什么？为什么这么认为？”
谈判技能	“请讲述一个你运用谈判技能的情形以及产生的结果。”

根据对问题的具体回答，组织可以了解候选人是如何思考、感觉，以及体会到某些技能和能力的。

人力资源专业人士或招聘经理应当确定自己想听到的关键词，这些词能证明候选人不仅具备所需的技能和经验，而且理解组织的价值观并认同成功所需的职业道德。根据候选人的回答，可能需要进一步提问。任何后续提出的问题应当是无确定答案的问题，此类问题需要思考和讨论（例如，无确定答案的问题不能仅回答“是”或“否”）。

表 2-16 提供了其他一些面试样题。

表 2-16　面试样题

问题类型	样　　题
适应性问题	我们规模很小，但很成功。我们的状况要求每个人都身兼数职。请举一个例子说明你曾经按要求当“万金油”的情形，你当时做了什么，结果如何。 请谈谈你认为自己在适应性方面做得不够好的一次经历，以及为什么
分析性问题	谈谈你在最近的职位期间是如何运用分析技能的。请描述一个你运用分析技能挽回局面的例子。 请讲一个你在事后想起来觉得当初没有充分运用分析技能的情形，并谈谈如果当初做到的话，结果会发生怎样的变化
沟通	描述一下你最成功的书面沟通经历：你为什么写，写了什么，以及结果如何。 沟通对大多数领导者而言至关重要。请描述一个你运用沟通技能挽回局面的具体例子。 讲述一个你在工作中沟通不成功的经历。你学到了什么
人际技能	讲述一个你的人际技能帮助你实现销售的经历。 你的人际技能中有强项和弱项，描述至少两个强项和一个弱项，并分别举例说明。 告诉我一个例子，让我对你在人际技能方面的优势有真正的了解
职业道德	解释一下你对“良好职业道德”的理解，对取得工作上的成功而言，它的重要性如何。就此请谈谈你的看法。 描述一个你向团队成员进行工作道德指导或辅导的情形，例如，是什么引起了那次讨论，结果是什么
以客户为中心	讲述一个你以客户为中心改变不利状况的经历。 描述一个因为理解客户而促使你对流程或产品加以改进的经历。 如果由你评估某位同事在以客户为中心方面的表现，那么你会考察什么来确定该同事的能力

人才选拔流程第三步：考核和评估

组织会用几个方法来确定候选人是否有可能胜任招聘职位的工作。一些组织通过无歧视的正式考核来确保候选人符合条件、有合适的能力。在全球开展经营的组织可能会加入跨文化考核工具。一些组织选择培训自己的优秀人才来开展面试。这背后的想法是因为优秀人才对哪些素质能在组织内实现长期成功有很好的看法。雇主也可以核实背景数据和向证明人调查，从源头而不是从候选人那里获取候选人信息。

通过面试和选拔，参与招聘的人力资源专业人士必须尽力根据事实做出透明化的决定。我们已经知道，职位选拔错误是一个代价高的错误。选拔错误会给组织的人才管理计划、组织士气、管理时间、培训预算、生产力和盈利性造成负面影响。此外，如果选拔决定证明存在歧视或违反法规，那么还有诉讼风险。

雇佣流程必须有效，并且必须避免偏见。例如，犯“与自己相似”的错误，会导致面试官关注候选人与自己的相似之处而不是实际的资历。雇佣流程和人力资源部门使用的工具必须可靠、有效。

评估方法

审查排除了明显不合格的申请人，减少了申请人的数量，留下了有希望的候选人。接着，在选拔流程中使用考核方法，确定无法在面试中确定的申请人的知识和技能。这些方法能确定有真实潜力的个人，他们能有效地完成任务，并在工作中做出重要贡献，从而帮助组织建立高质量的劳动力队伍。

组织可以运用的评估方法种类繁多。可以评估申请人的能力倾向、个性、能力、诚实、积极性、文化适应性等。但是，仅用一种评估方法不能保证实现预期结果——确定具备合适的知识、技能和能力的候选人。根据候选人的级别和职位类型采取合适的评估方法，这一点至关重要。

评估可以用不同的方式进行分类（如基本技能、多方面评估等）。此处讨论的不同评估方法分为实质评估、酌情评估、条件评估。我们还会谈到跨文化评估工具。

实质评估方法

实质评估方法（又称聘用之前的测试）有助于缩减职位候选人至最终人选的人数。一般而言，实质评估有利于对申请人做出更确切的决定：申请人是满足职位最低资历要求的人，还是最有可能成为表现优秀的人？

经过合理设计并得到正确执行的实质评估方法有助于组织对候选人做出更有效的雇佣决定。表 2-17 列出了常用的实质评估类型。

表 2-17　实质评估类型

类　型	概　述
认知能力测试	评估候选人已经学过的技能。 衡量各种思考能力，如语言和数学技能，逻辑、推理和阅读理解能力。 通常由多项选择题组成，以笔试或计算机考试方式进行。 例如，表现测试或工作实例测试，需要候选人在受控的情况下完成一项实际工作任务

（续表）

类　型	概　述
个性测试	旨在衡量候选人的社会交往技能和行为方式。 测试报告可能用特性、性情或性格来描述。 通常以笔试或计算机考试方式进行。 例如，测试项目包括一些多项选择题或对错题，用来衡量个性因素，如勤勉认真、外向性格、讨人喜欢、经验开放性，以及情绪稳定
能力倾向测试	衡量学习或获得新技能的一般能力或才能。 考察候选人在工作学习方面的天生能力，预测学习和培训结果。 例如，对计算机专业人员（如系统分析师、编程人员、网络经理）的测试，衡量他们在计算机和解决问题方面的天生能力
精神运动测试	需要候选人证明达到专门技能领域所需的力量、身体灵活性和协调性的最低要求。 基于重要的职位职责和责任；只有在职位的主要职责和责任需要此类能力的情况下，才适合进行这种测试。 例如，对工厂装配职位的候选人进行手的灵活性测试
评估中心	不一定是一个地方，而是一种评估方法，用来评估较高级别的管理和监管技能。 要求候选人完成一系列活动，这些活动模拟现实情境、问题和任务，是候选人在应聘职位上会遇到的各种情况。 通常，活动持续至少一天，可多达数天。 在评估流程期间，经培训的评估人员考察候选人的表现，并根据标准化的评级进行评估。 例如，候选人参加一组标准测试和活动，如笔试、综合面试、个人或小组角色扮演活动、公文筐活动，以及工作表现测试

虽然看似简单，但是在全球环境下，用实质评估方法考核各组技能所面临的独特的挑战。在不同文化中解读各组技能可能很困难。例如，在信息技术领域，在以色列的三年编程经验与在美国、印度或新加坡的三年相比截然不同。

酌情评估方法

在某些情况下，酌情评估方法被用来将收到工作邀请的人从最终候选人名单中分离出来（假设每个最终候选人都被认为完全符合职位要求）。有时候没有用酌情评估方法，因为工作邀请发给了所有的最终人选。

Herbert Heneman、Timothy Judge 和 John Kammeyer-Mueller 在 *Staffing Organizations* 中谈论了酌情评估方法。根据作者的说法：

- 对申请人特征的评估通常非常主观，很大程度上取决于决策者的直觉。
- 组织想要保持强大的组织文化，可以考虑评估候选人与组织的匹配程度。

最终人选不仅必须满足职位的所有要求，而且要满足履行其他任务的预期，这类任务是职位要求以外的任务，称为组织公民行为（如在工作中帮助他人，为生病的同事顶班，以及彬彬有礼）。酌情评估考核候选人实施此类行为的可能性。

酌情评估不应单独使用，这主要是因为此类评估带有主观色彩，应当先进行实质评估，然后再进行酌情评估。

条件评估

条件评估根据职位性质和法律授权予以运用。这类方法不总是需要用的。

几乎所有的选拔方法都可以作为条件评估方法。根据组织的偏好或政策以及程序，条件评估方法可以在选拔流程的不同时刻进行。例如，医院对护士职位的申请人可能先评估他的有效护士资格证，然后进行深入面试，也有可能在发出暂定邀请后再进行核实。

虽然一些评估可能用在最初的审查中，或者作为实质评估或条件评估使用，但是某些选拔测试只有在法律规定的情况下才应作为条件评估方法来使用，如毒品检测和医学检查。此外，此类测试的使用权限由本地法律规定并受到文化准则的影响。

跨文化评估工具

跨文化评估工具也很有价值，特别是对全球经营的组织。这些工具经常经过了严格的制定和质量控制过程，确保有效、可靠、通行。

建议人力资源专业人士自行开展研究，选择与自己目标一致的最新工具。切记，选拔决定不应只根据任何一个评估工具得出，评估结果应当与其他选拔方法配合使用。

必须在评估中建立公平和成本效益。组织和潜在的候选人各自都对另一方进行评估，候选人的体验会影响组织招聘未来申请人的能力。

使用评估方法的考虑

必须考虑评估的成本及选拔项目的总成本。一些评估方法在制定和执行上的花费远远超过其他方法。组织盈利的前提是必须吸引和留住优秀员工。在最后的分析中，必须衡量选拔项目在满足组织的长期需求方面的表现。因此，成功完成入职培训和融入组织的比例，职位的表现，人员变动率的下降，以及员工留任，这些因素都是选拔项目衡量的重点。

↘ 背景调查和推荐人检查

组织通常在已决定申请人是职位的适合候选人的情况下才会核实候选人的背景信息及推荐人检查。组织必须认识到某些背景调查类型的合法性因地而异，如刑事犯罪记录调查或信用调查。

大多数组织在申请表上加入一份声明，要求候选人同意组织向候选人的前雇主了解情况。如果申请表上没有这份声明，那么雇主应从候选人那里获得一份签名的同意书，表示候选人明白雇主有可能向前雇主或其他来源了解保密信息。

对申请同一职位的所有候选人应当开展相同的背景调查。调查应当与职位有关，并且应当与职位要求有明显联系。

向证明人调查是核实申请人以前的工作情况并了解其资质和性格。雇主通过联系申请人的前雇主、学习机构，以及申请人的推荐人开展这些调查。从推荐人那里获得的反馈不应仅包含事实证据，应当与前老板或前雇主面谈（如果隐私法律允许）。

核实背景数据及向证明人调查看似简单，其实不然。全球各地的不同情况给考核工作带来了挑战，组织很难做到准确考核候选人的资历，但要确保任何背景调查遵守管辖区域的所有适用法律和条例。

人才选拔流程第四步：选定和邀请

人才选拔流程的最后一步是汇集获取的所有信息来完成对候选人的评估，以及做出聘用建议。必须记录结果，推荐必须有条理。如果面试的各个环节井然有序，而且数据是用有效可靠的工具收集的，那么这一步就可以进展得顺利些。最理想的是，人才选拔流程应力争选择一组候选人，而不是一个候选人。与一个候选人相比，数个候选人让组织有更多的选择和更好的灵活性。

↘ 决策流程

虽然决策流程可能因组织和国家/地区而异，但是它应当一致适用于申请同一职位的所有候选人。决策流程通常包括下列步骤：

- 按选拔标准管理和归纳信息。
- 确定并排名合意的候选人。
- 如有必要，收集其他信息。

- 向排名第一的候选人发出职位邀请。

下面对每一步骤做了具体说明。这些内容考虑到了全球相关背景下的操作。

第一步：按选拔标准管理和归纳信息。

参与搜索流程的人员收集的所有信息应当储存在一个文档内或储存在数据库中（如自动跟踪系统）。这些信息应当经过检查，以便确保所有的关键信息已经收集，并且获得每位有望的候选人的相同范围的信息。

下面列出了有关全球经营，以及多元与包容的一些好做法和特别考虑的因素：

- 切勿因数据不完整而否定某人，只有在查明该遗漏与环境条件（如难以获得记录）无关后才可下结论。
- 如果面试中获得的信息量很少或无法清楚表明候选人的能力，那么要考虑是否存在语言或文化方面的障碍，特别是对电话面试而言。
- 切勿把语言能力欠缺与智力欠缺相混淆。能用非母语流利表达的候选人比语言技能欠缺的候选人更容易显得较有能力。
- 如果语言技能的确是职位的必需条件而且包括在最初的选择标准中，那么应当给予适当的比重。如果不是，则不应考虑。

第二步：确定并排名合意的候选人。

对信息的初次审查应当重点排除不应考虑的候选人，因为他们存在明显的缺陷或不具备充分的信息。初次审查应当有条理，并且像决策流程中的其他步骤一样认真做好记录，以便遵守法律要求以及对可能存在的偏见做出评估。此外，对于可能适合其他职位的候选人，他们的信息应当保留在文档中，但法律禁止的除外。

在初次面试结束后，对每位候选人都应按事先确定的选拔标准做出评定，并附上说明。

表 2-18 概括了在排序候选人时应特别考虑的因素。

表 2-18 在排序候选人时应特别考虑的因素

• 在评估候选人时，对每项特定的标准要考虑每个信息来源，确保能广泛了解候选人。 • 采用各类面试官面试每一位候选人。在全球背景下，包括了解候选人的母语和文化的人，以及在当地工作环境中有过实际经验的人。 • 如果候选人递交的书面信息所使用的语言不同于面试官使用的语言，这类资料应当被翻译	• 审查面试信息时要考虑文化差别，一些国家/地区倾向谦虚，而另一些注重自信和表达。 • 在根据每项选拔标准进行数字评级时，切勿完全依赖数字公式来排名候选人，这可能夸大个人差别和文化差别

第三步：如有必要，收集其他信息。

对候选人的初次排序将揭示还需要其他信息的方面，以便澄清这些方面或在候选人之间做出更准确的决定。这经常涉及更多正式和耗时的方法，包括再次面试候选人或让候选人在职位模拟环境下工作，以便弄清不明之处和填补信息缺漏。

表 2-19 列出了收集其他信息的一般指导原则。

表 2-19　收集其他信息的一般指导原则

• 当发现具体个人的信息缺漏或具体标准方面有信息缺漏时，考虑使用其他信息收集方法。 • 要意识到数据缺漏或模棱两可有可能是因文化或语言差别造成的	• 除了最初要求的信息，如果需要其他信息，确保所有候选人都有机会提供这部分信息。 • 说明需要其他信息的原因，使候选人能有效地按要求提供

第四步：向排名第一的候选人发出职位要约。

必须了解条件性工作聘用书、雇佣聘用书和雇佣合同的区别。三者的概念如下所述。

- 条件性工作聘用书。组织可能发出条件性工作聘用书，要求申请人通过某些测试或满足某些要求。具体测试或要求在此类职位要约中明确指出，可能包括医学检查、体力测试及心理测试。
- 雇佣聘用书。雇佣聘用书是正式向申请人发出的口头或书面职位聘用。雇佣聘用书应当在选定最合格的候选人之后立即发出。如果对这部分流程处理不当，就会把候选人推向另一家组织，从而失去候选人；或者，即使候选人接受了职位，也会对雇佣关系的开始造成负面影响。

雇佣聘用书是正式发出的，必须措辞谨慎。

- ○ 使用经组织的律师批准的标准信。
- ○ 明确说明聘用的条件以及任何不予录用的情况。
- ○ 规定合理的接受截止日。
- ○ 清楚说明接受的详细步骤（如回复需要在聘用书的复印件上签字）。

在一些国家，对聘用书几乎没有或根本没有协商的余地。候选人和组织互相明白在正式要约做出前的雇佣聘用书内会包含的内容。在另一些国家/地区，聘用书可能是长久协商的开始。

协商结束后，可以确定聘用书和雇佣合同。

- 雇佣合同。雇佣合同是组织和员工之间的一份书面协议，协议规定了双方的雇佣关系。这份合同有助于明确雇佣条件。是否使用合同以及合同的具体条款因组织、职位和适用的本地法律而异。雇佣合同中常见的项目列举如下：
    - 雇佣条款和条件。
    - 员工的一般职责与职位预期。
    - 保密与不得披露条款。
    - 薪酬与福利。
    - 辞职或解雇条款。
    - 搬迁。
    - 遣散条款。
    - 通知期间（对员工和组织可具有法律约束力）。
    - 合适的签名和日期。

条件性工作聘用书（若有）先于要约发出或先于合同签订。雇佣聘用书通常先于合同签订。

聘用书与合同的区别是什么？法律差别因国家/地区而异。一般而言，聘用书不具有法律约束力，可以随时撤回。合同规定了组织和新员工具体的法律责任。在一些国家/地区，违反合同要付出昂贵的代价。

任何聘用书或合同都应当由律师参与起草。

对待未录用的候选人

组织应当立即通知没有被录用的招聘职位候选人，最好亲自打电话或写信进行通知。

但是，如果有大量候选人，可能需要使用标准化的拒绝录用信。若有可能，在信中加上一段话，表明组织已审慎执行选拔流程并认真考虑了候选人的情况。例如，在信中可以表明这是艰难的选拔决定，决定性因素是候选人需具备的特定技能或能力。候选人很有可能觉得自己得到了尊重，保留对组织的好印象。

如何对待未录用的候选人，组织和国家/地区文化会影响对该问题的解决方式。

融入组织与融合

人力资源专业人士需要关注的不仅是让新员工了解具体的工作任务和工具，以及部门流程。当新员工产生对组织的归属感时，他们的表现会提升，留任率也会提高。这不是一天或一周就能完成的，可能需要花上数月的时间，让新员工了解组织文化和形成感情依附。

融入组织与融合流程

在招聘过程中及招聘刚结束后的一段时间显然是培养敬业员工的关键时期。盖洛普的《美国职场状况》报告显示，新员工在工作的前六个月比他们在公司工作的任何其他阶段都更加投入。即便如此，仅有约52%的员工在该时间段内积极参与，这表明还有改进的空间。

培养员工参与的积极性早在员工被录用之前就已经开始了。根据组织目标和战略规划来招聘和选拔合适的候选人，这为培养他们参与的积极性做好了准备。有效的入职培训可以设定预期目标，让员工与经理和同事建立联系，步入积极参与的轨道。定期提供反馈意见、学习机会，以及执行基于能力的薪酬计划可以巩固参与积极性和对组织工作的投入。

Brilliant Ink在2013年公布的“员工体验调查”中，对美国境内的300名《财富》1000强的员工开展调查，调查员工体验的关键时刻，并把它们与得到普遍认同的员工敬业度指标联系在一起：满意度、支持率、留任率，以及对公司的自豪感。根据该调查数据，下面列举了一些人力资源专业人士可以采取的步骤，以此影响组织来改变员工体验，在人才招聘中促进参与积极性。

1. 让寻找工作变得简单、流畅并增加对职位的了解。潜在的员工在与组织接触之前就逐渐形成对组织的看法，这不仅影响招聘工作，也影响员工长期参与的积极性。根据“员工体验调查”，高达82%的潜在申请人依赖公司网站上的信息，这是他们了解公司的主要方式。但是，其中近40%的潜在申请人认为公司网站上的信息没有价值。

   确保公司的职业页面以及所有公开招聘的职位提供丰富、有用的最新信息。

2. 建立准确的第一印象。一个简单的职位面试会对员工长期参与的积极性造成影响。在接受调查的员工中，有多达四分之一的人认为他们受到面试流程的误导，因此不太可能积极参与。确保在招聘流程中“推销”的职位反映候选人将实际填补的角色定位。

3. 让第一天变得重要。在接受调查的员工中，有近一半的人把入职的第一天描述为混乱、无聊或令人困惑的，这最终会降低他们长期参与的积极性。安排富有成效的第一天日程，用入职培训向新员工提供与其职位职能相关的具体信息，让他们了解公司的使命和价值观。

4. 为员工提供有条理的入职培训体验。员工对工作的兴奋程度在入职三个月后急剧下降，这也许是意料中的事情。但是，我们也知道大多数员工表示他们在入职后的 90 天内没有得到任何有条理的入职培训。这些员工也更有可能在参与积极性的评分上给出低分。

5. 提供一名“伙伴”。开展“伙伴”计划可以加快新员工的生产力，使他们增加对职位的满意度，从而会留在公司工作。“伙伴”可以让新员工感到受欢迎，回答新员工的提问，并帮助他们了解组织文化。合适的“伙伴”候选人具备的特征有：亲切；经验丰富；有很高的个人行为标准；积极向上；善于沟通；了解组织的实践、文化、流程和系统。但是，“伙伴”的作用不是成为新员工的主管。培训员工，与员工沟通绩效标准和评估员工是主管指导员工未来发展的基础，这些工作不应交给“伙伴”完成。

6. 向员工展示通往成功的道路。员工想知道自己职业的发展方向。为留住最有价值的员工，必须与他们沟通未来的选择方向。大多数员工在招聘流程中没有进行此类对话；40%的员工甚至在年度绩效考核中也没有进行过此类对话。虽然许多公司制订了职业发展计划，但是人力资源部门领导者也有职责来推广这些计划，并监测计划的效能。

新员工需要快速上手工作，如上所述，入职培训是帮助组织实现这一点的重要策略。

入职培训与融入组织策略

通过入职培训，员工开始熟悉组织，以及自己所在的部门、同事和职位。入职培训通常持续一到两天，帮助员工了解组织及职位的实际情况（对组织和员工都有益处）。

融入组织包含入职培训，以及员工就任新职位刚开始的几个月。融入组织计划帮助员工培养与他人的良好的工作关系，这些人包括主管、同事和其他工作中需要接触的人员。

融入组织可以是非正式或正式的。

在非正式融入组织中，员工在没有结构化计划的情况下了解自己的职位。非正式融入组织的融入过程大部分是留给员工自己来解决的。

正式融入组织，顾名思义，是经过认真安排的。正式融入组织可以在招聘和选拔流程中就开始，一直延续到入职后的几个月。在正式融入组织中，入职培训加入其他安排好的活动中。一些正式融入组织计划，从员工进入新职位开始，持续一年或更长的时间。

下面内容主要谈论正式融入组织。

正式融入组织计划通常涉及人力资源部门、主管，以及新员工的同事，依靠这些人的协调努力。高层领导也有可能参加。

融入组织通常为职位类别量身定制。例如，为入门级职位准备的许多融入组织活动不同于为中层管理者准备的活动。融入组织活动的持续时间也可不同。但是，无论职位的级别如何，总体目标是相同的，旨在：

- 给新员工讲授在任务和集体交往方面他的角色。
- 让新员工融入已形成的组织文化和规范。
- 帮助新员工建立关系并获得归属感。

融入组织的作用是为员工提供通往成功的策略。融入组织计划有助于提高员工生产力和绩效。如果融入组织计划执行出色，则有助于促进员工敬业度与留任。

融入组织计划带来的具体好处因组织而异，甚至在同一个组织内部也会各不相同。一般而言，通过实施融入组织计划，大多数组织的员工变动率下降。新员工通常感到工作压力减少，对组织的忠诚度迅速增加。对经挑选参加新员工融入活动的现有员工而言，融入组织流程的许多组成部分提升了他们的工作体验。

入职培训与融入组织一起，共同帮助员工更快地适应新职位，从而有可能更快地为组织的成功做出贡献。这些实际做法让新员工融入组织，为他们在职位上的成功打下基础，从而成为组织内敬业、高效的成员。

表 2-20 总结了从候选人提出职位申请到融入组织期间的一些实际做法，这些做法

可以提高员工敬业度。

表 2-20　提高员工敬业度的做法

提高敬业度	提高忠诚度
招聘	
针对那些可能认为工作具有吸引力和挑战性的合格申请人。 确保招聘启事： • 沟通有吸引力的职位特征，增加人员与职位的匹配度。 • 促使不适合该工作的人自动退出	突出员工方面的交换关系：薪酬与福利、晋升机会、弹性工作时间。 承认和反映各种承诺的和谐（如工作/生活平衡）
员工选拔	
选拔合适的人从事合适的职位。挑选最有可能满足下列条件的候选人： • 出色履行职责。 • 自愿做贡献行为。 • 适合组织文化	提供与招聘职位相关的选拔标准。 给公司经营能力创造良好的第一印象
员工融入组织	
清楚描述预期目标，鼓励工作中的互相联系： • 介绍新员工认识与其有共同点的员工。 • 将他们加入有共同目的的团队。 • 实施“伙伴”计划（通常从入职后开始，持续 6～8 个月）。 • 不要阻止合理数量的交往	拥有一支高度参与的领导者和管理者队伍。 提供职位工作所需的工具。 参观工作场所

第 3 章　员工敬业度与留任

员工敬业度与留任旨在开展能实现下列目标的活动：保留表现卓越的人才；稳固和改善员工与组织的关系；建立蓬勃发展和充满活力的员工队伍；制定有效的战略，以满足各级员工对表现的合理预期。

留住人才并确保员工始终致力于组织的使命，这是一项困难重重的任务。因为激发（或打击）员工积极性的方式因人而异，所以至关重要的是，人力资源专业人士必须理解员工敬业度的种类、益处和挑战。这会给人力资源专业人士配备必要的工具和战略，成功保持员工的敬业度。

了解员工敬业度的基本内容有助于提供一些见解，但是若想影响员工敬业度，组织则需要知道当前员工的敬业度。开展调查和留任面试这两种方式可以帮助组织努力了解员工的敬业度。这些流程应当定期开展，及时跟上员工队伍的变化。

组织通过制订员工敬业度与留任计划，可以确保员工敬业度。这些项目注重在员工生命周期的每一阶段培养敬业度，从招聘录用到离开组织。员工敬业度、组织自身能力的发展和留任都是组织绩效管理系统的关键组成部分。

像大多数的组织流程一样，员工敬业度与留任战略必须定期评估。密切关注敬业度和留任指标有助于及时发现问题，从而避免员工敬业度下降和离开公司。

理解员工敬业度与留任

员工敬业度是通过建立互惠互利的关系来充分利用员工才能的方式，在这种关系中员工觉得雇主倾听和重视自己。

敬业度类型

员工敬业度是一个比员工满意度、承诺和士气还要广泛的概念。这是一个以结果为推动力的概念，某些员工和雇主/劳动力特征可以使员工行为积极影响个人和业务层面的表现。

大部分人力资源专业人士和管理顾问把员工敬业度定义为对组织承诺（渴望继续留在组织工作）和员工愿意“加倍努力”的态度，这包括承担其他职责和主动推行整个组织有效运行的努力。

Wilmar Schaufeli 和 Arnold Bakker 认为员工敬业度和“员工劳累过度”恰恰相反，前者有以下几个特征：

- 活力。员工显得精力充沛，努力投入工作。
- 热忱。员工积极参与工作，对工作充满热情，有一种自豪感。
- 专注。员工对待工作专心致志、全神贯注。

William H. Macey 和 Benjamin Schneide 对员工敬业度做了大量论述，从心理、感情和行为三个方面加以定义。他们描述了与人力资源专业人士的工作直接相关的三个方面。

- 特质敬业度描述的是基于个性的内在因素，这些因素使得个人倾向于敬业：天生的好奇心、参与的渴望、解决问题的兴趣。在招聘和录用过程中可以考虑这些性格因素。
- 状态敬业度受工作场所条件或实践的影响（如任务的种类、在工作中参与决定的机会），这通过管理层直接控制的组织介入方式可以得到改善。
- 行为敬业度显然是员工投入工作的努力，与缺乏敬业度的员工相比，有敬业度的员工创造的价值更多，表现更好。它可以与特质和状态敬业度同时存在。

学术文献回顾表明，雇主需注意避免一种不利的敬业形式：交易性敬业，即员工看上去很敬业，如加班，甚至在敬业度调查中肯定自己敬业，然而这并非真正敬业。员工可能表现出敬业的样子，因为这是组织的预期，他们这么做会得到奖励（如果不做，则可能受到惩罚），但事实上，对工作，他们并没有积极性，没有尽力发挥自己的作用；对雇主，也是如此。如果这个“表面”敬业被误认为“真正”敬业，那么可能对员工敬业度、员工表现和员工的身心健康造成长期影响。交易性敬业会损害身心健康。相反，当员工不仅在行为上敬业，而且在心理和感情上也敬业的时候，则会有益身心健康。

员工敬业度的益处

2016 年，总部位于美国华盛顿的盖洛普公司进行了 Q12 敬业度调查的第九次元分析，分析了来自 73 个国家/地区的 339 项研究，涉及 49 个行业、230 家组织。对每一项研究，盖洛普研究人员用统计方式计算了员工敬业度和表现结果之间的业务/工作指标关系。第九次的元分析进一步证实了员工敬业度和九个表现结果之间存在的明显联系。

在敬业度方面得分最高的四分之一的单位和得分最低的四分之一的单位之间的中位数差异为：

- 客户评价相差 10%。
- 利润相差 21%。
- 销售效率相差 20%。
- 人员离职率高的组织离职率相差 24%，人员离职率低的组织离职率相差 59%。
- 员工安全事故相差 70%。（此外，卫生保健行业的雇主报告涉及病人的安全事故次数相差 58%。）
- 收缩（偷盗）相差 28%。
- 缺勤相差 41%。
- 质量（缺陷）相差 40%。

先进的组织战略规划所创造的环境能推进员工与管理层的积极关系，能设法平衡员工需求与组织需求，能提高员工的敬业度。

员工敬业度的驱动因素

员工敬业度的四个驱动因素在全球看起来是一致的：

- 工作本身（包括发展机会）。
- 对领导的信心和信任。
- 赏识和奖励。
- 及时、有条理的组织沟通。

但是，每个驱动因素可能因文化差别等事物而表现得不同。由于这些差别，跨国公司必须注意避免以种族中心主义或总部确定方式对待员工敬业度。他们还应当注意对员工调查数据的解读，避免仅根据一两个国家/地区的数据就采取行动，而要考虑在许多国家/地区的广大员工做出的答复。

为提高全球员工的敬业度，雇主应当：

- 在国家文化背景下审视全球人力资源决定。

- 用有效的研究（而不是刻板印象）使人力资源实践与当地实际的员工态度和看法相一致。
- 切记：敬业度的标准在不同国家/地区差别很大，必须用国家/地区准则正确解读员工调查数据。

对全球敬业度的驱动因素还存在其他解读。怡安翰威特（前身是翰威特，由怡安公司在 2010 年收购）在自己所有的敬业度模型中确定了影响敬业度的“工作体验因素”。怡安翰威特指出，这些敬业度的驱动因素（见表 3-1）在组织的控制范围内。

表 3-1　敬业度驱动因素

有魅力的领导	高层领导； 经理
以人才为中心	品牌； 职业生涯和发展； 绩效管理； 奖励和赏识； 人才和人员配备
工作	授权/自主； 工作任务； 工作/生活平衡； 工作满意度
基本因素	工作保障； 安全性； 风险； 调查跟进
敏捷	合作； 以客户为中心； 决策； 多元和包容； 为基础结构提供条件

怡安翰威特的敬业度模型把敬业的表现行为分为“乐于宣传”“乐意留任”“全力付出”。根据怡安翰威特的表述，敬业的员工具有以下特点：

- 乐于宣传：向同事、潜在员工和客户盛赞自己所在的组织。
- 乐意留任：有强烈的归属感，渴望是组织的一分子。
- 全力付出：积极主动地为自己的工作和组织的成功而不懈努力。

此处引用的研究数据是在怡安翰威特 2018 年全球员工敬业度趋势研究报告中的数

据，这些数据来自其五年的定期员工研究数据库，代表世界各地 60 多个行业的 1000 多家大小型公司的 800 多万名员工的观点。2018 年的报告结果指出，组织有强大的敬业度驱动因素，并且员工的敬业度较高，这样的组织在人才、经营、客户和经济表现上也略胜一筹。

员工敬业度与员工综合健康

证据表明，员工的身心健康水平高，其敬业度才更有可能持续下去。Towers Watson 把综合健康界定为员工健康的三个不同方面。

- 身体：总体健康、耐力、精力。
- 心理：压力水平、乐观、信心、控制。
- 社会：工作关系、工作/生活平衡、公平、尊重、相互联系。

Towers Watson 的研究为员工敬业度和综合健康的相互影响提供了一些初步证据，可以用来预测下列结果：

- 综合健康水平高且高度敬业的员工最具生产力，也最快乐。
- 综合健康水平低又高度敬业的员工更容易离开所在的组织；虽然他们的生产力往往很高，但是他们也更容易劳累过度。
- 综合健康水平高但敬业度差的员工是组织的一大麻烦。他们更容易留在组织工作，但是没有积极性去实现组织的目标。
- 综合健康水平低又不敬业的员工对组织做出的贡献最少。

Robertson 和 Birch 也发现了初步证据来证明综合健康对保持员工敬业度的重要性。他们的研究发现综合健康能促进员工敬业度和生产力之间的关系。他们提出，如果计划只针对奉献精神和自主努力但缺少呵护员工综合健康的内容，那么它们能实现的影响力是有限的。

有关综合健康对员工敬业度产生的有益影响，这方面的研究虽然还很有限，但是这两者给组织带来的有益结果已显示出来。因此，Robertson 和 Cooper 提出，敬业度与综合健康的共同影响有可能超过其中任何一个的影响。

我们还是要回答这个问题："什么是员工的综合健康？"

影响综合健康的因素在不同组织、同一组织的各个部门，以及国家/地区之间存在差异。雇主和人力资源专业人士必须接受这些潜在的差别，确定和管理自己组织内部独特的敬业度驱动因素，从而实现对人力资源支出投资的最大回报。

作为一名人力资源专业人士，你要意识到综合健康可能受到其他因素的影响，这些因素不是完全由组织控制的。例如，经济上的难题，新科技扰乱了经营，或者重大的环境事件。虽然组织和人力资源部门不能控制所有情况，但是他们可以考虑这些情况并相应地调整自己在敬业度方面的做法。

员工敬业度与组织文化

怡安翰威特的研究表明，员工敬业度受到组织文化因素的影响，如自主、合作等文化表现。要想影响员工敬业度，人力资源专业人士必须首先理解组织文化。

简而言之，组织文化可以从话语和行动中显现出来，它们反映了组织的价值观和看法。文化和战略一致的组织是最具成效的。这可以通过不同方式加以实现，例如，领导者的榜样，选拔组织杰出员工和重要事件（组织的历史，如组织如何成立或如何克服障碍），投资组织资源，以及具体实践，尤其是与敬业度有关的人力资源部门的实践。

文化影响组织的一切，从影响对组织品牌的公共看法到员工工作满意度和敬业度，再到实际利润。表 3-2 列出了文化的一些常见特征类型。

表 3-2　文化的一些常见特征类型

特征类型	文　化
专制型	权力属于高管。 员工不参与决策或目标制定过程
机械型	通过正式规则和标准操作程序向员工明确规定任务和职责。 沟通过程遵循组织的规定。问责制是关键因素
参与型	采取合作方式做出决定和集体解决问题。 员工积极参与决策或目标制定过程
学习型	组织规范、价值观、实践和流程鼓励个人（以及整个组织）增长知识，提高能力，提升表现。 分享和持续学习得到积极肯定
高绩效型	重视才能。 由下而上促进创新、提升表现、推广以客户为中心战略、增进关系、加强沟通等

当人力资源部门在收集员工敬业度方面的信息时，需要考虑回答有关组织文化的下列问题：

- 我们创造的组织文化是什么？

- 该文化是否为我们实现战略目标提供支持？该文化是不是我们需要的和想要的？
- 该如何表达组织文化来提高员工敬业度？

经理对敬业度的影响

与怡安翰威特的结果一致，其他研究也表明经理的行为对员工敬业度和员工综合健康至关重要。这意味着关注经理与员工的关系是确保创造和保持真正的敬业精神的重要途径。同样地，鼓励员工用自己的行动对外展示敬业度的经理，他们也能促进发扬奉献精神，这是创建劳动力队伍的关键机制，让劳动力保持敬业度和富有生产力。例如，具备坦诚和稳定的特性，支持员工的职业发展，了解如何激励自己的团队，这样的经理有助于确保员工主动积极地投入工作。

虽然执业类文献早就指出有效管理和员工敬业度之间的关系，但是学术类文献在提供证据方面有所落后。尽管如此，最近的一些学术研究表明员工敬业度和各种领导方式之间的确存在联系，对员工表现提供支持而不是发号施令的领导方式更能提高员工敬业度。

经理是员工敬业度最重要的一个组成部分。员工希望感受到经理关心他们，把他们当作专业人士和人员看待。如果经理对员工表示感激，突出员工的成绩，与员工保持良好的沟通，并经常提供积极的反馈意见，那么他们可以促进敬业度的提升。人力资源专业人士在支持经理培养敬业员工方面起着积极的作用，从而支持组织、经理和个人都能取得成功。

来自企业领导委员会的研究列出了与员工敬业度相关的具体经理特征，表 3-3 列出了一些最重要的敬业度“杠杆”。每个杠杆根据组织文化和表现特性，或者日常工作或经理特征进行分类。注意经理的主导地位。

表 3-3　敬业度的最有效杠杆

组织文化和表现特性	日常工作特征
• 内部沟通。 • 诚信的声誉。 • 创新	• 工作和组织战略的连接。 • 工作对组织成功的重要性。 • 了解如何完成工作项目
经理特征	
• 表明全力投入多元化建设。 • 表明诚实和正直。 • 适应变化的环境。	• 对成功和失败承担责任。 • 鼓励和管理创新。 • 准确评估员工潜力。

（续表）

经理特征	
• 明确表达组织目标。 • 具备工作技能。 • 设立现实的绩效目标。 • 在正确的时间把合适的人员放在合适的职位。 • 帮助找到解决问题方案。 • 将项目分解为可管理的组件	• 尊重作为个体的每个员工。 • 表现出对成功的渴望。 • 关心员工。 • 在组织内有良好的名誉。 • 接受新想法。 • 为直接下属辩护。 • 分析思考

吸引和保留企业业绩所需的人才已经充满挑战。最终的目的是让他们敬业。

Rachel Lewis 和同事一起开展了一项小型研究，该项研究也表明特定的管理行为可以提升员工敬业度。来自一家大型能源供应商的 48 名呼叫中心员工就他们直属上司的行为接受了面试调查。这些面试都被记录下来，然后用内容分析进行评估。该项研究发现了积极和消极的行为，在数据分析中，三个主题的 11 项技能显现出来。表 3-4 列出了提升员工敬业度的技能。

表 3-4　提升员工敬业度的技能

主　题	管理技能	描　述
支持员工发展	自主和授权	相信员工的能力，让他们参与解决问题和决策过程
	发展	帮助员工的职业发展和进步
	反馈、表扬和赏识	提供正面的、建设性的反馈意见，表扬员工，奖励优秀的工作表现
人际交往风格和正直	个人利益	表现出对员工的真心关怀和担忧
	提供服务	定期与员工开展一对一面谈，在有需要时提供服务
	个人工作方式	表现积极的工作方式，以身作则
	道德	保守秘密，公平对待员工
监管与指导	审查和指导	向员工提供帮助和建议，有效回复员工的指导请求
	澄清预期目标	制定明晰的目标和具体目标，对预期内容给予清楚的说明
	管理时间和资源	了解团队的工作量，必要时，安排额外的资源或重新分配工作量
	遵循流程和程序	有效地了解、说明和遵循工作流程和程序

员工敬业度的挑战

保持员工敬业度有许多外部挑战。过去十年，全球竞争、严峻的经济形势、持续创新和新科技造成了组织重组、裁员，以及工作性质和结构的变化。这给员工带来了影响，许多员工必须应对工作的高需求、资源的减少和不同的责任。

此外，工作和非工作的生活之间的界限越来越模糊。互联网和移动科技让员工可以24小时工作，在任何地方工作。这些新变化似乎既让员工能够更加努力、更长时间地工作，又似乎促使他们不得不这样工作。

Towers Watson《2012年全球劳动力研究报告》显示了劳动力受到这些压力的影响。虽然各地存在差别，但是研究从总体上表明员工比几年之前更焦虑，也更担心自己的将来。这已经造成或将要造成生产力的下降、缺勤的增加，并且有可能增加组织内部想变动工作的人数。对全球3.2万名员工的调查显示，仅有三分之一的员工敬业，三分之二的员工感到不被支持、漠不关心或消极怠工。尽管如此，调查发现员工的工作时间还是增加了，休息的时间减少了，压力增大了。

显而易见，在这些困难时期，员工的敬业度是脆弱的，员工的综合健康也可能受到负面影响。

人力资源部门在解决员工敬业度问题上面临着内部挑战。因为正是此处提到的这些外部压力，所以一些领导者认为自己的组织既没有时间，也没有资源来重点解决敬业度问题。因此，这就需要人力资源部门创建商业案例，告诉雇主应当在员工敬业度上投资的原因。

员工敬业度的商业提案

作为战略管理的一部分，人力资源部门创建战略来实现与组织战略相一致的目标。这些战略可以包括全面薪酬、人才招聘、企业社会责任、多元与包容、员工敬业度等。

考虑一下刚才数字化例子所带来的敬业度问题。要想缓解这些问题，人力资源部门需要：

- 彻底了解组织的劳动力遗留问题。
- 确定哪里需要新技能。
- 用模拟和方案计划来预测未来劳动力的需求。
- 创建和保持在培训、获得新技能和长期聘用方面加以平衡的坚定的员工价值主张。
- 支持带来思考与合作的系统。

总之，敬业战略应当明确如何长期保持敬业精神。研究和最佳实践显示：

- 长期坚持。提升敬业度的工作需要长期开展下去，有效的敬业度战略远不仅是一份员工调查计划。

- 衡量一贯性。对敬业度、其结果及目标进展的衡量应当在连贯、可预测的基础上进行。例如，敬业度战略可以明确每年进行两次敬业度衡量，在 3 月和 9 月进行，而且与组织的第一和第三季度的结果（如生产力等）联系起来。
- 连接敬业度与商业结果。让员工知道敬业度如何对组织结果造成实实在在的影响，这有助于为敬业度战略创建和支持商业案例。此外，雇主应当告诉员工，敬业度工作真正地促进了对组织环境质量的改善。
- 寻求员工意见。如果员工有机会为长期的敬业度战略提出自己的想法，那么这样的战略才是最有效的。可以每个季度召开一次论坛（如在办公楼大厅），向员工提供与敬业度相关的目标进展情况，并且员工可以就这些目标提供反馈意见。
- 获得领导支持。敬业度工作需要领导的支持，应当鼓励把敬业度目标加入组织政策和决定，最终目的是要让员工敬业度成为组织价值观的核心。

实施员工敬业度计划需要领导的支持和投资。人力资源部门可以准备一个商业提案，根据某个行为可能给组织利润带来的影响，说明这个行为的潜在价值。虽然员工敬业度的影响主要是间接的，但是组织能够通过提高留任、客户忠诚度、生产力和安全性来保持结果的健康。敬业度会加强这些方面。

许多重要的研究已经量化了员工敬业度对商业成功的影响。Great Place to Work®Institute 是一家调查公司，负责推动《财富》杂志“最适合工作的 100 家公司®”名单及 45 个国家的类似“最佳工作场所”名单。根据自己的“1000 多万名员工声音”数据库，这家公司的报告指出：

- 尽力和敬业的员工，并且信任自己的领导层，这批员工的表现比其他员工高出 20%。
- 拥有尽力和敬业员工的公司比其他公司的自愿离职率低一半。
- 在“100 佳公司”榜单上的公开上市公司的表现持续高出主要股票指数 300%。

怡安翰威特研究了 1500 家公司的敬业度结果，得出下列结论：

- 有 60% ~ 70%的敬业员工的公司，其平均股东总回报为 24.2%。
- 只有 49% ~ 60%的敬业员工的公司，其平均股东总回报率降至 9.1%。
- 公司的敬业员工比例未超过 25%的，其平均股东总回报率为负数。

这些全球大型调查数据包含了上千万名员工，提供了强有力的理由要重视提升员工敬业度，并在这方面进行投资。

人力资源专业人士可以结合这些平均数值和自己组织的价值观衡量来预测投资

回报。

> 通过说明与组织目标有关的可衡量的结果来创建员工敬业度战略的商业提案。

留任

成功的人力资本管理需要有效的选拔流程，以及有效的留任战略和实践。

> 留任是把有才能的员工留在组织的能力。组织追求留下有卓越表现的员工并淘汰绩效差的员工。

为什么留任很重要

组织花费时间和精力发现和招聘高素质的申请人。如果组织缺乏有效的留任战略和实践，就可能失去有才之士。

员工变动发生在员工离开自己工作的组织时。员工离开组织的原因多种多样，一般可分为：

- 自愿离职。例如，接受另一个提供更好条件的职位，跟随调动的配偶，返回校园全日制学习，对工作不满意，等等。
- 非自愿离职。例如，因绩效差被解雇，因合并或公司重组造成职位消除。

员工变动会给组织带来各种后果，例如：

- 为招聘职位所花的时间、精力和货币投资完全白费。
- 造成培训时间、知识和技能的损失。
- 给员工士气和生产力造成负面影响。
- 影响组织保持多元化劳动力的能力。
- 导致要再次花费时间进行重新招聘和重新培训。
- 可能失去机会成本。

管理员工留任涉及一个组织的战略行动，以保持高绩效人员的积极性和专注度，从而使他们选择留在组织中。一个全面的员工留任计划对吸引和保留关键员工，以及减少人员变动及相关成本都起着重要作用。

了解促使员工离开组织的原因固然重要，但同样重要的是，要了解有价值员工留在组织的原因。一些研究表明，表现优秀的员工很可能留在组织的原因有：

- 他们认为自己的工作有意义。

- 他们因出类拔萃而得到赏识。
- 组织提供了工作成功所需的工具和资源。
- 绩效管理系统公平、一致、透明。
- 组织提供吸引人的奖励和津贴，基于任期的经济奖励，或者在其他地方少见的独特奖励和津贴。

员工往往会扎根在自己的职位和社区。离开职位需要切断或重新安排社交和价值网。因此，员工在组织中扎根越深，越有可能留下来。“工作中的朋友”是许多大型跨国企业推行的概念，鼓励建立敬业度和全力以赴。组织的紧迫任务是保持和提升员工敬业度。

留任战略从组织的品牌树立和招聘工作开始，然后在员工的工作体验中持续开展。在社区和行业中有着良好声誉的组织，并且有过去和现在的员工和客户，则更有机会吸引和保留高级人才。

招聘表现优秀的员工，从清楚说明所需的知识、技能和能力开始。在选拔流程中考核合格申请人的文化适应性，有助于保留更满意的员工。

提供有竞争力的薪酬和福利也有助于招聘和保留高级人才。在薪酬和福利市场上落后的组织往往面临留任难题。

在选拔流程中经常包括实际的职位预览，向申请人提供职位的完整信息。

这不仅有助于确保申请人和招聘职位间的适当匹配，而且有助于减少自愿的人员变动。

其他留任做法

本学习体系中谈论的影响留任的其他因素有绩效管理系统，雇主与员工关系质量，以及发展和进步的机会。

简而言之，人力资源的所有方面都存在有助于实现留任的各种做法。因此，至关重要的是，组织内部人力资源各专业领域的专业人员必须在人力资源部门领导者的带领下开展合作，制定和实施多层面的留任战略。

下面列出了提高员工留任的想法：

- 把关键员工的留任看作人才管理的战略部分。
- 熟悉劳动力每一部分的激励需求。

- 开展持续研究，监测激励和劳动力趋势。
- 深入了解员工想留在组织和离开组织的原因。
- 把保留和培养高价值人才的能力与经理绩效评估联系起来，并适当奖励他们。
- 用不同的方式让员工及时了解组织的方向和未来计划。
- 监测留任率和人员离职率。
- 继续努力保持组织系统、部门、流程和程序之间的一致性，从而提高留任率。

员工敬业度评估

用来确定员工关注重点的用得最多的两个工具是员工调查和留任面谈。这些工具互为补充。员工调查提供大量相关的、可分析的数据。留任面谈提供面对面的机会，对敬业度的驱动因素展开深入讨论。通过建立双向沟通，从组织的角度证明员工的价值，面谈本身就可能建立员工敬业度。

员工敬业度方面

了解员工对综合健康的看法对创建敬业度至关重要。雇主必须认识到员工的预期，这可能形成员工的敬业做法，以及员工对当前条件和时间的评估。

在考核员工敬业度时，人力资源部门应当把重点放在员工如何对组织进行总体评估以及如何具体评估自己的工作上。表 3-5 列出了四个关键方面。

表 3-5　关键方面

方　　面	特　　征
领导特征	• 非常关心员工。 • 清楚表达企业目标。 • 值得信赖
团队实践	• 了解客户。 • 精通战略。 • 奖励做出价值贡献的员工
组织价值观	• 尊重员工。 • 以客户为中心。 • 回馈员工和社会
工作本身	• 与组织战略相联系。 • 有挑战、有意义

更加具体的是，SHRM 列出了一份类别和活动清单，可供人力资源专业人士用来衡量和分析员工敬业度。

- 职业发展。职业发展计划向员工提供学习新想法和新技能的机会，从而为未来的职位和挑战做好准备。职业发展活动与员工敬业度相联系的例子包括：
  - 组织内的职业晋升机会。这些可以包括职位扩大（在同一职位上完成不同的任务），或职位充实（通过增加责任来增加职位的深度）。内部职业晋升机会的其他例子有职位轮换（在不同职位之间轮流），职业双通道（为专业和技术人员提供传统管理角色之外的有意义的职业道路），以及快速通道项目（快速培养潜在的未来领导者）。
  - 为学习和专业发展提供的职业发展机会（学习、导师、交叉培训等轮换任务）。
  - 在工作中运用技能和能力的机会（如委员会/团队参与）。
  - 付费培训和学费的报销项目（如学院/大学课程、继续教育）。
  - 内部流动（如晋升、降职、搬迁、调动等）。
- 与管理层的关系。SHRM 确定了一些特别重要的关键活动，包括：
  - 员工与高管之间的沟通。
  - 自主、独立决策。
  - 管理层对员工工作表现的认可（提供反馈意见、激励、奖励）。
- 薪酬与福利。与员工敬业度和薪酬与福利有关的一些重要考虑因素包括：
  - 薪酬/总工资。
  - 支付的工资在本地市场具有竞争力。
  - 灵活平衡生活与工作（其他工作安排方式，如分摊工作、弹性工作制、远程办公等）。
  - 为员工及其家庭提供医疗福利。
- 工作环境。例如：
  - 工作的意义（理解工作对组织价值观或整个社会的贡献）。
  - 企业总体文化（组织的声誉、职业道德、价值观、工作条件等）。
  - 与同事的关系。
  - 工作对组织业务目标的贡献。
  - 工作本身（富有趣味、充满挑战、令人激动等）。

考核员工敬业度时可能涉及的其他主题包括：

- 组织经营策略和方向、创意、创新等。

- 以客户为中心。
- 对人力资源效能的看法。
- 员工留任和缩减问题。

员工调查和留任面谈是从员工那里收集信息的常用方法，用来评估敬业度。

员工调查

员工调查是用来收集和评估员工对工作环境的态度和看法的工具。员工调查为重要的组织问题提供正式资料。许多组织利用员工调查来衡量员工敬业度，以及评估敬业度和重要业务结果之间的关系。从此类调查的结果中，组织还可以更容易看清哪些对敬业度计划的投资是成功的，哪些没有成功，以及如何改变与敬业度相关的人力资源实践和投资决定。

员工调查有时候分为三个类别：

- 员工态度调查旨在决定员工对一些主题的看法，包括公司文化和公司形象、管理质量、薪酬与福利项目的效能、组织沟通和参与问题、多元化，以及安全和健康担忧。
- 员工意见调查旨在衡量一些具体问题的重要数据。这些调查可能寻求获取某些意见，如对员工执行具体流程的意见、对安全规程的意见，或者雇主可能评估或考虑的其他问题。
- 员工敬业度调查关注员工对工作的满意度、投入程度和士气水平。调查问题或声明应当清楚明确地与业务目标相连。

员工调查可以是内部设计的或是购买的。内部设计的调查可以让你只关注自己的公司；第三方设计的调查节省时间，并且可以让你比较自己的组织与其他类似的组织。（意见调查，根据其性质，几乎都是内部策划。）

定期参与员工调查的顾问指出，真正的价值是要定期衡量改善情况。

调查的益处

正确设计、巧妙进行的员工调查有许多益处。具体而言，调查可以：

- 提供一种直接手段来评估员工的态度，否则员工不会报告这些态度。
- 改善与员工的关系，因为这向员工表明他们的观点是受到重视的。
- 增加员工的信任度，这取决于要执行的结果。

- 提高客户的满意度，快乐的员工意味着快乐的客户。
- 发现劳动力问题的早期警示征兆和根源冲突。

调查是雇主与员工之间沟通流程的关键部分。定期开展调查，这个简单的行为本身可能就是创建敬业度的要素，因为调查增进沟通，有助于建立“员工的声音”，或双向共享信息。可是，要实现沟通的功效，领导者和管理者必须表现出对收集反馈意见的重视，并且致力于做出答复。这可能包括公布调查数据，以及为答复员工提出的反馈意见而评价既定行为。

调查中包括的员工敬业度方面

最有效的调查所问的问题是那些可以产生具体纠正行为的问题，这些问题还能表明对工作经验进行奖励的长期承诺。

盖洛普在其 Q12 敬业度调查中，调查了 12 个衡量员工敬业度的问题，并且与业务结果联系起来，如留任、生产力、利润、客户参与以及安全。

- 你知道对你的工作要求吗？
- 你是否有做好工作所需的材料和设备？
- 你是否每天都有机会做你最擅长的事？
- 在过去的七天里，你是否因工作出色而受到认可或表扬？
- 你是否觉得你的主管或同事关心你的个人情况？
- 在工作中是否有人鼓励你的发展？
- 你的意见是否受到重视？
- 公司的使命/目的是否让你觉得自己的工作很重要？
- 你的同事是否致力于高质量的工作？
- 你在工作中是否有最好的朋友？
- 在过去的六个月内，在工作中是否有人和你谈论了你的进步？
- 在过去一年里，你在工作中是否有机会学习和成长？

当然，员工敬业度会受到一些因素的影响。敬业度调查问题需要根据每个公司的情况专门设计，特别是根据公司当前的战略规划和目标。例如，新建公司的问题不同于历史悠久的公司的问题，跨国大公司的问题不同于地方小公司的问题。

设计和开展调查

设计和开展调查是敬业度调查的重要步骤。调查时间表也很重要，从而获得参加者的正确回复。整个流程应当有计划和总体时间表，在开展员工调查前安排好从开始到结束的每个步骤。计划和时间表应当包含调查的所有阶段。计划和时间表有助于确保必要资源的到位，这些资源不仅是设计和开展调查所需的，也是检查结果，向利益相关者汇报和根据结果采取行动所需的。

为了达到调查预期的益处，员工应当：

- 了解调查的目的，是衡量态度、意见，还是敬业度。
- 接受重要方面的调查。（一般调查可能错过对具体劳动力至关重要的关键方面，或者把重点放在非相关方面而减少对关键方面的关注。）
- 保证保密性和匿名性。
- 对结果给予反馈。

人力资源专业人士应当知道在开展调查中可能出现的下列问题，并且应当准备好应对这些问题。

- 员工通常会对组织效能和工作满意度做直截了当的评估。如果管理层无法接受批评或者可能采取抵御，那么人力资源部门领导者应当考虑是否要进行员工调查。
- 员工对某些担忧和问题始终都持批评态度，他们的看法可能是不正确的。因此，组织可以避免向员工调查这些问题，除非他们已准备好应对。例如，员工很少对自己的工资、餐厅的食物或绩效考核流程感到满意，对这些方面的打分经常会很低。
- 人力资源部门很少逃脱被审视或批评。员工往往对人力资源部门有很高的期望值，通常认为该部门应当更加以员工为导向。
- 对调查工具和无确定答案的回复可能需要翻译。为确保翻译的准确性，必须审查翻译服务提供商的资质和经验或者用多名翻译人员。
- 在员工接受员工调查方面存在文化差异。例如，在一些存在等级制的亚洲文化中，员工可能不熟悉这种邀请员工提供意见的广泛管理概念。因此，亚洲雇主和员工对开展员工调查的想法可能感到不安。

员工敬业度调查的指导原则

在设计员工敬业度调查时，组织应当考虑下列指导原则：

- 加入每年都可能问的问题。这将提供管理员工敬业度的基线。

- 使用中立或积极的语言。例如，用“我们的员工和管理者比例是否符合我们这种规模的公司？”来代替“管理者的数量对我们这种规模的公司而言是否太多？”避免消极用语。
- 关注行为。调查主管和员工日常行为的问题属于好问题，并且尽可能把这些行为与客户服务联系起来。
- 注意避免诱导性问题和提供不了信息的问题。例如，“你盼望着星期一去上班吗？”即使向敬业的员工提问，也很容易给出“不”的回答。
- 保持合适的调查长度。过长的调查降低参与率，并可能导致歪曲的回复，因为参加者回答问题只是为了想尽快结束调查。
- 如果与供应商合作，他们提供给你一份“标准”问题清单，那么要考虑修改问题来体现具体的组织需求。
- 需要考虑发布调查时你对组织的价值观所表达的内容。问题选择很关键，因为这会让员工了解组织关心的问题。
- 要求提供一些书面评语。一些组织会加入无确定答案的问题。员工可以在调查结束前写下评语，可以是调查中没有的主题，以便组织可以加入未来的调查中。
- 考虑开展多种类型的调查，每种调查的问题、频率和对象都不同。例如，“脉搏”调查是比较简短、频率较高的调查，是用来调查特定的问题，或者向特定的员工部门进行调查，这种调查可以在年度调查之间进行。或者，向公司领导者和员工开展不同的调查，在不同的业务部门或特定的国家/地区进行调查。

沟通调查结果

员工敬业度调查结束后，应当把调查数据放在一起审查，并且应归类到每个业务部门，让每个经理可以对敬业度做出有真实影响力的改变。一些专家还建议让直属经理与自己的员工沟通调查结果，从而根据调查建议制订行动计划。此外，为了从上而下和从下而上地制定敬业度目标，组织可以要求全体员工在业绩考核中定下敬业度目标。

公司应当利用当前所有能利用的沟通渠道。公司经常忽视的一个渠道是社交媒体。在使用社交媒体前，人力资源专业人士应当考虑自己组织的文化和法律环境，但是这些工具的确能提供潜在的跟进沟通，供人们进行快速、定期更新，从而强化行为和保持前进势头。

> 一旦调查结果分析完毕，组织就必须根据获得的信息采取行动，而且必须以员工能看到的方式进行，让员工意识到正在采取行动。
>
> 如果组织没有正确处理好员工敬业度调查，那么可能会实际降低员工的敬业度。

员工如果觉得组织只是走走形式，忽视收集的反馈意见，则会更加不敬业。这些员工可能会拒绝参加未来的调查，在未来的调查中有可能错过发现越来越多大问题的机会。

调查结果决定组织行为

调查中发现的每个问题并非都能加以解决，但是如果组织优先解决一批问题，并让员工了解会解决哪些问题，为什么要解决以及怎么解决，那么员工会对调查产生信任。通过处理员工提出的担忧，可以解决重要问题，这会提升总体敬业度，未来参加调查的人数也会增加。

换句话说，应当利用调查结果做出战略决定，把资源集中在能产生最大影响力的地方。收集的信息应当清楚反映员工敬业度的驱动因素，即工作环境中决定员工敬业度最关键的方面，从而组织可以在事实的基础上制定敬业度战略。

确定敬业度驱动因素的方式多种多样，包括：复杂的敬业度数据统计模型，举行焦点小组访谈来了解员工最关心的事，在敬业度调查中加入此类调查项目。无论采取哪种方式，都必须考虑以下几点：

- 每次开展敬业度调查时都要确定敬业度的驱动因素。随着组织的发展，敬业度驱动因素可能因不同调查而异，特别是对已经有效解决的之前调查中发现的问题。此外，组织内不同员工小组的敬业度驱动因素也可能不同。
- 确定利用可用资源可以实际解决的敬业度驱动因素。组织很容易在数据中迷失方向，对获得的信息不知所措。为避免这点，敬业度计划应当明确敬业度调查中领导最关心的部分，可以形成经营策略的部分，有哪些资源可以用来实施可行的建议，以及要对哪些员工细分小组进行调查（若有）。敬业度计划还必须得到员工的支持。他们需要知道会给他们带来的好处，以及高层领导者对该项计划的投入程度。
- 制订实际、可测的行动计划。
- 跟踪进程，开展沟通，公布结果。

↘ 员工调查的在线调查方式

许多公司使用在线调查，而不是通过传统的书面、邮件或电话方式进行。同样地，人力资源部门可以选择内部自行设计和开展的在线调查，也可以使用许多供应商提供设计、制定和执行的在线调查服务。

表 3-6 列出了在线调查的一些突出优势和劣势。

表 3-6　在线调查的优势和劣势

优　　势	劣　　势
• 由于员工访问的便利性，答复率较高（通过互联网或内联网可以随时完成在线调查）。 • 调查不会在邮件中丢失。 • 增加和/或改善对开放式问题的答复。 • 获得更快的结果。 • 浏览当下的及时调查结果（用密码登入获取）。 • 消除面试官的偏见。 • 分析数据轻松、灵活	• 所有员工必须有可以使用的计算机，并且具备基本的计算机知识。 • 需要准确、及时更新的电子邮箱地址。 • 必须开展试运行，从而确保调查形式可靠，而且在所有操作平台上都可进行。 • 调查对象可能因空间限制而无法完整回答开放式问题。 • 病毒检查软件必须是最新的。 • 服务器必须有安全保障，确保结果的真实性（例如每人只能接受一次调查，只有经授权的人员才可接受调查），防止未经授权的人员读取结果

在线调查的另一个潜在问题是，回复的信息可以做到保密，但不是匿名的。在线调查通常连有一个独特的字母数字标识符，该标识符直接对应员工的回复电子邮箱地址、身份证明或姓名。雇主把这些标识符与调查相连是因为他们需要验证，证实回复的有效性。虽然这一点可以理解，但是这也意味着调查回复可以追踪到员工个人。调查的保密和匿名保证对获取坦诚的答复和建设性反馈非常重要。通过独立的第三方在线调查公司来开展调查，只向组织汇报小组答复，可以同时做到保密和匿名。

有效管理调查项目

概括来说，考虑 Bob Kelleher 在其文章《这与员工满意度无关》中描述的经验教训，他为大公司和小公司开展了很多敬业度调查，这些教训就是来自他所做的调查。

1. 只有在确认领导层会致力于倾听反馈并为之采取行动的情况下才可开展调查。对调查结果不采取行动会助长员工的愤恨和怀疑情绪。组织没有准备好应对调查结果，这会破坏员工敬业度。
2. 与咨询公司合作。这可以让你把调查结果与同行业的其他公司比较，了解与行业标准的距离，并确保对调查参与者的保密。
3. 做好准备。确定活跃、有效的沟通计划来宣传调查。如果之前开展过调查，那么宣传自上次调查以来实施的具体行为、取得的成功和进展。
4. 邀请调查顾问向高层领导团队说明调查概要。该顾问可以提供适当的背景资料来缓解领导对结果的焦虑。与领导层的会谈结束后，该顾问同沟通团队一起制订计划，商定向员工沟通结果的时间和方式。

5. 成立一个跨部门的委员会，审查公司的总体结果，并向管理层提出建议。该委员会应当是领导者和员工代表的平等组合。委员会将评估调查结果，向领导层建议需要优先解决的问题。

6. 在微观层面上，成立一个当地的跨部门的委员会分会，审查当地的结果（业务部门、职能部门），确定当地的高层和一流员工担任分会成员。

7. 让当地委员会采用通用的行动计划模板，考虑把所有的计划发布在内联网上，鼓励分享最佳实践、合作和一致性。

8. 保证简单、完美地执行。调查结束后往往会出现过度承诺和未兑现承诺的情况。这可能产生猜疑的工作文化，所以要确保实施严格的重点审查流程，附有具体的预算，这能为实现公司承诺提供充分的资金。深思熟虑的行动计划需要组织的投资。组织的后续跟进会严重影响员工如何判断调查的成功。

9. 计划反馈跟进机制。如何能从员工那里获得持续反馈？员工敬业度调查团队与人力资源部门合作，对于监测反馈和确保有效的行动计划将是非常宝贵的。

10. 切勿在未完成反馈分析和未做出应对计划的情况下就开始另一项调查。根据员工调查专业公司的研究，每年开展一次调查比每两年开展一次调查在员工敬业度指数上有更大的提高。

11. 减少对科技供应商的投资，增加对调查后的结果投资，把重点放在解读、行动计划、后续跟进、沟通和打造品牌上。

留任面谈

了解员工为什么想留在组织以及为什么想离开组织有助于提升敬业度和留任率。留任面谈促进组织对此进行了解。

在留任面谈期间，员工谈论喜欢（或不喜欢）当前职位的原因。留任面谈还有助于评估员工对部门和/或组织的满意度和敬业度。

另一个好处是，此类对话提供了与员工建立信任的机会。

留任面谈最好由该名员工的经理进行。虽然人力资源部门可以为棘手的面谈提供帮助，但经理是影响员工工作条件的最佳人选。人力资源部门应当为经理提供培训，包括如何进行面谈，如何建立融洽气氛，该问哪些问题，以及如何做到积极倾听。

在有效的留任面谈中，经理用轻松交谈的方式提出标准的、有条理的问题，经理的交谈方式应当鼓励员工坦诚沟通。大多数留任面谈不会超过半个小时。

在留任面谈结束后，人力资源部门和经理进行总结，这种做法有几点好处，如可以利用结果来分析组织形式、分享见解等。总结还有助于评估在个别部门需要做出哪些改变，或者哪些问题需要由组织层面加以解决。

同离任面谈相比，留任面谈更加可取，因为可以问员工为什么想继续留在组织工作。在离任面谈中，想要影响员工改变决定，劝他们留下来，通常都已经太晚了。

员工敬业度与留任项目开发

员工敬业度与留任流程应当包含整个员工生命周期：从招聘开始（如招聘流程中更实际的职位预览，更好地融入组织项目），到聘用阶段（如改善工作/生活平衡），再到离开阶段（如利用离任面谈产生“回力镖”作用，让员工愿意将来带着自己的技能重返组织），在各个阶段都要加强雇主与员工的联系。

在整个员工生命周期吸引员工

了解和评估员工敬业度从了解员工经历开始，特别是员工生命周期的重要接触点，该周期描述了与员工在组织任职期间相关的所有活动。虽然具体的员工生命周期模型存在差异，但是通常包含四个阶段：录用、融入、发展、异动。

招聘是员工生命周期的开始，它包含所有的人力资源流程直到完成录用。离开阶段表示生命周期的结束，因为员工前往另一个内部职位或离开组织。

对人力资源专业人士而言，员工生命周期影响员工所需的发展活动的投入和类型，以便支持员工达到最优绩效和敬业度。如何在人才招聘、敬业度和留任期间适用员工生命周期各阶段，可考虑几个简单的例子（未包含）。

- 录用。雇主与员工关系由此开始。
- 融入。在这个阶段，员工获得工作所需的信息和工具，在职位上安顿下来。同时，员工开始熟悉组织文化、同事和管理层。

- 发展。为了提升敬业度和留任率，组织在员工的发展上投入时间和资源。根据要求，员工参加内部培训，以及由组织出资的外部专业培训项目。通常，人力资源部门和管理层与员工一起合作，根据绩效评估框架或系统来制定绩效具体目标。
- 异动。这个阶段的具体活动取决于转变的类型（如辞职、开除、调动、晋升、降职或退休）。例如，在辞职情况下，建议进行离任面谈。

人力资源专业人士在增加员工总体满意度和敬业度方面负有责任，通过改变员工生命周期中的关键时刻，他们可以使员工的职业生涯富有意义。他们可以通过这些阶段影响员工敬业度：员工在录用和融入组织阶段，员工在组织的整个工作阶段，员工在离职阶段。

表 3-7 列出了在聘用期间保持和提高员工敬业度的一些方法。

表 3-7　在聘用期间保持和提高员工敬业度的一些方法

提高敬业度	提高忠诚度
工作丰富化	
在工作中加入意义、种类、自主和同事的尊重	把员工的工作与组织战略联系起来。 对发布的职位进行内部招聘
学习与发展	
提供技能发展培训，从而提高工作表现、满意度和自我效能	发出互惠承诺信号： • 公司投资培训。 • 提供不同的培训方式以适应员工承担其他责任
战略薪酬	
公平薪酬：保持薪酬与外部市场价值和内部战略价值相一致；确保内部的公平（对从事同一职位的员工而言） 绩效薪酬：把员工的注意力集中在受到鼓励的行为上；取决于对绩效的定义，可能产生未预料到的后果。 能力薪酬：鼓励获得知识和技能，提高员工绩效、满意度和自我效能	有竞争力的薪酬：吸引合格的职位候选人。 公平交换：发出互惠承诺信号。 弹性福利与津贴：促进各种责任的吻合（如与人生阶段匹配的工作/家庭平衡）。 退休和高级职位薪酬计划：鼓励长期忠诚度和公司认同感
绩效和职业生涯管理	
提供： • 与公司战略目标一致的挑战性目标。 • 积极的反馈和对成绩的赏识。 • 无偏见的评估方法。 • 对自愿贡献的感激和赏识	管理绩效，从而： • 使员工能长期体验到成功。 • 促进工作/生活平衡。 • 尊重有经验的员工的专长

实际职位预览

实际职位预览是选拔流程中的一个环节，用来向申请人提供职位和工作环境方面的真实、全面的信息，清楚展示如果申请人被录用，该职位的未来工作画面。实际职位预览有三个主要目的：

- 给候选人提供尽可能多的信息，从而让他们可以在此基础上做出该职位是否适合自己的决定。
- 让组织有机会客观地描绘该职位，包括有利和不利的方面。
- 增加候选人和组织之间良好匹配的可能性。

实际职位预览中可以包含许多内容。

职位性质和组织文化是形成信息共享和信息呈现方式的两个重要因素。

表 3-8 列出了实际职位预览中可能分享的组织信息的一般类型。

表 3-8 实际职位预览的信息类型

• 对职位平常一天的描述。 • 组织的愿景、使命、价值观。 • 对组织产品和/或服务的简要说明。 • 职位的书面说明。 • 职位中其他员工认为有困难的方面。 • 职位中其他员工认为有意义的方面	• 专业发展与晋升的机会。 • 薪酬与福利的实际情况。 • 职位的独特方面（如处理客户投诉、加班）。 • 等待公司裁员、重组、合并、收购等。 • 选拔流程中的步骤

组织可以用多种方式开展实际职位预览。例如：

- 组织及其品牌的视频。
- 参观工作场所（网上或现场）。
- 与将来的同事面谈。
- 与职位有关的视频。
- 模拟（复制）工作条件。

实际职位预览，可适用一句简单、明智的西方格言：说真话是有好处的。

有效的实际职位预览：

- 消除不实际的预期，准确描述组织的实际情况。
- 促进申请人与组织之间的良好交流。
- 鼓励自我选拔。
- 有助于提高工作满意度。

- 有助于避免失望。
- 减少入职后的压力。
- 降低人员变动率。

工作/生活平衡

收集的有关员工需求和兴趣方面的信息可以用来制订特定种类的敬业度计划。鼓励员工发展的政策，可以通过学费报销项目加以实施；对员工综合健康的担忧，可以通过旨在实现工作/生活平衡项目加以证明。让我们以工作/生活平衡项目为例进行说明。

由于科技和社会的变化，如移动科技、双职工家庭、通勤困难和通勤时间长，工作/生活平衡已成为许多工作场所担忧的问题。组织可以提供大量的工作/生活平衡项目，如表 3-9 中列出的项目。

表 3-9　工作/生活平衡项目

工作/生活平衡项目	说明/例子	
便利/上门服务	银行服务； 晚餐到家计划； 干洗和洗衣服务； 食品杂货服务	为家庭需求提供转介服务（如管道维修、电力维修）； 给补贴的食堂服务
员工援助/发展项目	职业发展和辅导； 员工职业发展课程； 财务计划； 法律援助； 导师指导； 咨询资源和推荐	教育资源和推荐； 退休计划； 时间管理培训； 学费资助项目
家庭援助项目	收养援助； 临时（紧急）托儿所项目； 育儿援助	老年护理补助； 大家庭成员的长期护理； 育儿资源/研讨会
弹性工作安排	弹性工作时间：员工选择上班和下班时间，但通常核心时间段（如从上午 10 点到下午 3 点）必须在办公室。 工作分担：由两名员工共担或分割一份工作的工作量。 兼职聘用：给员工提供时间缩短的工作安排（如因照顾孩子）	远程办公：在科技的协助下，员工可以远程办公。 弹性工作周：有时候称为压缩工作周，这可以让员工通过延长工作小时来减少工作天数（如工作四天，每天工作时间延长，而不是通常的五天工作模式）
休假	产假和陪产假项目	自费休假

（续表）

工作/生活平衡项目	说明/例子	
杂项	通勤项目； 员工亲和小组； 雇主赞助折扣	人体工程学项目； 哺乳室； 公共交通补助
合计工作小时	日/周工作小时； 对强制性加班的限制	病假； 休假天数
保健项目	疾病管理项目； 健身福利/工作场所健身项目	戒烟项目； 体重管理项目

工作/生活平衡项目的实施可能受到下列因素的影响：

- 法律。法律是否规定了工作/生活平衡福利。
- 劳资关系。劳动合同是否有明确的员工工作/生活平衡条款。
- 组织文化。组织是否支持员工家庭，或是否要求为职业进步而长时间工作；经理以哪些行为为榜样，以及奖励哪些员工行为。
- 国家文化。对待性别、社区或承认等问题的文化态度可以决定预期和需求。
- 组织的成熟。是新成立的公司，还是处于创业期的公司，抑或是已有能力支持工作/生活平衡计划的公司。
- 市场实践。哪些工作/生活福利是必要的竞争力（本地和全球）。
- 员工的期望和需求。对存在家庭支持、照顾孩子和其他个人需求的员工统计数据以及他们的具体要求是什么。
- 正式人力资源管理水平。是否有整合战略，是否有培训等活动的支持，是否促进提出要约。

表 3-10 列出了工作/生活平衡项目带给雇主和员工的一些潜在益处。

表 3-10　工作/生活平衡项目带给雇主和员工的一些潜在益处

带给雇主的益处	带给员工的益处
• 提供弹性的工作环境。 • 强化雇主品牌。 • 减少缺勤。 • 降低人员变动率。 • 减少工作场所压力。 • 减少医疗费用。 • 提升员工敬业度、士气和生产力。 • 提高客户满意度/客户保留率。 • 有助于吸引合格的人才。 • 增加员工忠诚度与留任	• 提高工作满意度。 • 缓解工作上的压力。 • 增加对雇主的忠诚度。 • 提高总体生活满意度。 • 帮助管理工作和家庭责任。 • 让员工可以更多地参与家庭生活。 • 方便老人护理。 • 提高自尊

为了有效配备执行弹性工作安排的员工，人力资源专业人士应当：

- 根据员工的工作风格和技能水平，挑选能胜任此类角色的员工。
- 明确表达预期要求、报告和绩效结果方面的内容。
- 联系信息技术部门，获取远程办公和网络通信的技术资源。
- 建立涵盖弹性工作安排的绩效管理系统。
- 持续评估弹性安排，确定工作满意度和员工对组织的贡献。
- 根据组织战略目标，评估弹性工作项目的成本效益和其他影响。

表彰和奖励

员工表彰和奖励项目是以某种外在的方式承认员工对组织做出的贡献。建立表彰和奖励项目会增加员工对组织的认同感，建立信任，并激励他们继续努力，因为此类项目承认员工（或团队）的独特能力，表达了对他们的尊重。一个好的表彰和奖励项目宣传期望的组织成绩，突出有价值的行为。

用奖励来强化期望的行为，这个概念源自斯金纳的行为主义理论。为了强化一个行为（确保再次出现），雇主可以：

- 积极强化或给予有价值的事物，例如，员工因在工作中做出一项重要贡献而获得假期。
- 消极强化或去除不喜欢的事物，例如，团队因工作特别努力而准予一天“便装”日。

表彰满足员工的心理需求——渴望获得赞许，渴望出类拔萃，渴望成长和晋升。奖励可能看起来更具交易性——卓越的表现可以换取许多经济和非经济益处。表彰和奖励在这些项目中深深地交织在一起，但是必须记得，在一个有效的项目中，这两方面缺一不可。

奖励可以是经济的（工资或晋升以外的），也可以是非经济的，例如，公开表扬或私下反馈，更多地参与工作场所的活动和决定，参加培训的特权或获得职业发展工具的特权。奖励可以表达感谢，但也有助于培养员工的技能。奖励可以根据员工的个性、兴趣或需要量身定制。

人力资源部门可以选择不同的非经济表彰方式来促进敬业度，包括：

- 给团队或工作组指派在公司内有机会增加关注度的任务，让他们接触公司的其他部分，提高技能。
- 允许员工对自己的工作任务有更多的自主权，自行判断和安排。
- 给予指导其他员工或尝试不同工作的机会。参加“优秀表现员工”发展计划。
- 增强工作工具或资源（如订阅专业期刊）。
- 奖赏（如信件、奖牌、典礼）。
- 提供更具弹性的工作计划表或让员工在家上班。

SHRM 基金会提供资金来调查绩效管理与员工敬业度之间的联系，对在发达和发展经济体内经营的跨国企业开展调查。这项研究涵盖了在英国、印度、中国、荷兰和其他亚太地区经营的组织。一些重要的调查结果如下：

- 设置多种绩效评估结果（如晋升、培训、增加工资等），有利于提升员工敬业度。
- 在研究的所有调查类型中，高水准的工作和组织资源通常都是与之相关的关键元素。
- 员工参与目标的制定有利于改善员工对工作和组织的看法，但其重要性在世界各地存在差异。

接受调查的员工还表示组织的公正性是绩效管理和提升员工敬业度的重要因素。如果员工觉得受到了公平待遇，那么他们更有可能自豪地热烈讨论自己的工作和所在的组织。

Globoforce 公司出资，委托 SHRM 每年举行两次调查。调查的目的在于了解人力资源部门领导者和从业人员所面临的难题，以及他们采取了哪些策略来解决这些难题。2016 年的春季调查揭示了有关表彰方面的发现：

- 与组织价值观相联系的表彰计划比其他项目更有效。接受调查的人力资源专业人士表示，在表彰计划与组织价值观相联系的情况下，他们注意到项目的执行效果在每个衡量指标上都优于没有与组织价值观相连的项目。调查显示，在优秀项目的评选上，前者获选的可能性比后者高出九倍；在投资回报强劲度上，前者的可能性比后者高出 32%；在培养和强化公司价值观上，高出 31%；在保持强大的雇主品牌上，高出 31%。这些项目不断强化公司目标，并确立理想行为的现实模型，这可能是它们在敬业度和满意度等方面造成积极影响的原因。
- 对员工表彰投入 1%以上薪酬总额的组织获得更好的结果。人力资源部门经理长期面临着分配多少资金给奖励和表彰计划的问题。通过比较对员工表彰分配至少 1%薪酬总额的组织与不到 1%的组织，发现了以下差别：分配至少 1%或更多薪酬的公司在招聘表现、员工留任和财务业绩上都得到改善。另外，他们的员工与公司价值观的联系也更加紧密。

表 3-11 列出了人力资源专业人士在开发和实施表彰计划上可以发挥的作用，以支持员工敬业度。

表 3-11　人力资源专业人士在员工表彰计划上的作用

宣传战略表彰计划	必须把员工放在能走向成功的职位。 让员工担当合适的角色，并给他们提供完成工作所需的资源和支持
连接表彰计划与公司价值观	每一个表彰时刻都要直接提及组织的核心价值观和战略目标。 通过在员工的头脑中强化公司的核心价值观，增加表彰时刻的意义
鼓励公司对员工表彰投入资金	在员工表彰上投资的组织获得更好的回报： • 提升敬业度。 • 增加留任率。 • 提高财务业绩。 • 加强员工与公司价值观的联系

在设计表彰系统时应当运用两个标准：

- 应当表彰有助于组织实现战略目标和体现组织价值观的表现。
- 表彰的形式应当对被赏识者有重要意义。

离职期间的员工敬业度实践

雇主和人力资源专业人士可以认识到，当离职的必要性变得明确时员工的敬业度依然存在。

从员工敬业度角度审视离职政策和程序，可以给组织及其当前和未来的人才库带来积极影响。例如：

- 在裁员或下岗的情况下，人力资源专业人士在处理临时和永久员工流失的过程中，可以支持采取公平、合规的人性化方式。这不仅符合道德，而且向离职员工表示雇主依然尊重他们，依然肯定他们的价值。
- 在员工自愿离职的情况下，离任面谈是确定员工敬业度的障碍和机会的重要时刻。面谈可以发现其行为与旨在提升敬业度的组织实践不符合的经理和主管，或者，了解当前尚未满足的促进身心健康的员工需求。

客观、积极、处理得当的离职过程有助于塑造雇主品牌。通过提高员工的敬业度，组织有可能帮助员工实现完整的敬业度周期。

随着换工作已成为一件习以为常的事情，各种规模的组织在与前员工保持联系方面变得更加在行，也更具创意。建立前员工网络意味着，虽然员工离开了组织，但是组织没有忘记他们，这种体验可以让员工和组织互相受益。

前员工网络概念改变了雇主与员工之间的传统约定：既不存在矢志不渝的奉献，也不存在离职后的恶意情绪。这和基于学校的校友网络没有什么区别。组织邀请前员工加入正式的前员工网络，提供各种实在的好处，如参加特别活动、给予推荐奖励，以及开展社交活动或发送电子简报。反过来，建立公司的前员工网络带给组织的益处包括：

- 打造品牌。在员工任职期间必须善待他们，并且帮助他们转换工作，这会鼓励他们作为“品牌大使”传播对组织的积极反馈。
- 带来新业务。离开组织的员工可能会回过头来成为组织的客户。
- 获取行业智慧。如果前员工与前雇主之间保持友好的关系，那么他们可以提供对行业的见解。
- “回力镖”。前员工可能会在某个时间点重返公司，那时候他们不仅有更多不同的经验，而且具备内部知识，可以立即开始工作。员工在离职期间感受到的敬业氛围会影响一名有价值的员工最终重返组织的机会。
- 员工推荐。对职位招聘而言，有谁比曾经在公司工作、了解具体情况的前员工更适合推荐候选人呢？

绩效管理

绩效管理系统包括用于讨论过去绩效和改善未来绩效的标准、测量和流程。随着员工的技能、知识和能力的大量增加，该系统会给整个组织带来益处，也会给个人带来益处。员工可以根据考核和评估结果来提高绩效并计划未来的发展。

绩效管理系统

组织的绩效管理系统对员工职业生涯期间的敬业度发挥着重要作用。绩效管理是保持或改善员工工作绩效的流程。它需要利用绩效考核工具。当发现了技能缺口时，员工的经理会把该信息提供给人力资源部门，让他们进行差距分析，并就适当的干预策略提出建议，包括：学习和发展工具，如培训和辅导，持续提供反馈；改善员工与绩效经理之间的沟通；等等。

组织有时候并不看好绩效管理，可能认为整个流程太耗时间。但是研究表明，实现目标需要有动力。如果绩效管理开展得当，它就会提高员工敬业度。反过来，高敬业度会提高员工绩效和生产力，进一步推动组织的业绩，并促进实现组织目标。此外，绩效管理为组织提供了更多信息，以了解自身的优势和劣势。

绩效管理系统只有满足下列条件才能充分实现效力：

- 获得高层领导者的支持。
- 负责实施系统的经理认同系统对组织的价值观，并彻底了解如何实施该系统。
- 教导员工了解系统，如何充分利用该系统，如何确保他们做出回复和反馈的权利。
- 对系统的实施进行定期评估和改进，在必要时加以调整，以便与战略和文化相一致。

绩效管理系统首先包括组织的价值观和目标，但也包括绩效标准、员工绩效与行为。它依赖于考核和反馈，影响着员工的工作成果和组织的业务发展。从另一个角度看，绩效管理系统与组织战略、个人贡献、业务成绩相互关联。所有这些因素最终会给组织目标带来影响。

下面进一步分析其中的三个基本因素。

使绩效与组织价值和目标相一致

绩效目标应当反映组织已经确立并沟通给员工的价值。在员工的绩效目标中可以明确具体的价值，例如，员工的行为要表现出对客户服务的尽心尽力。个人绩效目标也提供机会，向员工展示其个人努力对组织战略成功所做的贡献。

当组织领导者的行为能明显体现组织的价值观和目标的时候，绩效管理与这些价值观和目标相一致做得最好。

绩效标准

绩效标准是管理层对员工的期望，该期望解读为员工可以做到的两个关键方面：

- 行为。组织希望员工做什么。
- 结果。组织希望员工生产什么或提供什么。

绩效标准告诉员工必须做的事情以及做这些事情时必须达到的要求。

绩效标准应当客观、可以衡量、切合实际，并且以书面形式（或录制）予以明确说明。标准应当列出在绩效考核时会用到的具体的衡量指标。员工绩效的衡量指标包括：

- 质量。工作完成得如何及/或最终产品的准确度或有效性如何。
- 数量。工作的产量如何。
- 及时性。工作的速度如何，完成工作的时间或日期。
- 成本效益。给组织节省资金或在预算范围内工作。

在高层领导的支持下，这些绩效标准应当在整个组织内进行沟通，应当告诉员工管理层对绩效的要求是什么。这可以通过多种方式进行，包括绩效引导、员工手册、组织或部门会议、简报等。

员工绩效与行为

由于个人贡献推动组织结果，因此经理应协助把组织的业务目标、具体目标和绩效标准转化成员工个人的目标。员工的职位说明和所需的职位技能应当与绩效计划目标和具体目标之间有直接关系。

影响员工绩效的其他因素包括：与经理的互动及经理的反馈，员工是否感到个人与工作以及组织文化的联系。

组织可以通过以下行为建立高绩效工作场所：

- 表明高管对绩效管理的支持。
- 提供积极的、有挑战性的工作环境。
- 参加培养员工敬业度的活动。
- 培训经理如何开展绩效管理（包括法律问题）。
- 实行绩效管理经理问责制。
- 提供来自经理、同事、客户和其他人员的持续反馈，而不仅是绩效考核会上的反馈。
- 提供合适的资源和工具。
- 保持一致的管理实践。

绩效考核

绩效考核是衡量员工遵守绩效标准的情况以及提供反馈的典型方式。该流程衡量员工完成工作要求的程度。

绩效考核实现三个目的：

- 提供反馈和咨询。
- 协助分配奖励和机会。
- 帮助确定员工的志向并规划发展需求。

绩效考核针对个人或小组进行，有效的绩效考核可以：

- 通过建设性反馈提高生产力。
- 发现培训和发展需求。
- 沟通预期要求。
- 培养忠诚度并促进相互理解。

虽然绩效考核是开展评估和提供反馈的正规方法，但是经理还可以根据平常观察的结果提供非正式反馈。应当奖励优秀绩效，但是奖励不局限于增加工资或奖金。措辞得当的表扬经常是对优秀绩效的有效奖励。

为了确保有效性，无论是对个人还是对小组开展绩效考核，都应当以持续方式进行，而不仅是一年一次的年度考核。一些组织彻底放弃年度考核，选择完全基于持续考核的系统。

确保考核的持续进行，无论是否配上年度考核，都可以让经理定期监测员工的进展，并指导员工在一些地方加以改进。最理想的是，员工在绩效考核中获得的信息都是意料之中的信息。

考核方法

绩效考核的常用方法涉及员工和主管。在一些组织文化和环境中，考核个人的绩效时，可能会向其同事和下属寻求意见。这可以通过 360 度绩效考核法来实施。

可以用来开展绩效考核的方法有下列几种。

- 分类评分法。分类评分法是绩效考核的最简单方法，考评员在一份指定表格上标注员工的绩效水平。例如：
  - 图表等级法。表格上列出了每项任务的等级，考评员在每个等级的合适位置打钩。典型例子是五分制评分等级，其中 1 分远远低于标准，3 分符合标准，而 5 分远远高于标准。

  ○ 清单检查法。清单上列出一组表述或词语，考评员对描述员工特征和绩效的条目打钩。
  ○ 强制选择法。这是对清单检查法的变更。要求考评员在四个表述中选择两个打钩：一个是最符合员工的表述，另一个是最不符合员工的表述。
- 比较法。考评员直接把每一名员工的绩效同其他员工的绩效进行对比。例如：
  ○ 排名法。考评员把所有员工从高到低排序。如果有 20 名员工，那么考评员按照从最佳到最差的绩效把第 1 ~ 20 名员工依次排序。
  ○ 成对比较法。每一名员工都与其他员工一一配对比较，使用相同的绩效等级进行两两对比。这种方法比排名法提供更多的员工个体信息。
  ○ 强制分布法。对员工进行评分并标注在钟形曲线的不同百分点上。
- 叙述法。考评员提交书面的绩效考核叙述。例如：
  ○ 评语法。在评分期间，考评员对每一名员工的绩效写一段描述性文字。通常会给考评员几个主题来写评语。
  ○ 关键事件法。在实际评分的基础上，再保留一份员工表现记录。把整个评分期间的优秀和不良表现都记录下来。
  ○ 现场审查法。这一方法由主管或经理和一名人力资源专业人士合作进行。人力资源专业人士就每名员工的绩效与主管面谈。面谈后，人力资源专业人士把每名员工的比较评分进行汇编，然后把评分提交给主管，由主管批准或加以修改。

为了克服一些与考核相关的困难，可以使用两个特殊的考核方法。

- 在目标管理法中，员工自我制定目标，确定在特定时间段内想要达到的结果。该目标是以组织的总体目标和具体目标为基础的。

当员工制定了总体目标和具体目标后，员工和经理之间就会进行对话，双方协议最终确定目标。这样，目标不是强加给员工的，但还是体现了组织的目标。

形成目标管理法基础的假设包括：

○ 战略规划已经就绪。
○ 有结果表明，计划和制定自我目标的员工会更加投入工作，表现更加出色。
○ 员工会更好地完成明确定义的目标。
○ 绩效目标可以衡量，明确期望的结果。

- 另一个特殊的考核方法是行为锚定绩效评价法。通过描述期望行为和不期望行为的例子，行为锚定绩效评价法旨在解决分类评分法中存在的问题。接着，这些例子按照绩效水平等级加以衡量。

把每个行为和相应的绩效水平明确地标示出来，有助于减少一些其他考核方法无法避免的局限性。

表 3-12 是前台职位的行为锚定绩效评价法例子。

表 3-12　前台职位的行为锚定绩效评价法例子

出色	5	积极、愉快地接待访客，带领他们到茶点区，让访客知道延误的情况，保持工作台和整个前台区域的整洁、有序，积极回应致电者，能直接处理一些请求，有效安排工作先后并独立完成工作项目，在非忙碌时间寻找其他工作项目
	4	愉快地问候访客，为他们指引茶点区。工作台整洁、有序。回应致电者，如果认为情况紧急，则会采取其他步骤。有效、独立地完成大多数工作项目
合格	3	待人和气，保持工作台整洁、有序，正确接听和转接电话。某些工作项目需要经指点才能完成
	2	熟悉电话系统，但是转接电话有时会出错。工作台通常是整洁的。努力工作，但需要更多的指点
不合格	1	不熟悉电话系统功能，转接电话经常出错。工作台杂乱无章。在非忙碌时间难以专注和完成工作项目，即使经过指点。经常未做到积极问候访客

行为锚定绩效评价法有几点优势，包括：

- 更加准确的绩效尺度。
- 更加清晰的绩效标准。
- 反馈。
- 独立方面。

行为锚定绩效评价法最适用于许多员工执行相同任务的情形。这个方法需要大量的时间和精力去开发和维护。此外，衡量不同职位的员工绩效必须开发不同的行为锚定绩效评价法。例如，对一家饭店而言，经理、厨师、服务员、清洁工都需要有各自的行为锚定绩效评价法。

开发行为锚定绩效评价法通常要求组织：

- 设计重要事件。
- 确定绩效方面。
- 制定事件等级。

- 开发最终工具。

为了给组织选择最佳的考核方法，应当权衡每种方法的优势和劣势。

表 3-13 根据 Gary Dessler 在 *Human Resource Management* 中指出的考核工具的优势和劣势，列出了其中的一部分工具。

表 3-13　考核工具的优势和劣势

	优　势	劣　势
图表等级法	使用简单，给每位员工量化的评分	标准可能含糊不清
排名法	使用简单，但没有图表等级法简单	可能造成员工的意见不合，而且，如果员工都很优秀，则可能导致不公
强制分布法	强制给每一组分配预定数量的员工	考核结果取决于最初选择的截止点的适当性
关键事件法	有助于明确员工表现上的“对”和“错”；推动主管长期对下属进行考评	可能难以给员工评分或对员工进行排名
目标管理法	与共同商定的绩效目标相关	执行起来可能要花费大量时间
行为锚定绩效评价法	行为“锚”非常准确	可能很难开发

绩效考核中的错误

任何考核评分方法都可能有逻辑错误。与绩效管理有关的例子如下所述。

- 光环/尖角效应。当一名员工在某个领域出类拔萃时，可能会发生光环效应，因而在所有类别都能得到很高的评分。相反，当员工有弱项时，可能会发生尖角效应，导致总体评分低。
- 近因效应。在考核期间，当考评员给新近发生的事件增加评分比例，而对员工之前的表现减少评分比例或忽略不计时，就会发生近因效应的错误。
- 首因效应。当考评员给员工的早期表现增加评分比例，而对新近发生的事件减少评分比例或忽略不计时，就会发生首因效应的错误。
- 偏见。偏见是由考评员的价值观、信仰或歧视导致扭曲评分（有意识地或无意识地）的错误。
- 过于严格。一些考评员可能不愿意给高分。严格的考评员认为标准太低，因而可能提高标准，从而使标准达到他们眼中的意义高度。
- 过度宽容。宽恕错误是考评员不想给低分造成的。在这种情况下，所有员工都会获得高分。
- 集中趋势。当考评员不顾实际表现的差异，对所有员工在狭窄的范围内评分时，就会发生集中趋势错误。

- 对比效应。把员工的表现与另一名员工的表现进行比较，以此作为考核该员工的基础，而不是根据客观的绩效标准，则会出现对比错误。

考核会议

有效的绩效考核是工作上的规划活动，由员工和主管共同参与。双方都要为此投入，这是考核取得成功结果的关键所在。绩效考核的过程可以给考评员和员工都带来一种成就感，明确工作的重点，以及致力于具体的职业道路。

员工需要知道对他们是如何评分的，这样他们可以清楚了解考评员和组织对他们工作的看法。考核会议让考评员有机会谈论评分、评分的理由，以及未来发展。

在讨论完绩效后，考评员和员工一起订立提高绩效计划，行动计划将有助于员工实现或超越组织、部门及/或个人目标。

考核会议到这个时候，考评员和员工必须：

- 在评估等级上取得一致。
- 确定员工在下次考核前要实现的具体目标。
- 对员工如何实现目标订立实施计划。
- 讨论考评员会如何与员工跟进，以了解员工实现目标的进展情况。
- 讨论在下次考核前必须完成的事情。

除了根据商定的目标考评过去的表现，绩效考核还应当提供机会，让主管和员工一起讨论员工的培训和其他发展需求。员工的兴趣和志向也是应考虑的内容，从而可以规划长期发展，做好安排，尝试此类职业发展的可能性。

员工绩效记录

缺少记录的绩效考核是不完整的。从法律的角度看，绩效记录可能是员工个人档案中最重要的一份资料。好的记录可以防止出现法律问题，也可以决定诉讼的输赢。

所有的绩效记录都必须在事件发生后尽快完成，而且必须具体、客观、准确和连贯。与没有任何记录相比，糟糕的绩效记录往往会给组织带来更多的难题。许多员工诉讼由原告胜诉，不是因为缺少记录，而是因为撰写的糟糕记录。

记录不仅有利于组织避免诉讼，而且可以用来影响培训和职业发展活动，从而提升员工绩效。

绩效管理项目评估

在 SHRM 基金会的一份报告中，Elaine Pulakos 建议用下列行为评估绩效管理系统：

- 跟踪系统用户的培训完成情况。
- 跟踪绩效管理活动的完成情况。
- 定期获得经理对评分使用的绩效标准进行的审查，以确保持续的有效性。
- 获得高管对系统与组织战略目标的一致性进行的审查。
- 定期使绩效考核结果与晋升和工资增长相一致，确保两者之间存在积极的联系。
- 邀请用户提供反馈。

如果绩效考核系统和所需的培训被整合到人力资源信息系统中，那么许多此类活动将变得容易。

员工敬业度与留任战略评估

虽然员工敬业度战略至关重要，但是组织还必须确定该战略是否发挥作用。这需要确定有用的敬业度指标，收集这些指标的数据，分析数据，制订行动计划来提升敬业度。

员工敬业度指标

衡量敬业度没有特别的计算。人力资源专业人士可以把在职业发展、薪酬、管理培训等方面的投资与员工敬业度一起计算，这又和公司的利润相连。

人力资源专业人士可以衡量敬业度行动计划的具体结果。例如，如果敬业度行动计划的目标是减少缺勤，那么可以计算在实施计划前后的员工缺勤率。

$$员工缺勤率 = \frac{本月缺勤天数}{本月平均员工数 \times 本月工作天数}$$

其他重要的指标如下：

- 人均销售收入。对评估因自愿或非自愿人员变动而损失一名员工的成本，这个指标特别重要。人均销售收入减少可能与员工敬业度下降有关。

- 收益率。收益率可以用来评估员工敬业度计划。例如，员工收益率下降可能显示员工敬业度下降。另一个方向也可能正确：
  - 人员离职率低 = 敬业度高。
  - 人均销售收入增加 = 敬业度高。
  - 员工推荐申请人增加 = 敬业度高。

虽然没有特定的敬业度衡量方法，但是衡量与敬业度计划有关的业务结果很重要。很多高管难以看到员工敬业度的巨大力量。提升员工敬业度可以为组织带来重要的益处，例如：

- 提高生产力，增加净收入。
- 减少开支。
- 调查显示，敬业度指标上的积极变化可能与管理者/领导者的绩效目标相连。

在评估员工敬业度、计划行动、实施和评估计划以及它们对业务结果的影响上，人力资源专业人士是提出这类商业案例的首要人选。

员工留任指标

在实施留任战略和实践后，组织应当评估结果来衡量其影响与成本之间的关系。由于具体的留任战略和实践随组织而异，因此组织设计和实施员工留任计划的成本也有差别。不存在典型的标杆成本。但是，缺少标杆并不意味着留任计划无法评估。

评估留任的出发点是了解员工流失情况：离职员工人数，为什么离职，离职对组织生产力和总业务绩效的影响。为了更好地了解员工流失情况，需要提出下列问题：

- 当前的人员离职率是多少？
- 与前几年的数据相比有什么不同？
- 与行业平均数据相比有什么不同？
- 组织在人员变动上的成本是多少？
- 谁在离开组织？
- 人员离职对留任员工的士气有什么影响？

很多雇主交替使用“留任率”和“人员离职率”这两个术语。事实上，留任率，有时候称为“稳定指数”，衡量在一个具体时间段内特定员工的留任情况，它是对人员变动率指标的补充。与只衡量一个指标相比，衡量两个指标可以更完整地了解员工流动情况。

计算留任率的基本公式是：

$$留任率=\frac{在整个衡量期间继续受雇的员工人数}{衡量期开始时的员工人数}\times 100\%$$

确定在整个衡量期间仍在雇佣中的员工人数时，确保只包括在其间开始日和结束日都在雇佣中的员工人数。在衡量期间内雇佣的任何员工都不计算在内，因为目的是跟踪在衡量期间开始日在职员工的留任情况。

留任率经常按年度计算，把工作一年或多年的员工人数除以一年前在这些职位上的员工人数。在该年份内增加的职位不计算在内。在跟踪留任计划的近期效果时，可以使用更短的衡量期间，或者，在计算数年前裁员后留下来的员工的留任时，可以使用更长的期间。

虽然留任率在显示员工队伍的稳定性方面相当有用，但是它的不足之处在于无法跟踪在衡量期间内加入又离开的离职员工。人员离职率显示在同一时期的离职百分比，是对留任率的补充。

人员离职率经常定义为离职人数除以同一时间段内的员工平均人数。

计算人员离职率的基本公式是：

$$人员离职率=\frac{衡量期间的离职人数}{衡量期间的平均员工人数}\times 100\%$$

跟踪留任和人员离职指标让雇主更全面地了解留任和离职的员工。

审查缺勤率和有关歧视的投诉数量，这两项指标也可以显示留任战略的影响（积极或消极）。

经济上的回报可通过审查人力资源指标、投资回报，以及实施战略后的成本效益分析来进行估算。

独立审计是评估留任计划的有效性、效率和影响的另一种方式。审计可能衡量留任方面的努力如何影响各个员工群体。例如，是否某些类型的员工（如非熟练工、高度熟练工、技术人员、专业人员、管理者、高管或资历程度不同的员工）离开组织的情况比其他员工更为显著？根据审计结果，可以针对人员离职率高的员工群体实行具体的介入措施。

收集离任信息也可以深入了解留任有效性方面的情况。离任信息有助于发现员工选择离开组织的原因。

选择和开展离职面谈、调查或其他数据收集工作，必须先全面了解所处情况的文化和法律后果。例如，在全球环境下收集离任信息可能具有挑战性：

- 员工是否愿意对组织或组织内的人员做出负面评价，这属于文化因素，在不同的情况下，差别会很大。
- 对不熟悉离职面谈的员工而言，他们可能对这种做法存有恐惧或疑虑，特别是在困境下离开组织的员工。
- 员工的评价可能很难解读。评价的含义可能因个人文化预期和经验的不同而有很大的差别。
- 数据隐私法规因国家/地区而异，会对收集的数据内容和数据的使用方式造成重大限制。

针对融入组织及其对留任的影响，评估融入组织项目可能包含下列活动和指标（但不限于）：

- 组织的人员离职率/留任率。
- 员工个人的绩效衡量。
- 部门的绩效衡量。
- 来自新员工的正式和非正式反馈。
- 留任起始点（新员工离开组织的起始）。

简而言之，保留最佳员工很重要。了解员工流失的真实成本很困难，因为很多与员工流失相关的成本是无形的，而且往往是无法跟踪的。此外，很多组织并没有适当的系统来跟踪离任成本，招聘、面试、录用、入职培训和培训成本，失去的生产力，可能造成的客户不满，减少或损失的业务，管理成本，因人员变动损失的专长。这需要部门（人力资源、财务、经营）的合作，需要衡量这些成本的方法，以及报告机制。

但是，如果人力资源专业人士监测人员流失和留任的变化，寻求领导对人员离职和留任战略的支持，从而解决这类变化问题，那么组织将处于竞争的优势地位。

第 4 章　学习与发展

学习与发展活动增加员工的知识、技能、能力，提高他们的水平，从而满足组织的业务需要。

在当今的组织中，学习与发展已不再只关注为员工的当前职位提供培训。现代组织利用教育进行职业发展和人才管理。这可以让员工在组织内部成长，并确保组织拥有强大的人才库，输送有为的未来领导者。

在不同的组织中，学习与发展可能属于人力资源专业人士的职责范围。无论谁开发或引导学习与发展，都必须对成年人学习风格的差异有深刻的理解。组织对学习与发展方法（如 ADDIE 模型）的了解，为学习与发展奠定了坚实基础，从而不断取得成功。

尽管职业发展和领导力发展可以采取许多形式，但最强大的职业发展计划的特点是，当员工在组织中寻求发展时，他们可以探索多种途径。虽然职业发展是员工的责任，但是人力资源专业人士可以开发和实施项目（如导师辅导项目或特殊任务项目），提供目标技能和经验的发展机会。

当今组织中的学习与发展

当今许多组织的目标是成为“学习型组织”，不断获取和分享新信息，不断增加拥有技能、知识和能力的人才。人力资源专业人士在以下方面起着关键作用：判断组织的绩效差距；设计合适的学习与发展方案；解释在这些工作上耗费的组织资源。

学习与发展概述

今天，大多数组织面临着重新组合其员工队伍能力的挑战。其中的部分原因包括：经济动荡时期的大量裁员；劳动力的新老交替给组织带来的人口变化；向全球化的转变。此外，市场现实（如成本压力、竞争增加、快速的行业变化）让组织产生了新的紧迫挑战，即组织如何把学习与发展同战略联系起来。

培训与发展活动之间存在的差别是：

- 培训包含针对特定的任务或工作提供知识、技能和能力的过程。培训适合缺乏技能和知识的情况，而且个人有学习的意愿。它提供了立即可以使用的技能，是解决短期技能差距的优秀方案。

  一名销售经理接受培训，学习如何培养高绩效的团队。

- 发展活动的目的是提高员工从事当前工作的能力，同时长期关注为承担未来的责任做准备。与培训活动相比，发展活动的范围更广泛。

  销售经理被确定为潜在的部门领导，获得其他学习机会来培养领导能力。

传统上，组织把学习与发展计划的重点放在培训方面，确定知识、技能和能力的需求或缺口，然后设计、制订培训计划，接着实施培训来弥补需求或缺口，最后评估检查，证实需求已经得到满足。

培训仍在使用，但是组织现在认识到，绝大部分的成人学习发生在工作和生活经历中，以及与他人的关系中。但是，这些学习体验并非毫无计划。工作场所的体验式学习应当像培训一样严格，需要在“幕后”进行设置，以促进其产生最大的影响。这意味着分析个人、小组或组织的需求，包括：确定基于能力的绩效标准；制定个人或小组目标；设计学习活动和体验来促进发展，以便实现这些目标。体验式学习计划还需要评估，以确定计划的效能。

历史上，大多数公司的学习项目遵照“推动”模型，即邀请员工在特定的时间在教室里接受培训，听取一系列讲座，然后回去上班。培训内容是根据培训部门的计划表推给员工的，培训的成功根据听课的员工人数加以衡量。对规定的培训，如合规方面的主题，通常依旧使用“推动”培训。

但是，今天的员工对如何获取和如何发展技能通常有不同的预期。许多年轻员工期望获取培训和支持就像上网搜索一样方便、快捷。在“拉动”模型中，学习与发展是一个持续的过程，随时、随地都可轻松学习：上下班途中、上班期间或工作之外的时间。学习内容通过各种设备发送，如手机、平板电脑、手提电脑；形式也多种多样，如视频、博客、游戏、问答比赛、模拟、播客或幻灯片。“拉动”培训通常是为了提高工作表现而获取所需的技能、能力、知识和水平。

创新领导力中心组织开发了一个称为 70-20-10 规则的学习模型。这套规则基于该组织对高管如何学习的观点，但是也可以用来正确指导一般成年人的学习。其中的规则提出，为了培养经理，必须让他们参与三组体验方式，按照 70-20-10 比率：挑战性的任务（70%），发展关系（20%），课程学习和培训（10%）。

但是，很多组织并未采用这种系统的设计模式来培养领导或一般员工。这可能有几个因素：

- 经理及其上司不具备所需的知识来选择和安排工作任务和职业计划。此外，他们缺乏主动为自己或团队发展关系的积极性。
- 组织无法为深具潜力的经理找到最有可能满足他们学习需求的体验。
- 以往的研究注重总部在美国的公司的体验，其他组织可能会发现把此类知识推广到美国以外的地方并不合适。

人力资源专业人士对组织员工队伍的发展起着至关重要的作用，确保学习与发展职能同组织的战略目标相一致。要实现这一点，他们参与战略规划流程，并加入利益相关者（如公司领导、学习与发展专家、经理和员工）的意见。此外，人力资源专业人士可能参与实施、促进和解读劳动力分析，这些分析为组织做出劳动力发展需求决定提供指导。人力资源部门应当经常审视内部和外部环境，开展需求评估来发现重要的学习机会。

在当今组织中的学习与发展方面，要考虑的因素包括学习型组织的概念、组织学习和全球化的影响。

学习型组织

学习型组织是一个系统水平的概念，是指以其能适应环境变化和能通过改变自身行为迅速应对经验教训为特征的组织。在学习型组织中：

- 学习是由整个组织系统完成的。
- 系统思维得以践行。
- 形成组织内外的员工网络。
- 积极接受变化，准备承担风险，把失败看作学习的机会。
- 组织随着环境的变化而适应和改变。

彼得 · 圣吉在《第五项修炼》中谈论了五项修炼，它们相互影响和相互支持，从而创造了一个可以开展学习的环境。

- 系统思考是让模式更清楚以及帮助人们认识事物如何相互关联和如何加以改变的概念框架。

- 心智模式是我们根深蒂固的假设，它影响我们如何认识世界和如何采取行动。
- 自我超越是对某个主题或技能领域的高度熟练。
- 团队学习是使团队能力达到一致并加以发展，从而产生团队成员期望的结果。
- 共同愿景是所有成员需要拥有的对未来发自内心的共同目标。

如果组织采取这五项修炼，那么它具有以下学习氛围：

- 学习是以能力为基础的，与业务目标相连。
- 重点是如何学，而不仅是学什么。
- 组织继续发展知识、技能和能力。
- 个人对自己的学习负责。
- 学习符合个人的学习偏好。
- 学习是工作的一部分，也是每个人职位说明书的一部分。
- 领导是设计者、组织者和讲师。

人力资源专业人士若想协助组织使其成为真正的学习型组织，则需确保组织存在圣吉指出的五项修炼，并通过有效的人力资源发展计划在组织的各个层面开展。

学习型组织是已经学会应变和适应环境的一类组织，提供组织学习的环境。

组织学习

组织学习描述在组织内部的个人、小组或组织的任一层面发生的某些类型的学习活动或过程：

- 个人学习主要通过体验、从他人身上学习，如自学、上课/研讨会，基于技术的教学。
- 小组学习是在小组或团队内部实现技能、知识和能力的提高。
- 组织学习从分享个人和小组的见解和知识开始，然后在以往的组织记忆（如政策、战略和模式）上加以积累。

在支持组织学习的文化中：

- 员工认识到组织学习的重要性。
- 学习是与工作相平行的、持续的过程。
- 注重创造性。
- 人员可以获得对组织成功重要的信息。
- 组织奖励个人和小组学习。
- 质量和不断改进推动着组织。

- 有明确的核心技能。

组织知识的保留

学习型组织致力于随着时间的推移保留知识。

知识通常分为显性知识和隐性知识。显性知识比隐性知识更容易分享。例如，显性知识可能通过数据库分享，或通过学习干预来讲授。

由于隐性知识以个人和经验为基础，因此它们很难加以量化。

> 学习型组织的供应商挑选方案反映的是显性知识（如供应商挑选流程的步骤），以往使某个特定供应商成为最可靠供应商的细微差别是基于经验的，代表了隐性知识。

从个人角度看，显性知识和隐性知识都很重要，有助于员工提高工作表现和生产力。如果显性知识和隐性知识保留在组织内部，有价值的知识资产就永远不会丢失。尽管有这些明显的益处，但很多组织缺少正式的知识保留战略。

知识保留包含记录组织内部的知识，以便在将来使用。在创建知识保留战略时，组织需要考虑：

- 什么知识可能丢失。
- 丢失该知识的后果。
- 保留该知识可以采取的行动。

一般而言，基于科技的系统和软系统可以帮助组织保留关键的组织知识：

- 以科技为基础的系统。这些包括员工可以访问的项目或数据库。组织可以让员工利用一个合作的维基软件添加和编辑信息。以科技为基础的系统非常适合保留显性知识，但是对隐性知识不是很有效。
- 软系统。软系统包括会议或其他分享知识和帮助人际联系的活动。

软系统的例子不胜枚举，如项目结束后的“经验学习”、工作分享、交叉培训、导师培训、跟随学习、网络信息、各种社交媒体应用程序或实践社团。社团让有共同兴趣爱好的人聚在一起，面对面或通过网络讲述故事，分享、讨论问题和机会，谈论最佳实践等。留任面谈、离职面谈、前员工网络也是软系统的例子。

知识保留战略为创造知识管理系统做好了准备。成功的战略和系统最终取决于如下几个因素：

- 支持分享、学习知识的文化和结构。
- 适当的规划、设计和评估。
- 有效分享知识实践。
- 充分融资和健全的财务管理。
- 领导的长期支持。

全球化组织中的学习与发展

文化差异会给学习与发展带来重大影响。组织努力为关键人才和员工队伍的发展培养本地和全球的渠道。潜力大的员工经常被挑选参与国际任务，扩展全球意识，拓宽管理和领导能力。导师辅导和指导是在全球企业内部开展的重要活动，这些活动特别适用于跨文化的情形和国际任务。全球员工学习与发展的具体主题包括：

- 跨文化意识。
- 国际任务准备。
- 组建全球团队和管理虚拟团队。
- 与法律、道德和组织价值观有关的问题（如反腐败和反霸凌）。

组织的员工是组织最伟大的一项投资和最重要的资产。Briscoe、Schuler 和 Tarique 提出实现有效的全球员工学习与发展以及组织学习的七项当务之急，参见表 4-1。

表 4-1　七项当务之急

当务之急	含　义
全球化思考和行动	在战略、业务、组织发展规划中，全球和跨国组织必须不断考虑世界上所有重要的地区和市场，而不仅是国内地区
成为一个等距的全球学习型组织	全球学习型组织必须时刻用各种可能的方式从所有文化中学习和积累知识
关注全球系统，而不是各个部分	组织的发展工作应当集中于打破界限和孤岛，鼓励跨界、跨文化、跨职能以及跨学科的信息共享
培养全球领导技能	组织价值观和实践应当反映这样的事实：全球领导者需要运用不同的技能和能力，有别于依靠国内市场的领导者
赋能团队去创造全球化未来	应当鼓励使用跨界和虚拟团队来解决和管理重要的组织问题
使学习成为全球组织的核心技能	全球组织必须培养核心全球技能：全球思维模式、文化理解力、困境协调技能，以及有效使用 4T，即出差（travel）、团队（teams）、培训（training）、调动（transfer）
使发展成为战略基石，并定期改革组织	不断发展和组织学习必须是所有战略和业务规划活动的基石

全球人力资源专业人士担负着设计、发展和提供跨界或跨文化的学习与发展项目，必须在工作中结合两个关键因素：战略方向（组织如何在全球一体化和地方差异化之间带出一条路）和利益相关者的信任与支持。这两个关键因素对学习与发展过程的各个方面都有影响。

培训与发展

培训与发展是提高组织效能的过程中的部分内容。培训可以为员工当前工作所需的技能和知识提供支持，还可以沟通新信息，使其与经营战略相一致（如战略计划需要开发供应链这样的新技能），并与环境变化相一致（如新流程和新法律）。它将迅速扩大的授课技术应用于成人学习的既定理论。人力资源专业人士要负责保证组织培训工作的效能和成本效益。

对成人学员的认识

在着手设计、发展任何学习/发展计划之前，组织必须停下来考虑成人学习的原则。

成人教育学是研究成人如何学习的学科。相反，教育学是研究儿童教育的。成人教育学是根据下列成人与儿童学习差别的假设：

- 自我概念。当人们走向成熟时，他们的自我概念由依赖的个性朝着自主的方向发展。
- 经验。当人们走向成熟时，他们积累了大量的经验，经验成为不断增加的学习资源。
- 愿意学习。当人们走向成熟时，他们的学习意愿越来越倾向于发展自己的社会角色。
- 学习方向。当人们走向成熟时，他们的时间观念从知识应用的延迟到立刻使用，相应地，学习方向从关注科目转到关注问题。
- 学习动力。当人们走向成熟时，他们的学习动力变成越来越内在的需求。
- 推陈出新。当人们走向成熟时，他们对待经验和其他学习介入的方式往往根深蒂固。成人学习介入需要帮助他们接受新观念，乐于接受做事的新方式。

学习与发展项目的设计需要满足成人学习的需求。表 4-2 概括了成人学习原则。

表 4-2　成人学习原则

成人学习原则	学习与发展应用
成人希望关注“现实世界”的问题	展示学习可以如何立即转化到工作中去
成人期望强调如何学以致用	根据当前和将来的需要学习
成人学员有目标和期望	当任何学习与发展计划开始时，发现员工的期望，解决计划中没有提到的部分
允许辩论和质疑想法，但保持冷静对待分歧	对有些人而言，这种互动促进学习，可以创建一个安全的学习环境
成人期望得到倾听，期望自己的意见得到尊重	促进合作的学习环境，允许参与者从老师和同学那里获得反馈意见
成人希望成为你的资源并互相交流	把个人的知识和经验考虑进去
成人寻求学习体验，那是因为他们需要有人教他们知识或技能	阐释“WIIFM”（跟我有什么关系？What’s in it for me?）概念，把学习与发展的体验运用到当前和将来的需求中

主动学习和保留

人们通过积极参加多种不同的情境和活动来获取知识，并且保留更多的信息。积极参与学习能够激活我们的大脑，帮助我们保留所学的内容。因此，被动听讲是学习参与度最低的形式，其次是阅读资料。成人学习，依靠的是以往的知识、经验、失败和成功，新信息往往在之前的经验上被编入大脑，并被保留。

提问和讨论可以促进成人学习。成人对解决问题、运用新知识或技能感兴趣。学员的问题是保留所学信息的关键。利用平常的经验来理解新信息和难信息，在信息和熟悉的经历间架起一座桥。对很多关键的学习点要用多种方式不断重复，从而把它们从短期记忆变成长期记忆。

成人学员希望与他人和内容互动。他们希望积极地参与自己的学习。积极学习促进认知，促进高度利用分析、评估和综合等思考技能。这意味着学习活动要让学员实践，并在实践中进行严谨的思考。虽然积极学习战略需要更多的准备工作，但是最终，这些战略会提高成人学习，促进知识和技能的保留。

学习障碍

抗拒学习可能由内部或外部因素造成。遵循成人学习原则是有用的，但是意识到障碍的存在也是有帮助的。

障碍主要存在于员工处于一种被动学习的状态中。

- 难以接受变化。鉴于当今环境的变化速度，组织需要不断适应，保持竞争力。对一些人而言，他们比其他人更难接受变化。人力资源专业人士可以向员工强调，没有变化和发展，组织及他们的工作可能无法继续存在。变化既给员工带来更多挑战，也带来更多保障，同时他们可以准备好接受各种责任，增加自己作为员工的价值。
- 缺乏信心。如果员工不相信学习是值得的，或者曾经有过负面体验，那么他们不会投入注意力和精力去获取学习的价值。在设计这些员工的学习与发展计划时，组织让他们参与进来，将有助于消除这个障碍。此外，组织必须清楚此类计划与公司使命、战略和策略的联系。当员工看到培训能契合总体计划时，他们会更加支持培训。
- 同事压力。很多员工会受到同事的看法的影响。如果员工认为某个学习与发展项目没有意义，那么这类看法会传给部门内的其他人员。人力资源专业人士必须找到负面看法的根源。一旦理解了抗拒，人力资源专业人士就可以更好地阐释项目目标，说明参与项目会如何帮助员工开展工作或实现职业目标。
- 以前学习项目的糟糕体验。很多员工曾经参加过无聊或不相关的学习项目。这种过往的负面体验会造成员工对新学习项目的抗拒，所以要强调学习计划的“跟我有什么关系”。
- 组织缺乏对学习的投入。情境障碍会对员工的学习和参与的积极性带来负面影响。例如，员工的直属经理要对学习项目的参与和学习成果的转化提供支持，从而当员工回到工作岗位时可以运用学到的知识。

大多数成人的学习发生在工作和生活经历中，以及与他人的关系中。成人学员带着技能与知识加入学习。组织利用这类知识，尽可能在员工的日常经历中融入学习与发展项目。根据组织的预期目标评估员工当前的技能，让成人学员参与学习与发展活动的规划。组织通过适当的指导、导师辅导、在职培训、学徒制来培养他们之间的学习关系。

学习类型

在考虑创建有助于学习的环境时，下一个考虑要素是学习类型。

学习类型是指个人接受和处理新信息的方式。这一概念的意思是，基于人们学习的不同方式，组织为其量身定制知识的传授方式，以此促进学习和保留信息。为了识别学习类型，组织需要观察学员的行为，并需要做出推断。了解这些类型可以让人力资源专业人士对不同的类型采取不同的授课方式。

有三种明显不同的学习类型：视觉、听觉和动觉（触觉）。

- 视觉学员的最佳学习方式是通过观看学习。这类学员需要观看肢体语言和面部表情，以便完全理解内容。在传统的教室内，他们喜欢坐在前排来避免视觉障碍。他们可能用图片思考，视觉展示会带给他们最好的学习效果，包括示意图、有插图的课本、幻灯片、视频、计算机图形、翻页挂图和讲义。在讲课或课堂讨论时，视觉学员经常喜欢记详细的笔记来吸收信息。
- 听觉学员的最佳学习方式是通过倾听学习。讲课、讨论、描述和倾听他人的发言是他们喜欢的学习方式。听觉学员通过语气、音高、语速和其他细微差别来解读讲话的潜在含义。书面信息只有在听到的情况下才可能有意义。这类学员往往受益于大声朗读文章和通过录制品学习。
- 动觉学员，又称触觉学员，他们的最佳学习方式是通过动手方式学习。他们喜欢积极探索周围的物质世界。他们可能难以长时间地安坐不动，可能因自己对活动和探索的需求而转移注意力。

学习类型的文化影响

作为一名人力资源专业人士，你必须了解自己的学习类型。你往往会用自己喜欢的学习方式教导他人，这只会满足三分之一的参加者的学习需求。例如，如果你喜欢通过小组活动和讨论学习，那么你会发现自己在设计的项目中加入了这些活动。

注意：在设计和开发培训项目时考虑学习类型，这是基于西方的原则，可能无法搬至所有文化。在开发学习与发展战略时，如果本地受众有明显不同的学习类型偏好，请咨询本地专家后再做出决定。

表 4-3 列出了确定学习类型时要考虑的一些文化影响。

表 4-3　确定学习类型时的文化影响

学习类型	文化影响
视觉	视觉学员会坐在教室前排或坐在他人前面，这种想法在许多文化看来是不寻常的或冒昧的。 在高语境文化中，肢体语言和面部表情发挥着重要作用。在此类文化中，使用这些提示并非限于视觉学员。 所有学员也都大量运用视觉来实现语言解读的需求

（续表）

学习类型	文化影响
听觉	许多文化有口头学习、讲故事和背诵的传统。这些因素会影响某些喜欢听觉学习的个人。 与其他同学或讲授者充分交谈可能在文化上不被接受。 高语境文化普遍认为讲话的语气、音调和语速很重要。这不仅适用于听觉学员。 需要用非母语的语言进行聆听和工作，可能会影响个人对讲话的语气、音调和语速的注意
动觉	一些文化可能认为学员高涨的精力或行为是无礼的表现。 由于资源和其他限制，一些国家的培训可能鲜有探索性的动手活动，因此这些做法可能会让许多学员感到陌生或困惑

了解学习类型并修改讲授内容以满足各种需求，有助于增加成人学员的保留率。要想满足所有学习类型的需求，需要对不同学习方法平衡得当，从而包含各种程度的参与。

ADDIE 模型

员工的学习目标和计划必须与组织的战略目标密切保持一致，并且支持组织的战略目标。组织采用系统和完整的流程来确定需求，开发培训，评估结果。ADDIE 模型是有助于任何学习类型的著名的标准教学设计模型。

ADDIE 表示：

- A＝ 分析（Analysis）
- D＝ 设计（Design）
- D＝ 开发（Development）
- I＝ 实施（Implementation）
- E＝ 评估（Evaluation）

ADDIE 模型有循环的特点。每一阶段的成功都取决于在上一阶段所花的时间、努力和资源。例如，如果因为组织已经“很清楚问题所在”而跳过分析阶段，那么项目的设计可能没有考虑到受众的文化差异或没有包含满足真实需求的必要内容。

下面详细谈论了 ADDIE 模型的每一阶段，并谈到了文化的影响。

ADDIE 模型分析阶段

ADDIE 模型的第一阶段是分析或评估，通过收集数据来发现组织的实际绩效与期望值之间的差距。当这些差距表明员工缺乏知识或技能时，组织将确立必须开展培训的目标。

分析阶段通过完成需求评估或需求分析来实现。需求分析是确定、表明和记录组织发展需求的流程。需求分析可以用来确定：

- 组织的目标以及其实现目标的效能。
- 当前绩效与期望绩效之间的差距或差异。
- 能力和技能差距。
- 所需的项目类型。
- 影响培训设计和交付的重要文化影响。
- 根据事实而非直觉的培训项目内容。
- 预料之中的挑战和学员可能抗拒的领域。
- 评估效能的基线信息。
- 资源和后勤限制。
- 成本效益项目的范围。

培训与发展需求水平分析

需求分析评估和确定三个水平的发展需求：组织、任务、个人，如表 4-4 所示。

表 4-4　三个水平的发展需求

水　　平	释　　义	衡　　量	例　　子
组织	确定员工未来需要的知识、技能和能力	组织内部哪些领域需要培训？开展培训的条件如何	确定人员流失率高、绩效差，或技能不足的部门。 确定将突破预期需求或面临未来挑战的部门
任务	通过对职位要求和员工知识与技能的对比来确定需要提高的领域	需要教授什么？必须做哪些事情来保证有效开展工作	填写纸质表格正在转变成计算机数据输入。 需要程序和数据输入培训
个人	关注员工个人以及他们如何执行工作。有时候通过绩效审查确定	谁应当接受培训？他们需要哪类培训	绩效审查揭示差距，经理和员工为某个机会领域（有时为下一步的发展）订立发展计划

文化对培训与发展需求分析的影响

Zeynep Aycan 在“人力资源管理实践中的文化和制度/结构意外的相互作用”中指出，文化的权力距离维度（该文化的所有成员都接受的权力的等级分配程度）可以对共享的信息，在分析阶段确定的发展与培训需求造成重大影响。表 4-5 描述了一些最重要的区别。

表 4-5　权力距离维度的区别

权力距离维度小	权力距离维度大
谁应当参加培训的决定基于发展需求或技能差距	谁应当参加培训的决定可能基于群体成员的资格
个人或群体的培训需求基于正式绩效评估和具体的发展目标	个人或群体的技能不足或发展需求可能不会表达出来。 参加培训可能不是出于个人需求，而是受到群体从属的推动
需求分析通过参与者进行	需求分析如果通过参与者进行，可能有效性不高。 个人可能不愿意谈论或分享技能差距或发展需求，因为这会让他们丢面子

全球组织可以考察和评估的其他因素（特别是在组织层面的需求评估期间），包括：

- 文化影响和培训需求，以及对总部以外地区的考虑。
- 当地劳动力的当前和未来就绪情况以及技能需求，包括当地教育体系的性质和质量。
- 当前和预期培训与支持需求的受众。

ADDIE 模型设计阶段

ADDIE 模型的下一阶段是设计。在这个重要阶段，确定总目标和具体目标，并制订总计划和实施战略。设计阶段的成果是最终项目的结构或粗略的草图，包括所有主要内容，以及将呈现的顺序和方法。

在设计阶段，所有利益相关者都应当，发现潜在的冲突并合作加以解决。设计阶段的关键组成包括：形成总目标和具体目标；提出项目流程和结构的纲要；进一步确定目标受众。

学习目标与具体目标

有效的教学设计是基于培训项目的简明目标说明，并建立的相应具体目标，后者具体描述参加者将做什么和学什么。具体目标是项目结束后将产生的结果和参加者将实践的行为。它们是基于项目的目标，有许多作用，包括：

- 提供设计的重点。

- 使参加者认识到项目结束后应当知道的内容。
- 对知识和技能的传授流程做出贡献。
- 提供对所学内容的衡量方法。

由于具体目标决定将要开发的培训，因此人力资源专业人士应当确保项目的具体目标不仅包括知识，还包括该知识所需的技能。例如，员工可能看到或读到过有关工作场所霸凌的内容，但是，当遇到此类事件时，他们还应当做出适当的应对。此处的概念基于布鲁姆分类学，把学习的具体目标按等级方式进行划分。从最低级别开始，布鲁姆分类学提出：

- 知识或事实记忆。
- 当学习内容以不同的方式表现时，理解该内容。
- 把所学内容应用到例子中，从而得出结论或在工作中确定原则。
- 运用所学内容分析某个例子的原因或可能的结果。
- 判断资料和方法对特定目标的价值。
- 运用所学内容对某个问题创建新的解决方案。

文化对培训与发展设计的影响

虽然具体目标明确学员在课程完成时应当具备的能力，但是必须认识到，一些文化并不认同此类具体清单，可能觉得它们唐突或令人胆怯。此外，一些文化倾向于（而且更容易学会）对内容的演绎（从一般到具体）表现，而不是西方文化推崇的归纳法。

在许多西方文化中，培训项目的设计与发展根据的是上述的成人学习原则。这些原则中有很多是基于文化的，对提供给具有不同文化视角的参加者的项目而言，这些原则可能对培训专业人员分析需求或设计和开发此类项目帮助不大。

表 4-6 列出了文化对一些成人学习原则在设计阶段的影响例子。

表 4-6　成人学习原则在设计阶段的文化影响

西方成人学习原则	文化影响
务实的现实问题	许多文化重视知识密集、抽象和概念内容的培训，而不是实际内容的培训
积极参与	在许多文化中，学员期望有讲授者。他们可能认为提问和依赖小组讨论的讲授者可信度低，或没有教学效果
个人目标和培训期望	在一些文化中，群体目标通常比个人目标重要
积极参与、热烈讨论、交换想法	在一些文化中，这类行为可能被视为混乱和对讲授者的不尊重

（续表）

西方成人学习原则	文化影响
情境和以问题为主的学习	与情境学习或以问题为主的学习相反，世界上的许多地区推崇以主题或科目为中心的学习方式
自主学习能力	在许多文化中，主管学习是讲授者的责任。这一差别对个人和自我管理的培训项目具有重大影响

培训提供方式

培训的主要提供方式包括自我管理学习、讲授者带领培训、在职培训。讲授者带领培训和自我管理学习也可以结合成混合式学习。

自我管理学习

自我管理学习（或自学）让学员按自己的速度学习，没有讲授者的帮助。自我管理学习不仅包括培训资料，还包括绩效支持资料，如职位帮助，为工作任务提供分步骤的指导。资料可以通过多种方式提供。最传统的形式是打印的工作手册。音频和视频满足不同的学习类型，增加灵活性。最近，电子化方式开始推行，利用互联网和蜂窝技术传送电子内容，可以是交互性质的内容。

自我管理学习可以和其他方式相结合。

表 4-7 谈论了自我管理学习的一些优势和劣势。

表 4-7　自我管理学习的优势和劣势

自我管理学习的优势	自我管理学习的劣势
• 灵活，按自己的速度学习。 • 测试和再测试的机会。 • 可以关注某些领域。 • 具有成本效益。 • 减少对经培训和有经验的讲授者的需求。 • 在许多设置中为学员提供一致的培训信息	• 学员必须有很高的积极性和条理性。 • 除非有网上反馈或讲授者支持机制作为补充，否则直接反馈有限。 • 自我管理学员有时候未领会重要概念。 • 开发成本可能昂贵。 • 在一些文化中，缺少讲授者可能使项目可信度不高。 • 一些学员不适应自我承担大量的学习责任。 • 共享知识可能做不到

讲授者带领培训

讲授者带领培训是一种传统的和常用的培训方式，由讲授者向受众提供培训。地点可以是教室或现场的会议室。组织也可以利用外部资源，如学院和大学、贸易协会，以及培训提供商来提供传统的教室培训。教室可以是虚拟的（如网络研讨会），学员个人或整个班级在一个集中地点接受讲授者教学。讲授者带领培训可以并入几类学习活动，包括授课和讲座、案例学习、阅读、演示、集体讨论和模拟。

表 4-8 概括了讲授者带领培训的优势和劣势。

表 4-8　讲授者带领培训的优势和劣势

讲授者带领培训的优势	讲授者带领培训的劣势
• 讲授者可以提供反馈，得到更多人的关注。 • 支持更多种类的学习活动。 • 鼓励小组反馈和分享想法	• 时间和资源密集。 • 随着小组规模的增加，参与机会减少。 • 更多后勤和地理方面的困难

在职培训

在职培训是由经理和主管在实际的工作地点提供给员工的。经过示范，学员可以练习教练所教授的技能，教练对学员的表现提供反馈，然后学员重新测试。在职培训结束后，组织通常给学员提供学习帮助来支持执行技能。这些可能包括示意图或流程模型。

表 4-9 描述了在职培训的一些优势和劣势。

表 4-9　在职培训的优势和劣势

在职培训的优势	在职培训的劣势
• 与职位有关，而且及时。 • 依靠和利用真实环境。 • 立即获得反馈。 • 适合个人和小规模团队。 • 可以逐渐积累职位所需的技能	• 可能难以安排。 • 在真实环境中，可能存在潜在的安全问题。 • 可能分散同事的注意力。 • 时间和资源密集。 • 需要由对培训内容和流程熟悉的专家进行示范和提供反馈。 • 如果没有培训结构，则在缺乏监管时表现会下降

混合式学习

混合式学习是包含讲授者带领培训、自我管理学习及/或在职培训组合的有计划学习方式。研究显示，根据学习的具体目标和目标受众的需求而进行适当混合的学习战略，可能比单一战略更加有效。对因多元文化背景而难以开展标准化培训的组织而言，混合式学习是一种切实可行的选择。

表 4-10 显示了混合式学习的优势和劣势。

表 4-10 混合式学习的优势和劣势

混合式学习的优势	混合式学习的劣势
• 有多种方法满足学习的具体目标和文化需求。 • 适应多元文化的需求。 • 促进独立和合作学习。 • 安排和设施的灵活性。 • 比仅依靠面对面培训战略的培训费用要少。 • 大量的互动和增进学习的可能性	• 必须根据战略的具体目标认真选择方法，否则可能前功尽弃。 • 可能要解决科技和安全限制问题。 • 必须组织和鼓励参加者完成学习。 • 由于使用多种方法，因此需要更多协调。 • 必须全面预计所有战略的费用。 • 开发项目的所有方面可能需要更多的时间

计划学习转移

学习转移是将培训中获得的知识和技能在职位上有效、持续地应用。虽然学习是人力资源发展项目的一个重要成果，但是组织需要参加者把新技能和新知识应用到工作场所中。最理想的是，参加者还会与同事分享新技能和新知识。促进学习转移的计划需要在发展阶段制订。一种方法是使用 30/60/90 天行动计划。

一旦完成正式的学习，30/60/90 天行动计划就可以帮助学员加强所学的保留和迁移，并将学习与提高工作绩效相连。一个良好的 30/60/90 天行动计划一般包括：

- 明确的具体目标。
- 与具体目标一致的特定交付成果。
- 每个计划阶段各自不同的主题。
- 明确的设定日期的一组活动（如短期和长期目标）。
- 一张简单的记录卡，帮助衡量重要的成绩和成功的学习转移。

建议在 30/60/90 天行动计划中包含的活动有与同事、导师及/或主管一起总结培训和讨论“学到的经验”，直接应用新知识和新技能的机会，指导课，志愿参加特殊项目或委员会。

ADDIE 模型开发阶段

ADDIE 模型的第三个阶段是开发。在这一阶段，要创建、购买资料，或者修改资料以满足列出的具体目标。在许多情况下，可以通过对现有资料做少量修改来满足具体的需求。在另一些情况下，则必须开发新资料。在开发阶段，要从学习活动类型、培训实施工具，以及文化对开发的影响中做出选择。

学习活动类型

学习活动提供参加者学习信息的方法。活动包括被动式学习活动和参与式学习活动。

在被动式学习活动中，学员阅读、听取或观察，包括阅读材料或计算机或移动设备提供的程序教学、讲座、小组讨论和演示。

在参与式学习活动中，学员与讲授者、学习伙伴或学习项目/流程互动，包括主持人主持的小组讨论、提问与回答阶段，以及：

- 案例研究。参加者把新知识/技能应用到一个假设的情境或案例中。
- 循环赛。参加者或团队与其他每个参加者或团队竞争，回答一个问题或完成一项任务。未赢取一场比赛可遭到淘汰。
- 角色扮演。参加者假扮角色来解决冲突，或为各种情境采取合适的行为。
- 结构式练习。参加者完成类似于工作中遇到的任务。
- 模拟。在一个设计的模拟现实挑战的复杂情况下，参加者执行被分配的角色。
- 金鱼缸活动。一组学员坐在一个圆圈的中心，辩论或讨论一个话题，剩下的学员观察他们讨论。（这是参与式和被动式学习活动的混合。对讨论的人而言，是参与；对观察的人而言，是被动。）
- T 团体（又称敏感培训）。团体中的人员调查和探索他们之间的权威和沟通模式。

开发这些培训必须特别关注所选择的活动，因为选择的活动会影响参加者的兴趣程度，记住和应用新知识的能力，以及开发培训所需的资源。

在选择合适的学习活动时，记得考虑下列重要问题：

- 该项目的学习具体目标是什么？选择的活动会如何促进或限制具体目标的实现？
- 评估参加者的标准是什么？
- 谁是受众？
- 受众成员的地理位置在哪里？
- 有哪些费用限制？
- 有哪些科技和资源限制？
- 该项目的时间框架是什么样的？
- 内容的性质是什么？活动是否稳定或是否要经常修改？
- 有哪些与各种学习活动相关的文化？

学习活动的选择不仅要考虑项目的整体目标和具体目标的需求，还要考虑文化因素和学习类型。

培训实施工具

科技有助于更高效地提供培训项目，往往也更有效。它促使更平等地获取培训，将培训与员工的生活方式相匹配，让他们可以随时随地选择学习。科技也让人力资源专业人士增加对培训的管理控制。

这一部分将审视一些可以协助人力资源专业人士开展全球培训的科技工具：在线学习、学习门户、学习管理系统、网络研讨会、移动学习、模拟和社交媒体。

在线学习

在线学习是指通过使用电子媒体（如基于网络或计算机的学习、虚拟教室和移动设备）来进行培训和提供教学资料、过程和项目。在线学习可以通过互联网、内联网/外联网、卫星广播、流式传播至移动设备，或其他电子方式进行。

出于澄清的目的，人们必须理解在线学习科技可以用来开展远程学习，后者通常定义为向远离教室或中心地点的地方，提供教育或教学项目的过程。

在提供在线学习时，经常安排讲授者作为额外资源来控制讨论、提供反馈并建议补充活动和资源。要在这种情况下发挥作用，讲授者应当熟练掌握如何在在线学习环境中工作和管理该环境，它与传统的教室学习环境有很大差别。

在线学习可以设计为同步或异步：

- 在同步学习情况下，参加者实时互动，如在虚拟教室或持续特定时间段的在线讨论。
- 在异步学习环境中，参加者在不同时间、不同地点访问信息（经常是各自进行），完成网上的单元和活动。

在许多在线学习项目中，用户、培训项目内容，以及系统的技术和工程要求，这些相互之间的复杂关系都汇聚在用户界面上。用户界面是一个图示的软件程序，使信息在用户和计算机系统的硬件或软件之间传送。与培训项目设计与发展的大多数方面一样，在线学习项目的图片、图像、视频、音频、界面和导航选择可能需要加以调整，以反映具体的文化维度。因此，在线学习项目的设计者和开发者应当熟悉文化的关键维度，以及它们对网站、在线学习和用户界面设计的潜在影响。

在线学习，作为一种学习方式，有一些优势和劣势，参见表 4-11。

表 4-11　在线学习的优势和劣势

在线学习的优势	在线学习的劣势
• 更广、更快地向很多员工传播信息。 • 通过虚拟交流协助全球工作。 • 保持信息的一致性和时效性。 • 可以让员工灵活安排。 • 可以选择同步或异步方式。 • 可以练习和重复培训。 • 提供模拟和高级别学习与测试的机会。 • 与面对面培训相比，显示成本效益	• 科技限制影响多媒体的选择和学员的访问。 • 雇主可能担心知识产权和电子安全。 • 开发者和技术人员需要监测、管理和更新项目。 • 中途退出和未完成的比率可能高于其他形式的培训。 • 一些学员，特别是有技术恐惧的，可能感到焦虑，需要在线支持。 • 为了提供有用的参加者互动，需要投入更多的时间进行设计。 • 开发和其他启动费用会很高。 • 修改和变更内容可能存在困难

学习门户

“门户”是一个术语，有时用来描述进入互联网的网关或访问点。学习门户是一个互联网网站，或者更常见的是内联网网站，提供对一个组织的学习和培训方面的信息和资源数据库的访问。门户把来自不同地方的信息用统一的方式呈现。学习门户是一个媒介，与培训和学习有关的应用和信息通过它，可以与员工高效和有效地连接和交流。此类网站经常与学习管理系统一起使用，作为主要的媒介，人力资源专业人士通过它们来管理数据，提供对内部培训项目的访问，以及向员工传播与培训有关的信息和资源。一些组织甚至利用入口网站作为知识管理应用，用来获取存于个人的隐性知识。

学习管理系统

越来越多的组织采取和利用学习管理系统。学习管理系统是含有科目内容信息以及建议的课程和论证途径的电子系统。它能够跟踪和管理员工科目注册和完成情况、职业发展情况，以及其他员工的发展活动。许多学习管理系统还提供测试和衡量功能。

网络研讨会

最近几年，互联网的科技力量使网络会议成为受欢迎的沟通工具。网络会议是在互联网上召开现场会议或进行演示。在网络会议中，每位参加者坐在自己的计算机前，通过互联网与其他参加者联系。这可以通过下载一个应用到每位参加者的计算机上，或通过网络应用来实现，后者参加者只想输入 URL（网站地址）即可进入会议。

网络研讨会是一个特定的网络会议类型。网络研讨会通常实时进行，包含在某个地点的一位领导者或主持人，通过电子方式（电话、卫星、计算机或其他科技手段）同与会成员交流，后者可能在一个或多个远程地点。

交流可以是单向的，同与会成员的互动有限，或是双向的，增加合作、投票和问答活动，让与会成员和讲话人充分参与。在一些情况下，讲话人可通过标准电话线讲话，指出屏幕上展示的信息，与会成员可以通过自己的电话做出回应（最好是免提电话）。市场上有利用 VoIP 音频技术的网络会议科技，此类科技可以实现真正基于网络的交流。

网络研讨会提供了讲授者以及与受众互动的机会，这使得它成为培训和人力资源专业人士喜欢的学习方式。科技解决方案提供了实时教室培训的很多好处，并且省下了把讲授者带给受众或把受众带给讲授者的许多到场费用。

移动学习

对移动学习，我们需要补充几点。移动学习可以有不同的定义，但是我们将其定义为可以通过手持的小设备（如智能手机或平板电脑）访问或传送的学习内容和工具。移动学习的使用正在迅速增长。欧洲和亚洲很早就采用了，它是在偏远地区实现平等参加培训的方式。它也是适合年轻员工的学习方式，为他们所熟悉。埃森哲公司完全通过移动设备提供其商业道德培训。

移动学习的用途是多种多样的：

- 提供内容。员工可以利用通勤时间听播客或读电子书。
- 模拟和练习。互动能力已经内置于移动设备中。
- 评估。对学习和对学习内容/体验满意度的评估，可以在网上完成。
- 执行支持。学员可以访问决定支持系统来诊断技术问题，或在执行任务前回顾正确的任务流程。
- 知识管理（程序、注重专长共享和组织学习，以及知识找回和保留）。远程工作的员工可以访问当前产品信息。

移动学习的内容可以通过公司自己的通信网络来提供，也可以通过在线“应用”商店来传播。

模拟

虽然模拟并不需要科技，但是利用科技可以支持更为复杂的模拟。虚拟世界模拟已在广告、研究中使用，还用来作为位于不同地点的与会者会谈的空间。与培训有关的模拟让学员在虚拟工作环境中（如办公室），面对一系列现实生活挑战。学员有机会在一个低风险的环境中练习新技能和做出决定。

模拟在需要推出产品或让团队参与创造和测试复杂战略计划（如收购）的过程中，已得到成功运用。思科公司运用虚拟世界培训其指导人员。美国疾病控制中心在流行病控制和灾难预备培训中运用虚拟世界模拟。

虚拟世界模拟是基于用图表/电子创造完整的社区。最著名的虚拟世界模拟可能是 Linden Research 开发的《第二人生》。后来推出的开源虚拟世界 OpenSim，可以和《第二人生》兼容。虚拟居民可以查看、结识其他居民，参加社交，参与个人和集体活动，创造和交换物品（虚拟财产），互相提供服务。

模拟提供一些重要的益处，包括：

- 吸引期待复杂科技的年轻学员。
- 在学习过程中积极地吸引个人。
- 为个人提供额外的机会学习复杂或有潜在危险的技能，如在安全和低风险却又实际的环境中驾驶飞机，或练习新的手术技能。

社交媒体

参与培训的专业人士正在调查研究在这一领域使用社交媒体的可能。虽然是新事物，但是社交媒体有可能在培训开发的所有阶段都可使用，可能导致当前使用的培训模型发生重大改变。然而，在这方面在权威文章中鲜有研究，但是已有对社交媒体使用的描述，包括：

- 通过内联网社交平台发布培训计划。一条简短的描述内容的信息和链接，转向完整的文本说明或视频。
  - 在内联网社交平台开展“了解你”活动（如 Yammer 或 Chatter）。参加者到达培训现场时已经互相了解彼此的背景和兴趣。
- 在组织内联网的共享视频网站发布培训、讲座和视频。员工可以通过移动设备，随时随地访问该内容。
- 可以让参加者分享经验和看法。这可以增加虚拟培训的互动，也可以把活动设计成在线比赛。
- 通过专家名录促进培训结束后的支持。例如，埃森哲公司的知识交流中心的“人员资料”部分。该资料包括员工的个人介绍、照片、简历，以及他们的兴趣和技能说明。“交流”包含博客、维基、市场见解等。埃森哲公司的研究显示，通过“交流”参加合作活动的员工数量大幅增加。

- 支持持续学习。内部讨论板或社交媒体空间让员工合作、交流想法和经验。埃森哲公司将其知识共享系统与数千个职业社区集成。社区成员在讨论板上提问，对特定主题贡献自己的才能或下载此类内容，还能收到内容摘要的电子邮件。
- 支持培训结束后的合作任务和行动计划。
- 提供员工与其所属领域的专家互相交流的机会。
- 支持前员工网络。

但是，应当谨慎使用社交媒体，因为信息一旦发布，就难以控制它的传播。信息是否需要保密以及其专有的性质应当始终是首先考虑和审查的问题。

在培训中使用社交媒体有多种益处。社交媒体可以帮助企业消除客观距离障碍，让员工在方便时开展学习和互动。更重要的是，社交媒体让雇主认识到和充分利用这种年轻员工拿手和推崇的新沟通形式。社交媒体是建立千禧一代普遍偏爱的合作方式培训和持续学习机会的理想工具。社交媒体可以把工作场所转变成一个人们随时都在相互学习的环境，而不仅在培训活动中学习。

但是，组织必须改变对培训和学习项目的思维模式，即注重控制内容，把信息推给学员的培训模型在社交媒体的合作环境下不会奏效。

文化对开发的影响

国家、组织甚至专业文化都会对培训项目的开发施加强大影响。在开发培训及加入学习方法和全球培训时，人力资源专业人士必须了解、考虑：

- 当地文化对教育和培训过程的看法。例如，在许多亚洲文化中，教育和培训是在权力距离大的背景下确定的。
- 当地文化成员的期望以及他们对领导者/讲授者的看法。同样，在许多文化中，人们认为并期望讲授者表现得像一名专家。
- 当地文化成员对学员或学生角色的看法。不同文化对学生身份和适当行为的期望会严重影响项目的参与程度、个人学习活动、知识转移，以及项目的总体成功。

另一个重要因素是，当地文化对各种学习活动表达看法和做出回应的方式。高或低语境以及权力距离大或小，这些文化维度可能对学习活动的选择造成最重大的影响。在权力距离大的文化中，往往倾向由经理和主管开展严谨的结构式培训、角色示范、动手培训和内部培训。互动、参与、利用计算机开展培训的方式则往往是权力距离小的文化所推崇的。

当把某文化的成员创建的培训提供给另一个文化的成员，却没有充分考虑文化上的结果时，培训很有可能不奏效。

ADDIE 模型实施阶段

在 ADDIE 模型的实施阶段，培训项目交付给目标受众。这一阶段完成几类活动，包括试点项目、修订内容、宣布和推出活动、培训时间安排，以及学习环境的准备。选择最有效的项目实施方式会受到许多因素的影响，包括初步测试、资料的翻译、讲授者的选择，以及后勤方面的考虑。

↘ 试点测试

试点项目在受控环境下进行，把项目提供给一部分目标受众，以便在项目推出前确定潜在的内容或部署问题，并且，在决定最终内容和修订项目前，评估最初的效能，评价项目的组成部分。例如：

- 内容的详细程度和顺序安排。
- 既定学习活动的效能和文化上的合适性。
- 重要活动的时间安排。
- 开展培训活动的客观空间的可用性及潜在限制。
- 内容和设计是否会实现预期的具体目标。

↘ 资料的翻译

一旦初步测试和内容修订完成，就需要做出有关翻译和口译的重要决定。考虑的问题包括：

- 语言差别对内容表现、学员的理解与记忆的影响程度如何？
- 书面和口头资料是否都翻译？
- 谁将拥有、更新和维护翻译资料？

↘ 讲授者的选择

讲授者的选择是教室培训的关键要素。在选择讲授者的过程中必须回答的问题包括：

- 谁应当提供培训？
- 是否会用总部的讲授者、当地的讲授者或独立的承包商？

- 如何告知讲授者应承担的责任以及讲授者如何为此做好准备？
- 受众对讲授者有哪些期望？哪些特征会使讲授者在受众心目中树立最高的可信度？

可以根据多种因素来挑选讲授者。选择标准应当在流程的初期确定，而且要根据受众的文化和学习需求来确定。选择流程中考虑的重要因素包括：

- 培训的专业知识。
- 对培训主题的专业知识。
- 咨询技能。
- 在当地受众心目中的可信度。
- 资历、教育程度、证书。
- 对文化的熟悉情况。
- 交流和语言的专业知识。

可能难以在一个人身上找到所需的所有特征。两两配对协调人是一个有效的策略，可以培训规模大的团体，同时减少主要讲授者的压力。

培训跨文化的受众（学员来自不同于讲授者的文化）可能是一个挑战。在同一个培训活动中应对来自不同文化的学员，可能是一个更大的挑战。讲授者必须擅长用既不得罪任一群体又能讨好所有群体的方式同他们打交道。

后勤方面的考虑

由于后勤和实际原因，可能需要改变项目的一些方面或改变提供培训的方式。时区、假期、弹性工作计划、倒班、冲突的组织活动、技术问题，以及资源限制，如讲授者或教室的提供，这些经常导致需要修改项目和计划，以便适应具体的当地情况。

教室及单一地点培训的后勤考虑包括：

- 地点。
- 设备和环境担忧。
- 空间要求和设施供应。
- 培训工作人员和学生进入培训空间的安全检查。
- 技术问题，如互联网访问、足够的带宽、访问外部网站，以及安装必要的防火墙。
- 学员和参加者的出行考虑。
- 座位安排。

- 组织的限制因素，如排班表、工作量，以及员工缺勤对生产力的影响。

远程和多地点培训的考虑包括：

- 每个地点的参加者人数。
- 每个地点的设备供应和技术支持/协调。
- 时区差异。
- 每个地点对现场协调人员或翻译的需求。
- 安排和组织的限制因素，如每个地点的排班表、工作量。

ADDIE 模型评估阶段

ADDIE 模型的最后阶段包含对培训效能的评估。评估包括比较项目结果与确定的具体目标，判断是否满足最初的需求。在评估培训结果时应当考虑的指标包括参加者的反应、对信息的记忆、对新程序的应用、工作中的行为变化，以及组织绩效的变化。

虽然评估是流程的重要环节，但是组织经常忽视这个阶段。评估培训项目可以：

- 确定项目是否实现其具体目标。
- 确定最佳实践，以及个人项目的优势和劣势。
- 帮助组织评估培训的成本效益比率。
- 确定培训工作的最受益和最不受益参加者。
- 收集数据以协助未来项目的设计和营销。
- 确定项目内容和学习方式是否合适。
- 建立信息数据库以协助未来战略决策。

培训项目的评估对评估学习转移也至关重要。

↘ 柯氏四级评估法

评估培训和人力资源发展项目有数个模型。其中广为人知的是唐纳德·柯克帕特里克开发的模型（《如何做好培训评估：柯氏四级评估法》）。柯克帕特里克确定了评估培训的四个级别：反应、学习、行为、成果，见表 4-12。

第三级别和第四级别的评估对组织的人力资源部门而言是一项挑战，因为他们需要严谨思考并要在资源上投入更多。计算利益相关者的期望回报，需要确定利益相关者通过获得的知识和技能所希望得到的货币和非货币价值。然后，这些价值成为可以评估的具体目标。

表 4-12　柯氏四级评估法

级　　别	评估的内容	数据收集方法
第一级别：反应	参加者对项目的看法	• 清单检查法。 • 问卷调查。 • 面谈
第二级别：学习	参加者知识、技能和态度的增加或改变情况	• 培训结束后的测试。 • 培训前/后的测试。 • 培训前/后的测试与控制组对比
第三级别：行为	参加者在工作中的行为改变情况	• 表现测试。 • 重要事件法。 • 360 度反馈。 • 模拟。 • 观察
第四级别：成果	项目对组织目标的影响	• 利益相关者期望的回报。 • 投资分析的回报。 • 组织目标的进展。 • 绩效考核

投资回报率既是对提议的行为预测其价值，也是对完成的行为评估所取得价值的传统商业工具。

计算培训投资回报率包括：

- 隔离培训的效果。
- 把这些效果（益处）转换成货币价值。
- 计算培训成本。
- 比较效果的价值和发生的成本。

投资回报率公式取决于效果（益处）数据和发生的总成本，如下所示（例子以美元计算）：

$$\text{投资回报率} = \frac{\text{计划效益}-\text{发生的总成本}}{\text{发生的总成本}} \times 100\%$$

如果项目的效益是 22 万美元，而发生的总成本为 10 万美元：

$$\text{投资回报率} = \frac{220\ 000-100\ 000}{100\ 000} \times 100\%$$

$$\text{投资回报率} = 120\%$$

在这种情况下，投资回报率为 120%。这意味着培训项目带给组织的回报价值超出培训成本 20%。

培训效益可以转换成货币价值，用来计算投资回报率的例子包括：

- 由于销售人员获得更好的产品培训而带来的销售增加。
- 由于加强客户服务培训而带来的产品退货率降低。
- 由于提高员工队伍效率而带来的生产成本下降。

职业发展

职业发展是建立和保持员工敬业度的重要因素。今天，员工关心的是，别在科技日新月异的职场中掉队。职业发展不仅是雇主的责任，也是雇主和员工之间互利的共同项目。

职业发展的定义

职业发展是员工在职业生涯中的一系列阶段取得进步的过程，每个阶段都有相对独特的问题、主题和任务。通过一个强大的职业发展项目，组织可以设计和实施与组织的业务目标及员工的个人兴趣、目标和抱负相匹配的战略。

职业发展包括两个过程：职业规划和职业管理。

- 个人实施的为自己的工作指明方向的行为和活动，统称职业规划。虽然经理、主管、人力资源专业人士经常协助员工评估技能和能力，从而制订一个职业计划，但是对职业规划的关注是个人的事情，是他自己的责任。
- 职业管理是以组织目标和需求为主要关注点而准备、实施、监测员工职业道路的过程。

表 4-13 显示了在职业发展过程中的组织和个人需求。

表 4-13　在职业发展过程中的组织和个人需求

职业规划：关注个人	职业管理：关注组织
1. 确定个人能力和兴趣。 2. 计划个人职业目标。 3. 与经理沟通发展偏好。 4. 在组织内外评估职业道路选项。 5. 设计适合组织需求的职业计划。 6. 寻求和参加学习与发展机会	1. 确定组织未来的员工配备需求。 2. 评估职业战略与发展项目。 3. 创建职业发展项目（职业道路和阶梯）。 4. 匹配组织需求与个人能力。 5. 提供在职发展、指导、职业培训

职业发展中的角色

每位员工对自己的职业承担主要责任。在一些文化中，这可能是要沟通的重要信息，因为一些员工认为，带领他们发展职业是组织的责任。个人最了解自己独特的需求和抱负，所以，每位员工应当积极地规划自己的职业生涯，同时完全了解组织担当着提供支持的角色是比较符合逻辑的。

经理和主管应当为个人与组织之间的联系提供支持。在推动员工职业发展方面，经理可以担当四个角色：

- 指导员。倾听、澄清、协助确定员工的职业关注点。
- 考评员。提供反馈，阐明绩效标准和工作责任。
- 顾问。提出选项，进行推荐，给出建议，帮助员工制定目标。
- 推荐人。与员工商量行动计划，并将他们连接到可利用的组织资源。

人力资源专业人士在职业发展中担当至关重要的角色。他们必须认真地建议、设计职业道路和丰富体验，让员工能够实现自己的目标，指导经理担当支持员工发展的角色。规划明确的职业道路需要人力资源专业人士、经理和员工共同参与。这包括：根据当前的工作或潜在的职位评估差距；设计个人发展计划和发展战略。

个人发展计划

个人发展计划详细说明员工的学习目的、学习成果，以及必要的支持，从而实现员工切合实际的成长目标。个人发展计划应当并入成人学习、组织发展和公司文化中。

个人发展计划有许多种形式和模板。个人发展计划至少应当包括下列信息：

- 员工资料。姓名、职位名称、员工主管的姓名，以及其他相关的职位信息。
- 职业目标和具体目标。确定追求的职位、角色和时间框架；确定短期和长期目标，包括估计的日期和实际完成的日期。
- 发展具体目标。与组织及/或业务部门的使命、整体目标、具体目标，以及员工职业目标和具体目标相联系的陈述。
- 培训和发展干预。员工将寻求的用来积累知识、技能及/或行为的活动，包括估计的日期和实际完成的日期。
- 成果。如何衡量或评估参加发展活动的努力。
- 签名和日期。由主管和员工签名。

培训和发展介入可以包括正式的教室培训、在线学习、轮换的任务、跟随学习任务、在职培训、自学项目、专业会议和研讨会、180 度和 360 度反馈、导师辅导或其他活动。

最有效的个人发展计划是它们：

- 与组织需求一致。
- 反映员工当前的优势和需求的客观、准确的评估。
- 关注与个人需求相连的具有挑战性的发展活动。
- 包括员工与人力资源专业人士、经理或其他合适人员之间开展的指导和反馈机会。
- 被员工欣然接受和所有。

领导应当了解支持组织的职业发展工作的重要性。当高层领导支持这些工作时，人力资源专业人士、经理和个人就能了解更多，可以更有效地合作。

为了建立促进职业发展的文化，领导应当：

- 明确连接职业发展与组织的使命和业务的具体目标。
- 明确表达业务目标，从而使职业管理计划与业务体系和需求相一致。
- 重视和奖励帮助员工进行职业规划的经理和主管。
- 参加职业发展研讨会和会议。
- 确定能跟踪绩效的成功衡量指标。

文化对职业发展的影响

对组织的职业发展工作的看法，在不同文化中很可能存在差异。

以文化为基础的对阶级或晋升机会的看法，也会影响员工对组织职业发展项目的看法。

- 如果文化信念和规范强化了一个人停留在他出生的阶层的想法，那么员工可能会安于留在特定的职位，认为组织的职业发展工作没有价值。
- 如果职业发展和晋升没有带来好处，那么组织影响员工留任的能力可能打折扣。

职业发展的形式

组织可以使用一些工具和选项来支持职业发展工作。提供形形色色发展活动的组织更有可能满足不同员工的个人、文化、后勤和技能发展需求。

员工自我评估

自我评估活动通常注重用系统化的流程让员工确定自己的职业目标和职业偏好。

学徒

学徒往往与技术上的技能发展相关。贸易协会、工会、雇主，或雇主设计团体对经批准的学徒项目进行组织、管理和出资，项目通常是根据政府批准的结合课堂学习与在职体验的标准制定的。

除了为某些供不应求的职位寻找人才，公司也可能招聘员工，给他们培训在人才供应链中至关重要的技能。

岗位轮换、工作扩展、工作丰富化

岗位轮换是指员工在不同职位之间的变换。例如，在一家制造厂，员工可能第一天在装配线上工作，第二天在做检验或打包工作。

工作扩展是指员工的职位不变，但增加了其他不同的任务。给员工增加任务，这会让员工担负各种需要同等技能水平的责任。

工作丰富化通过添加规划、组织、跟踪和完成报告等相关责任来增加工作的深度。

参加项目、委员会和团队

参加特殊的项目、委员会、团队代表了另一种员工在职发展选择。有此类发展体验的员工能够提高和积累跨文化交流技能；他们还接触到组织的其他领域、其他文化影响、跨文化决策及合作，并从这些地方获得知识。

内部流动

内部流动是指员工转到其他职位的职业发展。它包括：

- 晋升。晋升包括转到一个与原职位不同的级别更高的职位，承担不同的新职责，或转到一个同级别的包含更多责任的职位，该职位可获得其他知识、技能或能力。晋升可能包括增加工资。
- 降职。降职通常是裁员、合并或重组的结果，把不合格的员工转到更合适的职位，员工的要求（如员工可能不想继续当主管，或想做兼职）。
- 调动。调动是把员工挪到不同的职位，保持相同的工资级别和相同程度的责任。

这是另一种拓展员工经历的方式，同时使调动员工的技能和能力与组织的员工配备需求相匹配。通常认为调动是横向挪动，不调整工资。

- 重新安置和国际任务。这些代表另一种重大的职业发展经历。在处理此类工作挪动时，要考虑下列因素：
  - 组织如何受益。
  - 对员工士气和生产力的影响。
  - 费用，包括搬迁费、可能的薪酬调整，以及其他津贴。
  - 配偶的就业机会。
  - 对入职培训项目的需求，帮助员工及其家庭适应新地点。
- 双职业阶梯。双职业阶梯为专业和技术员工提供有意义的职业道路，而无须把他们安排在主管或管理职位。双职业阶梯项目常见于科学、医学、信息科技、工程领域。这类项目通常作为对有特定技术技能及/或教育背景的员工的有效的提升方式，这些人对主管或管理职位没有兴趣或并不适合此类职位。

双职业阶梯的一个优势是，通过让员工留在自己选择的职业并增加工资和职业机会，可能会降低高级员工的人员流失率。这类项目还可鼓励员工继续发展技能，增加他们对公司的价值。

双职业阶梯可能有一些劣势需要考虑。这类项目可能无意中保护了表现差的经理。由于规模和收入限制，一些公司可能无法有效利用这个项目。一些专业人员可能并不想在自己的工作上增加管理职责，这会让他们无法专注于自己喜爱的工作任务。此外，没有被选择进入这类项目的员工可能会不满，或者经理会感到在双职业阶梯项目中的员工所获得的工资并不是他们自己"赚取"来的，因为他们并没有管理其他员工。

教练

个人教练包含一名员工与一名经验丰富的人员之间的一对一讨论。一些组织把指导融入领导或专业技能发展的一部分。

内部教练通常是持续进行的，但有时会自然发生。例如，主管与员工面谈讨论员工的职业目标，主管提出职业建议。外部教练通常与一名经过培训的或经过认证的顾问/教练在私密及/或保密情况下进行，后者鼓励员工采取行动，提供真诚的支持。

对管理者的指导是为管理者在掌握基本原则和实践方面提供支持，从而让其取得卓越成果，帮助员工实现成功。第三方提供商经常提供对管理者的辅导。

导师指导

导师指导是在两个人（导师和被指导的“学员”）之间形成的以发展为导向的关系。导师指导通常把资历高的同事与资历浅的同事配对，或把相同资历的同事配对，但通常不和主管配对。几乎无一例外，导师都不是员工的直属主管。

导师制可以是正式的或非正式的。

- 正式导师制。正式的组织导师指导项目经常是为解决具体的组织问题或发展需求而开发的（例如，作为整个人才管理项目的部分内容，或作为留任战略）。正式导师制与组织的战略业务目标相连。

正式导师制通常包含：

  - ○ 战略选择和匹配导师与学员（由人力资源部门或赞助该项目的团体进行）。
  - ○ 项目指导原则及/或提供给导师和学员的培训。
  - ○ 提供的帮助学员确定职业目标的资源。
  - ○ 制定目标和可衡量的具体目标。
  - ○ 确定导师指导的期限（如 9 ~ 12 个月）。
  - ○ 为参加者和持续指导提供支持（同样，由人力资源部门或赞助该项目的团体进行），确保实现目标。

在正式导师制中，导师是顾问、辅导员、知己、支持者、鼓励者、倾听者。导师应当自信、可靠，并理解多元化，应当擅长沟通。学员必须清楚自己想从导师那里获得什么，从而确立总体安排。学员必须与导师坦诚交流，帮助学员对需要解决的问题或得到的支持按优先顺序列出，对导师的指导课事先做好准备，并主动要求反馈意见。

- 非正式导师制。顾名思义，非正式导师制是以比较松散的方式进行的。导师与学员的关系以更自然的方式逐渐形成，通常由学员自己挑选导师，该导师可能是学员崇拜的偶像，或是其认为能协助自己职业发展的人。非正式的一对一导师辅导并不包含制订具体的目标或发展计划，不提供专家培训或支持，通常只是门生对遇到的问题向导师寻求意见。虽然大多数非正式导师制是一对一的关系，但是非正式导师辅导可以在小组中进行，通过信息论坛或研讨会，由更有经验的专家或资历高的同事以非正式的方式分享知识和经验。

正式导师制的原因并非要取代非正式导师辅导，而是为了把导师辅导作为重要部分植入组织文化和人才管理战略。

导师制，对学员而言，可以是有影响力的职业发展工具；对组织和导师也有益处。对学员的益处通常包括：对发展优势的建议，接触到新想法，增加在组织内的知名度。导师可以借此经历培养自己的领导风格，回顾自己的目标与实践，接触到新视角和新想法。导师制是组织确定和保留冒尖人才的好方式，提高员工士气和绩效，降低员工的流失率。

教练与导师在职业发展概念上具有相似性，但是有必要了解两者之间的一些区别。首先，教练与导师通常由具有不同资历的个人进行。教练与导师的其他区别包括：

- 角色。教练有确定的日程表来强化或改变技能和行为。教导是权力平等、双向、互利的关系，导师更像协调员和老师，让学员去发现自己的方向。
- 焦点。教练是短期的、基于任务的（有时候有时间限制），焦点是具体的发展领域/问题。导师制通常是长期的，焦点范围扩大到整个人。
- 议程。教练帮助个人确定自己的价值，使目标与价值相一致，然后开展自我分析，从而改进绩效和行为。导师利用所属领域的专长，用他们自身的经验指导他人取得成功。

↘ 大学、学院、协会、继续教育项目

组织有时候提供学费报销项目来支持员工的教育与发展。组织经常对具有特殊技能和证书的员工使用此类项目，因为他们的技能和证书必须通过持续参加结构式的继续教育项目予以保持。

大多数组织要求员工参加的项目直接与其责任相关。这些项目还应当与员工的职业计划明显一致。这会增加组织对其投资的满意度：培养所需的人才来支持组织的战略计划。这还确保员工看到，在证书或大学学位上投入的时间和精力，在职业发展上会产生回报。

一些组织利用教育项目作为结构式介入，建立内部的人才库。例如，组织可以与大学合作开展一个项目，为业务流程创建一个经认证的候选人才库。

职业发展趋势

人们越来越多地拥有多项职业，对自己的职业发展承担更多的责任。此外，组织的角色类型已经逐渐转向更加非传统的雇佣选择。表 4-14 谈论了职业发展趋势。

表 4-14 职业发展趋势

多项工作和职业	• 以前的员工期望一生只有一项、两项或者也许会有三项工作。转向全新的职业很少见，职业发展工作的重点是工作扩展和工作丰富化，强调向上流动的重要性。 • 研究显示，当今和未来的员工期望在工作期间有很多工作，并且可能有超过一种职业。 • 这一变化对作为留任战略的职业发展带来重大后果
更多的个人责任	• 职业规划的重担现在落在员工个人的肩上。 • 职业发展变得越来越合作。 • “个人决定和组织提供”，这个说法反映了员工对正式职业培训的新思维。期望是组织将提供必要的支持、资源和体验。 • 这种思维变化更多地要求个人分享自己的职业计划。 • 组织也有更多的责任去认真倾听员工表达的需求和期望，并采取积极的步骤予以满足
非传统式就业	• 越来越多的员工在考虑重大职业转变的价值，从一个职能转到另一个完全不同、不相关的职能。 • Daniel Pink 在《自由工作者国度》中写道，现在的职业是可以组装和重组装的大量的不同技能和经验，“就像孩子们玩乐高积木一样”。 • 这种灵活性让员工可以找到有创业精神的新方式去满足客户的需求，并给自己的职业发展创造机会
临时、合同、应急工作	• 越来越多的员工在试探临时、合同和应急工作的任务和益处，作为他们职业规划的一部分。 • 这些在固定工作领域之外的替代选择，是一种在新领域获取经验的有用策略。 • 它们还可以用来缓解从一种职业转换到另一种不相关职业的过渡
更多责任，更快应变	• 在新兴市场上，越来越频繁地发生要求员工能很快地承担大量责任的情况。 • 虽然在西方文化中，员工的职业道路经常是稳步而缓慢（有时间获得经验和发展技能）前进的，但是在其他文化中往往并非如此。新兴经济体快速发展的市场，迫使大量的责任从组织上层逐级压向缺乏经验、缺少准备的年轻员工

现在，职业发展由个人控制，而不是由组织控制。但是，通过学习与发展干预，组织可以指导、支持员工的职业发展道路，这对组织和个人都有益处。

培养领导者

人力资源部门的组织责任之一是确保输送高质量的领导者队伍，发现大有前途的员工并提供资源，使他们成为下一代的领导者。这为战略管理提供了持续支持，并巩固了组织价值观和文化。通过培养多元化的领导者队伍，组织的创新也得到了加强。

领导力发展

领导力是个人影响团体或其他个人去实现目标和获取成果的能力。领导才能不一定附着于组织中等级制的具体职位，它可以在各种情况和机会中逐渐形成。在考虑领导才能时，特别是在全球背景下考虑，必须认识到它不是身份、权力或官方权威的同义词，不应与这些概念相混淆。全球领导者必须影响各种文化，而不仅是对本地经理施加可能含种族中心思想的计划。

人力资源管理语境中的领导力发展是指，为协助管理层和高层员工培养应对各种情形所需的技能、能力和灵活性而开展的组织培训和专业发展项目。

组织的视角

Michaels、Handfield-Jones 和 Axelrod 在《人才战争》中提出下列数据，证明领导者发展的必要性：

- 三分之一的《财富》500 强首席执行官任职时间未满三年。
- 在所有高管中，失败率是 30% ~ 75%。
- 在首次担任高管的人员中，超过一半的人跌倒，其中一些永远没有再站起来。
- 研究表明，高管的才能水平决定 45%的组织绩效。
- 仅有 3%的高管认为自己的公司在人员培养方面做得不错。

领导力发展是员工培养综合体系的一部分。领导才能培养计划必须用明确、一致的方式来精心管理组织的领导者队伍，必须与组织的战略计划（目标）相连。

在激烈的商业竞争环境中，组织的生存部分取决于有成熟的既定领导者和接班人。当组织存在继任管理并有就绪的领导力发展项目时，组织可以很好地应对关键领导者的离任问题。在这类情况下，对组织而言，损失任何个人都不会太痛苦，因为有强大的总体领导容量。不仅有一个人，而是任何人都可以接替承担部分或所有离任者留下的责任，直到从内部挑选或外部招聘中任命继任者为止。

这种强大的领导人才池意味着任何人都不是不可替代的。事实上，组织中不可替代的员工数量越多，组织越有可能遭受人员变动的痛苦。

无论对哪个行业而言，继任计划和领导力发展都至关重要，一些重要的、相互关联的原因有：

- 变化的速度正在加快，组织面临的变化类型很可能是激进和不连续的。这证明组织需要有更多的共同领导。共同领导支持更有效的应变管理，洞察必需的组织变革，积累动力做出更迅速的改变，而不仅是依靠单个领导的应对。
- 大多数行业的组织所面临的挑战的复杂程度呈现几何级数的增加。这类复杂程度通常超出任何一个领导的能力，导致组织无法制定出合理可行的解决方案。
- 发生任务转移，传统上属于高层领导的责任转移给了下级领导。这是组织扁平化趋势的职能，但也是因为挑战的速度和复杂程度在增加。以前通常由高层领导处理的问题已经交由下级领导处理，从而前者可以集中精力应对更复杂的问题。
- 高层领导的发展是随着在他们下面一级的领导的发展情况而变的。

个人的视角

上述数据显示领导力发展出现了问题。领导者失败的原因是什么？

Zenger 和 Folkman 发现领导者失败的五大致命原因：

- 无法从错误中学习。
- 缺乏核心的人际技能。
- 不能接受新想法或不同的想法。
- 缺乏责任感。
- 缺乏进取心。

芬克斯坦在《成功之母》一书中指出了失败惨重的高管的七大习惯：

- 他们视自己及其组织处于主导地位。
- 他们认为自己和组织完全融合，在个人和公司利益之间没有明确的界限。
- 他们认为自己无所不知。
- 他们排除一切不是百分百支持自己的人。
- 他们沉迷于组织的形象。
- 他们低估了主要障碍。
- 他们顽固地依靠过去成功的经验。

上述以及其他研究显示，领导者可能具备成功所需的知识和智慧，但是可能因缺乏人际技能而失败。他们可能无法建立团队，或保持有效的关系。

芬克斯坦指出，因过去的成功而提升职位级别的高管特别有可能失败。看起来，许多因以往成绩而被称颂的人已开始不求上进。他们难以学习新技能，从而不具备新职位所要求的技能，导致工作上的失败。

事实证明，最成功的领导者是通过历练发展领导力的。

创新领导力中心的研究结论是，主要工作、历练、培训与重要人物，这四组内容是最有益的经历。具有挑战性、涉及多职能的工作任务可以培养自信、坚韧、毅力、人际关系管理技能、独立感和领导力。领导和导师可以以身作则，示范强大的领导力（正面和反面）。

人力资源专业人士的角色

人力资源专业人士在领导方面要关注两点。首先，他们必须考虑自己作为领导的责任。他们的职位和角色需要他们做出必要的改变，以保持组织的竞争力和繁荣。其次，他们承担在组织中确定其他领导（及潜在领导）的责任，以便加强领导队伍的力量。

人力资源专业人士必须定期评估组织中的领导，领导力的标准必须基于公司的战略目标。他们必须确保给领导和潜在领导提供合适的发展经历、人际关系、曝光，以及持续发展所需的培训。

培养领导力的障碍

领导力是可以通过学习获得的，但大多数人的领导力仍未得到开发。在充分开发领导力上存在许多障碍：

- 缓慢形成的危机（与爆炸性危机相比）。
- 大型和复杂型组织、社区的压制性因素。
- 教育体系和业务的奖励对个人成绩的重视超过对团队合作的重视。
- 负面的公共形象往往与高知名度有关。
- 缺乏全球思维模式。
- 组织对领导力的发展重视不足。

领导力发展是一个终身学习的过程。今天的领导必须培养明天的领导。

无论个人是否具备领导力，都必须用战略化的方式培养这些能力，从而使其成为有力的领导。

评估领导力发展的需求

在评估领导力发展的需求时，人力资源专业人士必须首先根据组织战略或目标来查看当前的领导者。

可能需要分析下列问题：

- 当前和长期的组织战略是什么？
- 为了促进实施组织战略，当前和未来要完成的任务是什么？
- 组织当前和未来需要的领导的技能类型是什么？
- 组织领导者和各级管理者当前的技能状况如何？
- 哪些领导力发展需要存在，谁应当是发展计划的目标对象，应当实施哪些计划？

识别领导能力的差距

是否每项工作都需要特定的知识和技能，取决于工作的类型和复杂性。无论是领导职位还是其他职位，通常最好的做法是使用胜任力地图，确定特定职位的关键胜任力，即那些区分优秀表现与普通表现的行为和个人技能。这类关键技能可以在招聘、培训与发展、职位评估、绩效管理、继任计划等方面使用。

从胜任力地图得到的关键胜任力清单构成胜任力评估的基础。接着胜任力评估根据组织认为重要的具体胜任力来确定个人的胜任力差距。

组织可以有自己的方案和工具来开展胜任力评估。此外，顾问和供应商提供各种形式的胜任力评估工具。表 4-15 描述了评估的常用类型。

表 4-15　评估的常用类型

类　型	技能评估
自我评估	个人根据当前职位或未来感兴趣的职位的技能清单评估自己
经理评估	经理评估当前职位或未来感兴趣的职位的直接技能报告
基于胜任力的面试	根据职位所需的具体技能筛选出合格的候选人
技能差距分析	确定员工的技能差距和培训介入
360 度评估	从个人的整个周围收集数据，比较自我评分和他人评分（如直属主管、同事、下属、内部及/或外部客户、供应商）
180 度评估	从个人周围的半圆内收集数据，比较自我评分和他人评分，但是只限于内部人员（如直属主管、同事及/或下属）
技能评估中心	通过角色扮演、案例研究、结构式体验、模拟、商业游戏及其他活动来评估个人，提供全面的职位所需技能的看法

（续表）

类　型	技能评估
证书	由主管或该领域的专家以及评估人来核实（证明）员工的技能。如果员工合格，则他会收到正面反馈和证书。如果员工不合格，则他会收到负面反馈和证书

绩效管理的一个重要部分是指导员工发展技能，技能的差距可能是阻止他们成功及/或承担管理和领导角色的障碍。基于具体的绩效标准的技能评估，其结果显示了候选人或员工能执行的职位所需技能的水平。它们也是制订个人发展计划的基础，确定必要的培训与发展项目，以及绩效管理，从而培养人才，让他们能够充分发挥自身潜能。

在领导力发展方面，经挑选的利益相关者必须完成反映下列因素的组织分析：

- 所有管理工作的基本或一般性质。
- 所属组织在发展或进展上的变化阶段。
- 组织当前面临的各种挑战。
- 当前高层和董事会计划的组织战略方向。

为了能主动应对任何突然的领导职位的空缺，利益相关者要持续对这些因素进行分析，从而为组织的发展做好准备。组织必须了解各个级别的领导者的角色。表 4-16 列出了不同级别的领导能力。

表 4-16　不同级别的领导能力

基层领导工作中的常见内容（日常至一年时间框架）	
• 执行、管理现有政策和机构。 • 将上级提供的组织目标转化成更即时的任务、计划、责任	• 通过现有的组织机制和应急措施，解决本级别进程中的障碍
中层领导工作中的常见内容（一年至五年时间框架）	
• 根据组织高层领导的经营条件，推断和加入新结构和政策。 • 领导多个组织部门（管理其他低级别经理）	• 履行职责，包括规划经营，在不同的职能部门之间进行协调和采取行动
高层领导工作中的常见内容（五年至二十年时间框架）	
• 开展长期战略评估和规划。 • 表达组织前进和发展的愿景或计划。 • 管理内部利益相关者的关系	• 执行整个组织内部的结构和政策变化。 • 培养鼓励组织内部创高绩效的氛围

高层领导的工作主要是制定在组织系统内实施的政策和组织结构。与低级别的领导相比，他们要平衡更多的角色（如导师与董事、协助者与生产者、创新者与协调者、经

纪人与监管人）。这些内容不足以充分描述公司对特定领导职位的要求。

大多数董事会和委员会都认为其中的大多数要求是理所当然的。要想找到更加适合领导职位要求的最终人选，需要对环境压力、挑战以及组织独特的内部动态进行分析。

越来越多的调查显示，和过去相比，未来领导最需具备的素质已发生重大改变。这些素质强调更多管理快节奏、动态的国际性环境的技能。此外，更复杂的社交技能被视为新兴的关键素质。

Sessa 和 Taylor 把类似的素质描述为与组织利益相关者建立良好关系并加以保持的能力。这些关系对激励员工、组建有效团队、建立多级别合作关系等任务至关重要。

领导力发展的评估工具

可以用来评估领导者能力的工具包括：

测验

测验，用一组指标衡量领导风格、技能、优势，可在 360 度评估或自我测试中使用。

这些指标评估了上升通道中的领导者可能为新的或更高职位带来的优势。用 360 度评估或多个评估人的方式进行，评分不仅来自领导者本人，而且包括其主管/上级、同事及下属的评分。

这些清单有助于确定个人的技能优势和劣势，帮助组织指导“领导者发展计划”。

工作范例衡量

衡量被评估人展示的娴熟的领导能力的评估工具称为工作范例衡量。工作范例衡量包括情境判断测试、评估中心和模拟。

- 情境判断测试向未来领导者提供情境范例并提出他们可能在工作环境中遇到的问题，包括可能的答案。被测试者可以提供最佳答案，或选择最佳和最差答案，或把答案按照从最佳到最差排列。
- 评估中心和模拟与情境判断测试相似，可以提供被评估人形形色色的领导情境和解决问题活动。这些包括公文筐测试、财务或业务数据分析、无领导小组讨论、面试模拟、角色扮演，以及心理测试清单。这些活动由不同的评分人进行观察，评判每个表现的不同方面。然后，评估人聚在一起综合评分，给出一个总体的评估分数。

研究表明，一些衡量指标比另一些更有用，不过所有的衡量指标都存在局限性。工作范例衡量，以及其他要求展示领导才能的工具，都很有效。但是，它们的开发成本是最高的，除了情境判断测试，其余的执行成本也是最高的。

情商评估工具

一些特定的情商评估工具专门用来为组织招聘、发现大有前途的候选人，以及为绩效反馈和指导提供信息。情商工具有数十种，不同的工具适合不同的人力资源任务。许多此类评估工具还未经过实验评估。

领导力发展战略和方法

70-20-10 规则提出，组织为了培养领导，必须让他们参与挑战性的任务（70%），发展关系（20%），课程学习和培训（10%）。领导力发展战略可以是正式的或非正式的。

上述的创新领导力中心研究谈论了领导者和导师提供领导榜样的重要性，包括正面和反面榜样。事实上，经发现，反面的领导者榜样可以教导他人：避免哪些领导行为，哪些是不该做的事情，以及如何在恶劣情况下生存。研究显示，与好领导者相比，人们往往更多地从与坏领导者的相处中学会同情和正直。这并不是看轻积极的导师与教练的效能。Yukl 的研究证实了创新领导力中心的研究成果，前者提出，公司管理者学到的许多技能更多是从体验中得来的，而非正规教育。他指出："如果让管理者接触各种在职发展体验，包括由上级、同事提供的适当的教练和导师指导，那么他们更有可能学到相关的领导技能。"

虽然这类非正式发展项目很有用，但是需要与正式发展项目相平衡。非正式发展项目往往是被动的和机会主义的；如果体验的内容、对象有误，则浪费时间和财力。缺乏把体验与预期发展结果相连的正式发展项目，就无法监管发展的内容和时间。

正式发展项目需要组织规范设计、实施和维持。这类发展项目的结果对缓冲组织因继任造成的意外起着重要的作用，而且可以提供竞争优势，体现在：

- 系统化的领导力发展计划有助于建立领导能力。
- 领导力发展计划应当连接所有级别，并提供包含技能、能力、态度和视角的路径图，从一个级别发展到相连的另一个级别。
- 每位经理级员工应当有个人发展计划，并负责每年的进展。
- 领导力发展应当是持续工作体验的一部分。

培养领导方法

有效培养领导方法和战略包括下列内容。

更具挑战性的任务

个人为了发展领导力，需要各种不同的经历，这些经历测试并扩展他们应对各种情形和问题的能力。研究显示，潜力大的员工在执行新任务的前两年表现最好，如果没有继续提供新任务或更具挑战性的任务，那么他们的表现开始下降。只有当个人离开自己的舒适区和专长范围的，领导力往往才会显现出来。给潜力大的员工富有挑战且不属于其专长的职位，这会迫使他们去发现合作资源，自己寻找解决方案。

创新领导力中心研究发现下列体验类型最有助于领导力发展：

- 从头开始。
- 修理坏了的东西。
- 出国工作任务。
- 从车间转到办公室，或从办公室转到车间。
- 范围（复杂性）或规模（大小）大跨越。
- 接手各种项目，如推出产品、收购或重组。

他们还发现一个人能做的最糟的事就是只擅长做一件事。这会造成过于狭窄的专注领域和视角范围。领导必须在各种不同的领域获取各种体验。创新领导力中心的研究确定，领导力发展主要发生在工作过程中。类似地，通过审视高绩效群体，Locke 和 Latham 发现，领导者的成功是因为具有挑战性的目标，加上高期望、足够的反馈、充分的能力水平，以及工作环境中很少的限制。

培养全球化领导者的考虑因素

全球化领导者的短缺，迫使组织必须发展自己的全球化领导者。但是，在培养全球化领导者的过程中，存在着一些重要的挑战和机会。表 4-17 列出了培养全球化领导者的一些困境。

表 4-17　培养全球化领导者的困境

• 可以真正教导领导力的方式和范围。 • 文化造成的影响及后果。 • 领导力的变化性。 • 领导力的相对性。 • 对领导者发展干预措施的衡量与评估	• 领导力项目与其他组织体系的整合，如职业发展或奖励体系，与业务战略的关联程度。 • 领导者为实际实施和分享所学经验去促进组织能力的发展所做的投入

Evans、Pucik 和 Björkman 强调，全球化思维区分出有效的全球管理者：在跨组织、跨职能、跨文化界限的情况下产生有效工作的能力。人力资源专业人士可以通过确保全球有才华的员工都有平等发展的机会，来促进全球化思维的发展。当领导力发展项目的目标是为了让所有有才能的员工都能平等参加时，领导力发展项目的选择变得更为显而易见。

迄今，组织一直依赖于相当同质的西方领导模型。不同组织的领导画像，或被视为具有领导特征的人，其实他们之间在不同的组织中并不存在很大的差别。同样，一个西方组织重视的技能很可能也是另一个西方文化或组织所看重的。

随着越来越多的组织将自己的经营扩展到全球市场，它们必须认识到作为许多领导力发展项目的基础的西方模型在全球各地并不受到普遍认同，即使在非西方文化中可能也很不一样。

在一种文化中发展并得到认可的领导理论，不可以不加区别地适用到其他国家/地区和文化。

即使在同一情况内使用西方的领导模型，个性特征和情况也会有很大变化。特别擅长扭转组织困境的董事、首席执行官或组织领导者，可能并不同样擅长长期管理该公司或者应对完全不同的商业挑战。

当创新领导力中心在开发 70-20-10 规则的研究时，他们在四个国家研究了领导模型：中国、印度、新加坡、美国。该研究的重要结果如下：

- 对于从历练中学习领导的方式，被研究的四个国家也存在重要的相似和不同。
- 关于领导从哪里学习，四个国家普遍存在五个重要的学习源：领导和上级、转型、增加工作范围、平行调动、新计划。
- 每个国家还各自有两个领导学习源：
    - 中国：个人经历和错误。
    - 印度：个人历练和跨文化。
    - 新加坡：利益相关者参与和危机管理。
    - 美国：错误和道德困境。
- 在从历练中学到的领导经验方面，四个国家普遍列出三个重要的经验：管理直接下属、自我意识、有效执行。

在开发、制定领导力项目期间，人力资源专业人士可能面临文化方面的挑战。下列因素可能影响项目的总体成功和当地人们对项目的接受：

- “天生”与“培养”看法。关于领导是天生的还是后天培养的问题，已经在人力资源管理圈争论许多年了。在培养领导力方面，文化严重影响了员工对培训效果和技能发展体验的看法。认为领导力是天生特性的文化不大可能认识到领导力发展项目的价值。因此，招收个人参加这些项目的努力可能收效甚微。
- 当地接受度和支持。在认为领导者是天生的而不是后天培养的地方，领导力发展计划往往不受重视。除了难以招到参加者，此类项目在这些地方可能很少被宣传，也很少得到支持。
- 组织文化。在一些情况下，当组织文化推崇加强领导力发展，并认为领导是可以“培养”的时候，可能衬托出国家文化的相反看法。在可能不重视领导力发展项目的文化中，组织和人力资源专业人士应当特别考虑这些项目的安排、宣传，以及长期支持问题。
- 领导模型。领导价值和模型与文化有很大的关联性。人力资源专业人士在开展领导力发展项目时，必须保持警惕，避免把某种文化对领导的认识和价值灌输给并不认同此类看法的人。
- 本地化要求。在创建和实施领导力发展项目的过程中，同样重要的是，人力资源专业人士讲述组织领导者技能和价值时，要用当地文化进行展示，并能反映在当地文化中。

表 4-18 给出了培养全球领导者的清单。

表 4-18　培养全球领导者的清单

- 了解组织总部文化中的领导角色和特征。
- 认识到一个领导模型不得从一个文化直接应用到另一个文化。
- 分析东道国员工的价值维度和其他重要特征。
- 平衡统一的组织领导要求与当地的差异。
- 征求反馈意见，从全球各地获得签署认同的领导标准。
- 开发系统的领导力发展与培训项目及流程。
- 开发由全球领导模型提议的技能

培养全球领导者的有效实践包括：

- 较长期限的国际派遣。
- 加入国际跨职能团队。

- 内部管理者/高管发展项目。
- 发展全球管理团队。
- 导师与教练。
- 国际领导者发展中心。
- 360 度反馈。

第5章　全面薪酬

全面薪酬是指雇主用来吸引和留住员工的薪酬体系和一揽子福利方案。

全面薪酬包括员工为组织工作而获得报酬的各种方式。工资、奖金、带薪休假和补充医疗保险都是可能包含在全面薪酬中的例子。与人才招聘一起，全面薪酬可能是人力资源部门提供的最明显的一项服务。人力资源部门可以帮助组织创造性地使用全面薪酬工具来吸引人才，以及明智地使用经济资源。薪酬也是人力资源部门严格规范的一项内容。为了管理不合规的风险，人力资源部门制定了一系列政策和流程，并对该领域的绩效进行了审计。

人力资源专业人士将参与以全面薪酬战略为基础的薪酬体系的分析和记录过程，并必须熟悉各种可用的工具。

全面薪酬战略

全面薪酬战略将薪酬和福利与支持性工作环境中的个人成长机会相结合。其目的是利用有限的资源获得合适的人才（组织战略所需的员工和领导者），并遵循组织的价值观、文化和当地法律。

全面薪酬战略与薪酬理念

全面薪酬包含雇主用来吸引、认可和保留员工的所有直接和间接的薪酬方法。换种方式说，全面薪酬是指员工从雇主那里获得的所有形式的经济奖励。直接薪酬（工资体系）主要包含现金奖励，而间接薪酬（福利和表彰计划）通常包含非现金奖励。

全面薪酬战略是组织实施的给实现具体业务目标的员工提供货币、福利、发展奖励的计划或方法。

全面薪酬战略可使用输入-流程-输出模型（该模型详见第1章）。

全面薪酬战略的输入是人力资源部门在招聘、敬业度及留任方面的目标。然后，人力资源部门运用其专长使这些输入与组织战略、组织文化的性质、劳动力市场现状、法律合规要求相一致。

全面薪酬战略的输出是组织如何利用薪酬工具来创建、保持富有生产力的员工队伍和推动组织战略。

全面薪酬战略中的术语

“报酬”和“薪酬与福利”的含义与全面薪酬相同。此处“薪酬”一词与“全面薪酬”可互换使用。

其他重要术语有：

- 福利。向广大员工提供的除法律规定外的有形付款或服务，涉及退休、医疗、疾病补助/残障计划、人寿保险、带薪休假等方面。员工接受的内部、外部培训与发展也被视为福利。
- 薪酬。是指所有其他经济回报（任何有形福利付款或服务以外的），包括工资和津贴。
- 特殊待遇。根据个人情况提供的产品或服务形式的薪酬，如提供汽车和移动设备。
- 激励奖金。为回报实现特定的、限时的具体目标而给予的付款。它们往往按照基本工资的比例计算，可以是一次性付款，也可以是在特定时间段内的持续付款。

表 5-1 列出了全面薪酬战略的组成部分。

表 5-1　全面薪酬战略的组成部分

组成部分	举　例
薪酬（直接）	工资、佣金、红利
福利（间接）	退休收入替代计划、人寿保险、短期残障补助、医疗保险、牙科保险、假期、非现金奖励、特殊待遇
地理位置	城市或城郊，靠近公共交通、商场、饭店
灵活性	工作服、计划表、在家工作机会
社交	友好的工作场所、家庭野餐或出游
稳定性	年度的一揽子雇佣和奖励内容没有显著改变
地位/表彰	尊重和突出工作贡献
工作多样化	从事不同工作任务、承担不同责任的机会，参加不同项目的机会
工作量	在分给的时间内可以完成的工作

（续表）

组成部分	举 例
工作重要性	工作对组织或社会的价值
权威/控制/自主	影响他人和控制自己命运的能力
晋升	前进的机会
工作条件	安全的工作场所
发展机会	正式和非正式培训来学习与工作相关的新知识/技能/能力
个人成长	下班后的育儿课程、午餐时间的自我提高课程

薪酬理念

制定全面薪酬战略的起点是组织的薪酬理念。薪酬理念是记录组织关于员工薪酬的指导原则和核心价值观的简短（但广泛）说明。最理想的是，薪酬理念的建立应当在全面薪酬战略制定之前，因为理念是影响组织薪酬战略的使命陈述。

薪酬理念阐明了员工薪酬背后的原因。在制定战略之前制定的薪酬理念指导薪酬计划的设计和复杂之处。虽然个人薪酬所包含的内容看上去不同（如从高层领导到新进员工），但是薪酬理念有助于确保薪酬内容都是根据相同的核心价值观确定的。薪酬理念为一致性和透明度建立了框架。

薪酬理念通常是由人力资源部门与高层团队合作建立的。理念随企业而异，基于许多因素，包括组织的经济情况、规模、业务目标、业务特点，以及所属行业、薪酬调查信息及找到合格人才的困难程度。设计得当的薪酬理念支持组织战略计划、业务目标、竞争前景、经营目标、全面薪酬战略，并帮助组织吸引、保留、激励员工。

关于薪酬理念中应包含哪些要素和措辞，没有硬性规定。一般而言，理念应当简洁，同时传达了组织的价值观（如团队合作和实现与公司目标相关的个人目标），以及组织具有竞争力的工资和奖励方式（如基本工资、可变的薪酬、福利机会）。

考虑下列薪酬理念的假想例子。

为了支持我们的口号，即成为推动清洁能源解决方案的创新和盈利增长的首选雇主，某公司的薪酬理念将：

- 吸引和保留优秀员工。
- 提供同行业的具有竞争力的工资水平（至少在第 50 个百分位）。
- 根据绩效、技能、能力支付，提供发展与成长机会，支付对组织有效的、可见的投入。

- 通过职业发展、绩效管理和奖励来鼓励能力培养。
- 通过实施创新的薪酬与福利计划成为所属行业雇主的领头羊。

薪酬理念应当定期根据其成效和当前影响业务的因素进行回顾和修改。

如果市场情况导致难以找到特定专业的合格人才，那么雇主可能要向这些候选人支付额外费用。如果雇主当前的薪酬理念不支持这种价值观，那么组织可能要修改理念以满足当前需求。

对季节性招聘行业而言，在招聘季节开始前的一两个月对理念进行回顾，可有助于确保工作与市场价值（持续变化）相吻合。

SHRM 告诉我们，有效的薪酬理念能通过下列质量测试：

- 总体计划是否公平?
- 总体计划是否合理? 员工是否觉得公平?
- 总体计划是否与经济利益相挂钩?
- 薪酬理念是否符合法律规定?
- 组织能否向员工和未来候选人有效传达理念?
- 组织的计划是否公平、有竞争力，并符合薪酬理念和政策?

沟通、透明度和一致性在薪酬理念中很重要。各组织可以将其薪酬理念作为招聘和留住人才的策略。一些组织甚至将理念发布在员工手册中，向员工展示它们与市场的关系。当与员工甚至求职者讨论工资时，一致性为组织提供了一个参考框架。

缺少薪酬理念的组织在新员工的起薪问题上会犹豫不决。这往往会导致新员工的薪资相对于现有员工而言过高，或者由于全面薪酬太低，缺少竞争力而无法成功留住人才。

理念在运用上不一致则会造成差异，打击员工士气，在一些情况下，会出现法律上的争议。传达合理的薪酬理念，并在运用上保持一致性，会让员工产生公平感。

全面薪酬战略的制定

即使具备薪酬理念，从起草到制定全面薪酬战略也是一项大规模的人力资源举措。高管的参与是成功的关键。除了人力资源专业人士，计划团队还应当包括部门代表和一线员工，以确保考虑到各方面的利益，满足组织中每个人的需求。如果组织在工会环境下运营，那么集体谈判会影响战略的实施。人际交往和沟通技能是人力资源专业人士的重要技能，有助于确保战略被所有利益相关者欣然接受。

制定全面薪酬战略可以分为四步：研究、设计、实施、评估。

研究

在研究阶段，一名或多名人力资源专业人士评估现有的薪酬和福利体系，以及该体系在帮助组织达到目标方面的效能。人力资源专业人士通常会向员工调查员工对自己的工资、福利、成长和发展机会的意见和想法，并审查现有的政策和实践。

人力资源专业人士还应当检查组织文化中隐含的行为，以及这类行为是否在薪酬计划中得到认可。人力资源专业人士应当考虑可能被忽视但得到补偿的负面行为。例如，如果存在某种不良行为的员工为组织创造了经济效益，那么组织对这种不良行为的容忍度是多少？这名员工是否仍然获得高薪酬并拿到丰厚的奖金？

在有意或无意的情况下，组织有时对不适当的个人行为支付薪酬。这会打击员工士气，降低生产力，并破坏组织中的道德规范。对任何未体现组织价值观的员工，人力资源专业人士必须审查支付给他们的薪酬和奖励。

研究阶段最重要的结果是研究报告，其中包括对新的全面薪酬战略的建议。研究报告应当包括下列问题的合理解决方案：

- 谁有资格获得奖励？
- 哪些行为或价值观需要奖励（在组织的奖励与表彰体系内）？
- 哪种全面薪酬最奏效？
- 组织将如何提供资金给全面薪酬战略？

设计

在设计阶段，由人力资源专业人士与部门代表组成的高管团队识别、分析各种激励战略，以确定哪种最适合他们的工作场所。决定包括激励的事项，以及对员工取得这些成绩给予的奖励内容。对取得的成绩而支付报酬并不是唯一的考虑因素。人力资源战略对符合既定的组织目标和具体目标的员工，确定其他福利（如弹性工作安排、增加休息时间）或个人发展机会（如培训、晋升）。

实施

在实施阶段，人力资源部门实施全面薪酬战略，并发放材料让员工了解新战略，同时开展培训，从而部门经理能有效衡量成绩，员工能了解获得奖励需要完成的任务。实施工作要支持组织的长期需求，以确保可持续的业务模式。

评估

如何知道组织的全面薪酬战略是否有效？回答这个问题要看体系实现下列方面的结果：成本效益、承受能力、合规性、与使命和战略的兼容性、与组织文化的匹配性、对员工的适当性和公平性。表 5-2 总结了人力资源部门经理必须回答的一些关键问题，以确定组织的全面薪酬战略的有效性。

表 5-2　全面薪酬战略的评估

战略是否合规？ • 组织符合法律规定的难易程度如何？ • 战略是否保护员工隐私和组织所有的数据？ • 战略是否支持组织的多元化/包容性目标？ 战略是否与组织的使命和战略兼容？ • 战略是否满足组织的整体目标、使命、具体目标？ • 战略使组织吸引/保留员工的程度如何？ • 战略是否激励员工提高表现？ 战略是否符合文化？战略是否适合工作场所？ • 如果组织是以权利为导向的，那么战略是否在员工的保障方面提供薪酬与福利？如果组织是以贡献为导向的，那么薪酬与福利计划是否认可个人的努力和成绩？ • 战略是否提供满足员工生活方式需求的全面薪酬？ • 如果组织跨国经营，那么战略是否适合国家及/或当地文化？	战略是否公平对待员工？ • 薪酬组合的合适程度如何？固定与可变？现金与福利？退休与医疗/健康福利？ • 员工对战略的了解程度如何？ • 员工是否认为体系公平、充分？ • 根据绩效考核数据，战略鼓励和奖励优秀绩效的程度如何？ • 组织的人员流失率是多少？ 战略对外是否具有竞争力？ • 薪酬与福利计划同竞争对手相比如何？同成本相比如何？ • 组织同市场上的其他对手相比是滞后、追随还是领先？ • 战略是否能使组织吸引和保留合格的员工？ • 组织对员工的投资，其做法的明智程度如何？投资所花的每分钱是否在生产力和获利性上产生了回报？

人力资源专业人士必须衡量全面薪酬的成效，并将结果告知组织的决策者。衡量采用的方式应当与衡量其他战略的相同，根据具体目标衡量，并且应当使用标准指标，如福利成本、工资总支出占组织总成本的比例、填补空缺职位的时间数据。当现有员工在离职面谈中表示是薪酬原因促使其离职时，组织还可以衡量留任率和自愿的人员变动率。在这些评估的基础上，人力资源专业人士可以提出战略修改意见，用于将来实施。

全面薪酬战略具体目标与全球考虑

全面薪酬战略必须与组织战略的具体目标相一致，从而组织可以成功执行其使命和目标。在制定将在全球执行的全面薪酬战略时，组织要特别考虑不同文化带来的挑战，以及因当地法律、规范上的差异而造成的问题。

全面薪酬战略具体目标

战略一致性

全面薪酬战略必须支持组织的使命和战略。因此，开发全面薪酬战略首先要考虑的是回顾组织的使命和战略。

全面薪酬战略应当是战略业务计划和人力资源战略的结果。规模小和成立时间不长的组织可能没有正式确定其战略。在这种情况下，人力资源专业人士可以考虑其他指标，例如，组织在其生命周期中的位置：是在缩减，还是扩大？是在收购，还是被收购？是在盈利还是亏损？或者，组织是提升内部人员（有机成长），还是从外部招聘（非有机成长）？

市场的竞争程度、产品的需求程度、行业的特征，以及组织在其生命周期中的阶段，这些都会对全面薪酬战略产生影响。但是无论大小，组织的全面薪酬战略必须支持组织整体目标和具体目标。

最终，全面薪酬战略应当在正确的时间吸引合适的人员在合适的职位上工作。成本支出也应当合适，组织应当提供适当的绩效激励来培养敬业的员工，让他们忠于组织，推动组织成功。

文化一致性

Dennis Briscoe、Randall Schuler 和 Ibraiz Tarique 在《国际人力资源管理》中阐述了国家和组织文化如何影响人们对全面薪酬战略的看法：

> 国家和组织文化影响人们看待全面薪酬战略中各种薪酬的价值。例如，注重绩效的文化（根据绩效支付是早已确立的规范），或以资历为导向的文化（奖励长期服务）。在一些文化中，员工更愿意接受薪酬中的风险，在另一些文化中，则要规避风险。此

外，文化中规避不确定的程度可能决定员工会接受的固定工资与可变工资的金额。

无论组织的规模如何，或处于生命周期中的哪个阶段，全面薪酬战略都必须适合组织文化并满足员工的基本假定。组织通常对员工采取下列中的任一种做法：

- 以资历为导向。一些组织推崇关心、保护的文化，希望员工感觉自己像家庭的一员。这些组织认为员工有权得到福利，如医疗、员工补助或残障保险，作为雇佣条件。一般而言，随着福利的增加，组织对员工个人的贡献和责任的关注减少，更注重整个组织的成功。
- 以贡献为导向。另一些组织的全面薪酬战略更重视绩效，强调员工个人的绩效和贡献。这些全面薪酬战略强调根据绩效支付，强调激励，以及在福利上分担责任。例如，公司可以要求共同支付医疗保险。

虽然采用仅仅基于绩效的全面薪酬战略的组织很少，但是现在的趋势是朝着绩效方向发展而不是注重资历。许多组织的薪酬实践将采取折中的做法，不会只采用资历或贡献做法。

与劳动力倾向一致

全面薪酬战略必须考虑劳动力的类型。一个组织拥有入门级或没有技能的员工，另一个组织拥有熟练的、高学历的专业人员，这两个组织可能会采取非常不同的一揽子奖励。

了解员工倾向的一种方式是开展调查，以便知晓他们的态度及当前需求和长期需求。分析劳动力及其特征将有助于组织了解他们的需求。

公平

公平支付是指支付给员工公平的全面薪酬。公平问题可以是内部或外部问题。如果缺乏内部或外部公平，组织将无法有效地招聘新员工或保留现有员工。

员工需要看到组织给予他们的奖励与他们带给组织的知识、经验、资历、绩效之间的基本公平性。内部公平的产生是当员工认为绩效或职位与全面薪酬的挂钩是公平的时候。换句话说，员工认为其得到的奖励符合所属职位在组织中的相对价值。

内部公平还有助于确保符合公平工资的法律规定，防止员工提出诉讼，声称支付上存在歧视。例如，在组织的相同职能岗位上的两名员工获得的工资不同。这种差别可能是因为员工个人的工作情况。如果一名员工的职能表现和职责承担比另一名员工做得好，对组织更有价值，那么该名员工理应获得更高的工资。

外部公平涉及把组织的薪酬与福利同其他组织进行比较，后者与前者处在相同的劳动力市场，竞争相同的员工。外部公平的存在是当组织的员工认为，同其他组织的类似职位上的员工相比，自己获得了公平的支付的时候。

在绝大多数国家/地区，员工可以轻易地从工资比较网站上了解所属行业、地区和职位的工资数据。他们还可以在网上查看其他因素，如福利、晋升机会、工作保障、工作环境等。员工会根据另一家组织对相同职位、相同程度的表现以及相同的资历所支付的薪酬，来评估自己是否获得了相等的全面薪酬。

与组织竞争员工的其他组织，会分享：

- 行业。这些组织有类似的产品或服务。
- 职业。这些组织雇佣相同经验或技能的员工。
- 地点。这些组织在相同的地理区域雇佣员工。

根据对市场和竞争对手的了解，组织通常决定在全面薪酬方面是滞后、追随，还是领先市场。表 5-3 描述了这些薪酬战略的特征。

表 5-3　薪酬战略的特征

薪酬战略	说　　明
滞后	• 通过制定低于其他组织的工资标准来控制劳动力成本。 • 可能出于经济上的必要而使用。 • 可以使组织抵销其他较高的成本，如购买、运输，或销售上的支出。 • 通常会提供其他福利，如学习与发展，职业通道上有吸引力的角色等
追随	• 提供与竞争对手类似的工资标准和福利方案。 • 往往被称为具有外部竞争力。 • 最常用的方式
领先	• 提供更高的工资及/或更好的福利，旨在吸引和保留最佳人才。 • 理由是优质人才更具生产力，配得他们的高薪

正确的战略取决于：

- 员工给组织的成功所添加的价值。
- 市场对人才的竞争情况（供应与需求）。
- 组织对特定战略的支付能力。
- 组织如何看待最佳雇主问题。

另一个考虑因素是，有竞争力的工资是“一张比赛的入场券”，但并不决定输赢。如果组织只是模仿市场中的其他组织，那么可能无法建立和保持竞争优势。

组织可能会使用这些战略的组合。例如，对重要的职位和技能，组织可能决定在竞争中领先；在其他领域（技能和能力并不是很重要，或人才很多），组织可能选择追随战略。

一家在阿联酋迪拜的国际公司有一个重要的职位招聘，需要专业的财务和会计技能，还需要流利的阿拉伯语能力。组织采用了领先战略，为该职位吸引和保留明星级人才。

对其他主流的、容易填补的空缺职位，该组织则采取追随战略的标杆工资。这样，组织不仅能减少成本压力，又能保留这些职位上的员工，在两者之间达到平衡。

组织必须注意，采用多种薪酬战略可能造成士气问题，从而促使有价值的员工另谋高就。

一般而言，任何不公平或不平等的看法，无论是内部还是外部，都会导致士气低落，降低组织效能。如果员工认为薪酬待遇不公，那么他们可能减少工作的积极性或离开组织，这样有可能给组织的整体绩效和品牌造成损害。

内部公平调查可以确定在类似职位上的薪酬支付是否公平，以及组织内的所有职位是否都适用相同的薪酬指导原则。

组织雇佣了数名客户经理，负责类似的客户群体。人力资源专业人士审查每名客户经理的工资，并与在相同职位上的其他人员进行比较，评估是否存在内部公平。这并不意味着所有客户经理的工资都相同；这意味着他们的工资与同事相比是公平的。

工资上的差别可能基于教育背景、经验、服务年限或责任级别。

减少外部不公平的第一原则是从有竞争力的基本工资开始的。但是，如前所述，员工可以轻松地把自己的角色和工资同其他组织进行对比。在决定外部公平方面，除了基本工资，他们往往还考虑许多其他因素。例如，在决定是否存在外部公平时，员工可能会更看重福利、工作保障、客观工作环境或晋升机会。遗憾的是，员工不总是把自己的情况与类似的组织类型相比（如规模、行业或领域）。

薪酬调查对评估外部公平至关重要。组织要确保在类似的关键责任、角色目标之间进行比较，行业、领域以及其他组织特征都具有可比性。

全球薪酬问题和挑战

商业的全球性需要建立能在各大洲和企业中都适用的全面薪酬战略，同时仍与组织战略相一致。例如，组织在所有市场实行“支付中位值”薪酬。具体的中位值数据会有差别；但是，当组织把“全球化思考、本地化行动”化作实践时，必须将现有政策转化成可以在其经营的全球各地进行复制的方式和态度。这要求人力资源专业人士精通其他领域，并与其他职能部门（如法律、财务、会计、税务）和管理者（如直属管理者、国家/地区管理者）加强合作。

与全球人员配备相一致

全面薪酬实践应当支持招聘、留任，以及激励富有生产力的敬业的劳动力，但是这可以根据组织的全球化导向，通过不同方式加以实现。

全球环境中的影响因素

当组织跨境经营时，其提供的全面薪酬必须适应法律、文化、经济的差别。许多因素会影响全球薪酬：劳动力市场动态；监管、政治、文化差别；税务；不同地域的法律和报告结构；流动性对未来劳动力战略和部署的作用。在上述因素的推动下，实施全面薪酬战略往往受市场实践的限制。表 5-4 描述了主要问题和挑战，以及对全球人力资源专业人士带来的一般影响。

表 5-4　问题和挑战及其影响

说　　明	对全球人力资源专业人士的影响
标准化与本地化	
通常，战略经过标准化，与组织的全面薪酬理念保持一致。 具体实践往往经过本地化，适合国家/地区、区域或当地条件	要有长期计划来支持组织的全面薪酬理念，但是要考虑当地的限制、税务制度、文化
文化	
由于文化差别，必须认识到全面薪酬的价值是个人的主观感受。 在一个国家/地区被视为很有价值的福利，可能在另一个国家/地方没有意义。差别往往来自根深蒂固的信仰、态度、价值观。	避免以总部标准看问题，或复制总部所在国家/地区的政策和程序（例如，在反对风险的文化中支付销售佣金，或者在推崇团队/群体贡献或倾向私下赏识的文化中，实施奖励个人贡献的奖励和赏识计划）。 邀请当地人参与，以便了解全面薪酬的习惯做法

（续表）

说　　明	对全球人力资源专业人士的影响
有竞争力的劳动力市场	
大致而言，吸引和保留人才所需的全面薪酬取决于对该人才的竞争性需求。但是，对人才的竞争性质可能随国家/地区、区域而异，取决于下列因素： • 寻求的人才类型。 • 人才市场的地理范围。 • 人才所属的行业。 • 薪酬的组合。 • 当前的经济、市场、就业情况	根据所需技能、对所需人才的需求，以及对此类员工最适合的薪酬方式，决定是领先、滞后，还是追随市场中的工资标准。 提供能吸引当前或未来员工的适当的全面薪酬。 当与行业相关的专业知识供不应求或竞争激烈时，雇佣具备类似技能的人员；重新培训或对员工在职位上进行辅导；培养人才和为人才配备导师
集体协议、员工代表、政府指令	
对某些员工类型和类别而言，世界上大部分地区都对其工资和雇佣条件加以保护，使其免受各种行为的影响。 在许多国家/地区，工会扮演着重要角色，有时包含对管理者和员工的规定。 员工委员会（与工会不同）也提供对工人的保护	遵守第三方规定的要求。 了解最低工资、辞退补偿、退休金的含义。 遵守相关政府规则和指令，以及行业的集体协议
经济因素	
不同的国家存在许多差别，包括： • 政治和权力的影响。 • 公民之间的财富分配。 • 不可预料事件（如通货膨胀率的骤变、货币）。 • 失业或人才短缺	认识到社区或区域内的非官方有权人物，以及政府官方的工作人员，可能会严重影响人们对事物接受与否的看法。 为当地做贡献，支持教育设施建设、内部培训、托儿服务或其他当地服务。 考虑到当地通货膨胀/通货紧缩或货币波动。 对经济因素及其结果进行风险分析。 制订应急计划来减少经济因素带来的潜在变化风险
税收	
不同国家的税收法规差别很大。一些国家没有所得税，而另一些国家的所得税超过 50%。一些福利在一个国家要缴税，而在其地域上的邻国却无须缴税。 一个国家的国民到另一个国家工作，要遵守复杂的且不断变化的税收规定	邀请当地全面薪酬法规和实践方面的专家，以及国家/地区税务问题方面的专家，这点对长期驻外人员尤为重要。 熟悉税收制度对现金和非现金薪酬、福利和特殊待遇的规定：哪些要征税？税率和级别如何？ 认识到，某项福利可能不被接受，取决于它是如何征税的

沟通全面薪酬战略

如果员工了解并接受全面薪酬战略，那么其可以发挥激励作用。告诉员工薪酬的真正价值非常重要，其重要性已经与设计薪酬相差无几。

沟通薪酬的四个重要原因是：

- 让员工了解组织的全面薪酬实践。
- 实现员工的参与，让他们意识到总体价值。
- 支持组织战略的具体目标。
- 支持组织绩效管理的目标。

表现优异的组织通常在沟通员工薪酬的总体价值方面做得更出色。更好地了解全面薪酬战略，往往会提高组织的效能和绩效、员工对薪酬的满意度、员工敬业度和积极性，以及员工的留任率。无论经济形势的好坏，这些都是重要的特性。

在竞争性的劳动力市场，如果员工不完全理解全面薪酬中暗含的福利价值，那么他们可能更倾向于换工作，从而离开组织。相反，如果这些员工认识到福利的全部价值，那么他们可能就不大想离开（取决于其根据已知情况做决定的能力）。

要沟通什么

关于薪酬，该沟通多少内容，这是人力资源专业人士长期争论的问题。支持公开沟通的人坚持认为，只有员工了解全面薪酬，并了解全面薪酬是如何决定的，才能有助于实现战略业务的具体目标。另一个支持公开的理由是，这会减少员工之间以及员工与管理层之间在薪酬方面的冲突。

但是公开存在着许多挑战。完全公开（员工知道同事的薪酬数额）会导致嫉妒和绩效问题。员工可能质疑全面薪酬的公平性。公平的性质决定了它是一个深受文化影响的主观概念。不同的期望和看法会造成挑战。另外，员工可能出于不适当或非故意的目的而使用此类信息。此外，还存在保护员工隐私和保护组织所有信息的担忧。组织可以采取折中方式，在完全公开和完全保密之间选择公开一部分信息，而不是所有信息（例如，公开薪酬范围，但个人工资保密）。

全面薪酬沟通工具

除非员工了解并珍惜全面薪酬，否则即使面对最丰厚的薪酬，他们也可能犹豫。有效的沟通要注意多种因素。应当有一个普遍战略和标准实施指南，但要适应组织的具体情况及当地条件和规范。

以下是有助于有效地沟通全面薪酬的几点考虑。

- 信息类型。向员工沟通通常分为两类：必要和自愿。
  - 必要的沟通。一些沟通是法律、法规规定必须予以执行的。例如，法规经常要求披露各类信息，包括对养老金福利计划的报告要求，甚至规定在个人工资单上必须出现的内容。组织要开展尽职调查，从而了解适用的法律、法规的要求，使用表格的说明，或其他官方指导。
  - 自愿的沟通。仅仅符合规定的沟通要求可能未满足员工想了解全面薪酬的需求。对此，组织要采取适当的沟通方法，列出沟通的政策和程序，并且要求经理和人力资源专业人士根据员工的需求，随时向员工进行直接沟通。
- 沟通计划。全面薪酬体系越复杂，选择越多，越要有一个沟通计划。不存在标准计划，随不同组织而异。书面计划可以包括组织薪酬战略说明、政策、实践、程序及其他信息。
- 直接沟通。有一个书面沟通计划是向员工有效沟通全面薪酬的第一步。但是，在许多情况下，最好还是进行直接、面对面沟通。人力资源专业人士或员工的经理必须花时间与员工个人面谈，必须在一个保密的环境下沟通全面薪酬问题，如职位级别的变化、加薪、个人福利问题、直接影响员工的新政策或程序，或违反政策行为（未准确地报告加班时间等）。为确保员工理解讨论的全面薪酬信息，该名员工应当有机会提问。
- 个人总薪酬说明。许多公司发现，向员工提供个人总薪酬说明效果极好。这类说明显示了基本工资的总价值、奖金和一揽子福利，员工可以清楚地看到获得的总薪酬的价值。虽然全球使用的项目和术语可能不同，但说明可以包括：
  - 工资/小时工资。
  - 带薪休假/病假/事假、假期、个人补助、丧亲补助、退伍军人补助、陪审团责任等。
  - 退休福利。

如果没有这类总薪酬说明，以前的组织就不会发现他们在福利方面投入了大量财力，然而员工并不珍惜、了解，甚至都不知道存在这类福利。

- 自助服务科技。自助服务科技和员工自助服务应用为员工提供方便、快捷的在线访问全面薪酬服务，在家或在工作场所都可访问。特别是员工自助服务，让员工可以更加主动地管理自己的个人记录。同时，它让人力资源专业人士把以前花在行政职责上的时间用在更具战略焦点的活动上，从而，给组织带来其他益处，包括：
  - 增加员工数据的准确性。
  - 提高信息和员工交易的及时性。
  - 减少在其他传统人力资源交付渠道上的开支（如用纸质文件办理事务）。
  - 提高作为一个有环保意识的雇主的声誉。

所有的员工自助服务互联网应用必须防止来自组织内部或外部的黑客、篡改，以及未经授权的访问。必须保护对全面薪酬信息的访问，这不仅是明智的商业规范，也是对法律和法规的持续遵守。员工应当仅限访问执行个人自助服务交易所需的数据。

人力资源专业人士可以宣传员工自助服务和其他科技服务的成功，这可以通过帮助员工了解下列事项来实现：

- 明确理解服务的目的、有哪些功能、要做什么、如何做。
- 认识到使用员工自助服务科技优于其他方式的益处（如节省时间、便利、24 小时全天候）。
- 具备技能、自信，以及使用应用的设备。

实施是创新的自助服务科技和应用成功的关键。

- 一致的关键信息。当组织有不同的地点时，应当特别注意对全面薪酬制定一致的关键信息并加以沟通。组织内部的沟通经常变得很困难，难以确定必要的事情是否得到理解。这是国内企业面临的问题，对国际组织而言则更具挑战性。

沟通不是一成不变的。在不同的文化中，人们对内容的解读和理解存在很大的差异。跨文化沟通理论的记录显示，在一组沟通惯例下接受教育的人，经常会使其他不同文化背景的人感到意外。类似地，相同媒介的沟通在不同的文化中，其解读可能会大相径庭。应当根据当地的语境起草信息。

沟通组织的全面薪酬战略的最好方法是没有固定的方法；方法要根据公司和文化的情况考虑。在一些组织中，沟通是直截了当的事实说明；在另一些组织中，沟通可能加入组织的价值观，反映文化和雇主品牌。最有效的沟通渠道随组织不同而异，因为必须考虑所有的利益相关者。

组织往往必须采取若干不同的方法，以确保每个人都了解。使用各种媒体（如互联网、组织的内联网、网络研讨会、手册、互动会议）让员工了解组织的薪酬理念。

有效地向员工沟通信息，帮助员工增加其意识，认识到雇主试图创造内部公平，确保竞争，奖励个人绩效。

全面薪酬战略中的法律合规

大量的法律法规对全面薪酬管理有重大的影响。这些法律法规在许多领域影响员工的薪酬，如工作时间和法定休息（带薪和不带薪）、最低工资、加班、带薪休假、法定的红利、奖励与表彰，以及辞退补偿。

了解并遵守这类就业法律有助于组织和经理做正确的事，减少组织、个人潜在的法律责任，减少风险。

但是，全球各地管辖全面薪酬的法律法规存在巨大的差别。即使在全球许多地方普遍使用的概念，如最低、指南、罚款、执行，也并没有统一的定义。考虑下列与加班、法定休息、工作时间相关的例子。

> 印度：马哈拉施特拉邦政府修订了《工厂法》，允许所有员工更长的加班时间，并允许女性工人上夜班，同时减少员工在申请带薪年休假前必须达到的工作天数。
>
> 瑞典：一些瑞典企业实行六小时工作日，旨在增加生产力，让员工更快乐，确保员工有精力享受私人生活。

这些例子表明，雇主必须了解适用于各种情况的法律基本原则，以避免潜在问题。

在美国，有大量具体的州法律与联邦法律。一些条例只适用于达到特定最低员工人数的公司；另一些则适用于所有的员工/雇主关系。另外，州法律可能与联邦法律不同。当州法律与联邦法律不同时，通常是适用对员工最有利的规定。（组织往往可以高于法律的规定行事，但是不能低于法律规定。）

另一个考虑是政府机构（如国家、包含多个国家的合作区域、国家内的州或省，以及城市等较小的地区）有各种法律法规。特定行业、部门，或状况，可能也有适用的规则和条例。组织的法律环境可能包含许多法律法规。

虽然法律环境比较复杂，但还是要遵守相应的法律。每个组织必须及时了解并遵守其经营地所在国家/地区的所有全面薪酬法律，以及全球和区域机构制定的就业法律。

总而言之，人力资源专业人士必须了解组织经营地所在的每个国家/地区和区域适用的就业法律、法规和实践。人力资源部门负责提供计划和服务，以确保整个组织及其经理和主管都保持合规。

人力资源部门要做什么？人力资源专业人士要开展尽职调查，调查应当包括了解相关的：

- 国际组织制定的标准和规则，如国际劳工组织、经济合作与发展组织、联合国、欧盟，以及条约和协议。
- 国内法的治外法权［治外法权把母国的一些法律要求延伸至其公民在国外旅行或工作的活动上，及其在东道国经营的实体（如公司）的活动上］。
- 适用于在该国境内经营的国际机构所有子公司的国内法。

没有哪个人力资源专业人士能够做到了解所有具体的全面薪酬法律法规。两种始终有效的合规做法是：

- 研究当地法律与组织实践。
- 邀请内部或外部专家参与，以证实特别复杂的当地全面薪酬实践和要求，从而实施合规并适合文化的计划。

许多国际律师事务所提供咨询和其他综合服务，可以让全球经营的组织及时了解重要的法律和全球出现的趋势（如通过国家/地区指导、合规警告、重要法律更改等）。

全面薪酬战略管理所需的财务会计知识

全面薪酬是组织经营支出中的重要组成部分，正确管理这类支出对组织的成功至关重要。

但是，对许多人力资源专业人士而言，这项任务充满挑战，因为这包含着财务术语和会计概念，如成本、支出、营业费用、资本支出、直接劳动力、间接劳动力。虽然财务、会计术语和概念往往超出了人力资源专业的传统领域，但是了解此类信息及财务报告的基本内容很重要，因为这类信息让人力资源专业人士能深入了解组织的经营、绩效以及收入和成本的驱动因素，从而了解组织如何营利。这让人力资源专业人士意识到人力资源决定的财务影响：人力资源决定会如何影响组织的财务表现?

人力资源专业人士除了面临财务会计挑战，还要面对会计体系中有关人力资源货币支出的分类的当前会计标准、框架所带来的普遍困惑。一些员工的货币支出属于资产，另一些则属于支出。请考虑下列软件工程上的花费。

> 一家高科技组织为主要系统的更新购买了一件昂贵的设备。在购得该设备并投入使用的当天，会计体系在资产负债表上将它记录为资产。该设备按照认可的折旧时间表随着时间折旧。
>
> 在购买设备的同一时间段，所有支出的与招聘一名软件工程师有关的费用（招聘广告、查找费用、面试费用和其他招聘成本）记录在当前会计期间（尽管该工程师的服务会超过一年）的损益表上。

在这个例子中，有形产品（如软件工程师使用的设备）的成本支出被视为资产，并在一个时间段内（使用期）发生费用。而人事费用中与报酬有关的支出都被视为本期的支出。

财务分析与人力资源决定通常在不同程度上交织在一起。即使人力资源决定不涉及大量的金钱，人力资源专业人士也应当考虑建议和行动可能带来的财务后果，为此，要了解基本的财务会计概念。与财务部门的同事合作始终是一个切实可行的方法，从而培养对所需的财务会计知识的理解。此外，人力资源专业人士还可以参考大量的“非财务专业人员的财务”资源（如研讨会、图书等）。

薪酬管理的考虑

薪酬管理通常是指员工获得薪酬的流程。组织的薪酬管理活动必须有效、高效、合规。

薪酬管理可以由组织内部自行管理，也可以外包给外部的服务供应商，或使用两种方式的混合。

> 在内部薪酬管理模式中，组织依靠自身体系的能力。
>
> 在外包模式中，任务分配给一家或多家服务供应商。
>
> 在混合（使用两种）模式中，部分工作由内部完成，部分工作由外包完成。例如，税务处理、工资附件和支付可以外包，而薪酬总额到净额的计算或计时可以由内部维护。

许多组织利用外部服务供应商，使用外包或混合模式。但是，即使雇主外包薪酬管理给第三方，仍然要对薪酬管理的法律法规的合规性负责。

不同组织在对内部薪酬管理活动的处理方式上也存在差异。薪酬管理可能属于人力资源部门或财务部门（由于明显的职能重叠）或单独的职能部门的职责范围。

当薪酬管理向人力资源部门报告时，人力资源专业人士通常对薪酬管理职能进行战略监督。

当薪酬管理向财务部门报告时，薪酬管理者是了解会计、税收和其他法定扣款的关键人员。

在小型组织中，人力资源专业人士和薪酬管理者可能是同一个人。

无论采用什么方式管理薪酬，许多薪酬管理活动与人力资源活动都是相关的，包括员工安排、基本工资审查、奖金支付、多付款项、假期和假日、应纳税的福利、缺勤、年度报告、人力资源信息/薪酬管理体系、公平支付，以及雇佣终止。即使薪酬管理属于财务部门或独立部门的职责范围，其与人力资源部门的关系也是密切的，因此这两个领域必须合作。在任一种薪酬管理模式中，人力资源专业人士必须了解基本的会计含义，以及组织的会计体系确定和包含的员工支出规定。

薪酬体系设计

薪酬体系规定了组织中的所有职位，确立了它们对组织的相对价值，建立了体现价值的复杂的薪酬结构。

↘ 薪酬体系设计的步骤

设计薪酬体系从收集基本信息开始：组织中的所有工作，员工在职位上的职责，以及完成任务所需的知识、技能和能力。此类信息会被记录下来，以保持组织内部的连贯性和符合就业法律规定。对每项工作的相对价值（不是个人的具体职位），组织通过市场加以研究，在组织层面开展讨论并同意。然后，人力资源专业人士建立薪酬结构，该结构体现组织文化、价值观，并符合市场需求。

职位分析、工作记录、职位评估和薪酬结构是设计薪酬体系的四个步骤。

职位分析

薪酬实践的核心是明确了解执行某项任务或工作需要什么。组织内的所有工作必须互相关联，以实现组织的使命、目标。员工和雇主都必须对工作范围有清楚的认知，并能清晰描述工作的要求及基本职责。

职位分析是对工作的系统研究，以确定工作包括的活动（任务）和责任，开展工作所需具备的个人资历，以及工作条件。分析的结果是一份工作中各项任务的书面说明，以及从事该工作的员工的必要资格，如教育程度、经验、培训、技能等。

分析是针对工作进行的，而不是从事该工作的人员（即使一些工作分析数据可能是向工作人员收集的）。

职位分析中的三个重要元素通常简称为 KSA。

- 知识（Knowledge）：完成任务所需的信息内容。
- 技能（Skill）：完成任务所需的熟练程度。
- 能力（Ability）：完成工作所需的能力。

职位分析是许多人力资源职能和活动的基础，包括人力资源计划、人员配备、绩效管理、安全与健康、奖励、员工关系和法律合规。

职位分析通常收集下列信息：

- 工作背景：工作目的、工作环境、工作在组织结构中的位置。
- 工作内容：从事该工作的人员的职责。
- 工作说明/资历：有可能成功完成该工作的人员所需具备的 KSA。
- 绩效标准：构成工作绩效的预期的行为/结果。

职位分析数据应当多久收集一次？对当前职位的分析应当定期并持续进行。至少当出现空缺时，或每两年，就要进行一次职位分析。在参与任何空缺职位的招聘过程之前，完成对工作描述的完整分析是至关重要的。在职位填补后的六个月到一年内，应当完成新职位的跟进评估，从而确定工作标准和说明，以及根据实际工作确定该职位薪酬的准确性。

职位分析方法

在组织内使用共同的方法进行分析、描述工作，这一点很重要。这可以建立对下列内容的普遍了解：工作是企业成功经营的组成部分，工作之间的相互关系，从事这些工作的个人所需具备的技能和经验。

大部分组织使用多种方法收集其框架内工作的第一手数据。

表 5-5 是常用职位分析方法比较。

表 5-5　常用职位分析方法比较

方　法	说　明	益　处
观察	直接观察员工执行工作任务，记录观察，将观察结果转化成必需的知识、技能和能力	提供某项工作的日常任务、活动的实际景象。适用于生产中的短周期工作
面谈	通过面对面的会谈，采访者可以从员工、同事、主管及团队/部门成员那里获得必要的信息，了解完成工作所需的知识、技能和能力	采访者使用预先确定的问题，根据受访员工的回答加入新问题。适用于专业工作
开放式调查问卷	向该工作的在职人员进行问卷调查，有时候向他们的经理调查，询问完成工作所需的知识、技能和能力。然后将这些答案组合起来，发布工作要求的综合说明	形成合理的工作要求，因为从员工和管理者那里都征求了意见
高度结构式的问卷调查	问卷只允许特定的几个回答，旨在确定执行特定任务的频率，其相对的重要性，以及所需的技能	用相对客观的方式描述工作，并且可以用计算机模型进行分析。适用于缺乏充分的资源又必须分析大量工作的情况
工作日志	由员工更新的日志或轶事记录。日志中记录工作信息，包括任务的频率和时间。日志通常保留较长的时间。 它们经过分析，然后确定模式并转化成职责	提供大量数据。适用于以任务或流程为导向的工作（如行政管理、呼叫中心操作、运输和接收、仓储）

确定员工在工作中实际做了什么并非易事。即使直接观察，也会受到观察者看法的影响。但是，实施下列行为有助于获得最佳结果：

- 在可能的情况下，直接从职位的在职者那里获取信息，可以从经理、同事和其他地方获取额外信息。
- 从多个在职者及其主管那里收集数据。
- 选择可以用最少的精力来获取、总结、处理信息的手段。例如，使用类别和数量编写的简洁数据比叙述性、描述性的信息容易处理。

- 选择更方便的手段，不需要从头开始重复整个流程。

工作记录

职位分析的结果通常表现为表 5-6 列出的三个部分。

表 5-6　职位分析的结果

部　分	说　明
职位说明书	职位及其基本职能和要求的书面描述，包括任务、知识、技能、能力、责任，以及报告结构
职位要求	从事职位工作必须具备的最低资格的书面说明
职位技能	密切相关的各种素质组合，包括知识、技能和能力，从而能实施所需的行为来有效开展具体职位的工作。这些技能应当是能力模型的一部分

对设计和管理薪酬体系而言，工作记录：

- 有助于确立工作绩效的评估标准。
- 提供与其他组织的薪酬的对比数据。
- 有助于向员工指派分类的具体目标或职位名称。
- 向主管与员工沟通预期要求。
- 提高组织对无端的歧视指控辩护的能力。
- 协助处理法律合规性要求。

职位评估

职位评估确定某项工作的价值和价格，从而在组织内安排其位置，同其他工作进行比较，以及在竞争性的环境中吸引和保留员工。它是组织薪酬计划的关键组成部分。职位评估表明，组织要运用全面薪酬战略来推动实现组织战略的具体目标。

这也与组织对薪酬公平的关注交织在一起。既要维持积极的基层队伍，又要有能力满足员工队伍的需求和期望，组织经常发现这两者之间很难平衡。研究和了解组织经营的市场有助于组织保持公平。

下面分析基于工作内容的职位评估、基于市场的职位评估，以及薪酬调查与其他分析方法。

基于工作内容的职位评估

在基于工作内容的职位评估中，相对的价值以及不同工作的薪酬结构基于对工作内容的评估（如责任与要求），以及其与组织内其他工作的关系。过于简单化的基于工作内容的职位评估方法解决如何分解工作，从而评估工作的不同部分或因素（决策关系）。

大部分基于工作内容的职位评估方法可以归为两类：

- 非定量方法力图确立工作的相对等级顺序。
- 定量方法试图通过等级标尺系统来确立某项工作与另一项相比的价值差别。

非定量方法

非定量方法经常是指“整体工作”方法，因为该方法分析整项工作，根据工作对组织的价值（没有给每项工作规定一个数值），对工作按等级顺序排列。该顺序将表明某项工作比另一项重要，但是不具体表明重要多少。

两种常用的非定量方法包括工作排名和工作分类。

工作排名根据每项工作对组织的整体价值，由低到高确立工作的等级。排名评估的是整体工作，而不是工作的各部分，并在不同工作之间进行比较。

如果要评估许多工作，则可以使用配对比较方法，把每项工作与其他各项工作逐一对比评估。“高于”排名数量最多的工作是排名最高的工作，以此类推。使用矩阵来比较所有的配对工作。

总之，工作排名是相当迅速、经济的职位评估方法，而且容易向经理和员工进行解释。但是，为什么一项工作比另一项重要，排名无法解释清楚，而且工作之间可能并没有很大的差别，导致排名不起作用。此外，在评估大量职位时，工作排名通常不可行。

工作分类方法对每一类别的工作写上说明。然后，根据评估人员的判断，个人的工作被归入最符合工作类别描述的级别。这种非定量方法有几个弊端：

- 当有各种不同的工作和类别描述时，由于流程的主观性，工作很容易被归入多个级别。
- 这种方法取决于职位名称和职责，而且假定组织之间的工作存在相似性。

定量方法

定量方法采用等级来评估具体的因素并给出分数，显示某项工作和另一项相比的价值程度。

非定量方法评估整体工作，而定量方法评估工作的各种因素，经常称为可给予补偿的因素。可给予补偿的因素反映工作给组织添加的价值。

可给予补偿的因素应当：

- 反映实际完成的工作。
- 得到文件资料的支持，如职位说明书。
- 巩固组织的战略计划和文化。
- 得到所有受影响方（利益相关者）的重视。
- 每年进行审查。

计点因素是一种定量分析方法，是最常用的职位评估方法。选择用来评估的可给予补偿的因素必须反映被评估工作的性质。例如，在生产车间，隐患与工作环境是相关因素，但是对大部分办公室工作而言，这些并不相关。

在计点因素评估中最常用的因素包括：

- 技能。
- 责任。
- 精力和体力要求。
- 工作条件。
- 监督他人。

人力资源专业人士可以独立开展职位评估，也可以带领内部或外部委员会进行讨论，决定每项因素（如技能和工作条件）在某项具体工作中的影响。委员会给每项因素打分，然后把分数相加，决定该项工作的总分。然后，他们可以根据分数来比较不同工作的相对价值。

在《解决薪酬难题：建立全面薪酬与绩效体系》中，Sharon Koss 阐述到，计点因素体系促使组织量化每一项独特的工作，标上总分，该总分是公司对工作确定的真实价值。这一流程提供的价值不仅是薪酬方面的。该体系也促使组织努力寻找它们重视的员工品质，对招聘、晋升和工作设计都带来了益处。

但是，如果组织需要外部资源来设计一个定制的系统，则会为评估独特的工作而支付大笔顾问费。高管也要为体系的最初设计投入时间。这通常需要召开多次会议，然后由小组审查职位说明并指定分数。表 5-7 比较了不同的基于工作内容的职位评估方法。

表 5-7　非定量方法与定量方法的比较

方法/比较	适　用	优势/劣势
非定量方法		
工作排名	• 最适用于小型组织，工作的等级排序将满足组织的要求，但缺乏建立复杂的职位评估体系的资源	优势 • 最简单的方法。 • 更迅捷的方法。 • 经济。 劣势 • 不适合评估大量的职位。 • 把工作按等级排列，但是没有确定一项工作相对于另一项工作的价值。 • 没有衡量工作之间的差别。 • 由于其主观性，不如其他方法可靠。 • 依靠评估人员的判断
工作分类	• 最适用于大型组织，有许多工作，但是开展评估工作的资源有限	优势 • 员工可以理解。 • 分类可以随着职责和责任的变化而改变。 劣势 • 无法审查追踪。 • 只评估整体工作。 • 模棱两可，级别描述部分重叠。 • 评估只能做到级别描述。 • 依靠评估人员的判断
定量方法		
计点因素	• 最适用于期望用系统的程序来评估每项工作的组织。 • 最适用于有时间和资源来开发定制评估体系的组织。 • 对受通货膨胀/市场条件影响不严重的工作而言，该方法很有可能成功	优势 • 产生的结果比较客观、合理。 • 提供记录，可以审查追踪。 • 如果持续使用，则产生合适的结果。 劣势 • 复杂、耗时。 • 难以向员工解释。 • 需要全面的工作记录，包括职位说明和职位分析。 • 部分依靠评估人员的判断

基于市场的职位评估

在基于市场的职位评估中，相对的价值以及不同工作的薪酬结构基于其市场价值或市场的价值趋势。

因此，该方法有时直接称为“市场定价”。工作内容或内部工作关系可能也会被加以考虑，但是这些通常是次要考虑因素。

重要的是，用来确定市场定价的调查中的工作/薪酬数据（发布或自我进行的）必须反映工作的适当的市场（如地方、区域、国家、国际、行业内、跨行业、科技领域或其他领域）。因此，许多公司选择使用第三方资源，例如由 Hays 招聘公司制作的“Hays 工资指南”。特别是，Hays 工资指南提供跨国、跨区域经营，或专业领域的工资的简介（如银行业、油气业），并包含全面的市场概述，跟踪工资政策、招聘趋势、多元化、雇主品牌树立、经济前景等。

在确定市场定价后，组织根据其薪酬政策确立自己的工资标准。该工资标准可以等于、高于或低于市场价值。组织的工作遵循市场定价的工作——价值的相应等级；在与标杆工作比较后，也可以把额外的工作加入该等级。

外部竞争可能是市场定价的主要优势。并且，这种方法为与个人、群体（在集体协商中）协商工资标准提供了合理、客观的依据。一般而言，基于市场定价的弊端是不充分的数据，以及可能发生的不恰当的工作匹配。例如，在全球环境下，往往难以获取新兴和发展中市场的薪酬数据。这可能促使组织使用正式的职位评估方法。由于依靠调查数据，基于市场的定价在法律上的合理性不如基于工作内容的评估方法。这当然是组织担心的问题，因为组织要确保其薪酬结构在法律上合规，并且支持、促进人才招聘和留任。

显然，各种方法都有明显的优势和劣势。在一些环境中，传统的基于工作内容的方法不再受欢迎，而基于市场的职位评估越来越普遍。许多组织在制定薪酬结构和定价的过程中，组合两种方法来确定工资的价值和价格。

薪酬调查与其他分析方法

许多组织将调查方法的组合使用以及与其他信息进行标的比较，作为系统的方式来收集信息，从而帮助他们评估/分类职位，吸引人才，调整薪酬范围结构以保持竞争力和保留人才，提交工资信息给高管来决定新员工、晋升员工的工资和年度预算。

薪酬调查

薪酬调查收集在市场上流行的全面薪酬信息，包括起步工资水平、基本工资、工资范围、其他法定和市场现金付款（如加班工资、倒班班次的工资差别）、可变的薪酬（如短期和长期激励计划），以及休息（假期、假日的做法）。

一旦组织决定需要开展工资调查，就必须决定应当如何设计、开展调查。组织有两个选择：利用内部资源制定和开展内部调查，或寻找外部资源开展外部调查。在外部调查中，也有不同的选择，包括：使用或定期付款使用已经存在的调查（标杆比较），或与服务提供商合作开展定制调查。

内部调查。有可用资源和专长的组织可以选择自己制定内部调查，这可以更好地控制调查方式和数据分析。

内部调查的优势是，按照组织的需求进行设计、执行、数据分析和报告。其弊端包括下列：

- 竞争对手可能不愿意合作、分享其薪酬结构。
- 可能难以对职位进行匹配。

如果组织决定开展内部调查，则可以同独立的咨询公司订立合同。来自咨询公司的数据可能更加可靠，因为它们经常与此类数据打交道，并且有结构式的标杆。使用咨询公司还有其他益处：

- 组织对内部调查仍然保持控制。
- 任务外包可以减少对组织资源的需求。
- 使用咨询公司的帮助可能减少对调查可信度的担忧；外部人员的建议有时候更容易让组织内部的利益相关者接受。

使用咨询公司有助于减少法律上的担忧。在创建、实施、参与内部调查时，要提高警惕，确保不违反任何与反垄断或反竞争相关的法律法规。例如，在美国，工资调查可以被视为同意解决工资问题的证据，除非采取了某些预防措施，如由第三方收集、汇总数据，报告总计数据，并确保工资信息至少已有三个月。

在发展中市场或不使用第三方调查服务的地方，内部调查更为常用。在一些文化中（如美国、加拿大、英国），当地的专业群体回避开展工资调查。他们担心，分享薪酬数据可能是违法的，可能被视为串通，因为市场的竞争属性，这可能被视为控制员工的潜在收入。找到专业从事调查收集和信息分享的组织对调查的合法性至关重要。

外部调查。如果组织选择外部调查，则有不同的选择可以使用。例如，专业成员团体，如 SHRM，以及咨询公司（如 Hays、怡安翰威特），为各类职业、行业和地域的组织开展工资/工作数据调查。外部调查可以利用大量的在职者数据库和行业标杆，对总薪酬水平、实践、新兴的趋势提供实时的看法。如果组织使用外部发布的数据，则必须确保自己了解数据的产生方式和时间。取决于外部调查的类型，组织可能只有有限的参与和投入。

在内部调查与外部调查之间选择。组织选择开展内部调查或外部调查取决于几个因素：

- 所需的内部时间和专长。
- 外部调查的工作与组织的工作相关/匹配。
- 当前的外部调查数据情况。
- 与调查类型相关的支出。

全球市场考虑。在全球环境中，通常使用外部的第三方数据。但是，在许多全球市场很难获得可比较的工资数据。例如，罗马尼亚的数据可能仅包含首都布加勒斯特的信息。该国其他地区的数据可能不存在。除了数据不足，数据还可能过时，或在工作类型上无法相比。在中国，由于人才流入市场的速度，调查一经发布就过时了。

在这些情况下，如何估计工资范围？通过适当的尽职调查，人力资源专业人士要考虑：

- 工资数据的最佳来源有哪些？
- 有多少可用的信息？
- 市场变化的频率如何？
- 可用数据中的工作是否匹配被比较的工作，或者是否具有可比性？

面对稀少的综合性当地工资信息，组织经常需要做一些推断。

正如在 SHRM 的白皮书《国际人力资源管理需要考虑的几件事》中指出的，结合不同来源的数据可能是必要的，但是必须确保所有来源中的数据具有可比性。例如，在把优质的调查数据与来自质量较差来源的数据结合在一起，建立一个相同市场领域的相同工作的一组更大的平均数据时，必须小心，即使使用加权来偏向优质数据。一个好的选择是，使用优质数据作为主要来源，根据需要，用其他来源的工作数据补充主要来源中没有的工作。对不同领域的工作使用不同的主要来源，如编程与会计工作，或对同一领域的程度差别很大的工作，如果调查的质量类似，则通常不存在问题，如会计与财务总监。

这些选择、使用全球薪酬调查的指导原则有助于保证最新的、准确的数据结果。

- 调查机构。外部组织享有声望吗？对发布的数据而言，组织应当知道数据的来源和其他信息（包括调查中使用的工作定义和数据的截止日期），以便确定数据的相关性、准确性、充足性，以及被接受的数据。
- 调查工作的范围。调查的工作与组织的需求相关吗？
- 调查工作的定义。工作是否有准确的定义，从而能准确地匹配组织的工作与调查中的工作？
- 劳动力市场覆盖范围。数据应当是当地的、区域的、国家的，还是国际的？数据应当反映所有市场领域，还是具体的领域、行业，或科技？组织必须决定想要的数据范围。
- 调查内容。调查报告是否提供所有需要的人力资源信息？是否包括在主要和次要市场的相关竞争对手？
- 调查方法与标准。调查执行人使用的方法和标准是否达到用户需要的信任度。优质的关键是用户可以确定调查是有用的、高质量的：有信誉的来源、达到期望的范围、良好的调查工作覆盖范围、有说服力的定义、出色的数据收集和分析，以及其他数据方面的高标准。
- 调整数据的需要。是否有把调查报告中的数据调整到更靠近现在的时间点的好方法。
- 调查数据分析。调查数据首先必须经过核实，要对数据的时间价值取均值，和/或计入地理因素（地点）。

工资数据的老化，是指用市场中的工资来校准已经过时的数据。例如，假定工资幅度或工资增长平均每年为 3%。如果我们使用的某个工资数据来自一年前的有效日期，那么我们要在该数据上增加 3%，用来弥补工资在这段时间的幅度。

如果调查中的工作与组织中的工作类似，但不是完全相同，那么对这个数据可以加权或取均值，以便更好地匹配。例如，如果组织的标杆职位是主管级别，与调查中的经理级别的基准相比，前者的责任较少，那么组织可以把调查的工资下调 1%。

一些工作调查不提供特定地域的数据。由于工资水平通常随地点变化，因此组织应当给任何国家工资调查数据计入地理因素，用来估计当地或区域招聘地区的地方工资水平。

标杆

标杆计划包括：非正式社交活动和知识分享；评估组织薪酬战略（如领先、滞后、追随）；与提供当前调查数据的私人公司正式合作，有时还结合有偿咨询服务。

全球有数家组织提供定制的全面薪酬标杆及咨询。数据提供有关竞争性全面薪酬计划的政策要素（如薪酬战略、薪酬理念、激励等）的看法。然后，定制的标杆及咨询帮助组织在政策、程序上与竞争对手和最佳实践进行比较，确定存在的差距。

全面薪酬的标杆及咨询的其他潜在益处包括：

- 获得薪酬数据。
- 了解当地、区域的法律及文化实践。
- 评估当前的市场定位。
- 加深了解当前的市场实践，以及市场趋势和创新想法。
- 使全面薪酬战略同组织业务具体目标更加一致。
- 确认取得进步和节约成本。

标杆数据，无论是非正式的，还是正式的，都可以提高组织吸引、雇佣、保留和奖励人才的能力。

其他信息来源

全面薪酬数据还有许多其他来源，通常包括：

- 政府（如劳动部或政府统计局）。
- 国际组织（如国际劳工组织）。
- 会员制的企业组织（如雇主联合会和地方商会）。
- 专业、贸易、行业协会。

对全球经营的组织而言，可用的全球和地方数据包括国家/地区资料、经营指南、定制的调查服务、基于研究数据的国际报告、各种国际薪酬方面的发布资料、福利实践、就业法律和就业条件、住房、交通等。数据来自标准市场调查，以及由国内专家进行的定制调查和提供的市场信息。信息可能免费、低廉，或昂贵。

薪酬结构

一旦职位分析、工作记录、职位评估完成，并收集了其他相关信息，组织就使用所有数据来制定薪酬结构。

制定薪酬结构有两个步骤：将工作分组放入不同的等级，制定工资的支付范围。

工资等级

工资等级用来把组织中具有类似的相对价值的工作归入同一组。同一等级的所有工作都支付相同的工资标准，或在相同的支付范围内支付。

工资等级的目的是建立整个组织的薪酬结构，而不是为每项工作规定独立的支付范围。

组织的工资等级的级数将取决于下列因素：

- 组织的规模（如组织的员工人数和职位数量）。
- 最高与最低等级工作的差距。
- 组织定义工作和区别工作的明确程度。
- 组织的加薪和晋升政策。

组织所使用的职位评估方法也会影响工资等级。例如：

在职位评估阶段，如果组织使用	那么
计点因素	工资等级包含在积分范围内的工作
工作排名	工资等级包含在两个或三个等级内的所有工作
工作分类	工作归入类别或级别

为了成功实施，组织必须有足够的等级，从而根据相对价值来区别工作，但不能太多，否则会导致等级之间的区别微不足道。

工资范围

组织给每个工资等级建立支付范围，为工作在各自等级内的员工设置薪酬的最高和最低限制。

最好在工资范围之间保持部分重叠，这样，在较低等级的熟练员工的薪酬可以高过在较高等级的非熟练员工。

根据来自薪酬调查的市场数据，确定工资范围的最低值、中位值和最高值。中位值通常被视为市场上熟练的全时员工所获得的工资水平。

在计算中位值时，必须注意任何会被视为异常数据的数据点。异常数据是指会大大改变平均值的数据点。为了避免数据倾斜，许多薪酬专业人士使用百分位和中位值，不使用平均值。

职位的工资范围的大小（宽度）没有标准规则。范围的大小应当根据组织的薪酬目标来定。

一般而言，工资范围越大，员工的加薪机会越多，无须换工作就能实现加薪。

当有许多工龄长的员工，或想要鼓励员工在职位上长期工作时，组织就可以使用较宽的工资范围，如 50%或 60%。更宽的工资范围还适合更高级别的职位，因为在这些职位上，期望员工会长期在组织工作（或组织想鼓励工龄长的员工）。较低等级职位通常最低与最高工资之间的范围较小，如 40%。入门级员工通常有更多机会晋升，在入门级的时间往往很短。

按照等级来规定范围的组织中，通常的范围幅度为：

- 小时工职位：40%。
- 薪酬工职位：50%。
- 高管职位：60%。

组织通常可以发现一些员工的工资低于最低或高于最高的工资范围。无论哪种情况，组织都要采取措施，把这些员工放回组织的工资结构中。

表 5-8 概括了制定工资结构的步骤。

表 5-8　制定工资结构的步骤

步　骤	说　明
1	确定所有工作的市场线，将职位评估分和价值与类似工作的市场价值进行比较
2	把组织内价值类似的工作归入一组，利用市场线决定工资等级
3	将工资等级均匀地分布在市场线的点或值上，试图将工作置于工资等级的中间位置
4	计算每一等级的工资范围。假定工作放在范围的中间点，设置符合职位类型和等级数量的范围幅度。每个工资范围包括最低、中间、最高值，最低与最高值之间的距离相等

（续表）

步　骤	说　明
5	根据组织制定的薪酬政策标杆来计算个人的工资标准。例如，在竞争激烈的市场，雇主可以决定以 105%的薪酬结构招聘员工，或比每个范围的中间点高出 5%招聘（中间点代表市场水平）

正式的工资等级和工资范围被视为内部的公平操作。它们有助于确保内部的公平薪酬，为协商聘任条件、与经理和员工协商薪酬变动提供参考。宽带薪酬是另一种内部的公平操作。

薪资比对率

当工资范围基于目标市场水平时，薪资比对率是显示实际工资追随、领先或滞后目标市场的指标。

薪资比对率用员工的工资率除以薪酬范围的中间点来计算：

$$\text{薪资对比率}=\frac{\text{员工工资率}}{\text{中间点}}$$

薪资比对率低于 100%（表示小于 1.00 的参照比率），意味着员工的工资低于中间点。这可能是出于下列原因：

- 员工刚开始该工作或刚进入该组织。
- 员工表现差。
- 员工所在组织对工资采取滞后战略。

薪资比对率超过 100%（1.00）意味着工资高于中间点。

这很有可能在下列情况下发生：

- 组织对工资采取领先战略。
- 经理没有遵守加薪政策。
- 员工工龄长及/或表现出色。

宽带薪酬

一些组织发现确立太多的等级（相互之间的中间点差别小），薪酬体系就会变得过于复杂，越来越难以管理。宽带薪酬（薪资段）把两个或多个工资等级结合起来，建立较大的薪资段，让员工有宽阔的余地在自己的工作内挪动，不会超出工资等级。

宽带薪酬在大型的等级制组织中已成功实施，这些组织旨在对其结构加以扁平化，减少管理层级。例如，有八级管理层的组织可以去除四级，加大保留的四级的工资范围，直接把每名经理插入这些层级中。

许多组织难以使宽带薪酬与其薪酬战略相一致。例如，招聘大量专业人员的组织，其职业阶梯往往包含很多等级。如果多层等级代表着奖励与表彰专业能力的发展，那么减少这类等级通常是不明智的。

表 5-9 列出了宽带薪酬的一些具体的优势和劣势。

表 5-9　宽带薪酬的优势和劣势

优　势
• 提供超过传统的工资范围幅度的范围；一般而言，可以让员工在工作之间挪动，而不会过于受薪酬范围的限制。 • 减少职位等级的数量（如从 30 左右降到 5）。 • 支持减少层级的工作，减少组织内的报告层级。 • 提供直属经理在工资和晋升上更多的自主决定权。 • 增加员工的流动性，员工无须变动所属的薪酬范围就可以调动工作
劣　势
• 减少工资范围的价值，它是管理工资标准的参数。 • 减少组织对工资和晋升决定的控制。 • 造成过宽的工资范围；减少对工资成本的控制，因为没有机制将员工个人的工资增长与晋升至高一级职位的必需技能相连。 • 如果两名员工在同一个宽带薪酬从事类似的工作，则难以合理解释工资的差别；可能产生薪酬不公的看法，增加薪酬歧视指控的可能性。 • 减少晋升机会及附随的职位名称和基本工资的变化；较少的工资范围减少晋升至另一范围的机会，这可能造成留任问题。 • 存在偏离市场工资实践的风险；相对于竞争对手，薪酬太少可能意味着更高的员工流失率，而薪酬太多可能意味着更高的产品或服务成本

薪酬体系

薪酬体系，作为全面薪酬战略的货币组成部分，在设计时必须考虑几个因素。行业和竞争环境可能决定管理薪酬的标准方法（如基本工资与绩效工资）。但是，为了竞争人才，组织可能需要创造性地使用组织的有限资源，以保留具备合适资历的员工人数和最佳领导。薪酬体系还有法律后果，人们必须遵守当地的工资法律和税务制度。

遵守工资、工时法律

世界上几乎每个国家/地区都制定了工资、工时法律，管理组织在支付员工工资上的法定责任。为了符合法律规定，雇主要了解其经营所在地的工资、工时法律的条款和条件，以及它们如何适用于员工的各种分类。

基本的工资、工时条款和条件以及重要的考虑如表 5-10 所示。

表 5-10　基本的工资、工时条款和条件以及重要的考虑

最低工资和加薪	最低工资是如何确定的（如按小时或按月）？ 如果有任何生效的集体商议协议，该协议是否规定了不同的最低工资或最低加薪
加班费和假日工资	法定加班费以及当地的假日工资的计算要求是什么（如 1.5 倍、低于 1.5 倍、2 倍或 4 倍）？ 如果没有法定的加班费和假日工资要求，那么是否规定在集体协议中？ 谁有权加班（如只有小时工或经理）
同工同酬	有哪些条款确保从事相同工作的个人获得相同的薪酬
豁免	当地法律对“豁免”的工作如何规定？ 是否有特殊的豁免规定
工作时间限制	工作时间是否有固定上限（如每周的固定上限或每年的加班时间）？ 是否有名义上的上限，仅作为参考点（如 40 小时的“标准”周，但是可以有“合理的额外小时数”）
当地法律规定的特殊问题	当地有哪些适用的五花八门的工资和工时规则（如工资包含就餐休息时间、工作中休息的规则）

政府通常规定国家/地区或经济区的最低工资，并每年进行调整。最低工资是雇主必须支付给员工或工人的法定的最低小时、日或月的数额。规定最低工资旨在向员工提供适当的职场最低标准。加班费和在极端条件下工作的津贴（如夜班、高温、高危或偏远环境）不计入最低工资。

同工同酬条款旨在减少国家/地区不同的薪酬实践中的歧视情况。这类规定通常受到文化和社会规范的影响。人力资源专业人士必须全面了解组织所在的每个管辖区域的所有与薪酬歧视行为有关的法律。

税务是另一个必须考虑的因素。两种常见的扣缴税款是国家或联邦税及社会税。在一些国家/地区，所得税取决于居住身份。奖金收入可能与其他应税收入区别对待。全球各地的驻外员工的税务问题对组织和该员工而言，都是相当复杂的问题。取决于国家/地区和税收协定，驻外员工可能在东道国和母国都要缴税。一些国家/地区允许其居民在

执行驻外任务期间“中断居住”，因而免除向母国交税的责任。

一般而言，薪酬结构考虑各种可用的税收优惠。雇主必须清楚是要根据母国还是东道国的工资和工时法律来支付员工薪酬。不遵守全球各地的某些工资和工时要求，可能产生重大的责任，并有可能受到刑事处罚。

员工薪酬的支付方法

组织完成对工作的分析、评估、定价以及薪酬结构的设计后，接下来就要制定和维护有助于吸引、激励、保留员工的薪酬体系。薪酬支付方法包括：

- 基本工资体系，可以通过工资标准、工龄、生产力或其他因素确定。
- 工资调整或加薪。
- 差别工资，是在基本工资之外的受工作类型或工作地点和时间影响的工资。
- 激励奖金，是基本工资之外的奖励绩效的工资。
- 适合特定工作类型的方法。

↘ 基本工资体系

大多数员工获得基本工资的形式有两种：

- 小时工资（按工作的小时数计算）。
- 工资（无论工作多少小时，数额不变）。

有许多不同的基本工资组成方式。

单一或固定标准体系

在单一或固定标准体系中，同一工作的在职者，无论绩效或资历，其工资标准相同。

这种固定标准经常根据该工作的相关目标市场的调查数据来设定。

在固定标准体系中可能有培训工资。

基于时间的阶梯式标准体系

在基于时间的阶梯式标准体系中，员工的工资标准取决于在职位上的工龄，根据预先确定的计划表来加薪。

员工在被雇佣时通常在第一级阶梯，或者通过晋升调至第一级阶梯，然而资历高于职位要求的人员可以在较高的阶梯被雇佣。基于时间的阶梯式标准体系有几种类型。

在自动的阶梯式标准体系中，工资等级通常被分成若干阶梯，相邻阶梯之间的差别为 3%～7%。根据规定的期限，每名员工在达到资历要求后，上升一级阶梯。

以不同绩效为基础的阶梯式标准体系与自动的阶梯式标准体系类似，但是如果前者的绩效远远高于或低于标准，则阶梯上升的期限长短可以不同。例如，有才能的员工可以跳过几级阶梯。

在阶梯式标准体系与绩效体系相结合的结构中，员工的阶梯式工资标准最高增至工作岗位的工资标准。超过工资标准的阶梯，只有经批准的超过标准绩效的员工才能升级。此类体系需要有充分的资源来开发和执行绩效考核系统，并向员工沟通，从而让他们了解可以如何获得以绩效为基础的加薪。

基于绩效的体系

在基于绩效的体系中，员工个人的工作绩效是加薪数额和加薪时间的基础。基于绩效的体系通常称为业绩工资或绩效工资。

劳动力是组织的一项巨大开支。设计合理并得到有效执行的基于绩效的体系，可以让组织评估劳动力支出的回报。从而，组织可以更有战略地分配劳动力的预算支出。

绩效工资的组成有几种方式，但是有一个共同点，都要确立衡量形式，制定目标，把薪酬与工作质量或目标的衡量结果挂钩。这些目标将有助于有效使用工资预算，特别是在预算少的情形下。

员工被雇佣时通常在支付范围的最低值或接近最低值。随后的加薪与绩效和取得的工作熟练程度挂钩。

员工必须了解绩效工资是如何运作的，以及自己的绩效与工资之间的直接关系。雇主必须解释员工之间的加薪差别，必须支持绩效考核方法，利用考核方法来决定为什么员工值得特定的加薪。缺少这类控制，基于绩效的体系难以向员工证明加薪的正当性，主管人员可能对员工进行评级，以获得理想的工资，而不顾实际工作表现。

表 5-11 列出了使用基于绩效的体系会遇到的困难，并提出使该体系更加有效的方式。

许多因素有助于建立、维护有意义和有效的基于绩效的体系。必须完全了解什么能带来一流的个人贡献。然而，全球劳动力的多元性（年龄、经验水平、性别、地点、文化、工作风格以及其他变量）使制定、执行有效的绩效工资战略困难重重。基本问题，例如，如何激励个人表现；如何把个人绩效与组织绩效挂钩；在管理风险的同时，如何制定适当的绩效目标；提供什么形式的薪酬，这些都是减少困难的因素。

表 5-11　使用基于绩效的体系的困难与指导原则

使用基于绩效的体系的困难	
• 提供的奖励价值可能太小，不足以激励绩效。 • 绩效与奖励之间的挂钩可能不牢固	• 增加绩效工资会长期增加薪酬总支出成本。 • 工会合同限制绩效工资。 • 经理对组织绩效的个人控制可能有限。 • 经理可能不愿意区别绩效等级。 • 绩效考核的规定和指导原则可能缺乏准确性。 • 员工可能认为自己的绩效超过平均水平 • 绩效工资与内在激励工作本身背道而驰
有效使用基于绩效的体系的指导原则	
• 获得高层的支持。领导者（如董事会或高管）必须支持总体理念和目标，如何监测实现目标的进展，可以分配多少资金来激励实现目标。 • 使该体系与组织目标、文化相一致。目标和绩效的衡量必须与总体业务目标和期望的结果（而不是任务）相关。 • 开发准确的认可熟练工作的绩效考核系统。工作上的熟练应当产生价值和奖励（而不仅是工龄或任期，或其他主观上的衡量）	• 在绩效考核系统的操作和提供反馈的方式上对主管开展培训。 • 将有意义的奖励与绩效密切挂钩。 • 用各种不同幅度的加薪来区别不同的绩效水平。 • 实施问责制衡量。无论是用软件跟踪绩效的里程碑，还是由管理者亲自评估绩效（或两者的结合），绩效考核都至关重要

从事国际人力资源管理的 Cranfield Network（Cranet）已对绩效工资开展了数年的研究和分析。例如，在美国、欧洲和日本，Cranet 数据描述了下列使用方式的大量不同之处：

- 对非管理级别的员工实行的，与个人、团队、部门或组织绩效有关的，以奖金或特殊付款形式支付的个人化的绩效工资（有时称为与绩效有关的工资）。
- 为非管理级别的员工制订的员工共享所有权计划。
- 非管理级别的员工的利润共享。
- 非管理级别的员工的股票期权。

在经济奖励计划中，绩效工资的重要性也存在差异。

即使绩效工资是对非管理级别的员工的常用做法，它可能也只占激励计划的很小部分，对员工的意义不大。在激励计划的另一端，给高级经理和高管的绩效工资可能占基本工资的相当大的部分（如超过 40%），意义重大。

其他变量包括：

- 绩效工资如何与绩效实际挂钩。
- 组织追求的结果是什么（为激励更高的绩效水平，为提供绩效反馈等）。

虽然在绩效管理实践上存在显著差别，但是绩效工资的总体流程设计相当类似。

基于生产力的体系

在基于生产力的体系中，工资取决于员工的产出。

例如，直接计件工资制和差别计件工资制是制造环境中最常用的。

在直接计件工资制中，员工除获得基本工资标准外，还获得其生产的产品数量的薪酬。

员工获得最低工资加上生产的每件产品的工资。

在差额计件工资制中，员工在达到标准之前获得一个计件工资，一旦超过标准，则获得更高的工资。例如，员工生产的产品在 200 件内，可以获得一个标准的计件薪酬，但在 201 ~ 500 件内或超过 501 件，每件可以获得额外的收入。

在生产线工作中，基于生产力的体系在满足下列条件时最奏效：

- 产出的单位可以衡量。
- 员工工作与产出质量之间存在明显的关系。
- 工作是标准化的，工作流程有规律，延误很少或稳定。
- 质量没有数量重要；如果质量重要，则质量容易衡量和控制。
- 成本是已知的，并且准确。

由于这类体系强调工作的数量，所以质量因素，如缺陷产品或被退回产品，应当予以密切监测。

基于个人的体系

在基于个人的体系中，员工的特征决定工资，而不是其工作表现。在这个体系中，两个员工可能执行类似的任务，但是在知识或技能上高出一筹的人会获得更高的工资。

有三种基本制度将基本工资与个人的资历挂钩。

- 以知识为基础的制度，工资基于员工在某个领域的知识水平。这类制度在补偿科学家或教师等学识渊博的职业方面占主导地位，尽管专业工作人员也可能以这种方式获得报酬。
- 以技能为基础的制度，工资基于员工有资格实施的不同技能的数量。员工通过获取新技能来获得加薪，即使他们在当前的工作中并不需要这些技能。这类制度在生产环境中最为常见。
- 以能力为基础的制度，工资基于员工运用确定能力的水平（如管理或培训他人）。这类制度在奖励专业员工群体中很常见。

制定对组织和员工都有益处的个人工资体系并非易事。表 5-12 比较了本节讨论的基本工资体系的优势和劣势。

表 5-12　基本工资体系的优势和劣势

基本工资体系	优　势	劣　势
单一或固定标准体系	• 适合简单的日常工作。 • 实施和管理简便	• 不反映个人绩效、资历或技能差别
基于时间的阶梯式标准体系	• 最适合在职者的资历随时间增长的日常工作。 • 使组织能够奖励长期留任的员工	• 员工的熟练度通常不体现在不同的工资标准上。 • 不反映绩效差别，不合格绩效除外。 • 即使表现低于平均水平，随着时间的推移，平均工资等级会增加
基于绩效的体系；绩效工资	• 最适合重视个人绩效的组织，绩效根据特定目标、具体目标、指标准确进行衡量。 • 奖励、鼓励出色绩效	• 需要记录得当的绩效考核系统，经理要经过全面培训。 • 主管可以操纵，让某些员工比其他人多获益。 • 绩效考核中的偏见或主观性，可能会造成员工提出歧视索赔
基于生产力的体系	• 最适合强调工作数量且产量经准确计数的企业。 • 鼓励员工高水平的生产力。 • 将工资与工作量挂钩	• 在缺乏认真监管的情况下，工作质量可能下降。 • 可能导致员工队伍缺乏灵活性，因为员工想留在工资最高的职位上
基于个人的体系	• 最适合明确规定了技能/知识水平且重视员工发展的组织。 • 鼓励灵活的、经过更好培训的员工队伍。 • 可减少对专家的需求。 • 让工作团队具有高度独立性	• 在管理和培训方面可能有大量支出。 • 可能导致更高的工资标准。 • 必须有效使用技能/知识来抵销组织的高工资标准。 • 在实行成本控制上，可能更加困难

↘ 工资调整

一些组织采用将绩效考核与工资调整相结合的方法。表 5-13 举例说明了工资调整矩阵，有助于指导加薪决定。

表 5-13　工资调整矩阵

绩效评分	工资标准在范围中的位置低于中位数	工资标准在范围中的位置高于中位数
出色	7% ~ 8%	5% ~ 6%
大大超过标准	5% ~ 6%	3% ~ 4%
完全符合标准	3% ~ 4%	1% ~ 2%
没有完全符合标准	0	0

从表 5-13 中可见，位于范围中低于中位数的员工，其绩效考核评分为“完全符合标准”的，则有资格获得 3% ~ 4%的加薪。

其他工资调整包括：

生活费调整

生活费调整是给所有合格的员工的工资调整，不考虑组织的盈利性、员工的生产力或其他绩效因素。增加生活费的目的是保护员工的购买力，以应对不断上升的通货膨胀。这类增加通常是同等的小时工资增加，或是员工当前工资的百分比。这类工资调整可以是一次总付，也可以是一季度支付一次，还可以根据具体时间支付。

普通加薪

普通加薪是根据当地竞争性市场的要求而给所有员工（或有时是一类员工，如办公室人员或生产线工人）的加薪。这类加薪不考虑员工绩效。加薪与生活费无关，将取决于雇主支付薪酬的能力。

资历加薪

资历，即在组织的工作期限，有时候是工资调整的基础。组织使用资历调整工资，可以采用以下任何一种方式：

- 员工要被雇佣一定时间后才有资格加薪。
- 员工在工作设定的时间后即可自动获得加薪。

一次性加薪

一些组织使用一次性加薪或绩效奖金方法来奖励员工。这通常是每年所增加的所有或部分工资的一次性支付。这类加薪通常不调整员工的基本工资标准。

这种做法对组织也有利，因为与基本工资相连的其他工资与福利，如加班费、班次工资、生病补助，以及人寿保险，都不受影响。

基于市场的加薪

组织可根据市场情况来加薪，从而有竞争力来吸引新人才或保留重要员工。基于市场的加薪通常加在基本工资上，也可称为公平加薪。

差别工资

差别工资（或可变工资）取决于绩效，不加在员工的基本工资上。这种做法可以让组织更好地控制劳动力成本，将绩效与工资挂钩。

常见的例子是高危行业工资，一些行业用该工资补偿员工工作中增加的危险程度。例如，在传染率高或受伤率高的工作场所工作的员工，或在发生暴力或不稳定的地域工作的员工，可获得高危行业工资。

差别工资的其他方式根据时间和地理位置确定。

基于时间的差别工资

一些员工获得基于时间的差别工资，或获得基于工作时间的不同工资标准。记住，任何加班工资都必须适用于差别工资。

- 轮班工资。一些员工因在不太吸引人的时间段工作而获得额外工资，如中班或夜班。轮班工资是每小时的固定额度，或是基本工资的百分比。
- 紧急轮班工资。某些类型的行业，在员工为应对紧急情况而工作时，支付紧急轮班工资。
- 额外工资。一些雇主当员工在下列情况下工作时，支付额外工资，或更高工资标准的加班费。
  - 假日或假期或周末。
  - 连续工作六天或七天。
  - 一天工作八小时后。
- 待命或召回加班工资。一些组织给员工待命上班的工资，即使没有召他们去上班（待命工资）。员工在下班后的同一天被召回加一个班次，还可以获得额外的工资（召回加班工资）。

- 报到工资。报到工资是指员工根据日程表上班报到而获得的工资，即使到达后没有工作要做。
- 出差工资。小时工获得去工作任务地时在路上所花时间的出行费，即使出行时间在工作时间以外。
- 加班费。在各个国家/地区，加班费的最低额度是由法律规定的。

基于地理位置的差别工资

基于地理位置的差别工资基于员工的工作地点。在不同地点有设施的组织，往往要使薪酬计划适应不同的当地劳动力市场。例如，此类差别可能发生在组织所在的美国境内的不同城市或区域之间，以及美国和其他国家/地区之间。

根据地理位置实行差别工资，其原因包括：

- 劳动力成本的需要。雇主变更基本工资结构来反映不同的工资标准或影响不同地域生活费用的因素。
- 吸引工人前往某些地点。组织对接受去偏远地点工作的员工，或者去因气候、生活质量而阻止人去的地方工作的员工，支付更高的工资。例如，工作地点在国外的石油平台，可能需要利用差别工资吸引人才。
- 海外国家/地区的需要。雇主提供基本工资结构加津贴，以便反映在海外国家/地区工作的员工受到的经济影响。这些因素可能包括文化、教育、科技、气候、税务方面的差别。全球薪酬相当复杂。它要针对具体的国家/地区、区域，而且受制于大量的合规问题。

激励奖金

激励奖金，通过对超出基本工资预期的绩效支付工资，激励员工更好地工作。激励奖金是基于奖励促进行为的理论。

虽然销售佣金可能是最广为人知的激励奖金的例子，但是这种安排在组织的每个层面（从组织的最低层到最高层）都很常见。

> 必须将奖励计划与员工可以影响的工作方面挂钩。例如，客户服务热线对增加生产线的产量没有影响，因此，客户服务员工不应获得为增加的产量而提供的薪酬。但是，他们可以提高客户满意度，这是一个恰当的激励目标（如得到更高、更受欢迎的客户满意度）。此外，员工必须认为这些目标是可以实现的。

可以设计激励奖金来奖励短期成绩或长期结果：

- 短期成绩容易衡量，但是可能无法长期影响公司的总体健康。例如，因月销售量最高而获得奖励的销售人员，可能仅受到短期超越目标的激励。
- 长期结果有助于保留优秀员工，给组织带来积极成果。

最理想的是，激励奖金能平衡短期和长期目标。

对一个组织有效的激励奖金，不大可能对另一个组织也有效。正如薪酬体系的其他方面一样，不可能放之四海而皆准。激励奖金计划必须按每个组织的需要量身定制。激励奖金必须与推动经济成功的业务方面挂钩，并且支持这些方面，同时要符合法律规定。

一般而言，奖励可以在下列层面开展：

- 个人。
- 团队。
- 整个组织。

表 5-14 列出了每个层面的例子。

表 5-14　个人、团队、整个组织的例子

激励类型	说明和实例
个人	个人激励计划的目的是提高个人绩效。 • 计件工资体制是最基本的个人激励体制。产量越高的工人挣得越多。 • 佣金是个人激励的另一个例子。佣金通常是销售量的百分比。 • 还有一种奖励类型是非现金激励计划。通过礼物、奖项、旅行、奖品或其他绩效激励形式，用来表彰个人绩效、特殊贡献或服务优势
团队	在难以衡量个人绩效或绩效需要团队合作的情况下，使用团队激励类型。 • 在成果分成计划中，组织分享团队工作取得的成功成果的一部分。例如，过去的生产记录可以用来设定基本生产力标准。超过该标准的任何成果按 50/50 由组织和员工分享。 • 团队激励还可以用来实现集体目标和具体目标，并以团队目标和具体目标为基础
整个组织	许多组织使用整个组织激励计划来奖励总体成果。 • 利润分成和股权是最为常见的整个组织激励计划。 • 另一个例子是与组织目标挂钩的奖金计划。例如，目标可以是让 10%的酒店客户成为回头客户。员工获得固定金额加上基本工资的百分比，此类方法通常取决于组织中的职位

在这三种类型中，个人激励通常给生产力带来的影响最显著；团队和整个组织的激励能适当提高生产力。但是，个人奖励的主要弊端在于它可能降低团队合作的生产力（团

队激励往往鼓励团队合作）。

为了激励奖金计划的成功，组织要准备好下列事项：

- 具有竞争力的基本工资。
- 有公平、稳定的管理者和战略方向。
- 管理者与员工之间的良好沟通。
- 衡量与激励措施相关结果的可靠方法。
- 高层积极沟通计划并提供持续的培训和指导。

人力资源部门面临的挑战是设计一个适合组织的激励计划。即使在组织内部，计划可能因业务部门、职能和地点的不同而不同。

虽然激励主要用来提高员工队伍的效率和生产力，但是它们也可以用来促进员工招聘，提高员工敬业度和留任率，加强雇主品牌建设。千万不能用奖励性薪酬作为降低工资成本的方式。

激励奖金的跨境挑战

在设计和给予激励方面，国际组织面临一些独特的挑战。一般而言，任何激励必须适合具体的文化。由于文化上的差别，因此，一个国家/地区的员工认为公平的奖励，另一个国家/地区的员工可能认为不公平。另外，不同国家/地区的法律法规不同。例如，成果分成可能受到某个国家/地区法律的严格约束。

此外，有时候员工从生活费低（工资范围也低）的国家/地区调动到生活费高（工资范围也高）的国家/地区（反之亦然）。这类情形要求人力资源部门考虑重要的政策及/或实践，确保给调动工作的员工公平合理且具有竞争力的薪酬计划。

例如，根植于推崇团队成功的文化的组织，针对重视个人文化的地方，可能难以制订有效的激励计划。要想避免这类问题，组织可以寻找方式，既奖励团队的成功，又认可个人的卓越表现。

特殊情形的薪酬方法

组织可以对高管、直接销售人员、外部董事及外派员工制订单独的薪酬计划。

高管薪酬

高管薪酬计划与员工计划相比有两点不同。第一，激励通常占高管直接薪酬总额（年度现金薪酬总额加长期奖励的年化价值）的较大比例。第二，激励通常与整个组织的绩效或重要部门/业务相挂钩，通常衡量组织的盈利性，但也可能是非经济的衡量，如客户满意度，或非经济战略具体目标，如组织重组或获取市场份额。在非营利组织中，激励可能与财务结果（如增加组织收入或满足年度预算）挂钩，还可能与非财务指标（如计划结果、客户满意度）挂钩。

激励高管来实现业务具体目标是设计高管薪酬计划的最重要因素。在激励高管的绩效方面，有几种早已确立的方法可用，往往给高管和雇主带来显著的税务优势。

公司经常给高管股权，或向他们支付大笔自由支配的现金奖励，以及与生活费调整相关的加薪。这些做法是留住关键人才的重要高管薪酬工具，但是要确保绩效与奖励之间没有脱节，这是很有挑战性的。表 5-15 列出了不同类型高管薪酬的详细说明。

表 5-15　不同类型高管薪酬的详细说明

薪酬类型	薪酬方法说明
年薪	这类直接薪酬通常是有保证的，而其他形式的高管薪酬可能取决于绩效因素
股票期权计划	可以给高管按预订价格在一定期限内购买公司股票的期权，通常为 5 ~ 10 年
股票购买计划	这种广泛的计划通常适用于上市公司的大部分或所有员工，此类计划让高管有机会以折扣价购买股票，或购买股票时无须支付经纪费用
限制性股票授予	授予对象只有在经过一段时间之后才可以出售限制性股票授予的股票。员工通常必须在该段时间内留在公司工作
虚拟股票	这包含旨在模拟股票的现金奖励，而不是通过授予股票实际转让股权
限制性股票单位	往往用来推迟给重要高管的薪酬，一直到他们退休后，一旦确定的限制条件满足，就按这部分股票单位，分配承诺的一定数量的股票
绩效授予	这类基于股票的薪酬与组织绩效挂钩

除了这些薪酬类型，高管通常还获得其他福利、特殊待遇，以及一揽子退休计划。

高管薪酬实践的全球差异

在全球范围内，大部分股东把组织的财务成功视为高管绩效的重要指标（如股东回报、利润、收入增长等）。但是，正如全球、当地薪酬与福利有许多因素一样，组织用来评估高管薪酬与绩效之间关系的指标也有差异。

在中东地区（由于限制使用股票，现金是最重要的奖励），将绩效与年度奖金计划挂钩的实践在不断增加，这类奖励由董事会自行决定。此外，组织往往仅依靠一个指标来确定奖金数额。

在欧洲和其他区域，使用非财务指标（如以客户为中心、运营或个人绩效）作为综合业绩评价形式。组织还更多地使用定制的与业务战略相一致的衡量，以改进对绩效的评估和绩效工资的实践。

对高管薪酬的质疑

无论组织对高管薪酬采取何种方法，但什么才是公平、合理的高管薪酬，这个问题将一直被人们追问。高管薪酬包含许多因素，所以无法轻易回答这个问题。道德显然已经受到关注。媒体披露一些高管拿着数百万美元的薪酬，而且辞退补偿往往还要高出数百万美元，与此同时，普通员工的工资与福利却在减少，或失去工作，股东的投资在亏损，组织没有实现目标绩效。

对诚实、有道德的高管而言，他们为了组织的最大利益而工作，工作的要求很高，承受的压力巨大，为此，他们应当获得很高的薪酬，这点通常得到认可。在一些情况下，组织为了实现具体的战略目标且仍然在经济上可行，裁员和其他节约成本的措施可能是合理的行为。但是，如果高管不能胜任工作，却拿着过高的薪酬，人们就会追问薪酬是否公平、合理，以及是否符合道德。

总之，合理的高管薪酬取决于制定得当的，与组织的总体目标和具体目标相一致的薪酬战略、政策和实践，并进行良好的管理。

人力资源部门对高管薪酬的职责

将高管薪酬方案扩大到基本工资和年度现金激励计划之外，涉及一系列会计、税务、监管、成本、委员会和文件问题。几乎每个组织都需要一定程度的外部专家（知识渊博的法律、技术和咨询专业人士）来设计和管理一个有效的高管薪酬计划。

人力资源部门在设计和管理高管薪酬计划方面的作用是多样的、复杂的，而且是针对公司和/或行业的。一名人力资源专业人士所扮演的最基本（也是最关键）的角色是，就启动或改进高管薪酬计划的好处、成本和一系列选择进行沟通。沟通主要面向管理层、被争议的高管、董事会（如果是上市公司）、其他薪酬专业人员及顾问，以及可能的媒体和政府机构。

在决定需要哪些内部和外部的专业人员来处理高管薪酬计划，以及这些人员是否充分方面，人力资源专业人士往往是关键性的人物。人力资源专业人士的职责通常还包括对现有计划的效能开展持续评估，以决定是否应当进行修改。这包括对开展衡量计划效能的人员进行评估，以及对奖励薪酬计划中使用的科技的适宜性进行评估。

直接销售人员薪酬

直接销售人员薪酬的主要目的是激励销售人员实现能直接转换成组织净利润的具体目标。大部分组织对其直接销售人员采用下列任一种薪酬方式：直接工资、直接佣金、工资加佣金及/或奖金。

直接工资

在直接销售人员薪酬方式中，直接工资计划是最不受欢迎的。但是，该计划适合在下列情况下使用：

- 销售人员花费大量时间进行客户服务（如培训、贸易展会，或处理客户咨询），而不是确保销售。
- 难以衡量销售业绩。
- 销售过程的性质使得个人工作无法从帮助确保销售的协助人员工作中区分出来。
- 销售周期长。

直接佣金

在直接佣金计划中，销售人员的整个薪酬以佣金为基础。直接佣金计划适合在下列情况下使用：

- 组织的具体目标是激励销售量（即使为此要减少服务）。
- 降低销售成本很重要。
- 竞争对手也实行直接佣金计划。

有时候，使用直接佣金计划的组织对入门级销售代表，在设定的时间段内支付无须返还的佣金或有保证的佣金，期限通常为六个月至一年。期限届满后，销售代表无须返还该笔佣金，即可开始适用常规的佣金计划。

工资加佣金及/或奖金

在销售人员薪酬方式中，使用最多的当属工资加佣金及/或奖金，基于三个原因：

- 认为销售人员会受到经济利益的激励。
- 工资加佣金体系让组织可以直接奖励最能支持组织战略的行为。
- 这类体系可以修改，让组织可以重新调整计划以适应当前的情况。
- 竞争对手通常使用工资加佣金及/或奖金销售战略。

除了薪酬，销售人员往往还得到公司的汽车或车贴、俱乐部会员或特殊待遇，或其他非现金特殊待遇。

外部董事薪酬

董事会董事的薪酬有多种支付方式：

- 基本工资或保留工资。
- 费用，通常为出席会议、主持委员会或其他服务费用。
- 福利，如责任及人寿保险。
- 特殊待遇，类似于提供给高管的待遇。
- 无条件股票期权/赠予计划。
- 无条件延迟薪酬计划。

外派员工薪酬

在员工执行外派任务时，除了向其支付基本工资，组织还可使用下列种类的薪酬：

- 外派服务津贴。
- 生活费、住房、出差补贴。
- 儿童教育补贴。
- 搬迁补贴。
- 税费差别工资。
- 配偶补贴。

监测薪酬体系的工具

随着时间的推移，必须对薪酬结构重新进行评估，必须进行必要的修改，以确保薪酬范围对内保持公平，对外保持竞争力。例如，有时支付给员工个人的工资超出了确立的支付范围，如红圈/绿圈工资标准。其他时候，可能会发生工资压缩。

红圈/绿圈工资标准

红圈工资标准是指员工的工资标准高于支付范围的最高值。

绿圈工资标准与红圈工资标准相反，指员工的工资标准低于支付范围的最低值。

在下列情况下，可能出现红圈工资标准：

- 工作年限长的员工达到了支付范围的最高工资标准，或晋升机会很少。
- 员工被调至低等级的职位，而不是被裁，但是没有减少其工资（有时候，冻结红圈工资标准，直到薪酬结构增加到足以使该工资落在该支付范围内）。
- 经理的工资达到支付范围的最高值，但是下一个支付范围内没有空缺的职位（在这种情况下，有时候使用奖金来增加经理拿回家的工资）。

如果红圈工资标准在组织内变得普遍，那么组织的支付范围可能落后于市场，需要重新审视。

绿圈工资标准会在下列情况下发生：

- 组织晋升员工，或“试用”不具备该工作所需的所有知识、技能和能力的员工。
- 组织检查、更新工资范围，增加了最低工资标准。

一般而言，在这种情况下，一旦员工满足职位的最低要求，就应当给他们增加工资，从而让他们进入支付范围。

工资压缩

工资压缩是指无论员工的经验、技能、级别或资历如何，员工之间的工资差别都很小的情况。

工资压缩通常在下列情况下出现：

- 因最低工资增加或通货膨胀上涨而导致起步工资增加。因此，新员工的工资，与从事相同工作的更有经验的员工工资相同，后者的起步工资较低。
- 劳动力市场的工资水平上涨速度超过雇主的工资调整速度。例如，因竞争导致招聘工资标准的不断上涨，从而招聘缺乏经验的系统工程师的工资等于或接近于有经验的系统工程师的工资。如果缺乏经验的系统工程师的工资超过有经验的，则出现工资压缩。
- 工资等级之间没有足够的差距。这种情况可以让加班的员工的净工资超过其主管，虽然员工的基本工资比主管的工资低。

为了抵消工资压缩的影响，组织可以：

- 对所有员工（而不仅是新员工）采用市场工资标准。
- 给受到工资压缩影响的员工提供其他福利。
- 不断评估调查数据，并相应地更新支付范围。
- 给经理提供奖励计划。
- 增加给予的休息时间。
- 提供长期任职奖金。
- 监测工资的通货膨胀情况。
- 设立更积极的绩效工资计划。

薪酬体系指标

由于薪酬占据组织总支出的相当大的部分，因此必须确保薪酬计划既具有竞争力，又与业务目标一致。通常，薪酬战略和预算由总部确定，分配和决定则根据当地情况而定。常用的两项薪酬指标是薪资比对率、组织薪酬总支出。薪资比对率表示当前工资与工资范围中位数的关系。组织薪酬总支出计算与雇佣相关的所有费用，包括工资、加班、福利、奖金。

每项指标对组织都具有战略价值。薪资比对率追踪个人工资与工资范围中位数的差别，这可以让经理根据员工的技能、经验、绩效来考虑支付给员工的工资是否适当。或者，追踪总薪酬占据总成本的比例以及组织薪酬总支出，这有助于组织管理与人力资本相关的总成本，包括评估固定薪酬与可变薪酬的使用。

福利与额外补贴

福利计划可被视为政府、雇主与员工之间的“社会契约”的一部分，保护员工及其家庭的经济和身体健康。这类计划意味着组织在这方面有大笔支出，它们也是组织吸引、激励、支持、保留人才的重要方式。如同直接薪酬一样，组织吸引、保留员工的能力取决于福利计划，该计划既要满足员工的需求，又要有成本效益、可负担，且符合法律法规的规定。

选择福利与额外补贴

除了直接薪酬，雇主还向员工提供非直接薪酬，通常称为员工福利。如前文所述，福利是向广大员工群体提供的实体付款或服务，涉及退休、私人医疗保险、疾病补助/残障计划、人寿保险、带薪休假等方面。福利计划旨在奖励长期留任员工，增加员工对组织的忠诚度，并使他们能够减少焦虑，生活得更加健康。

为了明智地支出福利预算，组织必须回答下列问题：

- 哪些福利是法律规定的？法律规定雇主必须向员工提供某些福利。这些福利必须包含在组织的全面薪酬计划中。
- 哪些福利使雇主能够争夺员工？一些福利，如带薪休假，已变得非常普遍，如果组织不提供这类福利，则难以找到和保留员工。提供这些福利可以让组织争夺优秀员工。另外，如果组织提供竞争对手很少提供的有吸引力的福利，那么组织会比竞争对手更具优势。
- 哪些福利在购买与管理上具有成本效益？由于组织在福利上的预算通常有限，因此他们必须一直评估福利的成本和相关的管理负担。例如带薪休假，这类福利容易管理；养老金和医疗计划在管理上则要花更多时间，也更为昂贵。
- 哪些福利是员工更喜欢的？组织必须考虑哪些福利会吸引和保留新员工。保持一支素质高、干劲足的员工队伍，对组织的成功很重要。经常开展员工调查，了解员工队伍的组成，可以让组织确定员工喜欢的福利。举例如下：
    - 所有年龄段的员工都把医疗保险排在前列。
    - 报销学费等福利，对年轻员工更具吸引力。
    - 年长员工可能对人寿保险和退休福利更感兴趣。
- 哪些福利提供创意选择？组织在设计福利计划时，应当寻找有创意的方式。它们应当不断监测市场，以便决定法律或其他变化是否使想要的福利变得更可负担。越来越多的雇主提供不需要特定的经济开支的福利，雇主先审查服务提供商，服务提供商提供项目给员工，雇主“保证”员工有机会参加该项目，或以折扣价参加项目。下面的例子显示了如何提供既能节省员工的时间和金钱，又能让组织花费很少的福利：
    - 无法提供医疗保险福利的组织可以考虑年度现金奖励，员工可以把这笔钱用在自己的保险费上。
    - 由于成本问题而无法提供某项福利的组织可以考虑提供受欢迎的低成本福利，如弹性工作时间、远程办公、便装上班。

- 提供加入折扣计划的机会，或提供便利服务，这些可能并不需要雇主投入财力，而需要雇主花时间，通过内部沟通渠道，告知员工可使用的服务。

虽然全球组织可能希望整个企业及其附属公司都实行相同的福利政策，以保持公平，但是由于国家/地区的差异，标准化的福利很难实行。在一个国家/地区是法定的福利，在另一个国家/地区可能并非法定的员工福利，甚至根据当地的习惯被视为没有意义。此外，对雇主提供的福利价值的看法往往直接受到政府提供的福利或文化的影响。例如，组织资助的医疗保健计划，对于政府提供优质医疗保健的国家/地区而言，它们利用税收支持体系提供政府补助或管理的药品，因而医疗保健计划的价值在这类地区意义不大。

也就是说，福利在不同国家/地区的含义可能有相当大的差别。考虑一下社会保险或社会保障问题。例如，美国的社会保障的定义狭窄，只包括长期的支持问题，如残障、丧偶者保障、退休。在许多欧洲国家，社会保险是指短期和长期的整个范围的福利，包括医疗保健、产假/陪产假、育儿福利。

表 5-16 概括了不同国家/地区的常见福利的差异。

表 5-16　不同国家/地区的常见福利的差异

说　明		例　子
政府提供的福利	这些福利由政府直接提供和管理，往往通过税收支付	这些通常是医疗保健和退休福利，但可能包括其他福利，如人寿、残障或失业保险
政府规定的福利	这些福利由雇主提供，因为这是法律规定雇主执行的内容	国家/地区法律往往规定雇主提供特定类型的休假、一定天数的年休假，以及法定假日的休息
自愿或自定的福利	雇主自愿提供的福利可能不完全是自定的，竞争或员工关系可能给雇主带来压力	在政府提供的医疗保健不令人满意的地方，组织可能提供额外的医疗保健福利，或者增加年休假的天数
市场实践的福利	这些福利根据与外部市场的比较情况予以提供、调整	例如，提供汽车或交通津贴、育儿券或食品券
税务待遇福利	对福利的征税因不同国家/地区而异	例如，对现金和非现金薪酬、福利或特殊待遇所征的税率不同、征税计划不同

人力资源专业人士必须认识到这类差别的存在。人力资源专业人士在帮助组织制定福利政策时，必须认真研究当地法律与组织实践。建议邀请内部或外部专家参与，以证实特别复杂的当地福利实践和要求，从而实施合规并适合文化的计划。人力资源专业人士有责任制订既能实现雇主的又能实现员工的具体目标的员工福利计划。要成功实现这

一点，组织需要开展福利需求评估来收集数据。

福利需求评估

福利需求评估是为了确定能满足下列要求的福利计划：符合组织的总体战略，支持组织的使命和愿景，满足员工的需求。表 5-17 列出了福利需求评估包含的活动，附有差距分析。

表 5-17　福利需求评估包含的活动

活　　动	说　　明
回顾组织战略	组织的市场战略对组织提供给员工的福利具有直接影响。 • 想要领先市场的组织提供给员工更加全面的福利计划。 • 采取滞后或追随市场战略的组织提供给员工简单的福利计划
回顾组织薪酬理念	组织的薪酬理念提供对福利如何适合该理念的了解。人力资源专业人士要了解可以花在福利上的金额，以及对组织现金周转带来的实际影响。福利必须与全面薪酬计划中的其他部分相平衡
分析组织员工队伍的群体情况	组织的福利计划必须解决不同类别的员工的需求。这些类别包括全职与兼职、在职与退休、年龄、婚姻状况，以及家庭状况
分析所有福利计划的设计和使用率数据	使用率数据着眼于具体福利计划的使用情况（如为低于平均年龄且流动率高的劳动力与固定福利计划的相关情况）。该分析可能导致对计划的设计进行修改。根据员工的生活方式和员工的多元化，福利类型会有所不同，可能包括退休、医疗费用、保险费、受抚养人照顾补助，以及资本积累

福利需求评估的最后一步是比较下列内容：

- 组织需求（包括预算）。
- 员工需求。
- 现有的福利。

人力资源专业人士要开展差距分析，以确定最能满足组织及其员工需求的福利。

根据员工群体和员工对不同福利的需求，组织必须审查当前的福利，以便确定福利需求是否得到满足。通过对当前福利使用的审查（使用率审查），还可以确定每项福利计划的具体使用部分，以及该使用是否符合组织战略。

表 5-18 总结了差距分析过程中可能出现的一些问题，并提出了适当的行动建议。

表 5-18　差距分析过程中的问题与行动建议

问　　题	行动建议
现有福利未能满足的需求	研究新福利或修订现有的福利
未解决组织或员工需求的福利	放弃或修订未能满足需求的福利
相互有部分重叠的福利	修订有部分重叠的福利，或开展使用率审查，只保留使用的福利
未被充分使用的福利	进一步研究，然后放弃或修订未被充分使用的福利
成本太高但被员工大量使用的福利	采取成本控制战略，重新评估每项福利

需求评估数据应帮助人力资源部门制订组织负担得起且员工重视和使用的福利计划。

福利需求评估可以让人力资源部门为重要建议建立一个商业提案，例如：

- 提供的福利类型。
- 福利计划的适用对象（如员工、受抚养人、退休人员）。
- 员工有哪些选项（如灵活的消费账户、餐厅计划）。
- 如何给计划提供资金，以及员工是否承担费用。
- 谁应当管理计划（如组织、保险服务公司、第三方管理人）。
- 福利计划如何沟通给所有受影响的个人。

带薪休假福利与家庭导向型福利

带薪休假福利

带薪休假给工作所需的体力和精神提供必要的放松。它有助于员工保持生产力，继续承受工作中的压力。这类计划结构还可用于长期留任的员工，奖励他们的资历和服务。

法律可能规定雇主提供具体类型的休假。不同国家/地区授予员工离开工作的时间会有差异，往往反映了该国民众对个人时间、家庭生活与工作之间的关系的看法。

此处的带薪休假是指下列类别：

- 假期或假日休假。
- 公共、国家或银行假日。
- 产假、陪产假或育儿假。
- 病假。
- 其他类型的休假。

假期或假日休假

假期或假日休假，通常根据集体协议，或者当地法律或法定条例来规定。即使法律没有规定这类休假，它们也往往根植于文化和传统中。例如，在一些西欧国家，大多数企业几乎在8月都停业，8月是大多数人休假的时间。

在大多数国家/地区，往往向所有员工平等地提供假期或假日时间，无论工作身份或资历程度。在一些情况下，可能利用额外的假期或假日时间来吸引稀有的人才或激励高级经理。即使在新兴及发展中国家/地区，通常也分配给所有员工最少的年休假天数及假日。

公共、国家或银行假日

每个国家/地区通常有带薪的公共、国家或银行假日，在这些假日期间，可能规定公司必须停业。雇主通常会给予额外的休假时间，但这主要是市场惯例。

某些假日可能只在当地执行，或只在某些行业执行。例如，在德国，有些假日在全国范围内执行，有些假日只在该国的某些地方执行。

公共假日可能只是风俗习惯。在许多国家/地区，在主要假日的前后几周，如圣诞节，经营的企业数量会大大减少，因为员工往往利用这些假日来延长休假。

产假、陪产假或育儿假

在大多数国家/地区，至少有一部分带薪产假。这种假期有时会辅以一段规定的无薪假期。如果个人愿意，则有权重返工作岗位，从事兼职工作。

除了产假，一些国家/地区还提供陪产假和育儿假。这两个术语之间有时候存在差别，然而两者的意思可以相同。育儿假通常可以给母亲和父亲。

病假

病假政策主要在下列方面存在差异：病假的天数，病假期间支付的工资额，支付这些工资的实体，在有资格领取该笔工资之前的等待期。取决于国家/地区，这些政策可以由法律规定，经集体商议确定，或由雇主制定。

其他类型的休假

员工是否享有其他类型的休假，取决于国家/地区。例如：

- 雇主有义务向工会官员和代表提供带薪假，让他们履行工会职责，参加与教育相关的工会项目，或其他工会活动。

- 可以同意工会员工和非工会员工请假去进行相关培训。
- 准备结婚的员工可以有带薪婚假。
- 可给予父母带薪假，去参加孩子的婚礼。
- 许多有大量穆斯林人口的国家，给予员工带薪祈祷的时间。
- 合理的休假通常被授予员工，让他们可以履行特定的公共职责，参加特定的活动（如作为选举的官方候选人开展竞选活动，参加选举投票，或履行陪审团责任）。

其他类型的休假可能是规定的或自愿提供的，如研究休假或教育休假。

由于休假主要是当地法律的规定以及实际的做法，因此必须了解当地的这类法律和实践。

家庭导向型福利

双职工和单亲家庭的增多，以及对员工不断增加的工作要求，这些因素促使雇主把重点放在家庭导向型福利上。例如，一些雇主将产假和陪产假的适用范围扩展至收养。为了提供帮助，雇主已经确立了多种家庭导向型福利，包括弹性工作时间、托儿服务、照顾老人，以及家庭伴侣福利。

弹性工作时间

组织可以提供弹性工作时间表、压缩工作周，以及在家工作安排，以帮助员工平衡工作职责和家庭职责。

托儿服务

无论是单亲还是双职工，员工经常难以获得高质量、可负担的托儿服务。雇主解决托儿问题的方式多种多样。大型组织可以提供现场日托设施。在紧张的劳动力市场招聘员工，许多组织发现有现场日托服务是一项竞争优势。为员工提供托儿帮助的其他选项包括：

- 在现场附近的托儿中心设立折扣（雇主可以提供津贴）。
- 提供推荐服务，帮助父母确定托儿服务提供者。
- 为学龄儿童开发课后项目，往往结合当地的公共和私立学校体系。
- 与医院合作安排，提供病童项目（雇主支付部分费用）。
- 允许父母使用累积的病假，照顾生病的子女。

照顾老人

全球有不计其数的员工属于“三明治一代”，要照顾子女、父母及/或祖父母。照顾老年家庭成员的责任会给受到影响的员工带来更多的个人压力，导致工作绩效的下降，缺勤的增加。如同照顾生病的子女的安排一样，组织可以允许员工使用一些累积的病假，照顾父母或祖父母。一些雇主还可能提供养老机构的推荐，另一些雇主可能与安排老年护理的公司订立合同，通过这种方式提供老年护理协助。

家庭伴侣福利

家庭伴侣是未婚的同性或异性伴侣，他们居住在一起，寻求类似于已婚伴侣享有的经济和非经济福利。全球的不同国家/地区和区域对家庭伴侣状况的解读有相当大的差异。例如，许多国家/地区对家庭伴侣关系的认可，可能限于同性伴侣。

提供的福利反映了法定条例和文化规范。虽然具体的家庭伴侣福利存在差异，但是通常提供的福利有：

- 医疗、牙科、眼科保险。
- 病假和丧亲假。
- 事故和人寿保险。
- 死亡抚恤金和养老金。
- 陪产假（作为抚养子女的一方）。

家庭伴侣福利不是普遍的。具体的福利可能由法定条例规定。组织的政策可以遵守法律规则，也可以提供更加慷慨的福利。

可能要求员工支付其伴侣的福利范围，也可能由组织支付这笔费用。实践中，组织要决定提供家庭伴侣福利的方式，政策中应当提及这部分内容。

健康与幸福福利

在提供的医疗、残障、人寿保险范围内，及/或规定员工享有的这类保险范围内，国家/地区之间存在显著的差别。取决于提供的国家法定范围，私有组织在保险范围内的职责不同。

↘ 健康

大多数国家/地区有法定的、统一提供的/统一覆盖的医疗保健体系，这种体系由雇主、员工、一般税收或此类组合出资，其中的医疗费用由社会保险支付。在一些国家/地区，雇主提供雇主资助的医疗保险。但是，很少有员工至少部分享受某种形式的政府支持的医疗保健服务。

医疗保健的法律法规经常交织在一起。合规通常跨越政府要求和劳资关系。

当地情况对医疗保健的提供及其费用可以有很大的影响。例如，流行病在许多国家/地区肆虐，其他严重疾病也在考验医疗保健体系。在一些情况下，组织可能决定向员工提供额外的医疗保健，仅仅为了保持健康的员工队伍（如果不是出于社会良知）。一些公司开设了自己的社区诊所。医疗保健的不足往往不是费用问题，而是无法提供该服务。

私人医疗保险的作用存在差异，通常取决于当地政府或雇主提供的医疗保健的数量和质量。由于政府提供的医疗保健的质量有时候没有达到员工的期望，员工可能购买其他私人医疗保险，并前往有时位于国外的私人医疗保健机构。在欠发达国家/地区，对大多数员工而言，私人医疗保险过于昂贵，所以通常只有高管可以选择。

文化价值观影响医疗保健福利的提供。许多西方国家认为非传统的医疗保健选择，可能在另一些国家/地区被视为传统的、可接受的。例如，许多发展中国家/地区有草药。

与健康福利有关的两类项目是员工帮助项目和身心健康项目。

- 员工帮助项目。员工帮助项目是在世界各地提供的医疗保健服务。在一些情况下，个人问题或工作方面的问题会影响员工的健康或绩效，员工帮助项目旨在帮助发现、解决员工对这类问题的担忧。员工帮助项目通常向员工提供保密的专家建议，给予 24 小时的全天候支持。几乎所有的员工帮助项目都是外包服务，大部分按人头收费。取决于提供的具体的员工帮助项目服务，员工可向专业人士网络寻求帮助来解决担忧的问题，如教育和学费、财务信息、法律信息、退休计划、身份盗窃建议、医疗和出行建议、儿童和老人的医疗及健康的建议，以及咨询资源和推荐。
- 身心健康项目。身心健康项目旨在促进、支持员工的健康、安全、幸福。身心健康项目有许多类型，也有许多激励措施来吸引员工加入。身心健康项目的例子包括帮助员工戒烟的项目、控制糖尿病的项目、减肥的项目，以及预防性的健康筛查。雇主可以提供员工会费折扣、现金奖励、健身会员，以及其他鼓励参加的激励措施。

残障

残障福利的概念在不同的国家/地区有不同的含义。一般而言，残障福利是提供给因疾病或受伤而无法工作的员工的款项。有时它只适用于工伤或与工作有关的疾病；

而有时它也适用于工作场所以外的原因。

在一些情况下，要求雇主提供不带薪休假，这属于残障反歧视法律规定的合理便利。

残障通常分为短期、长期、终身残障。取决于国家/地区，每个残障类别在资金来源，以及福利的期限和金额上可能存在差异。短期残障通常指缺勤时间不超过六个月的情况，往往需要满足最少的等待期。长期残障通常在短期残障结束后开始。它有时候按终身残障对待。终身残障的概念有时与退休养老金概念合并。例如，一旦确认残障是终身的，就可以开始使用养老金。

提供给残障付款的资金通常是员工出资、雇主出资、政府出资的某种组合。付款可以从累积的基金直接支付，也可以通过私人或政府资助的保险支付。在一个国家/地区，政府提供的各种残障付款的资金可能来自多个机构，取决于收入水平、残障程度或家庭状况等因素。

人寿保险

在大多数国家，通常由社会保障提供一些人寿保险，在员工死亡时支付。在一些国家，政府规定人寿保险必须由雇主提供。这类规定的保险往往提供非常小的一次性金额，足够支付丧葬费用，但不够受益人生活下去。几乎在所有的国家，绝大多数雇主提供的在员工死亡后支付给受益人的人寿保险，属于公司自愿提供的福利。公司提供的福利的竞争程度随不同国家/地区而有所不同，通常为每年付多次，或每月支付。在许多国家/地区，员工可以通过组织资助的集体计划来购买额外的人寿保险。

工伤赔偿

在许多司法管辖区，针对工伤事故或职业病的保险称为工伤赔偿。该项福利是针对事故的保险政策，工伤事故经过批准后，只有受工伤的员工个人才有资格获得这项福利。

与这项福利相关的其他术语或短语包括劳工赔偿、雇主责任险。

这项福利的目的是给员工和雇主提供经济保护，由于工伤事故或职业病而导致员工有一段时间无法上班，就可以使用这项福利。在员工因工伤而休假期间，雇主通常可以免于支付员工的工资或薪水；员工在这一期间拿到其工资的一部分。

对雇主而言的另一个益处是，这些计划通常实行无过错保险政策，这意味着即使受伤发生在工作场所（前提是雇主没有疏忽），雇主也可免于被受伤员工起诉。

在社会医疗保健体系更广泛或更普遍的司法管辖区域，有时候并不需要一个单独的工伤事故福利计划，因为受伤员工会在医疗覆盖范围内。

尽管如此，在这些情况下，通常还是规定雇主获得某种与员工的可能收入损失相关的保险，该损失有可能相当大，特别是发生员工终身残疾的情况。

离职/失业与退休福利

离职金

员工离开组织的原因多种多样。一般而言，离开原因可以归类为：

- 自愿终止。当员工辞职或退休时，发生自愿终止。自愿辞职是指员工决定离开组织。
- 非自愿终止。这通常发生在雇主因各种原因辞退特定的员工时。这些原因可能包括绩效不佳、无法管理、无法与管理层合作，以及违反雇主政策。雇主也可以为减少或调整员工队伍而辞退员工，以便应对业务下降、重组或整顿、合并和收购等。

组织可以终止雇佣的情形，以及被辞退员工拿到的金额由法律规定，且随国家而异。不同国家的法律可能还包括其他方面，例如：

- 对不当行为发出警告。
- 可以终止的原因。
- 提供给员工的离职金额。
- 在终止后必须继续向员工支付的工资的期限。

如果组织终止员工时缺少对这些要求的全面了解，则会给雇主带来风险。

在许多国家/地区，非自愿终止会很复杂，难以处理。即使终止是有原因的，或是为了应对糟糕的经济状况，这种复杂性仍然存在。绩效不佳并不总是充分的辞退理由。终止员工的决定，可能要事先通知政府机构或劳工组织，这会导致它们参与决定的过程。

法律、条例、集体商议、员工委员会磋商或法律协议，也可能决定终止必须遵循的顺序。例如，辞退员工可能要按照后进先出规则，或者，辞退的顺序可能由其他因素确定，如年龄或被抚养人的人数。

通知的期限可以由法律规定。例如，在一些西欧国家，雇主可能被要求在解雇前最多提前六个月发出通知，这取决于资历或管理水平等因素。

在一些国家，即使终止员工是有原因的，也要向被终止的员工提供支持。此类支持的费用由雇主承担，因为他们通常至少在某种程度上是这样做的，这笔费用会非常昂贵。如果组织对支持要求置之不理，则费用会更昂贵，因为不遵守规定的罚款和处罚会很高。

人力资源专业人士必须熟悉组织所属的国家的适用法律，以及组织经营地所在的各个国家、区域、地方适用的法律。他们还必须了解各个政府机构的条例。

如果国家法律规定了终止条件和离职金的计算条件，即使付款和福利比公司政策在不受管制的司法管辖区所给予的要慷慨得多，组织也没有什么自由裁量的余地。

支付给被终止员工的薪酬金额因国家而异，不过在区域内有一些相似之处。

工作年限通常是一个重要因素。离职金的其他考虑因素包括员工的职位、雇佣协议、雇主政策和实践。

无论是何种情形，组织都必须确保离职金合规，给被终止的员工公平的薪酬，从而避免歧视诉讼以及监管部门的罚款和处罚。

↘ 失业保险

许多司法管辖区向雇主（有时是员工）收取保险费，以便用于在员工非因其过错而失去工作的情况下，支付员工一定比例的工资。这项福利背后的原则是帮助被解雇的工人从一份工作过渡到另一份同样合适的工作。这类福利使用的术语或短语包括失业保险、就业保险、求职津贴/福利，以及裁员基金。

在大多数管辖区域，支付给失业人员的金额，首先要满足等待期的要求，并且有时间和经济上的限制（领取福利的期限和金额都有限）。这种公共政策的目的是使人们在寻找新工作时，履行基本的经济义务。

↘ 退休

所有组织，从总部到最小的附属机构，无论地点在哪里，始终不变的一件事是：在某个时点，员工将达到不想工作或不能工作的年龄。退休计划可以让当前的员工为未来做好经济准备。

退休计划在不同的国家有很大的差别。许多退休计划是由政府规定的，由员工和雇主共同出资。有时候，政府提供补充支持。

退休和养老金福利可以通过各种各样的计划提供，主要目标是向员工提供退休收入，定期支付某种类型的收入。

表 5-19 概括了两种最为常见的计划类型的特征：固定给付计划与固定缴款计划。

表 5-19　固定给付计划和固定缴款计划的特征

计　划	说　明
固定给付	• 保证退休时达到具体的养老金数额。 • 设立给付的时间表（给付是员工永久获得部分养老金或所有养老金的过程。员工对自己缴款的部分始终可以 100%给付；雇主缴款的部分通常随时间推移给付）。 • 根据服务，可能还根据工资，提供养老金。 • 养老金的数额根据公式确定。 • 提供预先确定的养老金水平。 • 雇主承担投资风险
固定缴款	• 确定定期缴纳到基金中的金额。 • 不保证未来的养老金价值。 • 员工将有权获得自己的 100%投资，雇主缴纳的款项在退休时给付其中的一部分。 • 要求每名员工都有个人账户。 • 退休时的养老金数额将取决于投资的回报。 • 员工承担投资风险

许多拥有固定福利的社会保障计划的国家，在其公民接近退休时，预计已经无法提供所承诺的福利。这在很大程度上是因为世界范围人口结构的变化，以及人们寿命的延长。退休人员的比例在增加，工作的劳动力比例在下降，后者要为退休计划提供资金，这个状况是组织必须面对的挑战。

雇主提供私人退休计划来取代或补充政府提供的养老金福利。在一些国家/地区，这些计划可能需要工会、员工委员会或政府的批准。此外，计划的详细内容可能受到当地法律的约束。

支付

支付的方式不同。在大多数情况下，支付是以年金的形式，每月支付，直至公民死亡。在另一些国家/地区，款项可能一次性支付。实际中，退休金付款所用的特定公式存在差异，往往很复杂。支付可能受到政府拨款战略的性质影响，或受到各种因素变化的影响，这类因素有年龄、在组织中的级别，以及家庭特征等。

这对养老金管理者的影响应当很清楚：在对退休计划做任何修改或在制订新计划之前，必须向经验丰富的、有特定国家的专门知识的同事、专家咨询组织的长期责任问题。这一点在合并或收购的情况下特别重要，因为并非所有与退休有关的负债都能在账面上得到确认。在这些情况下，它们可能会被尽职调查小组忽略。它们被确认的程度与法律要求和公认的会计惯例有关，即使它们在账面上被确认，记录在案的退休负债背后的假设也可能过于保守。因此，尽职调查非常重要，包括咨询法律和会计专家。

受托责任

在执行退休计划中，组织必须意识到受托责任的概念。受托责任（或受托义务）意味着一方（如雇主）为了他方（如员工）的最大利益而作为的法律义务。有义务的一方通常称为受托方（如个人或一方受托管理金钱或财产）。各种法律体系可能对该责任有广义或狭义的看法。

社会保障

社会保障随国家而异，但一般是指：

- 社会保险，是人们因对保险计划所做的贡献而获得的福利或服务。这些服务通常包括提供退休金、残障保险、丧偶者福利，以及失业保险。
- 服务由政府或指定的负责提供社会保障的机构提供。在不同的国家，这可能包括：医疗保健，失业期间的经济支持，疾病或退休，工作中的健康和安全，社会工作方面，行业关系。
- 基本保障不考虑是否参加具体的保险计划，否则可能存在是否有资格的问题。例如，可以给新抵达的难民提供基本必需品的帮助，如食品、衣服、住房、教育、金钱，以及医疗保健。

额外补贴

额外补贴是给员工个人的特殊的、附带的付款、福利或特权，是他们平常奖励以外的部分。在奖励高级别的职位时，特殊待遇也可称为高管待遇或额外补贴。

组织可以提供员工许多特殊待遇。下列是一些较为常见的待遇：

- 免费/折扣产品或服务。员工可能有资格获得免费或折扣的产品或服务。
- 移动设备。为业务需要，可能提供手机、智能手机或手提电脑。
- 专业组织/证书。可能为员工提供专业协会的会员费，或专业证书的费用。
- 培训项目。雇主可能为许多级别的员工支付培训项目的费用。
- 教育费。可能向员工提供学费补助。雇主可能支付员工学院或大学或技术学校课程的部分或全部学费，让员工可以在工作的同时继续拓展知识和技能。

以下是一些其他（不常见）特殊待遇：

- 住房。为某些员工提供住宿或相关的津贴，这些可能是公司所有的或公司租用的。津贴可能是固定的货币金额，或基本工资的百分比。详细内容往往根据员工的级别。还可能提供家具。
- 公司汽车及/或汽车现金补贴。组织可能给具体的员工提供汽车使用，或者可能提供汽车补贴来代替汽车。除了汽车费用，组织往往还为汽车保养、税和保险提供资金。燃油费通常是为业务目的而报销的（高管除外，他们的所有燃油费通常是组织给报销的）。
- 俱乐部会员。雇主可能支付社会或体育俱乐部会员的入会费和年费。
- 伙食补贴。可能向员工提供午餐券、餐票、伙食补贴，或公司饭店/餐厅的补贴的/免费午餐。

其他一些特殊待遇包括：财务和法律咨询，更为少见的有体检、疫苗接种、免疫接种、补贴的/低利率购房或购车贷款，出行补贴。

福利指标

了解福利成本及其计算有助于人力资源专业人士分析特定福利计划的要求，了解特定计划的成本福利比率，确定支出的优先顺序，以及与员工沟通。表 5-20 提供了计算福利成本的说明/公式。

表 5-20　计算福利成本的说明/公式

说明/公式	战略价值
福利成本作为薪酬总支出成本的比例	
反映福利总成本除以组织薪酬总支出成本	工资加福利等于工资成本。拿到手的工资只是总奖励总成本的一小部分。该指标确定福利成本的比例
员工人均医疗保健开支	
衡量特定财政年度每个员工医疗保健开支的百分比。医疗保健总开支包括员工和公司支付的保险费、止损保险以及管理费	这种测量可以显示福利的人均成本（包括每人的平均数）
医疗保健福利成本的年度增加/减少（前一年和预计）	
表示组织的医疗保健开支在给定的财政年度的预期增加/减少，是当前员工人均医疗保健开支指标与前一年和预计指标的比较	该衡量方法提醒组织注意医疗保健福利成本的增加，帮助组织评估是否必须采取行动来控制福利成本（如更改/减少福利，与员工分担成本）

SHRM

第 2 部分

人力资源专业技能：组织

SHRM 应用技能与知识体系™的组织知识领域包括五个功能领域：人力资源职能结构、组织效能与发展、劳动力管理、员工与劳资关系、技术管理。

虽然本模块包括法律内容，但不应将其解释为法律建议或与具体的实际情况相关联。如果没有对所有相关事实、雇主的政策和惯例做法以及雇主业务运营所在的司法管辖区的适用法律进行全面、仔细和保密的分析，任何一般性法律声明，无论看起来多么简单，都不能适用于任何特定的实际情况。

本知识领域内容占 SHRM-CP®和 SHRM-SCP®考试 18%的比例。这些概念通过知识项目来测试。

第 6 章　人力资源职能结构

人力资源职能结构包括组织在提供那些创造和提高组织效能的人力资源服务时所涉及的人员、流程、理论和活动。

人力资源职能结构指的是，人力资源部门根据组织结构和战略，通过组合其资源向内部业务伙伴提供服务的方式。人力资源部门领导者选择的结构模型可实现效率与客服质量之间，以及一致性与适应性之间的平衡。

为了实现这一点，人力资源专业人士必须深谙其所属组织的结构，包括他们的那部分结构、他们的业务目标和文化、他们为组织创造价值所采用的协同方式等。组织规模可能很大，并有多个层级，也可能广泛布局于各地，还可能有着多元的文化。人力资源专业人士必须对组织中利益相关者的业务目标和服务预期了如指掌，并创造性地实现与这些利益相关者的协同合作。

基于对自身能力和利益相关者需求的充分理解，人力资源部门可选择一个合适的结构。人力资源服务交付地点的选址、管理人力资源政策和实践的水平，均为关键的决定因素。资产和服务集权于总部，还是落地于组织的各个部门？人力资源部门如何制定并实施相关政策？人力资源总部管控所有决策，还是允许采用“卫星式”功能布局，以适应相关政策和本地需求？

人力资源部门领导者也必须对部门交付的服务进行效能衡量，并努力做出结构上的调整，修正和改善其客户服务水平，从而跟上变化的战略和环境形势。

人力资源部门的作用

人力资源部门永远以人为本：招聘人才，培养人才和保留人才。然而，当今组织中的人力资源角色是错综复杂的。其不仅包括行政和运营任务，还包括偏战略导向的活动。这种复杂的角色要求人力资源专业人士具备一定的能力。

人力资源部门的战略作用

人力资源部门的流程和活动必须符合组织的整体战略，并满足业务合作伙伴的需求，以建设更强大、更注重战略的组织。

人力资源部门的战略作用包括：

- 参与制定组织战略。这需要人力资源专业人士扩大他们的重点，将全球性、长期性及前瞻性纳入考虑。当一个组织在寻求新机遇的时候，人力资源部门对任何战略决策中固有的人为因素提供了宝贵的见解。其贡献包括：
  - 提供组织人力资本的最新情况。
  - 明确跨职能战略的意义。
  - 运用影响战略的外部力量的知识。
  - 传达战略执行所需的劳动力规划及管理方面的信息。
- 确保人力资源战略与组织战略相一致。例如：
  - 帮助组织应对变革。
  - 预估人力资本需求和所需技能及知识，以实现战略目标。
  - 通过正确的战略提高组织效能，如组织结构重组或文化联合。
  - 通过绩效管理、职业发展及继任计划等实践对人才进行培养。
- 支持其他职能部门以发挥其战略作用。例如：
  - 帮助它们明确新的技能要求。
  - 招聘和保留人才。
  - 为继任计划和指导计划提供支持。

这一战略作用构建了人力资源部门的行政职能和运营职能。

人力资源部门的行政职能

人力资源部门在这方面有着双重关注点：管理合规事项及记录备案。这些职责仍是人力资源职能的核心，通常被称为“交易型活动”，但是在战略上可付诸实施。

- 运用技术来捕捉和分析数据。通过人力资源信息系统等技术提供的信息，组织促进了人力资源部门在战略管理中的整合，而这些信息可以推动人力资源部门作为组织领导层的顾问角色。人力资源数据可以被整合到一个组织管理工具中，使整个组织都能更及时地访问共享数据。由此，人力资源部门可以分析数据、识别问题和发展趋势，并开始规划工作。

- 运用技术减少实务时间。组织通过人力资源信息系统管理人力资源数据（如员工记录）并制作合规报告。人力资源和管理软件的应用（如求职者跟踪软件、项目管理）能提高生产力。许多组织的管理者和员工能通过自助服务门户办理他们自己的事务（如更新记录、改变福利）。
- 专注于核心能力。那些战略价值较低且不一定被视为人力资源核心职能的任务可以外包给第三方供应商，以便人力资源部门专注于战略活动。第三方供应商能提供福利计划管理、薪酬管理、背景核查以及其他低战略性任务。然而，这说明人力资源专业人士必须发展与外包相关的技能和知识，如协商和执行尽职调查，以及监测和纠正第三方供应商的表现。

人力资源部门的运营职能

许多人力资源活动（包括招聘和录用、就业问题解决方案、员工沟通等）都属于人员日常管理。此外，人力资源部门应要求与直线经理互动，就具体问题提供咨询，并针对提高绩效、生产力和工作满意度等方面提供建议。因此，这往往需要人力资源部门开发绩效评估和提升流程，并设计有效奖励制度。

人力资源部门通过与组织的战略目标相一致，来改变这些运营活动。

- 知识管理能帮助组织收集和分享其所有成员的智慧和经验。此外，人力资源部门可向领导展示组织中有什么样的人才和专门知识，并指出其在组织中的位置，以促成战略目标的实现。这一点对大型且多元化的组织而言尤为重要。
- 定向人才招聘和培养着重于推动组织达成目标。举例来说，人力资源部门能运用数据和组织技能（如职位分析、咨询技能）来明确当前职位描述与实际工作能力之间的潜在脱节。
- 激励制度的设计意在推动而不是打击合乎期望的行为。例如，对客户满意度增加给予奖励，而非通话时间减少；对单个销售的规模给予奖励，而非小笔销售的数量。
- 员工敬业度计划旨在提高生产力和员工留任率——也许是通过提高监管技能，或者推动领导模式的变化（从直接指挥团队变为领导赋能团队）来实现。

打造人力资源服务文化

如果人力资源部门打造内部“服务文化”，则其在组织中的作用将得到更有效的发挥。就像组织必须关注那些使用其产品和服务的外部客户一样，人力资源部门必须培养一种外向型文化，即，人力资源活动不仅是人员事务，人力资源部门是组织系统的一部分，它向内部客户提供的质量能让组织满足外部客户的需求。

如果人力资源部门按要求对自身进行一次组织发展的干预，那么打造人力资源部门的客户驱动型文化需要什么样的变化?

最全面的答案源自组织发展的常用工具——麦肯锡 7S 框架。该框架描述了组织的七个相互关联的要素。每个要素在可持续的组织变革中缺一不可。

- 战略（Strategy）。以客户为中心的文化是人力资源部门为组织创造价值的必备组成部分。战略为创造价值提供计划，并将成员的见解融入人力资源部门中。
- 共同的价值观（Shared values）。人力资源部门领导者向成员传达追求品质业绩和客户服务的承诺。信息应简明扼要，其必须通过各种媒介，并在有意义的时刻（如入职、例会上和个人绩效会议上）传达出来。
- 结构（Structure）。如果人力资源结构延缓或阻止人力资源专业人士为客户交付优质服务，那么人力资源部门领导者应采取措施进行改变。因此组织需要为人力资源专业人士赋能，促使他们做出改变以满足客户需求，并迅速纠正错误。这可能要求建立一个职位或小组，以持续评估客户对人力资源服务的看法。
- 制度（Systems）。制度支持员工工作的方式。制度包含各种工具、政策和流程。人力资源部门领导者制定流程以改善客户关系，从而改善客户服务。
  - 人力资源部门使用软件工具来支持服务的交付。以问题跟踪软件为例，它允许其他人力资源专业人士和人力资源客户共享问题解决过程中的情况和进展。
  - 客户满意度调查是另一种类型的制度，通过邀请内部客户来评估人力资源产品或服务质量，即产品或服务符合承诺和期望的程度。
  - 人力资源职位描述和绩效管理流程包含了质量和客户服务的理念。
  - 客户服务是人力资源服务外包和供应商业绩监测时的一个关键标准。

为了更好地提供服务，人力资源部门可制定流程，与内部客户定期开会，准确、全面地了解客户的当前需求。基于会议结果，人力资源部门可与客户建立服务等级协议。服务等级协议对客户期望的产出结果做出定义。例如，人力资源部门提供的功能服务（如自助门户网站、争议解决方案），取得结果的正常时限（如填补职位空缺），或人力资源部门针对客户询问和投诉（如快速纠正薪酬或福利方面的错误）的响应度。

- 人员（Staff）。提供客户服务的能力是选拔人力资源专业人士的一个标准。人力资源专业人士会因其卓越的客户服务表现而得到褒奖和认可。

- 技能（Skills）。人力资源部门领导者负责评估人力资源部门员工的能力，以提供优质客户服务，并通过培训和发展计划（如沟通和冲突解决相关培训）填补缺口。
- 领导力风格（Style of leadership）。领导者应以身作则，其所有行动都要体现其为人力资源部门确立的价值观，如支持客户的重点关注，即使需要提供额外的资源。他们应乐于邀请人力资源部门员工参与解决问题和制定决策。

人力资源部门的内部利益相关者

了解内部利益相关者的观点、挑战和目标对人力资源部门作为组织内部战略性业务合作伙伴的角色来说至关重要。这种意识有助于人力资源专业人士确定如何开展人力资源流程、如何运用能力来帮助其他职能部门实现其战略目标和计划，并因此增强组织的战略态势。借助这些做法，人力资源部门也向其利益相关者展示价值，并巩固整个组织内部的关系。

人力资源部门和组织的核心职能

所有组织都具备一定的核心职能——不管多少，均取决于组织的规模和性质。

这些核心职能包括财务与会计、市场营销与销售、研究、运营、信息技术和人力资源——都由一个高管团队领导。

今日，组织意识到最有效的战略不是由市场营销与销售或运营这样的单一功能驱动的，而是跨功能协同工作的结果。得益于参与组织的战略规划流程，人力资源部门充分理解组织努力创造的价值，以及每个职能部门在创造该价值时发挥的作用。

人力资源部门也理解每个职能部门面对的特定挑战，因为其核心职能的使命是为其他职能部门提供所需的人才和服务。因此，人力资源部门时刻准备发挥跨职能桥梁的作用。其作用包括：

- 推进成果交付所需的高度跨职能理解能力和协同工作。
- 履行使命，就核心职能如何配合组织战略，以及如何最好地提升组织绩效提出建议。
- 识别并支持额外的资源或培训需求。
- 为整个组织输送必需人才。

表 6-1 总结了人力资源部门及其业务伙伴的关系。

图 6-1 人力资源部门及其业务伙伴的关系

业务伙伴	作　　用	人力资源部门
高管层	从竞争激烈的市场中招募高层候选人。 协商有吸引力的、可靠且符合监管限制的薪酬方案	为董事会招募和培训成员。 为战略问题提供咨询，如人才管理、组织效能或文化
财务与会计	协调不同市场在货币、税务、福利、报表方面的要求。 就初创运营（如开户、提交必要文件）提供协作。 就如何管理福利项目的成本及减轻全球派遣人员员的税务负担提供协作	为董事会成员提供良好治理的或应内部审计的合规要求的培训。 选择外部审计师。 推进道德维度并将其纳入企业价值体系，并在整个组织内部培育道德环境
市场营销与销售	使激励/薪酬计划与战略和当地文化与实践相契合。 管理人员配置。 协调不同市场的知识管理（如确保开展不同语言环境下的产品培训）	通过互联网或内联网技术促进学习分享。 支持那些市场营销起到关键作用的团队
研发	发展具备必要专长的人才池（包括拥有最新知识储备和技能的员工）。 识别组织内具有所需技能的员工。 为国际团队选拔成员并建立高度运作型团队。 激发重视创新和持续进步的氛围	推动能让研发人员投入更多时间于创新任务的流程。 确定联盟或合资企业伙伴、并购对象或供应商以提供关键因素。 确保专利权和知识产权的安全性
运营	制定人员配置规划。 管理不同市场的劳资关系处，理知识产权问题	保障运营活动的实际安全。 协调当地法务、监管和文化需求
信息技术	选择并执行人力资源信息系统。 运用数据库分析以支持决策和战略举措	使用互联网和内联网促进内外利益相关者之间更好地交流、知识共享和协调

高管层

高管层对全部核心业务职能及其对组织绩效的影响负最终责任。高管层的基本职责是：

- 制定战略并向组织的各组成部分传达该战略。
- 通过控制财务资源对战略及运营活动的实施进行监督和控制。
- 发挥主要对接作用，联络组织的利益相关者，无论是投资者、监管者，还是客户和社区。
- 基于共享愿景和他们在所有互动中以身作则的价值观来领导组织。

高管层通常包括一名对组织资源和责任拥有最终控制权的人员。他们的职务各不相同，如首席执行官、总裁或执行/常务董事。在上市公司中，这名人员可以向董事会及组织外带薪人员报告。（非营利性组织也可以有董事会，其成员会得到费用补偿。）董事会负责审批战略规划、任命、批准高管层的薪酬，以及监督组织治理情况。

组织的财务运营和日常运营负责人也属于高管级别。根据组织的使命和价值观，高管层也有可能设置其他职位，如信息、创新或风险管理方面的负责人。其中部分职位可能是由组织中某些人在本职之外担任的“兼任”职位。

人力资源部门如何与高管层互动

人力资源部门领导者直接与高管层互动。人力资源部门致力于组织战略的制定，对战略决策的人力资本影响提出建议。它可以直接与董事会合作，就高管薪酬和治理问题提出建议，并与一级高管的其他成员合作，因为后者负责管理运营和战略计划的发展和实施。

财务与会计职能

虽然财务与会计职能发挥不同的作用，但是都体现了对组织财务绩效的关注。

财务部门重点关注组织如何运用财务资产进行短期和长期运营。财务活动包括：

- 通过制定和监测运营和资本支出预算来支持运营和战略举措。
- 提供战略规划所用到的财务分析。例如，财务部门参与和全球扩张、技术投资及建立战略联盟有关的决策。
- 通过短期和长期的投资和借款来管理组织的“金库”。

会计部门的重点是跟踪财务交易往来，并向财务部门（支持其战略规划和管理决策）和外部利益相关者（支持合规和展示治理成果）报告财务信息。会计活动包括：

- 通过会计工作跟踪收入和支出。会计程序必须遵循适用标准，如国际财务报告准则和美国的一般公认会计准则。
- 保持财务记录和安排定期审计，以支持组织治理。内部审计职能通常设于会计部门。
- 配置财务报表，如损益表。
- 遵循财务要求，向政府部门（如税收部门）、监督上市公司的监管机构及投资者/股东报告信息。公众利益要求信托责任和行动的透明度更高，财务报告的准确性和完整性也更高。现在许多国家都有法律要求公司进行不同程度的治理。

财务与会计职能面临：因法律和规程变化带来的挑战，影响流程并产生新漏洞的新技术挑战，工作场所道德的变化使欺诈行为和滥用信托责任更加普遍的挑战。

↘ 人力资源部门如何与财务和会计部门互动

人力资源部门所做的或想做的一切都依赖于财务和会计部门。人力资源部门与财务和会计部门合作，计划并监督年度功能和特殊项目预算，管理与供应商的关系。该内部客户对治理尤为关注。人力资源部门可帮助组织向董事会成员和员工提供治理和道德培训，参与风险预防项目（如筛选求职者，开展欺诈调查），并支持进行外部和内部审计。

市场营销与销售职能

这是为组织带来收入的职能部门。根据组织的不同情况，这些职能可能被分割成两个平等的领域，或者其中一个可能被设为另一个的子职能。

市场营销部门负责定位（营销）和向客户销售产品和服务（销售）。市场营销部门的职责通常被描述为 4P 管理：价格（price）、产品（product）、促销（promotion）和渠道（place）。因此，市场营销部门通常掌握着与客户、市场需求和竞争威胁相关的最强情报。对于全球化的公司来说，这可能意味着要在品牌识别和全球营销战略的优势与当地偏好和需求之间谋求平衡。

市场营销策略通常被区分为“推”或“拉”。

- “推”的策略重点是将产品/服务推向客户。举例来说，公司可能设有展示区或在零售端建立一个强大的销售点。
- “拉”的策略是将客户吸引到产品上。这方面的一个例子是碳酸饮料行业，它在广告和促销方面投入巨大，意在打造品牌和促进销售。

销售策略及其劳动力特点受到行业常见的分销做法和公司营销策略的显著影响。有些公司的销售对象可能是消费者（B2C，即企业对消费者），也可能是企业（B2B，即企业对企业）。对它们，公司可以进行直接销售（通过自己的销售队伍或与战略伙伴联盟的销售队伍），也可以进行间接销售（通过分销商销售给零售商、代理商或代表）。组织的销售策略影响其人力资源需求，包括人才招聘和薪酬。

↘ 人力资源部门如何支持市场营销和销售部门

市场营销部门的工作重点是建立品牌识别。人力资源部门可以确保其活动与市场营销部门所建立的品牌识别相一致，并利用这一品牌识别吸引未来的员工。人力资源部门可以与市场营销部门合作，建立展现品牌特征的团队和团队文化（如客户服务，理解并运用前沿技术）。

销售部门可以向人力资源部门寻求帮助，设计可激励销售行为的薪酬体系，并提供技能和知识培训。

研发职能

在商业型企业中，研发或新产品的设计和开发负责带来未来收入。研发的投资因行业而不同。当一个组织的主要价值创造来源于知识产权，研发即成为一项合理的投资。在过去的十年中，研发投资的领导者来自计算机和电子、医疗保健、软件和互联网系统以及工业领域。

公共领域也设立研发部门，其形式是国家研究机构或与大学关联的研发中心。公益性研发通常关注的是开展理论研究（相对于应用研究），促进科学和新技术，开展公益性科学研究（如对公共健康问题的研究），以及开发可持续技术。

有些组织集中进行研发（如运用全球化战略），而有些组织将研发集中于业务部门，使项目始终围绕客户需求。

研发支出与创新和绩效水平并无直接关联。普华永道的战略咨询部门思略特发布的《2018 年全球创新 1000 强企业研究报告》指出，如果将三个财务绩效指标（收入增长、息税折旧摊销前利润、市值增长）纳入考量，那么前十名创新企业赶超了前十名研发支出企业。这可能是因为这些组织善于将其投资与战略相结合，从而确保它们专注于极富影响力的创新（如特斯拉的电动汽车），同时重视合适人才的保留，了解趋势，并实施精益产品开发。

↘ 人力资源部门如何支持研发部门

研发工作的开展得益于先进的员工技能和知识。人力资源部门是搜寻优秀求职者和制定有吸引力的薪酬方案的合作伙伴。人力资源部门努力创造包容性和多元化的文化，这对研发工作也很重要。人力资源部门可以通过确保订立知识产权合同来保护组织研发投资。

在支持合作和创新文化的流程设计方面，人力资源部门可以向研发部门征询，例如，为非管理人员创造职业发展途径，修订工作描述以减少研发人员在烦琐程序上的负担，以及开发支持敏捷决策的系统和流程。

运营职能

运营部门负责开发、生产并交付产品和服务给客户。运营部门负责创建市场营销部门和研发部门定义的并通过销售部门将其盈利化的产品和服务。因此这是企业收入的来源。“产品”可涵盖广泛的范围，从有形（如汽车）和无形（如软件）产品到服务（咨询业务）。

人力资源是运营部门的重要资产，此职能部门经常面临的挑战是：在适当的时间拥有适当规模的劳动力，并掌握适当的技能。

运营部门几乎总是关注资源的有效利用，但质量、环境影响、人员健康和安全等问题也很重要。运营部门需要满足客户和监管机构的标准，以及行业和专业标准。

全球性组织可能在不同国家设立工厂和业务，从而可能为不同的市场和客户提供服务。此外，运营部门的任务可能是在成本低于总部所在国家/地区的地域进行的。全球业务运营之间的后勤、规划和协调工作通常复杂而精细。

人力资源部门如何支持运营部门

运营部门经理可能面临复杂的劳动力规划需求。人力资源部门通过分析历史数据、预测并创造性地管理资源缺口，有能力满足这类需求，其中包括雇佣和裁员。人力资源部门与运营部门经理协作，履行工会合同，并在有条不紊的工作环境下就申诉处理和纪律及绩效问题提供建议。

合规问题在这一职能部门中更为突出。人力资源部门帮助经理和主管做好担负这些责任的准备，并执行大量合规活动，如提供并记录安全培训，以及上报并记录工作场所的事故和情况。

信息技术职能

信息技术部门通过硬件和软件系统管理整个组织的信息存储、访问、交换和分析。

信息技术部门经常监控语音和数据通信所用的网络以及硬件组件，并为整个组织的数据存储和处理需求提供支持。

信息技术部门的主要任务越来越倾向于利用企业资源规划系统，对来自不同组织流程的数据整合提供支持。通过整合，信息技术部门帮助决策者获取更实时可见的组织数据。企业资源规划系统可根据组织需求包含不同的模块：

- 财务方面，如总账、资产登记、应付和应收账款以及财务报表。
- 管理方面，如预算和成本计算。
- 运营方面，如库存管理、工作流程管理、工作订单、质量控制。
- 供应链管理方面，从选择到请求付款的过程。
- 客户关系管理，如销售账户信息和活动。
- 项目管理方面，从进度表和预算到资源跟踪的过程。
- 人力资源方面，如雇员记录、工资单、福利待遇、培训和绩效管理。

信息技术部门面临诸多挑战。

首先，信息技术系统日渐发展。这意味着有些模块可能是独有的，而其余模块则来自各种供应商。顺利的整合通常很难，或不可能实现。

其次，信息技术部门负责维护组织数据的安全性和可靠性，这需要遵守道德、法律和商业规定。系统的安全必须得到保障，防止内部及外部篡改。而且信息技术部门经理必须做计划，以应对可能导致关键数据中断的灾难。未能保障信息安全将有损组织声誉，并造成法律和经济后果。

最后，信息技术部门必须管理信息系统以保证效率和安全。系统容量和功能必须与增加的存储和处理任务的好处进行权衡。互联网实现异地数据处理应用和数据存储，为这个领域提供帮助。软件即服务（SaaS）是信息技术部门用来支持某些专门应用的方式，极具成本效益。供应商负责维护软件及其存储服务器，而用户仅需支付订阅费。

人力资源部门如何与信息技术部门合作

信息技术部门支持人力资源技术，并为人力资源部门的技术项目提供咨询。人力资源部门通过提供合格雇员的良好渠道辅助信息技术部门的工作。通过配合信息技术部门管理组织技术风险的工作，人力资源部门可制定和传达技术政策，例如，确保组织网络不接受未经授权的访问。

人力资源的组织结构

人力资源职能的设计和建立是为了服务整个组织的战略和人力资源战略。人力资源结构因组织的要求不同而表现形式各异。

人力资源团队成员

人力资源团队随组织不同其成员构成也不同，但是都担任以下职责：

- 领导者是战略性管理者。他们通常是组织高管团队的一部分，更理想的是，他们直接向首席执行官或首席运营官报告。这种结构为人力资源部门发挥其战略作用提供了机会。人力资源团队领导者将组织战略的优势、劣势、机会和威胁等相关信息传达给其他领导者，并参与整体战略的制定。除此之外，他们也制定并指导其人力资源团队的战略、优先事项和重点。人力资源团队领导者可能有不同的称呼，如首席人力资源官、人力资源总监或人力资源副总裁。
- 经理负责人力资源部门的具体职责，如员工关系、人才招聘和组织发展。人力资源部门经理规划、指导和协调其部门的活动，并为领导者提供人力资源战略的意见。
- 专家（职能专家）在特定领域，如薪酬和福利设计、人才管理、指标、信息技术、职业健康和安全、组织发展以及劳动力关系等方面具备一定专长。他们的作用是应用其领域的最佳实践，来规划人力资源战略。
- 通才（人力资源专业人士）熟悉人力资源的各种服务。通才在人力资源的一个或多个专业领域有专长，但往往在每个领域又足够精通，可为员工和经理提供合理的建议和指导。人力资源通才和他们的专家同事紧密合作，确保为员工提供准确而完整的信息和计划。通才也可能被安排在国家或商业单位中。
- 人力资源业务伙伴是更有经验的通才，受指派直接向其他业务职能部门提供人力资源服务。人力资源业务伙伴凭借对企业（包括组织和职能）的更深刻认知，寻求各种方法，推动人力资源部门协助其他职能部门实现它们的目标。因此要求他们具备多项能力，包括商业洞察、咨询、关系管理和沟通。这些人员是向整个组织证明人力资源价值的关键所在。

人力资源结构

人力资源结构取决于其组织和职责范围。其中一个关键因素是确保人力资源结构与组织的战略计划相一致。

表 6-2 总结了各种人力资源结构备选方案的优点与缺点。

表 6-2　各种人力资源结构备选方案的优点与缺点

结　　构	综　　述	优点/缺点
集权式	所有人力资源人员都在人力资源部门中向整个组织提供服务	优点：在组织内提供更多控制权和一致性。 缺点：抑制灵活性和响应力，可能降低有效沟通
分权式	人力资源部门员工在每个职能、业务部门或地点内开展所要求的活动	优点：促进人力资源和其他职能部门的更直接联系，并推动沟通和响应。 缺点：缺乏人力资源政策和标准之间的一致性
职能型	总部的人力资源部门配置了制定政策的专家。 由那些可能被安排在各部门或其他地方的人力资源通才执行这些政策并根据需要调整，并与员工互动	优点：使总部的政策和实践与业务部门的实施情况保持一致。 缺点：可能导致总部的人力资源部门与所有人员认知的业务事实相脱节
专项型	允许在多个部门有不同战略的组织发挥人力资源专长，以满足各部门的具体战略需求	优点：增进总部与各部门之间战略的一致性。 缺点：专门的人力资源部门处于孤立状态、共享知识和经验缺失，可能导致重复劳动和效率低下
共享服务	通过从各部门同意共享的人力资源共享服务（通常是实务性的）菜单中选择其需要的服务，每个业务部门能补充其资源	优点：有效发挥专长，减少实务性活动带来的负担，以支持创造价值的活动。 缺点：如果服务中心的存在鲜为人知，就会出现使用不足的情况

集权式/分权式人力资源

集权式人力资源的特点是，所有人力资源人员都部署于人力资源部门内，并从那里为组织的所有部门提供服务。

总部（或企业）制定所有人力资源政策和战略决策，并协调全部人力资源活动和计划。集权式结构的目的是确保标准化人力资源政策和流程贯彻整个组织。

集权式人力资源也使大型组织在提供人力资源服务的时候能创造效能。

而在分权式人力资源中，组织的每一部分都对其自己的人力资源问题拥有控制权。总部仍负责制定策略和政策，但是每个职能部门或业务部门的人力资源员工将开展所要求的活动。

举例来说，某家有着众多分行的当地银行可能采用的是集权式人力资源，其总部的人力资源部门负责银行各部门和分行的所有人力资源工作。而一个布局在不同国家多个地点的大型重型设备制造商可能采用分权式人力资源。在这种情况下，除了总部人力资源人员，每个地点也会设立专门的人力资源部门。分权式人力资源使其更接近内部业务合作伙伴，并建立更强大的关系。

集权式人力资源为整个组织提供了更多的控制权和一致性，但它也可能抑制灵活性和响应力，且可能减少有效的沟通。分权式人力资源促进人力资源和其他职能的更直接联系，并推动沟通和响应，但缺点是缺乏人力资源政策和标准之间的一致性。这对那些希望全球人力资源政策和流程具有经济性和明确性，却又意识到需要适应当地文化、法律和商业惯例的全球性组织来说，尤其是一个挑战。

有些组织的人力资源结构是混合型的。例如，学习管理可以由总部决定，而学习内容则由职能部门、业务部门或当地层面决定。

职能型/专项型人力资源

其他模式介于职能性和专项性人力资源结构之间。《人力资源管理价值新主张》的作者 Dave Ulrich 和 Brockbank 在书中描述了这两种模式。

在职能型人力资源结构中，总部的人力资源部门配置制定政策的专家。由那些可能被安排在各部门或其他地方的人力资源通才执行这些政策并根据需要调整，并与员工互动。这种结构的组织经常出现在多元化程度较低、规模却不一定较小的组织中。

专项型人力资源结构允许在多个部门有不同战略的组织发挥人力资源专长，以满足各部门的具体战略需求。这在某种程度上是一种“企业化”的人力资源，在总部有一个人力资源部门，而在不同的业务部门则设立（或“嵌入”）各自的人力资源部门。

企业级人力资源部门表现出基本的人力资源价值，开发工具，供组织级人力资源部门使用，并制订了旨在提高全球化素质和领导技能的计划。业务部门的人力资源员工则制定当地政策和实践。

共享服务人力资源

Ulrich 和 Brockbank 还指出一种称为“共享服务人力资源”的结构。该结构经常应用于有着多个业务部门的组织。通过从各部门同意共享的人力资源共享服务（通常是实务性的）菜单中选择其需要的服务，每个业务部门能补充其资源，而无须在每个领域发展自己的专长。

具有特定专长领域的中心为这些领域制定人力资源政策，再向所有部门提供这种服务。对全球一体化的企业来说，这些中心在国际或全球层面上进行服务开发，可以设立在最合适的部门或国家内。因此，人力资源的实务性工作将由服务中心网络分担，使人力资源专业人员有更多的时间从事有助于创造价值的战略或转型活动。

纳入共享服务中心的常见流程包括工资单、采购、应付/应收账款、差旅费、健康福利登记和养老金管理等。实施了共享服务理念的组织可收获以下四大成效：

- 减少员工花费在行政任务上的时间。
- 降低行政成本。
- 合并冗余功能。
- 更好地跟踪员工数据。

与共享服务中心相关但不完全相同的是专家中心。通过将类似的偏实务性流程放在一个地方，共享服务中心可实现节约和提高生产力。专家中心的目的是利用组织中的战略专业知识来促进组织增长和持续改进。专家中心可以设立于某个设施内，也可以是“虚拟”的。它们可利用数字通信的优势来创建专家网络，而且专家可入驻组织的任何地方。人力资源专家中心将关注人才招聘、人才管理、组织发展、学习和发展、薪酬和福利，以及其他人力资源专业领域。

第三方承包商

使用第三方承包商不仅是一种结构性的选择，也是人力资源部门按照更战略性的重点来部署自己资产的一种工具。人力资源部门与第三方的关系如下：

- 外包。由第三方承包商提供选定的活动。
- 合包。由第三方为人力资源部门提供专门的服务，通常在人力资源组织中安排承包商。

非战略性但资源集约型或需要专业知识的人力资源活动是外包或合包的目标。一项关于人力资源外包公司的调查显示，外包的覆盖范围很广，包括行政活动、服务实施，以及针对具体问题和项目的咨询。

例如，人力资源外包公司可管理或实施以下内容：

- 工资单。
- 员工福利计划。
- 员工自助服务中心。

- 学习和发展系统，包括培训和知识管理。
- 员工数据保留和分析。
- 招募计划。

外包可以为组织节省成本，但会让组织失去管理上的控制权。合包比外包费用更高，但组织对承包商有更多管理上的控制权。

人力资源部门必须从战略上做出外包或合包的决定。例如，一个组织可能致力于在所有地点增加领导力的深度。为了确保尽可能快速有效地完成任务，该组织的人力资源部门可能会选择将人才搜寻工作外包给一名或多名擅长该领域的顾问，因为他们能更好地接触到非正式的人才来源网络。

第三方承包商的绩效目标必须与人力资源部门和组织的战略目标保持一致。潜在承包商的可靠性、能力和专业知识，以及他们的道德品质必须经过确认，因为人力资源部门应对第三方承包商的做法和道德行为承担责任。合作协议应定义具体的交付物和标准（如与组织政策和服务水平相一致）。

外包流程

为了确保最适当和最有效地实施外包，人力资源部门经理应倚仗一个考虑周全且久经考验的流程。即使与现有的承包商关系令人满意，人力资源部门定期考虑其他选择也是大有裨益的。这可以提高双方关系的透明度，也有助于人力资源部门确认组织的需求是否得到满足，并获得有关新方法和新工具的观点。当前的供应商应被纳入这一流程（除非存在严重、未决的绩效问题）。

外包流程包括以下九个步骤：

1. 分析需求并确定目标。
2. 确定预算。
3. 拟定需求建议书。
4. 向选定的承包商发送需求建议书。
5. 评估承包商的建议书。
6. 选定一家承包商。
7. 协议合同。
8. 执行项目并监督进度。

9. 评价项目。

分析需求并确定目标

对需求进行深思熟虑的分析是最为关键的一步。对选用一个承包商的项目进行分析不是单枪匹马完成的，它需要一个由所有潜在用户代表组成的多部门团队。在这一步，项目目标和预期得以确认。

成立一支项目团队，为组织购入新的人力资源信息系统。团队成员来自人力资源部门、会计部门、市场营销部门和信息技术部门。团队制定一份调查问卷并分发给新系统的所有潜在用户，以确定必需的功能。

团队也记录了当前系统的相关信息，例如：

- 当前从系统获取的输出项（规定的政府机构报告、员工记录、申请人跟踪等）。
- 用户投诉与需求。
- 当前系统存在的关键问题和制约影响了其使用性。

调查问卷包括如下问题：

- 该系统应安装在什么地方？
- 该系统如何兼容当前已有的系统？
- 需要什么样的硬件、软件和其他构成部分？
- 该系统能执行什么样的计算？

确定预算

如果可能，在你的年度预算中规划外包资源的使用。了解可用于外包服务的开支，以及内部提供该服务的费用，该信息有助于了解预期投资财务回报。

人力资源总监分析新人力资源信息系统预算中的可用资源。因此需要考虑如下问题：

- 规划所需预算是多少？
- 系统所需预算是多少？
- 支持新系统运行的所需预算是多少？

拟定需求建议书

一旦团队决定外包给第三方承包商是有利可图的，下一步则要拟定一份需求建议书。需求建议书是一份书面征询函，要求承包商给出符合客户要求的方案和价格。需求建议书不仅要确保响应切实满足项目需求，还要确保各方响应之间存在一定的一致性，使对比变得更简单。

因组织和行业不同，需求建议书在结构方面可能有所不同。承包商通常被要求提供如下信息：

- 摘要。包含承包商产品和服务的简介，通常还包括对客户需求的理解。
- 公司信息。提供有关承包商的规模、财务稳定性、商业可行性及行业经验等信息。
- 项目团队/资源。解释客户和承包商参与项目的都是谁。
- 交付。概述承包商如何达成客户需求/目标。
- 参考证明。列出承包商曾经提供过类似服务的客户。
- 项目流程概述。详细描述项目计划，包括目标、工作范围和时间表等。
- 费用。列出所有项目涉及的产品和服务的相关费用和价格。

人力资源信息系统项目团队对每个承包商提供的信息类型和深度做出测定。

向选定的承包商发送需求建议书

需求建议书完成后即可发送给选定的承包商。其中要说明提交方式和期限。

人力资源信息系统项目团队对较为出色的人力资源信息系统承包商进行调查，将名单缩减到五家，并发送建议邀请书给他们。

评估承包商的建议书

评估承包商的建议书时需考虑到诸多变数。这些变数因企业规模、优先事项和行业不同而不同。以下是遴选承包商要考虑的标准。

- 资源范围。
- 符合规范的能力。
- 现场考察的结果。
- 价格。
- 对产品和服务质量的承诺。
- 项目进度。
- 公司声誉/参考。
- 定制方案。
- 额外增值能力。

- 此前/现有的关系。
- 灵活的合同条款。
- 地点。
- 文化适配。

人力资源信息系统项目团队对所提交的建议书进行评审，在这种情况下将考虑三大因素：符合规范的能力；定制方案；价格。团队还要求获得承包商的参考证明，并最终将入围者减少到两家。这两家将按要求向团队做演示报告。

选定一家承包商

对所有建议书仔细评审之后，是时候选定一家符合组织需求的承包商了。

人力资源信息系统项目团队选择的承包商，其系统能达到它们规范的 85%，并能定制剩余的 15%以归入最终产品。报价范围正好在团队拟定的预算里。

协议合同

在项目开始之前，双方应该商定一份概述了承包商服务的书面合同。这份合同不仅描述了项目的关键交付物，而且要涵盖附加信息，如项目实施的时限、付款条件、绩效标准（包括响应时间）、培训预期以及升级成本和责任。

人力资源总监和法务部门顾问与入选的承包商共同评估和协议最终合同。

执行项目并监督进度

一旦选定承包商且合同通过审批，下一步就是启动项目并运作起来。首先，召开初步项目规划会议，对项目进度表中的实施目标进行评估和完善。

人力资源信息系统项目团队与承包商团队成员会面，敲定项目计划并执行系统开发。系统在预算内按期完成。

评价项目

一旦项目完工，所有付款条件也商定完毕，承包商就会要求对其服务进行评价。在这个时间点也可以进行内部评价，对新系统的运作情况进行信息收集，并制订持续评价计划。

在项目规划流程中，人力资源信息系统项目团队定义用于评价已实施系统的基准（如失误比例和需要支持的次数）。现在团队将评价系统的性能，和承包商联手纠正缺陷。团队决定，年度评价足以支持因法律变化或薪酬及福利变化而带来的系统变化规划。

展示人力资源的价值

组织必须衡量和展示它为利益相关者提供的价值，同样地，人力资源部门必须衡量和展示其对整个组织的价值。

衡量人力资源绩效的重要性

衡量和报告结果对人力资源部门的重大好处如下：

- 通过衡量人力资源战略效用和高管对这些战略的实施结果，加强人力资源在战略发展中的作用。
- 通过定期衡量战略目标的进展，确定重新定向和改进的机会。
- 加强人力资源部门与内部业务合作伙伴的关系。
- 支持未来对人力资源项目的投资。

组织通过建立关键绩效指标来启动流程。人力资源关键绩效指标有时通过综合业绩评价（平衡计分卡）的方法来确定职能部门的使命。接下来，该职能部门将收集数据，将绩效与这些关键绩效指标及其他指标进行比较。评估包括对结果或成果的偏差分析，如招聘成本与预算的偏差。它也可以包括对流程的评估：人力资源部门如何开展工作；该绩效是否符合该职能的使命、价值观和目标；在需要的情况下，如何改进这些流程。

制定人力资源平衡计分卡

平衡计分卡简明而全面地反映了一个组织的绩效。其有助于组织和职能部门重点关注的关键战略活动，制定对目标的应对措施，并创建指标以评估这些应对措施的效能。综合业绩评价有助于支持从战略目标到战略绩效的清晰纵览。

> 通过将已明确的部门目标和绩效与公司的战略业务目标相关联，以及借助人力资源平衡计分卡的方式，组织使人力资源员工重点关注那些支持公司目标的活动。人力资源平衡计分卡使用具体易懂的方式来定义和衡量人力资源的贡献，从而展示人力资源的战略价值。

举例来说，想象一个人力资源部门对组织战略已做出分析，将基于以下平衡计分卡的四个维度，确定相应的做法：

- 财务维度。制定人员配置备选战略方案，以提供更多的灵活性来满足生产需求的转变。
- 客户维度（其他职能部门和员工）。提供更方便的人力资源服务，包括与职能部门领导的协商。
- 内部业务流程维度。应用技术以提高效率和收集数据。
- 学习与发展长维度。确保整个组织各个职能部门中都能培养未来领导。

这些目标激发行动或计划。例如，出于对领导者发展的关注，人力资源部门会与外部顾问签订合同，对确定的高价值员工进行评估和合作。为了衡量这项行动的效果，人力资源部门必须确定正确的指标。哪方面能说明该计划实际上推动了领导力的增长？是情境模拟的成果、关键员工的保留情况，还是领导职位的内部候选人填补率？

人力资源平衡计分卡必须满足以下几点才能真正发挥作用：

- 包含问责制和可衡量结果。
- 有理有据。衡量体系必须包含易于理解的、与目标相一致的衡量标准、指标和目标对象，并得到可靠数据的支持。
- 只需包含那些对目标和组织的战略计划最重要的衡量标准，也就是说，这些衡量标准必须产生可行项目。
- 关注结果。如果不采取行动，单纯衡量人员变动或招聘周期就是无效的。其他有用的衡量标准还包括生产力和保留率，它们与组织战略规划保持高度一致。
- 细心规划，谨慎实施。

人力资源指标

人力资源指标侧重于效率和效能的传统衡量标准（如预算绩效、雇佣比例和成本）和战略性的人力资源活动（包括：表示员工敬业度提高的指标，如减少缺勤或纪律问题；或风险降低指标，如事故率和合规审计结果）。

表 6-3 列出了常见的人力资源指标。

表 6-3　常见的人力资源指标

指　　标	描　　述	潜在用法
缺勤率	缺勤员工数量与应出勤员工数量的比例	反映了工作场所环境变化的好处

（续表）

指　　标	描　　述	潜在用法
应计项目	预算成本和实际成本的比较	监测应计费用，确保实现任务预算和财务目标
应聘者成功比	进入下一步选拔流程的应聘者比例	体现招募方法的效能
单位招聘成本	招聘总成本除以已聘人数	体现招募与雇佣流程中的效率
人力资本附加值	收入减去非雇佣支出再除以全职雇员人数	相对地用于指出因人力资源活动而增加的雇员生产力
关键人才保留率	关键人才保留比例	体现员工发展和奖励策略的效能
晋升模式	内部晋升比例	体现发展项目和强大文化的效能
入选成功率	应聘者入选之后被评定为成功上岗的比例	指出招募、选拔和入职引导方法的效能
培训的投资回报	绩效提升的经济效益减去开发、制作和提供培训的成本	体现投资培训的战略选择价值
员工调动率	部门之间员工调动到新岗位的比例数字	跟踪内部能力发展和全球人才管理
员工流失成本	与离职、空缺、替换和培训有关的成本	员工流失率与员工流失成本的结合体现了薪酬或福利变动带来的经济效益
员工流失率	离职员工与全体员工的比例	
职位空缺成本	替代劳动力（临时工、合同工、外包合作伙伴）的成本减去因空缺而未支付的工资和福利	支持将功能或领域外包并减少内部人数的决定

每个组织应选择对其活动或战略重点有益的指标。需注意的是，同一指标的公式可能会有所不同；重要的是，在整个组织中及在标的比较时要使用一致的公式。

人力资源审计

在人力资源审计中，一个组织的人力资源政策、实践、程序和战略要经过系统全面的评估，以确定具体的人力资源实践是否足以支持实现该功能目标。例如，政策必须与当前的组织目标保持一致。审计结果有助于确定差距，从而优先采取纠正措施。

各种内部及外部因素都可能影响审计内容的决定。

不良关键绩效指标可能要求对流程做更深入的分析，发现潜在原因。组织战略的变化要求人力资源策略和实践保持一致。新法律和技术可能改变工作方式，并可能带来必须加以管理的漏洞。审计对象是否列入优先考虑取决于时间限制、可用资源和预算。将出现的问题记录下来，将有助于识别薄弱环节，并在审计过程中得到检查和解决。

人力资源审计的类型

人力资源审计有不同的类型，每种类型均为了检查不同类型的人力资源目标，例如，有效利用资源或维持与当地法律和规程的合规性。表 6-4 列出了较为常见的类型。

表 6-4　人力资源审计的类型

类　　型	描　　述
合规审计	重点关注组织遵守当前就业法律和法规方面的情况
最佳实践审计	通过将组织与那些公认拥有出色的人力资源实践的雇主进行比较，帮助组织保持或提高竞争优势
战略审计	重点关注制度和流程的优势和劣势，决定是否与人力资源部门和组织战略规划保持一致
专项职能审计	关注人力资源职能的某个具体范围（如工资单、绩效管理、记录保存等）

审计流程

实际审计流程通常采用以下几个步骤：

- 确定审计范围和类型。审计将检查全部的，还是仅检查指定的政策和流程？
- 编制审计问卷。该工具有助于保证以连贯的方式收集所有必要的数据。
- 收集数据。设计此流程的目的是提高效率。它必须全面而彻底，但意在将干扰降至最低。
- 衡量审计结果。比较审计结果与选定标杆，后者可能是政策或法律规定，或最佳实践。
- 提供结果反馈。向管理层阐述审计结果是一项道德义务。考虑到战略和风险影响，不良绩效领域应得到优先处理。
- 制订行动计划。审计通常包括解决已发现问题的建议。分配计划的所有权，并确定行动的时限，审核所采取的行动。如果计划未能履行，管理层将介入。
- 创造持续进步的氛围。审计是质量改进流程的一个关键部分，也是一个规划、行动和核查的周期性过程。

第 7 章　组织效能与发展

组织效能与发展涉及组织的整体结构和功能，包括衡量人员和流程的长短期效能和发展，以及实施必要的组织变革计划。

理解组织效能与发展

人力资源部门作为组织的顾问，可以扮演组织的医生角色并依此行事，根据组织领导的要求，检查组织的健康状况，评估其在实现战略目标所需层面上的运作能力，并建议和可能执行对组织效能的改进。

组织效能与发展可以被视为一个流程或工具，以发挥以下作用：识别并移除组织战略目标和持续发展的内部障碍。提问技巧是组织效能与发展的关键所在，而且问题应开始于："我们想要去哪里？""是什么阻碍了我们去那里？"这是组织效能与发展的效能部分。而发展部分应伴随以下问题："我们必须如何改变才能走上实现目标的正确道路？"

组织效能与发展通过有计划的干预措施，让利益相关者参与信息收集和解决方案的设计与实施，从而确定和解决组织绩效问题。干预措施可能侧重组织或团队的绩效问题。组织的干预措施可能引起结构、文化、能力、技术或流程上的变化。团队的干预措施侧重于培养更有凝聚力、更专注的团队，帮助运转失灵的团队克服冲突，取得成就。

组织发展

组织效能与发展侧重组织的功能和结构，以提高人员和流程的长短期效能。组织发展是一项组织管理准则，用于通过有计划的干预措施来维持和提高组织的效能和效率。

↘ 组织理论

如果把组织发展比作体检，则组织理论有助于解释组织是如何运作的，包括解释其各个部分以及它们之间如何相互作用。

大量组织模型应运而生，其中包括麦肯锡 7S 框架、Burke-Litwin 绩效和变革模型。这些模型术语可能不同，但它们蕴藏的理念非常相似。要成功地实施战略，组织必须使其各个组成部分保持一致。例如，其结构必须契合战略。如果不能契合，则结构或战略必须做出改变。

必须与战略保持一致的主要组织要素包括：

- 结构。组织用以分离或连接其各个组件的方式。
- 制度。用于指导行为和工作的政策，确定如何执行任务的流程，以及用于支持上述工作的技术或工具。
- 文化。组织成员共享并将之传递给新成员的一组信念、态度、价值观和行为。
- 价值观。组织及其领导者明确选择作为决策和行动指南的原则。
- 领导力。领导者为组织其他人设立的行为模范。

实施这些要素并保持一致的方式造成的影响如下：

- 激发员工工作的动力。
- 员工对其工作和组织目标的参与或认同。
- 绩效水平和结果，即整个组织、结构成分（业务部门、职能部门、团队）及员工个人在实现目标方面的效能和效率。
- 治理。组织在道德和法律上的合规，及其管理风险的方法。

人力资源专业人员运用他们的咨询能力，并基于咨询模型来了解他们的组织，再评估该模型实现组织设定的战略目标的作用。人力资源部门将提供诊断或评估，然后采取处理方案或干预措施，以清除绩效障碍。

组织效能与发展干预措施

组织效能与发展干预措施可视为对现状或当前状态的干预，以便组织更仔细地检查情况，并做出可能改善结果的改变。干预措施通常被描述为“结构化活动”，意味着干预措施可能涉及多个活动，其中每个活动都重点关注同样的目标，即组织绩效的提升。

干预措施既包括用于检查问题的工具，也包括将要实施的变革或解决方案。例如，人力资源部门可能应管理层要求调查，为什么实施战略活动需要那么长时间。在干预过程中，人力资源部门可能要举行数次面谈，关注目标群体，并确定近期经历领导者变动的部门是问题主要发生的地方。经过更多面谈和个人资料的核查后，人力资源部门确定问题的起因是，薄弱的继任计划制度未能充分应对领导层的交接。部门将制定并推出一项改善继任计划的方案。人力资源部门同所有部门开会，解释新流程并安抚员工不安的情绪。一年后，人力资源部门将回顾近期行动的数据，重点关注行动启动期，以及可能因领导者的问题而造成的延误。

因为组织是一套系统，解决方案必须解决根本原因和造成运作不良及影响战略变革、整体目标和关键绩效指标的因素。必须对一个领域发生的变动进行分析，因其可能对组织其他部分产生影响。包含多项干预措施的组织效能与发展战略可能就是个完满的答案，其目标也许是不同的受众，或可能安排于长期变革时期的不同阶段。

人力资源专业人士可能以组织内部顾问的身份直接参与组织效能与发展的干预措施，或可能间接加入第三方顾问组，贡献他们在组织、人员和流程上的知识，并发挥管理劳动力能力和生产力的专长。人力资源部门经理可应用组织效能与发展原理来提高人力资源部门的效能。

组织效能与发展战略应包含干预措施的数量和类型，面向正确的受众，有条不紊地安排并推进，以实现最大效能。例如，改善一个运作不良的团队的绩效首先可能需要举办一个讨论会，就共同愿景、角色和责任以及基本规则达成共识。然后可能安排对团队领导进行单独辅导，并就解决冲突举办一个团队讨论会。这些干预措施的结果可能导致沟通等流程的重新设计。

主动式干预

主动式干预在问题影响绩效之前即可识别并纠正它们，并帮助组织随时准备把握预期机遇。例如，组织效能与发展帮助组织在瞬息万变的市场中发展以下方面：

- 沟通网络，能快速交换关键信息，无沟通不畅的等级结构。
- 迭代工作流程，通过越来越多的功能版本开发产品，控制错误的成本，同时允许不断学习和改进。
- 结构，能让员工快速而独立地做出决策。
- 具有内在驱动力的员工，他们认为自己可以尝试新思路而不会因有价值的失败而受罚。

↘ 补救式干预

通过补救式干预做出改变，组织被拉回实现其战略目标的正轨。例如，在经济下行期间，出于节约成本的考量，组织可以采用“少投入多产出”的运营方式以收割短期效益。然而，这些短期效益可能给组织整体能力、组织结构、业务流程和劳动力敬业度等方面带来长期问题。例如：

- 产能、能力和敏捷性被削弱。组织的人力资源在质和量上都不再有竞争力。
- 组织结构缺乏一致性。员工可能被迫履行他们无法胜任的职责。管理者可能为了完成紧迫的战术任务而忽视了战略工作。
- 工作流程出故障。流程没有根据条件重新设计，而是在眼前的限制下运行，且效率和效果越来越低。
- 劳动力的敬业度下降。员工因工作量加大而倍感压力和酬不抵劳，导致生产力下降。如果经济好转，有价值的员工可能会离职。

评估组织效能与发展的干预

为了展示干预措施的价值，人力资源专业人士必须对干预效果进行衡量并报告给他们的内部客户。

衡量成功的最重要标准是，干预措施在多大程度上提高了组织实现战略目标的能力。人力资源部门和客户在规划干预措施时，应确定合理的变革和改进目标。

无论战略目标是提高产出、敬业度还是市场反应能力，组织绩效指标都会关注组织的以下方面：

- 利用资源创造价值的效率。这里的一个常见指标是营收或盈利与销售和商品成本的比率，也可以用生产一件商品或服务所需的小时数或全职雇员的数量来衡量。非营利性组织可能会考虑到其服务的客户数量。
- 实现战略目标的效能可能包括范围更广的指标。例如，评估组织是否有能力做如下事情：
    - 达成目标（如扩大市场份额，降低无家可归率）。
    - 培养关键能力（如创新、客户导向、质量）。
    - 建立领导设想的内部环境（如协同工作、分布式决策、多元化团队、道德决策）。

客户对自身体验的看法也是评估的一个重要部分。组织对客户进行干预后通过调查或采访来了解他们的期望是否得到满足。例如，是否实现了目标？在规划阶段及后续整个流程中，人力资源部门是否有效传达了流程？人力资源部门是否有参与并倾听利益相关者（如员工）的意见？

最后，人力资源部门应评估自身干预措施实施的效能和效率。例如，人力资源部门在整个干预过程中是否达成了自己的质量目标？团队成员是否正确履行了其职责？在项目交付物（如书面报告）和承诺交付日期上，是否兑现了对客户的承诺？

有效的组织效能与发展干预措施的特点

有效的组织效能与发展干预措施都具备以下特点：

- 战略上保持一致，获最高层支持。
- 基于证据，摒弃假设和泛泛之谈。
- 意在可持续结果和持续完善过程。解决方案的重点是系统性的变革而不是打补丁。
- 采用组织发展的共同语言和工具，以便每个参与干预的人都能理解目标和流程。
- 具协作性，督促所有受影响的人提供意见与反馈。
- 灵活而机动，基于结果和反馈对解决方案进行修改。

表 7-1 列举了高效的组织效能与发展干预措施的特点。

表 7-1　高效的组织效能与发展干预措施的特点

特　　点	重要作用
战略上保持一致	帮助组织确保各项计划之间的加强、补充和构建，并支持组织的总体目标和战略
协作性	推动发现原因和制定解决方案，与干预范围内密切关联的人员（经理、主管和员工）的意见相结合
获最高层的支持	有助于减少对最终变革的阻力
产出可持续的结果	能持续交付长期结果的变革，这也许得益于管理层的筹备工作，或对新流程和成功指标的集体参与和接受
支持不间断的发展	旨在通过识别劣势和机会，推动员工参与绩效改进（持续改进是当今许多组织承诺的质量管理计划的基本宗旨），从而持续不断地强化组织
使用通用工具	方便的数据比较和核对
使用通用语言	避免混淆和误解
简明扼要的假设	允许质疑基本假设的有效性
以事实为基础	阐明已知和假设之间的差别
以系统和流程为导向	采用系统理论和 IPO（输入-流程-输出）模型分析问题
灵活性	认识并接受假设是可能改变的
多重视角	提供多样化视角的机会

为什么组织效能与发展干预措施未能奏效

组织必须记住在计划、实施和持续干预措施的过程中可能出现的所有危险。

部分干预措施之所以未能奏效是因为从未开始。参与人员可能害怕变革对组织产生的影响，退缩不前。他们收集、分析数据，讨论可能采取的行动，最终却并未付诸行动。这种情况通常被称作“分析瘫痪”，但分析并不是问题所在。真正的原因是，参与人员不愿意承担合理的风险。

其他干预措施失败的原因包括目标过于宏大，或所需实施的变革数量过多。资源有限或组织不善于变革也可能是障碍所在。未能明确定义实现目标所需的要求，因此组织没有做好准备，不具备实施变革的能力，也可能低估了外部力量的影响。现有组织文化与设想目标差距过大，以至于未能在分配时间内克服障碍。变革需逐步实施，不能一蹴而就。

有时候，规划人员只关注解决方案，而不是实施解决方案的人员，以至于干预措施未能奏效。干预措施包括变革，而实施变革措施需要整个组织的参与。

部分沟通误区和解决措施列举如下：

- 领导层并未参与其中。有时候，领导层做出了关于组织变革的重大决定，随后消息逐级传递至员工耳中。结果员工并不清楚组织变革的原因和过程。领导层和人力资源专业人士应向组织内身处不同办公区域、地点的所有员工同时传达清楚、全面、一致的内容。
- 使用错误的传达者。研究表明，员工倾向于相信管理者传达的信息。了解组织文化将会知道谁是传达变革的最佳信使——管理者、高管或人力资源部门。中层和基层领导是面向员工的主要沟通者，他们的传达应频繁而一致。每一个受变革影响的人都要知道变革的内容、原因和实施过程，以及为他们带来的好处。不要强行实施变革，要让员工参与关于有关变革的探讨，要询问员工的想法和感受。如果你愿意倾听的话，员工将乐于表达。
- 沟通过于突然。领导者和管理者需要让员工做好变革的准备，给予员工理解信息的时间，让他们有机会在变革开始之前给予反馈。
- 沟通为时已晚。如果未能及时处理焦虑问题，员工需要花费更多时间来接受变革，将影响在此期间的生产率和员工敬业度。为了避免这一问题，人力资源部门应尽早参与制订变革计划，提高员工参与度。在制定解决方案时，人力资源部门需拟定将向组织传达变革计划的方案，包括具体内容和传达方式，应采用不同形式

（如电子邮件、会议、培训课程、内部社交媒体、发布会）向员工传达变革信息。

- 沟通与组织实际情况不一致。传达真实的信息，包括变革的原因和预期效果。
- 沟通过于狭隘。如果沟通过于关注细节和技术细则，未能将变革与组织目标联系起来，员工将无法产生共鸣。

提高组织绩效

提高组织绩效通常指根据新的战略目标，统一结构、角色和职责、流程和文化。

组织干预

组织干预旨在了解组织结构是如何帮助或阻碍组织的战略性发展的。组织结构指各工作组的联系方式。

当遇到下列情况时，组织需要采取干预措施：

- 由于结构效率和/或效能低下，未能实现战略目标。组织结构不再满足其需求。常见例子是处于早期发展阶段的组织逐步壮大。组织设计必须符合新的实际情况。
- 改变竞争战略和需求，发展新的技能和特点，如快速应对市场变化所需的技能。组织设计必须将重点放在新方向。

重新设计组织

组织设计指支持组织运营所需的要素，包括结构和其他因素。例如：

- 组织的使命、愿景以及实现组织目标的战略。
- 决策方式。
- 信息交流的方式。
- 工作完成的流程，其与组织结构各部分的联系程度和联系的管理方式。
- 使组织需求与所需资源保持一致以符合那些需求的系统。包括人力资源系统和所有人力资源部门用于履行职责的系统，如招聘、人才管理和离职系统；也包括实物和金融资产（如设备、设施、预算），组织知识及专长。

以上所有要素构成了组织这一综合系统。任何组织效能与发展解决方案必须认同组织设计的综合本质。

人力资源部门在组织设计中承担的职责

人力资源部门在组织设计中的职责应包括：

- 找出组织绩效问题的根本原因，为领导者提供结构性诊断。
- 帮助领导者评估一系列清晰的设计方案。
- 通过确定关键活动、优势和劣势，确保领导者做出的组织设计决定符合长短期战略目标。
- 帮助领导者认识到他们的角色和职责，确保结构得以适当建立。
- 持续监测结构是否与组织的经营策略保持一致，并在需要时强调挑战。
- 进行内部或外部资源规划，提供适合的短期或长期的发展干预措施和活动，并确保上述资源拥有适当的专业技能和良好信誉，可以发挥作用，或具有恰当的背景、建立人际关系的技能和文化熟悉度，以便快速树立信誉。

组织设计中的结构特征

组织结构具有某些共同的特征，必须与组织的战略目标、竞争环境和文化相一致。

工作专业化

工作专业化指独立工作任务的完成程度。工作专业化可以提高效率和质量，但会导致员工无聊，有损质量。在以技术为导向的复杂企业中，专业化也会阻碍合作和创新。

决策权

这一准则指组织内的决策方式。决策权与职责范围有关，界定了经理或主管有权做出决定的范围。组织明确组织内的每一层级和每一职能可做出哪些决定，从而确保可以用最快的方式做出最好的决定。在一个全球性组织中，决策权可以在总部（集权式）或下放至组织的其他分部（分权式）。

管理层级

组织的管理层级包括首席执行官和职能部门的员工。组织结构的发展趋势是减少组织内的层级数量。结果组织更为扁平化，领导者希望设置更少的员工支持岗位，以提高组织效率。直接员工和间接员工（完成工作和支持工作的人）的比例是组织效率的关键指标。考虑到全球性组织的互联性，且全球曝光需要快速的组织反应能力，组织通常注重灵活性或敏捷性。

当确定管理层级的数量时，组织需要考虑两个重要概念：管理幅度和指挥链。

管理幅度指一名主管直接领导的员工数量。高管、经理、主管和下属通过指挥链由上至下层层相连。多数下属向少数主管汇报的组织被称为“扁平化组织”。很多因素促使组织具有更大的管理幅度，包括下属希望能直接与最高层领导者和决策者进行沟通。

然而，过大的管理幅度会降低组织效率，使得主管难以快速做出决策。很多决策将流转至上层领导，等待决策的队列将变得非常庞大。扁平化组织更为灵活，做出决策后，可以迅速传达并完成。

指挥链指组织内的职权线。传统意义上，一名下属只向一名主管进行汇报。杜绝由于员工试图完成两名主管的指示而造成的混淆、生产力丧失和压力。现在在很多组织中，指挥链越来越不清晰。随着组织决策权的下放或矩阵化，临时或永久工作团队变得更为常见，职权线也更为扁平化或网格化。

↘ 职能化

职能化指在组织中规定、政策和程序对员工行为的约束程度。一个组织越职能化，书面资料和规章制度就越完备。相较其他，一些组织的结构更为松散。当一致性对组织非常重要时，职能化将起到良好的作用。例如，对组织分部差异容忍度较低，或出于合规原因必须精确完成某一流程。然而，这将限制员工应对异常情况或客户需求的能力，扼杀创造力和创新性。

随着时间的流逝，职能化根植于组织的文化中，难以改变。

当组织合并或收购对正规化持有不同看法的实体时，可能会带来挑战。同样，当组织扩张至一个多数人对正规化拥有不同文化看法的国家或地区时，需要决定如何进行差异化管理，以实现全球凝聚力。

↘ 机械式组织和有机式组织

机械式组织倾向于高度专业化、等级化和职能化，而在有机式组织中，工作界限较不明显，决策者的层级数量较少，对结构和规则的态度更为灵活。

部门化和结构种类

部门化指组织分类和协调工作的方式。下面将详述四种常见的结构（职能型、产品型、区域型和矩阵型），但你也可能在工作中碰到其他较不常见的结构种类。新的商业模式可能需要不同的结构种类。

表 7-2 列举了四种组织结构的优点和缺点。

表 7-2　组织结构的优点和缺点

结构种类	优　　点	缺　　点
职能型	易于理解专业化发展。 规模经济。 职能部门间更容易沟通。 清晰的职业路径	对客户或产品的关注较少。 各个职能部门之间的沟通不足。 对更广泛的组织问题把握不足
产品型	规模不足。 产品小组文化。 产品专长。 跨职能沟通	聚焦地区或地方。 对客户的关注不多
区域型	贴近客户。 适应当地做法。 更快的反应时间。 跨职能沟通	更少的规模经济。 区域间潜在的一致性问题（如实践、价值观、战略重点）
矩阵型	结合跨学科的能力与观点。 全球最佳人才的可用性。 灵活性和敏捷性	复杂的汇报结构。 职能部门和项目间可能因为资源产生冲突。 小组内潜在文化冲突

职能型组织结构

在职能型组织结构中，部门是由它们对组织总体任务提供的服务进行定义的，如市场营销与销售、运营和人力资源。这是传统意义上最常见的组织结构。

类似的方法是根据流程进行部门化。如果根据线性流程对一个组织的工作进行分类，可分为设计、物资采购、生产、销售与市场营销、经销和客户服务等部门。

在职能型组织结构中，无论做什么产品，所有员工都向一个地方汇报，如组织的总部。

一些部门属于业务部门，另一些属于幕僚部门。业务部门负责完成组织内主要业务工作，如生产或市场营销部门。幕僚部门协助业务部门的工作，完成组织内的专门工作，如会计或人力资源部门。

产品型组织结构

在产品型组织结构中，职能部门被归入主要的产品分部之下。例如，消费电子产品公司可能分别设有家用电器、移动设备和电视等分部。每个分部都拥有各自的市场营销、销售、制造和财务职能部门。这类组织需要更多的员工，但可以被累积的经验和专长所抵消。

客户型组织结构与此类似，每个分部会关注具有特定需求的客户。例如，金融服务公司可能有商业、住宅和机构类客户。

区域型组织结构

区域型组织结构与产品型组织结构相似，不同的是，这组织结构是根据地理区域或国家来决定的，而不是产品。纯国内的组织可按照国内区域进行划分。全球性组织可根据大洲或国家进行划分。每一个地区或国家都配备了各自完整、自给自足的职能部门。相比单一的职能型组织结构，区域型组织结构需要更多的员工，但每个部门都能对当地市场做出更积极的反应，实现了组织价值。

例如，每个地区或国家可能都有各自的部门，决策权分权化。区域必须足够庞大，才能支持这一结构。

矩阵型组织结构

矩阵型组织结构结合按部门或产品划分和按职能划分的部门化，吸取二者的长处。当垂直层级制度开始阻碍价值活动时，也就是当孤岛阻碍了合作，可以采用矩阵型组织结构。矩阵型组织结构包括一起设计、开发和营销产品的跨职能小组。

> 矩阵型组织结构创造了一个双重而不是单一的指挥链。因此，一些员工会向两名而不是一名经理汇报，两名经理之间没有上下级之分。项目或程序经理就项目事宜和员工进行沟通；职能经理负责定期绩效评估和职业发展。这一结构要求经理间保持良好的沟通与合作。如若不然，员工可能会过度工作，压力过大。

一个矩阵型组织结构的例子是航空制造商，员工在常见职能工作之外，根据公司签订的合同或专用于开发新模型或技术的项目来工作。当合同或项目结束时，员工回到职能部门，等待新项目的重新分配。

在新的组织结构中统一角色和职责

职权不明确、沟通不协调会导致高度一体化的结构失去作用，如矩阵型组织结构。更好地定义结构内每一个成员的角色与职责通常可以解决问题。

为达成这一目的，通常使用 RACI 矩阵模型，案例如表 7-3 所示。

表 7-3　RACI 矩阵模型案例

活动	John	Mary	团队领导者	George
记录变化	谁负责	谁批准	咨询谁	告知谁

RACI 代表谁负责（R，responsible），谁批准（A，accountable），咨询谁（C，consult）和告知谁（I，inform）。在任一活动中，每个人都会被分配到一个角色。

例如，在软件开发的一个活动中，职能包括追踪和记录软件程序的变化。在这种情况下：

- 职责人将执行活动。在我们举的例子中，John 负责更新记录职能部门发布的每一个软件变化。对于大型和/或复杂的活动，将指派多名人员负责一项活动，人员间必须相互协调。
- 负责人主管本次活动，向管理层汇报活动情况，负责批准和分配资源。在我们举的例子中，负责人可能是软件开发部门的主管 Mary。为了避免混淆，应该只有一个负责人。然而，负责人也能参与活动的完成或提供指导和专业知识。
- 被咨询人提供完成任务必需的建议或信息。例如，另一软件应用程序团队的领导者，或指派编码员/设计师本身可能负责向 John 提供相关信息。
- 被通知人会收到有关活动的沟通，但并不会执行任务或进行咨询。例如，George 需要知道变化时间，因为他负责联系组织中的所有用户，告知变化可能对他们产生的影响。

RACI 矩阵模型通过分配职责、说明沟通需求来帮助组织明确关键活动。当组织正在重建或引进新的活动或流程时，RACI 矩阵模型可以起到作用。

提高组织绩效

干预要求关注组织层面的绩效要求：知识和技能、技术、流程和组织文化。

知识和技能要求

组织必须对如今需要或将来需要的技能和现在职位描述中所设定的技能进行差距分析，通过不同类型的培训、训练和指导来解决这些问题。必须对职位描述进行修改，以符合现在的需求。例如，组织效能与发展干预措施可以确定更深层次的监督/管理人才池的战略需求。识别出高潜力员工，并为其提供满足组织需要的知识和技能（如指导性工作经验、领导力培训、关系管理和沟通技能）。

表 7-4 列举了培养组织人才的活动或干预措施。

表 7-4　培养组织人才的活动或干预措施

活　　动	任　　务
确定组织的人才需求（为了实现总体目标，什么是最重要的？）	• 确保现有职位描述精确地反映了达成组织目标所需完成的工作，为任一预期岗位准备好职位描述。 • 明确绩效标准和评估指标。 • 比较在职者的技能组合量表（正式和非正式）和未来已选定的能力。 • 找出任何能力上的不足
培养现有员工	• 确定如今的人员配置是否足够，或是否需要进行招聘。 • 协调选拔过程。 • 制订全面的劳动力发展计划，加强取得成果所需的内部技术/职能能力以及管理层和员工的行为实践
建立人才池	• 制订全面的绩效管理计划，强调延伸目标的设定。 • 传达预期绩效。 • 定期客观地衡量绩效，提供坦诚、真实的反馈。 • 制订培训或指导计划，在经验丰富的员工和资历较浅的员工之间建立内部社交网络，促进知识共享。 • 明确哪些岗位的继任计划（旨在渠道中留住人才的主动计划）是有意义的，通常包括关键岗位、对战略实践有直接影响的岗位和学习曲线较长的岗位

技术要求

技术力量不足会阻碍员工的高效工作，而通过新型或拓展技术可以解决这一问题，例如新型数字技术可以减少错误，扩展知识管理系统可以在需要时将知识送给需要的人。

流程要求

久而久之，工作流程可能与客户需求、技术变革和工作环境的改变相脱节，产生导致严重延误的障碍。多个小组重复完成同一工作，不同的小组为不同的目标工作，直到流程后期，由此产生的冲突才会显现。为了提高效率和更新需求，必须对流程进行例行审查，随后重新设计和测试。

组织文化要求

由于组织演化或战略中心的转移，组织文化可能不再符合组织未来的愿景和价值观。

旨在文化转型的干预措施包含下列步骤：

1. 认识当今文化。包括：观察语言（如常用的表达方式和隐喻）以及领导和决策方式（如专制型、参与型）；制定沟通路径和选项；确定有意义的物品、故事、人物和行为（仪式）；收集行动中有关价值观的证据。

   可使用评估工具、文化审计和焦点小组来描绘当前组织文化的关键要素，确定潜在的冲突、脱节或失效区域。例如，如果客户服务是组织文化的中心，那么要评估员工花费了多少时间来访问客户、如何与客户沟通、进行了怎样的客户服务培训以及其他有关客户服务的指标。可以在执行组织效能与发展计划前后评估上述具体的客户服务指标，以便为计划的成功或失败提供数据。

2. 确定理想文化。组织效能与发展团队研究现有数据，与主要领导者进行面谈，定义理想文化的特质。

3. 明确差距和冲突。领导者必须承认这些差异，决定理想文化实际上是他们所需要的。组织效能与发展团队帮助领导者了解文化是如何影响绩效、员工敬业度、雇主品牌等因素的。

4. 制定变革举措。组织文化可以通过不同方式进行变革：

- 纠正不支持必要文化特征的管理者（如员工参与决策）或不树立组织价值观的管理者，必要时对管理者进行惩罚或更换。
- 根据期望的行为和价值观，制定相符的奖励制度。
- 更换旧的文化工艺品，或创立新的仪式，塑造新的英雄。
- 更注重领导者的行为——沟通和建立期望的价值观并采取行动。

例如，某个公开承诺实现多元化的组织发现它的员工不够多元化，管理层仅代表一种文化视角，未能吸引或留住多元化的候选人。组织效能与发展战略将关注各种干预措施：

- 设计新的招聘程序，建立多元化的候选人库。
- 制订入职培训计划，让新员工融入工作队伍中（可通过同事指导项目）。
- 文化差异和刻板印象教育是晋升管理岗位的必备条件。
- 建立一个办公室，收集、调查员工有关歧视的投诉，并向管理层进行汇报。

提高团队绩效

提高团队绩效通常包括改进团队的形成和功能。干预措施有助于更快地达到生产力水平，或帮助运作不良的团队修改角色和行为。

团队或部门干预

针对团队或部门的组织效能与发展干预通常是源于不尽如人意的业绩报告。原因包括团队内大量未解决的冲突、领导力不佳和沟通不畅。这些问题干扰了有效团队的形成。

团队干预关注团队内和团队间的流程与交流。

团队干预的常见目标包括：

- 新的小组必须形成团队认同感。
- 必须找出运作不良的小组并解决有损于生产力的冲突。
- 现有小组必须重新定义流程和关系，提高生产率，符合新战略方向的需求。
- 虚拟小组必须学会相互信任，远距离沟通与合作，有时需克服不同语言和文化障碍。

例如，某个跨职能团队正在完成一个非常重要的项目，但存在大量冲突，挫伤了生产力，使高管层震惊。组织效能与发展干预可以侧重于支持团队形成的各个阶段，为团队领导者开展解决冲突的培训，提升团队动力。

团队形成流程

在团队的形成中，一定程度的冲突和运作不良是无法避免的。Bruce Tuckman 定义了小组或团队发展的四个阶段：

- 形成期。人们因为同一个活动和目标聚在一起。成员们彬彬有礼，但是缺乏信任、共同的经历或价值观。奉献和沟通水平较低。领导者描绘了愿景和期望，鼓励坚持不懈的精神。
- 激荡期。人们跨过了礼貌阶段，由于观点、风格和议程的碰撞，可能存在高度不统一。这一阶段是痛苦的，但有价值的沟通正在进行。高度冲突和异议是这一阶段的特征。领导者要制定基本规则，提高敬业度，提供培训。
- 规范期。随着时间的流逝，有效的小组可以建立信任和关系。创建指导行为的准则。开始建立团队认同感，识别"外来者"。这有时候会以消极的形式进行。"群体思维"迫使成员接受同样的立场，拒绝不同看法；这会阻碍创新和问题的创造性解决。在这一阶段，团队成员之间共同的方向感越来越强，职责和流程也愈加明确。领导者促进了沟通和小组决策。
- 绩效期。小组富有生产力，相互合作和支持，通常会涌现高水平的生产力和自我导向感。领导者进行监督和评估，通过庆祝成果来推动改进措施。

如上所述，小组领导者在演变过程中起到了重要的促进作用。在早期阶段，小组领导者提供沟通、建立关系的机会，制定基本准则，防止部分小组成员之间产生永久的裂痕。

考虑到任何改变都可能影响到小组，如小组成员的增加或减少、工作流程或环境的改变，领导者在帮助小组尽快克服常见的变化影响、再度焕发生产力上发挥着重要作用。

团体动力学

1948 年，Kenneth Benne 和 Paul Sheats 提出人们在团队中会扮演三种基本角色。

- 任务角色负责工作的完成。扮演这一角色的成员提出解决方案，合作解决团队问题。他们会分享任务信息，完成分配的任务。
- 社交角色协助维护关系，维持积极的团体功能，他们认识到团队中社会和人际关系的重要性。扮演建设和维护角色的团队成员促进和谐，解决冲突，让所有成员参与其中。
- 失调角色削弱了组织，降低了生产力。扮演失调角色的团队成员会攻击他人，控制讨论，抵制他人的观点，或通过消极手段损害注意力和活力。

Benne 和 Sheats 发现，在不同时期成员在团队内扮演的角色会发生改变。例如，团队领导者一开始注重任务角色，随着团队在方向和个人职责方面达成一致，会更注重社交角色。

团队动力学的管理要求：

- 认识到任务角色及社交角色的重要性。
- 可以通过行为评估、线下讨论和/或培训，快速找出并纠正失调角色。
- 认识到某些角色在团队流程特定阶段的有用性，确保在需要时安排好这些角色，在阻碍发展时进行管理。例如，擅长改善社会关系的团队成员在项目早期阶段做出了重要贡献，但当团队专注工作时，可能这一角色会分散注意力。

团队建设

团队建设包括一系列活动，旨在帮助团队成员了解组织运作方式以及改善措施，包括他们工作的性质（他们一起做什么或创造什么）以及他们如何协调努力和进行合作（如何一起工作）。团队建设强调尽早发现和解决阻碍团体效能的问题。团队建设干预措施的目标是促进管理层和团队拥有一致的使命和目标，发展有效的团体动力学，共同努力完成上述目标。

团队建设活动注重：

- 目标和优先事项。组织效能与发展团队推动制定使命、愿景、价值观和规范的会议。会议侧重于更好地了解团队的利益相关者，为利益相关者的参与设计更好的流程。
- 每名成员的角色和职责。在新的、合并或现有团队中，不清晰的角色将造成冲突和生产力的丧失。组织效能与发展团队促进角色和职责的协商与定义。可使用本节之前讨论的 RACI 矩阵模型来完成这一活动。
- 如任务分配、进展监测和成果评估等团队活动、沟通和协调以及决策的流程。组织效能与发展团队可以从输入、要求和输出方面绘制流程图。用流程图可以更有效地安排活动顺序，确定潜在障碍和解决方案，明确沟通要求和渠道，确定支持团队的组织系统，确保满足所有团队成员的需求，完成分配的任务。
- 团队内部的人际关系，如建立信任，进行更有效的沟通，解决冲突，协商和树立文化意识。组织效能与发展团队向团队领导者提供建议，建立信任（如让团队成员相互了解的非工作性团队活动），推动讨论会的举办，让团队成员可以直面分歧，指导他们顺利找到解决方案。组织效能与发展团队也可以组织有关基本技能的发展活动。

第 8 章　劳动力管理

劳动力管理指的是有助于组织满足其人才需求（如劳动力规划、继任计划）并填补关键能力差距的人力资源实践和计划。

劳动力管理包含所有能确保劳动力规模和能力符合组织战略需求的活动。人力资源部门在这些活动中扮演关键的角色，保证正确数量的正确人员能在正确的时机，以正确的技能正确地上岗履职。从这个意义来说，劳动力管理本职上是一种风险管理。人力资源部门管理人力资源，有最大化组织成功的机会。

劳动力管理流程始于劳动力管理计划，即评估劳动力需求以应对未来的需要。这包括能维持劳动力优势的长期战略（如人才管理、继任计划和知识管理）和旨在解决已确定缺口（如临时工和应急工、外包和劳动力裁减）的短期战略。

劳动力规划

从人力资源学科成立之初，人力资源部门的关键作用之一就是为组织配置人员：确定组织的人力资本需求，然后为岗位供应足够的合格人员。通过人员配置，必须满足组织当前和未来对知识、技能、能力和其他品质（所需能力）的需求。

劳动力规划流程

劳动力规划是劳动力管理流程的第一步。它包含能确保劳动力规模和能力符合组织与个人当前和未来需求的所有活动。劳动力规划战略上将组织的人力资本与其业务方向保持一致。

因此要求人力资源专业人士思考组织现在所处的位置，以及将来要走向何处。劳动力规划明确了劳动力队伍当前的状态，确认规模和能力，并制定为未来需求做准备的必要步骤。

一个组织的战略计划应生成一份执行业务战略所需的劳动力能力清单，以及根据创造新收入或降低成本的重要性，由每项能力产出的货币价值。然后，就像管理良好的供应链一样，雇主应该将他们需要的能力与他们实际拥有的“库存”（劳动力队伍）进行比较。理想与现实之间的差距可以使学习需求（和预算）保持一致，因为组织持续关注的是员工真正的需求，以使他们能够胜任并执行战略。

劳动力分析对当前劳动力情况和未来劳动力需求预测进行数据采集。这些数据经分析可为组织的人员配置策略提供支持。预测包括在当前和未来相关信息的基础上，对将来的条件做出计划。它被用于预估未来劳动力供应和需求。预测也有可能出错，因其所依据的条件可能会改变。但是，通过仔细的规划，人力资源专业人士通常可以足够准确地做出预测，帮助巩固组织的目标和战略。合理的预测需要环境扫描，例如，当前劳动力的年龄或某些技能在市场上的可用性。

一项劳动力分析通常包括四个方面：供应分析、需求分析、缺口分析和解决方案分析。

供应分析检查的问题直达主题：我们现在处于什么地方？我们有什么？为了彻底进行供应分析，人力资源部门需要考虑目前劳动力拥有的能力类型，人才目前在组织中的位置和级别，目前的劳动力成本，以及为了维持这种供应而使用了哪些内部重新部署、发展和/或交叉培训。

需求分析检查的问题：组织希望达到的目标以及组织为达成该目标需要什么及怎么做。这一阶段要求人力资源部门考虑以下问题：需要什么样的劳动力能力来满足预期的外部需求和条件？需要多少员工来满足需求？组织最大的需求出现在什么时期、什么领域？组织是否能依据合适的级别和合适的成本来要求合适的人才？

缺口分析考虑的是缺什么。目前已有且将来需要的知识、技能或能力有哪些？相关问题包括：评估目前劳动力缺乏什么必要的能力，考虑劳动力规模是否需要改变及改变多少，最后考虑组织的哪些部分最容易因能力和/或人员配置水平的差距而受影响。

最后一步是解决方案分析。这一步考虑组织能负担多少。人力资源部门应该提出的问题包括：将分配多少资金为将来能力要求做人员配置？我们是否要培养、招聘或外借人才？我们将在内部还是外部考察并填补空缺？我们应该利用什么资源？缺口由当地员工填补，还是我们应该去别处找寻申请人？我们寻求填补空缺的申请人处于什么水平？我们最好是聘用表现优异的人员，还是寻找入门级候选人并培训或培养他们？所需能力是否具有专业性？是否需要对人员做进阶培训？胜任者是短期还是长期、兼职还是全职？招聘战略的成本收益比是多少？

人员配置供应分析

劳动力分析从分析供应开始：组织现有的技能组合，以及组织基于人员缩减和战略增加或调整对未来的需求。

精准的供应预测解释进入组织或在组织内部（新聘员工、晋升和内部调动）以及离开组织（辞职、退休、非自愿解约和解雇）等变动。预测方法包括各种定量和定性分析。分析工具包括从经理的“最佳猜测”到严格的数学应用。

一个合理的出发点是与直线经理协商，并确认每个技能型工种需要多少小时来满足目前的需求。通过深入检查这些现有的实践做法，可确定是否有效、高效地利用了人力资源。规划者可以考虑可能造成浪费的几个方面，例如：

- 导致人均收入比低下的冗员问题。
- 导致低生产力水平和/或高失误率及返工需要的不合格技能。
- 员工技能和/或时间的不当使用。
- 工作流程低效。
- 缺乏随生产要求变化而变化的能力。

该分析结果是更准确的标准，体现了创造具体收入金额所需的资源。如果采取步骤纠正这些问题，目前的供应将比看起来更有成果。

预测内部供应看起来是个简单的计算：考虑每个工作岗位的人数，同时考虑将调动或将离开组织的人数以及留下的人数，再预估内部供应。

可惜的是，现实并非如此简单。在预测中将牵扯许多变数，例如：

- 岗位会保持一样吗？
- 预期及所需的员工技能组合是什么？
- 会撤销某些岗位，而增加或合并其他岗位吗？
- 历史数据在将来是否还能成立？
- 新员工在生产力、守时性、病假、态度和领导能力方面的表现是否与前员工相当？

因此，人力资源专业人士使用分析工具来完善他们的预测。本套书第 1 分册中关于“有效性评估”的能力描述了两种分析工具：趋势分析法和比率分析法。这里我们将另外介绍两种专门用于劳动力管理的工具：变动分析法和流动分析法。

变动分析法

员工可能因为各种原因离开组织，如退休、辞职、解雇、裁员、残疾、缺勤或死亡。变动是指安排人员取代离职员工或员工流失的行为。变动率是一个通常以年度公式表示的指标，跟踪每月的离职人数和劳动力人员的总数。

例如，一个组织全年有 2704 名员工，当年有 65 人离职，人力资源部门计算得出的年度员工变动率如下：

- 将该年的员工总数（2704 人）除以 12 个月。得出的结果是平均每月劳动力为 225 人。
- 再用当年的离职人数除以每月的平均员工人数。

变动率也可以按较短的时间段计算（如一年中的前三个月），然后将结果按年计算，从而预测 12 个月的年变动率。

两种常用的变动率预估方法如下：

- 检查之前的变动率并调整，体现对工资率和经济等持续变化的条件的了解。
- 分析特定地理位置或职业类别的变动率趋势。

流动分析法

员工可以在一个组织内向内、向上、向下、跨越和向外流动，所以检查这种流动对供应分析很重要。为了实现这一任务，人力资源专业人士必须按级别、职业分租或组织单元将员工分类。

完成流动分析有三个方法：

- 按工作职能、部门或其他组织类别，对员工的职业发展计划进行整体分析。利用员工的目标职位和他们对职位的就绪程度的评级（如立即、一年、两年），可以预测职位的人才可用性。
- 从涉及各部门出、入及内部的调动和晋升中获取估算结果。这个结果可能是汇总性的，反映了基于历史数据的变动主观概率。
- 通过统计分析预测未来的变动。基于过去的转变比例或概率，员工流动的模型可预测将留在某一组织类别中的员工人数。但是需注意一点，过去的转变比例或概率可能对预计未来趋势影响有限。和其他因素一样，这些皆受变化影响。

对流入现有员工的调动、晋升和新入职员工，以及现有员工离职做图表绘制可能是有用的。仅凭借这种简单的流动分析即可让人力资源部门经理一览部门变动，并预测未来人员配置需求。

人员配置需求分析

需求分析考虑未来的模型组织及其人力资本需求。一旦设计了供应模型，就可以把数据与需求分析预测进行比较，并识别差距，包括员工数量和技能缺口。

需求分析不应只是预测最可能的未来，也应考虑其他未来的情境，因为对差距的潜在影响可能显著不同。

需求分析使用的两种方法为判断预测法和统计预测法。这两种方法的本质都是预测所需的员工数量和实现未来组织目标所需的技能。

↘ 判断预测法

判断预测法将专家的判断运用于过去和当前的信息，以预估未来的情况和人员配置需求，并了解可能影响人员配置规划的机会和威胁。

该信息的采集运用了对行业标准和基准（如生产力和收入产出经验法则）以及有效性评估能力的研究：

- 与管理者和行业及经济专家对话。
- 面向运营经理的调查问卷。
- 与管理者组成焦点小组，应用名义群体技术和德尔福技术，关注可能的结果并达成共识。

为了有效使用判断预测法，人力资源部门需要估计：

- 所需的新职位或技能组合。
- 拟改变、取消或不填补的职位。
- 工作分担。
- 工作设计需求或组织结构变革。
- 变革的成本。
- 管理费用、合同工和监督方面的调整。

和预算编制一样，可以自上而下或自下而上预估劳动力需求。这种方法的成功完全取决于管理者用于估算的信息的质量。

统计预测法

统计预测法通常分为两种类型：回归分析和模拟。这种方法用于许多方面，但在此以劳动力规划领域为例进行诠释。

- 回归分析又可细分为两种类型。
  - 简单线性回归根据此前就业水平和与单一就业相关变量之间的关系来预测未来的需求。例如，如果销售额增长了 25%，总销售额和员工数量之间的统计关系可能有助于预测未来所需的员工数量。
  - 多元线性回归和简单线性回归的操作相同，只是使用几个变量来预测未来需求。例如，营业时间加上总销售额可确定所需员工数量。
- 模拟是对真实情况的抽象再现，通常被称为“假设”情境。模拟为组织提供机会来推测，如果采取一定的方案将发什么结果。例如，组织将考虑薪酬制度改变或线上运营业务带来的影响。

人员配置缺口分析

供应分析确定当前已有的人员配置水平和能力，而需求分析确定未来所需的人员配置水平和能力。劳动力分析流程的下一步是缺口分析。这个过程通过比较供应分析和需求分析，以识别未来所需的人员配置水平和能力方面的差距。这个过程通过调和供需之间的差距，为人员配置规划确立了目标和目的。缺口分析可以识别人员配置需求方面的不足，以及在某些工作和/或能力方面的人员配置水平的过剩。导致过剩有许多因素，包括运营效率、新技术、低员工缩减率和组织变革等。

人员配置缺口类型如表 8-1 所示。

表 8-1　人员配置缺口类型

人员配置缺口类型	描　　述
技能缺口	履行新职位所需的新技能
能力缺口	需要新的行为表现来取得成功
分配缺口	人才在企业内没有得到正确分配
多样化缺口	组织过于单一化
部署缺口	最需要的时候未能派出人才
技能缺口	获取成果耗时太久
成本缺口	人才获取和培养的活动花费太多
知识共享缺口	组织学习未发生
接班人缺口	不确定下一代领导人将从何而来
留任缺口	最好的人才要离开公司

对缺口做优先排序

一旦识别了缺口，就必须对缺口进行分析并按轻重缓急以确定处理事项。缺口很少能得到同时处理，也很少能在通用人员配置规划的一至三年时限内解决完毕。高优先级缺口被用来确定该计划战术目标的基础。

管理层及其他利益相关者应参与缺口的优先排序。以下标准可用于建立优先级并提出建议。

- 持久性。缺口分析中发现的问题是持续发生的，还是由某些临时因素造成的，抑或是无须采取任何行动就能解决的？
- 影响。与其他已知缺口相比，这个缺口对组织的影响程度如何？
- 控制。组织是否有足够的资源解决缺口？一项有效的解决方案是否会耗费合理的资源开支，或解决方案是否有可能比问题本身更昂贵？员工愿意参与解决方案吗？例如，因为近期业务增长的持久性尚不明确，领导层选择通过要求加班来达到增长的需求。员工对延长时间加班有什么反应？是否出现辞职或行动力减少，或意外增多、工作质量不佳的情况？
- 证据。数据质量怎么确定？证据是否清晰说明缺口问题很严重，或说明需要更多证据？
- 根本原因。在某种程度上缺口指出了需要解决的问题，那么它是问题的根本原因吗？有更深层的问题急需解决以永久消除这个缺口吗？

有些缺口的出现猝不及防。例如，一名没有接班人的高管可能突然决定退休，或新建合资公司可能需要一名具备独特知识和技能的高管。这些缺口迅速变为高优先级事项。

其他缺口的出现并不意外，特别是那些已被锁定为人力资源战略规划的长期目标的缺口。在这种情况下，优先考虑的也许仅仅是继续缩小差距，每年是 10%～20%。表 8-2 提供了不同类型企业（包括国际化或国内企业）的缺口例子。

表 8-2　不同类型企业的缺口例子

未来愿景	当前状态	人员配置缺口
所有高管在非总部国家至少有两年的工作经验	15%的外派人员或短期国际外派人员已达到这个标准	还有 85%的人必须解决这个问题
组织中每个高级副总裁或董事总经理的职位必须至少备有三位潜在的候选人	其中 30%的职位符合规定	70%需要继任计划

（续表）

未来愿景	当前状态	人员配置缺口
所有在中国分公司工作的高级管理人员必须讲中文	这些员工中 5%讲中文	95%需要语言培训
前 10%科学技术人员和销售代表的缩减率为 7%或更低	目前缩减率为 14%	7%的缺口必须填补
聘用一名经理的平均时间为 45 天	目前聘用所需时间为 70 天	因此必须缩短 25 天

确定人员配置的战术目标

劳动力分析流程中识别的高优先级缺口是确定战术目标的基础。战术目标的重点是近期内（相对远期人力资源战略目标而言）填补高优先级缺口。

并以具体和可衡量方式详细解释哪些缺口必须填补及何时填补。

战术目标可能侧重于人员配置某个单一的职能组成部分，如招募、选拔或调动，也可能应用于多个职能，如提高保留率和这三种人员配置职能都可能相关，甚至可能涉及更多。

表 8-3 列举了三个人员配置缺口例子对应的战术目标示例。请注意，这些战术目标只是推动组织实现其最终的远期愿景的一部分。

表 8-3　人员配置缺口例子对应的战术目标示例

未来愿景（七年）	当前状态	人员配置缺口
所有高管在非总部国家至少有两年的工作经验	15%的外派人员或短期国际外派人员已达到这个标准	还有 85%的人必须解决这个问题
战术目标：截至第二年第四季度末，所有高级别的销售主管都将实现 100%的目标。同时，高管之间的缺口从 85%减少到 50%		
所有在中国分公司工作的高管必须讲中文	这些员工中 5%讲中文	95%需要语言培训
战术目标：截至第一年年底，在中国分公司工作的所有高级管理人员中，75%必须参加每周至少 3 小时的中文强化培训。截至第三年年底，这批高级管理人员中的 50%必须能说流利的中文，能主持与中方的商业会议		
前 10%科学技术人员和销售代表的缩减率为 7%或更低	目前缩减率为 14%	7%的缺口必须填补
战术目标：到第二年年底，仅基于第二年的数据，前 10%的科学技术人员和销售代表的缩减率将减至 11%。到第三年年底，仅基于第三年的数据，缩减率将减至 7%（注：地点×将被排除在该目标之外，以避免干扰其整个部门的缩减率减少计划）		

这些战术目标支持组织的人员配置需求，原因是：

- 它们指出什么缺口将受到重点关注。
- 描述了缺口填补的程度。
- 指出了实现目标的时限。
- 描述了目标适用的地点和职能团队。
- 确定了根据当地独特的条件而做出的特殊考虑。

人员配置解决方案分析

劳动力分析流程的最后一步是解决方案分析。这是对组织如何在预算范围内满足战术目标的检查。解决方案分析考虑的是，组织是否需要一个持续性的招募计划，或等待空缺职位出现后再投入大量工作来填补空位。

在解决方案分析中，组织决定是否“培养”、“招聘”或“外借”所需人才，以获取所需人员配置的水平和能力，从而实现战术目标。

- “培养”人才指的是重新部署以及培训和发展现有的劳动力，以满足组织的未来需求。
- “招聘”人才指的是招募和聘用员工。
- “外借”人才指的是外包、租赁和签约他人以完成工作。

解决方案分析应考虑到劳动力市场趋势。例如，美国劳工部劳工统计局对雇主进行持续的调查，分析数据，再根据工作、工资、劳动力、就业和失业、裁员以及许多其他与劳动力相关统计数据做出预估。美国有些州当局也发布劳动力数据。国际劳工组织发布了《劳动力市场关键指标》，收录自 18 个国家的数据。

解决方案分析也可以利用人口普查数据，这些很容易从联合国统计局、欧盟统计局以及包含美国及其他国家数据的美国人口统计局网站上检索到。

劳动分析流程的最终目的是建立与组织战略规划一致的人员配置规划，并支持组织未来的需求。在数据收集和分析的基础上建立人员配置规划，通过确保正确的人在正确的时间出现在正确的地点，人力资源部门以此确立其战略业务伙伴的定位。

人员配置规划

人员配置规划将劳动力分析数据和战术目标转化为现实。一份人员配置规划详细描述了如何通过任务委派和资源应用来实现战术目标。

组织内部规划方法可能有所不同，但重点是流程必须符合以下几点：

- 与其他人力资源计划相一致。
- 具协作性，能被所有参与者了解。
- 为实施计划的负责人所接受。

表 8-4 列举了人员配置规划的常见要素。

表 8-4　人员配置规划的常见要素

常见要素	目　的
目的说明	为人员配置规划确立了目标和对象
利益相关者	明确关键决策制定者和应参与规划制定的其他人
活动和任务	描述需要开展的活动和任务以及完成的时间表，注明活动、任务和交付物之间的关联
团队成员	确定所有参与具体活动、任务和交付物工作的指定人员或志愿参与者
资料来源	记录实施所需的财务和非财务资料来源
沟通计划	注明具体的策略和职责，宣传计划的初步细节，进行计划监督和征询持续的反馈
持续的发展	制定一个流程来评估战术目标实现的程度，确定持续完善计划的方法

关键利益相关者配置规划的制定

关键利益相关者是指那些因人员配置规划的实施而受影响的人，或者是那些为了取得成功而提供支持的人。

例如，一份人员配置规划列举了降低顶尖科技人员和销售代表缩减率的目标。该例子中涉及的数名利益相关者包括：

- 科学工作者和销售代表。只要他们的个人和职业需求相比过去得到了更好的满足，这些员工将继续留在组织中。
- 每个受影响部门的销售经理。有些销售经理倾向于保持较高的缩减率以淘汰绩效不良者。
- 研究与开发部门的管理者。他们希望有一定的自主权，能对前 10%的科技人员的确认标准和程序做出定义，以保证说服正确的人留在组织中。
- 人力资源负责人。如果战术包括了加薪，该管理人员将影响薪金预算的平衡。
- 各个不同部门的负责人。关于采用什么样的方法来降低人员缩减率以匹配自身文化，他们各抒己见。

人员配置规划的成功需要那些期望执行计划的人给予支持。因此，最好让规划流程参与者多样化。

制定人员配置规划时应考虑下列利益相关者及其潜在问题。

- 组织管理：
  - 他们是否相信人员配置规划的战略价值？
  - 他们会为人员配置规划公开背书并鼓励其他人给予支持吗？
- 人力资源部门管理：
  - 关于人员配置规划将支持人力资源部门的目标是否达成共识？
  - 人员配置规划是否与人力资源部门其他职能实现整合？
- 直线管理：
  - 他们是否相信人员配置规划将有助于他们实现其业务目标？
  - 他们将积极公开地支持人员配置规划吗？
- 其他组织部门：
  - 他们是否就人员配置规划的影响参与讨论？
  - 人员配置规划的创建是否与他们的规划职能同步？
- 工会领导：
  - 是否提前考虑到他们的顾虑以避免意料之外的矛盾？
  - 人员配置规划的设计是否能支持工会目标，同时符合组织目标？

确认制定人员配置规划所需的资源

制定人员配置规划要满足资源要求，以避免规划实施中突然出现意外。要求可能与财务、人力或实物相关，也可能存在于内部，或不得不从外部来源获取。资源通常包括：

- 预算：如招聘公司的费用、广告和职位发布费用。
- 项目进度表：满足组织规划需求且具有可行性。
- 人员配置规划团队：具备足够规模和合适的可用性。任务跨越人员配置规划的各个方面，从规划到实施到评估。成员除了执行常规任务，还执行人员配置规划的任务。
- 必备知识：使规划契合具体的利益相关者环境。例如，具备和重组计划有关的过往经验，从 SWOT 分析或继任计划分析中获取的洞察。
- 设备、设施和材料：例如，用于面试的视频会议设备或高端招聘网站/服务的使用费。
- 后勤支持：如分析和 IT 服务。

人员配置规划的沟通

人员配置规划的设计需要对沟通特别关注。这一点经常被忽视，但是对规划取得长期成果至关重要。

规划的沟通始于具体策略的制定期间，敲定规划时也仍将继续，而且支持规划的实施。持续鼓励和支持是必要的，因为这些策略是由受影响部门实施的，并且需要他们持续的洞察力和承诺。此外，来自规划实施方持续的反馈对负责制定和监督人员配置规划的一方来说非常关键。

本套书第 1 分册“沟通能力”部分探讨了沟通规划。

持续改善人员配置规划

持续改善的目的是尽快发现改善的机会，记录从经验中学到的教训，并确保这些教训用于强化进行中的以及未来的人员配置举措。表 8-5 是持续改善人员配置规划的检查清单。

表 8-5　持续改善人员配置规划的检查清单

- 是否已经为人员配置规划中描述的所有结果和流程确定了标准和规范?
- 必要时是否调整这些标准和规范以适应特定的情况?
- 是否就效率、与其他组织流程整合方面对规划列出的流程做了分析?
- 是否明确和实施其他部门内的相关流程，或是否需要制定应急措施?
- 是否将发现问题和解决问题流程纳入规划? 这些是否与具体操作一致?
- 是否已安排收集规划实施过程中的经验教训并在整个组织内分享?
- 持续运作的衡量功能是否就位以监控规划实施的质量?
- 诸如里程碑会议的开放式对话是否为项目计划的一个关键部分?

人员配置规划实施参与的各方将观察过程并寻求改善的方法。

劳动力管理战略

组织可以运用各种战略以实现其战略目标。灵活的人员配置和重组之类的战略可适用于特定的组织需求。其他类似人才管理和继任计划的通用战略可在大部分未来导向的组织中找到。

灵活的人员配置备选方案

缺乏灵活的人员配置备选方案的劳动力规划和部署战略是不完整的。灵活的人员配置，也称人员配置备选方案，指使用备选招募来源和非正式雇佣的员工。许多人员配置方法可能不仅限于传统的全职人员配置，即组织直接招聘、监督并提供薪酬和福利给正式员工。

当今的劳动力市场出现了许多适合采用灵活的人员配置的情况，包括：

- 空缺职位的可用人员短缺。
- 业务运营存在旺季需求。
- 经营状况上下波动使员工数量无法保持不变。
- 要求特殊技能的特殊项目。

由于组织谋求具成本效益和创造性的方法来招聘即时入职的人才，并确保组织的成功和增长，因此灵活的人员配置为雇主提供了几个理想的选择。

灵活人员或备选人员的类型

灵活的人员配置不存在一刀切的解决方案。当地法律、文化和惯例不允许常用方案一概而论。同时雇佣各种灵活人员对许多组织大有裨益。表 8-6 总结了部分最常见的灵活人员类型的特点，其分类根据是，人员是否领取组织薪金或行政职能是否外包给人事公司。

这些人员配置方式的术语各不相同：临时工、应急劳动力、职业自由人。其关键理念是承载可充分发挥的人力资源能力。

表 8-6　灵活人员类型的特点

人员选项	描　　述
组织采用的灵活人员管理	
临时任务	受雇参与特定工作的员工，在短期内或在特定时期内补充正规劳动力
临时工	在短期内或在特定时期内直接受雇并领取组织薪金的员工，在数个职位或部门之间按需轮换
随叫随到工人	员工只按需工作
兼职员工	在持续基础上，安排参与少于正式工作周时间的员工。其福利资格可能取决于各种因素（如工作小时数）
职位分担	两名员工从事同一份全职岗位任务的做法。每名员工以兼职方式工作，但是共同承担一份全职岗位的职责。这两名员工之间的沟通是制胜法宝

（续表）

人员选项	描　述
季节性员工	在不同行业（如农业、建筑业、旅游业和休闲服务业）受雇并从事季节性工作的兼职员工或“杂工”，可能有或可能没有资格享受福利（如带薪假）
阶段性退休	任何介于完全退休和全职工作之间的工作安排，这种类型的计划允许熟练工在接近退休时递减或改进工作强度
外包的灵活人员管理	
限期临时帮助	由临时帮助公司招募、筛选和雇佣的人员；临时公司将人员派遣到客户现场，在规定期限内工作（如代替填补雇员的病假/产假）
临时雇佣计划	基于临时基础（一般通过临时公司）受雇的人员，说明他们如果在某个特定时期胜任工作，则有可能被正式雇佣
合同工	向长期项目输送的高技能型人员（如工程师、数据处理专家），组织和技术服务公司签订的合同用工

灵活用工的类型

雇主根据不同的服务安排定义与员工派遣公司的关系。某一项特别的灵活安排选择取决于各种运营、财务和法律因素，包括：

- 要履行的职能。
- 要求的监督级别。
- 时间限制。
- 财务限制。
- 对法律风险和责任的顾虑。

再次重申，当地法律、文化和惯例不允许常用方案一概而论。

更通用的灵活用工服务安排汇总于表 8-7 中。

表 8-7　灵活用工服务安排

服务安排	描　述
支付薪金	组织认定了一名特定人员并将其推荐给员工派遣公司，后者雇佣这名人员并派遣其到组织工作；这类安排的成本低于传统（限期）临时帮助
员工租赁或专业雇主组织	在一家典型的合资企业中，组织将一个独立地点或设施的全体或几乎全体员工转入雇员租赁公司的工资单上；职业雇主将员工回租给组织，同时承担大部分人力资源行政管理职能（如薪酬、福利）
临时雇佣计划	组织和两家（通常是关联的）劳务派遣公司签订合同：一家是临时服务公司，另一家是专业雇主组织。临时服务公司派遣长期临时工到组织客户处，经过一段时间后，员工升级为租赁状态，即有资格享受专业雇主组织的福利待遇

（续表）

服务安排	描　述
外包或托管服务	一家在运行特定功能方面有专长的独立组织与另一家组织签订合同，承担全部功能职责（而非仅仅输送人员），可能是核心业务（如安全保障、食品服务）的周边功能，或类似运营（如托管所有灵活人员计划或信息技术）的功能

术语“共同雇佣”或“联合雇佣”通常描述的是，一个组织与替代人员供应商共同承担对其替代员工的责任和义务。共同雇佣协议就灵活的用工安排对法务关系、权利和义务做了总结。潜在责任因用工协议的性质不同而有很大的不同。依照大多数就业法律规定，在传统的临时用工模式中，派遣公司和组织客户很可能被视为共同雇主或联合雇主。组织对就业条款和条件的权限越少，就越难证明共同雇佣关系的存在。

独立合同工

雇主经常雇佣独立合同工（也称顾问或自由职业者），而不是雇员，以实现更大的工作场所弹性或管理入驻新市场带来的不确定性。一个相关的概念是“经济依赖型劳动者”，定义为形式上自雇的劳动者，但其大部分收入来自一个雇主。

根据某个特定用工安排的特点，一些国家法律将这些人视为雇员，因此出现不遵守国家就业、商业及税法的风险，由此可能带来重罚。如果这些人员被发现实际上是雇员，那么雇主不得不支付溯及既往的福利。雇主在一个国家使用当地的合同工之前，需要正式注册组织。

如果不这么做，他们将被处以重罚，而且将来在该国的业务前景将变得更不明朗。

为了避免这些问题，人力资源部门和法务顾问应制定出一套使用独立合同工的相关流程和准则/定义，并在整个组织明确传达该信息。合同工应保持对何时、何处及如何完成工作的控制权（大部分情况下），从而巩固独立的合作关系本质。合同工应回避通常和实际就业有关的要求，如规定合同工的工作时数。报酬支付应与交付物而不是进度表挂钩。

人力资源专业人士应警惕政府认定的合同所提供的保护。政府可能会根据工作关系的表现形式，而不是合同的正式条款来确定一名劳动者是正式雇员还是独立合同工，换而言之，合同工的外在体现和行为是否像一名事实雇员。

如果可能，雇主应直接雇佣员工，或从其他遵守就业法规合规的雇主那里租赁员工。

常规人力资源实践审核应包括对独立合同工的审查。

人力资源部门在灵活的人员配置方面的作用

如果组织决定采用灵活的人员配置安排，则必须使合同条款书面化。当然，任何灵活的用工协议都体现了直截了当的主旨：培养技能娴熟的合格人员以承担特定的工作任务。但若在用工安排的具体机制上要达成一致，就要非常注意细节。

有人认为，协议不是为了相互理解，而是记录之。因此，最好的协议是能正确而精准地反映基础交易。根据灵活的人员配置备选方案，人力资源部门在设计灵活用工的条款时，可能需要与用工合同撰写经验丰富的法律顾问合作。

灵活协议的条款随情况不同而自然变化，但是以下几项准则或许有用。

- 谨慎对待已预先打印的或标准的格式。你必须理解并同意协议中的每项内容；对任何不理解的地方，要取得令你满意的解释，否则排除之。
- 保证明确性。协议必须简洁明了，必须定义清楚双方的各自权利和义务。后续还要解释的含糊条款有风险。
- 协议具竞争力的定价。要求总额折扣、基于使用的返利，以及免费的增值服务。
- 考虑包括建设性争议解决方案条款。如果发生争议，做好准备是明智的。
- 包括一项简单的“退出”程序。谨慎对待包含固定期限的协议。组织可以因任何原因不满而退出协议。
- 针对协议期满或合作关系终止时发生的情况，协议清晰和精准的条款。明确规定终止条款有助于避免不必要的诉讼。

组织重组

重组是对组织的法律结构、所有权结构、运营结构或其他结构进行重新组织的行为。这是为了满足变化的业务需求而做出的主动性调整。

如果组织在规模、数量或各部门关系上做出变革，重组将与劳动力管理交叉进行。重组后，某些小组将向不同部门汇报；有些新部门将被设立，而有些则被解散。

人力资源部门在重组中发挥至关重要的作用，帮助组织“适当精简”市场需求有关的资源，或者充分利用并购后或成立合资企业后的成本协同效应。重组也能剥离生产力最低的资源，并减少成本以增加盈利。可能需要组织效能干预措施来帮助受影响的员工度过过渡期，为他们提供新技能和流程，管理组织文化中的变革，并构建新的组织（如决策制定、团队建设）。

重组的驱动要素

组织重组的原因有许多。孟买咨询公司 Envertis 首席执行官兼首席顾问 Gaanyesh Kulkarni 博士提出重组的四个主要驱动要素：

- 战略。如果组织改变其战略，可能要创建新部门来推广新产品和服务，或进军新市场。新战略意味着员工在某些领域的增加和其他领域的减少，因此需要进行重组。
- 结构。组织将重新调整其结构以跟进新的业务模式，提高效率或降低成本。因此需要重组来满足新组织的需求。
- 裁员。组织在营收出现损失的期间通常会裁员以保持运转。它们可能会选择关闭部门、终止生产线、裁员或卖掉设施，因此需要重组以满足规模变小后的新组织需求。
- 扩张。如果组织进行扩张，则要求新部门适应新产品或设施。结构将被重新调整以容纳新员工和新部门。

决策权的重新分配

随着组织日益强大，传统的决策流程将变得过于烦琐，组织在响应竞争力威胁或技术变革和机会方面会随之变得相当迟钝。因此，决策权将被下放到组织内部，再到直线经理，并走出组织，即从总部到各地。

这些变动也影响了人力资源部门。运营人力资源角色的职责将继续与直线经理分担。为空缺职位招募或解决员工投诉之类的各种活动都属于日常管理功能，通常由直线经理处理并分担。

转移职责给部门经理需要对人力资源部门进行相应的权力下放，与直线经理分担部分人力资源惯例功能，或者将许多业务活动从总部迁至区域办事处。

扩展型组织

当今，随着供应链合作伙伴制定流程和信息渠道以推动其组织实现多个不同的功能点的顺畅沟通和协作，扩展型组织变得越来越常见。企业仍是分开的实体，但是从外界看起来是一个实体。

组织通过外包、战略联盟或合作关系形成扩展型组织。

人力资源部门恪尽职守，参与管理这些关系。尽职调查是指在通过某个决定之前彻底调查该决定，以发现所有可能影响决定的正面和负面结果的所有潜在因素。

在建立供应商或合作伙伴关系之前，人力资源部门通过尽职调查确保该关系中的其他各方均符合国际劳工标准，遵守当地法律和道德期望。这有助于管理组织面临的名誉及法律责任风险。

在战略联盟或合作关系方面，人力资源部门也能帮助组织识别联络职位所需的能力，并就团建和沟通流程提供咨询。

并购及资产剥离

通过并购，或通过资产剥离以分离不再贡献业绩的资产，组织努力为企业增值（如增加资产或打开新市场），强化其生产力和竞争力。

这两种情况都要求重组与领导层和职能部门保持一致。

并购的尽职调查

人力资源部门在并购中的一个重要作用是在尽职调查流程中，发现变革可能带来的广泛的劳动力问题：

- 结构问题，如工作流程和人员的重复、组织文化之间的差异、人力资源制度与实践的冲突、报告关系的安排、职称、设计组织和顾客/客户之间互动的方式，以及与供应商的关系。
- 技术考虑因素，如直接产品/服务供应、沟通和数据跟踪机制、每个组织的企业管理工具的使用、类型和效果，以及技术整合的能力。
- 财务考虑因素，如薪酬结构、劳动合同、履行工会养老基金义务、股票期权、激励计划和全方位福利管理。
- 法律问题，如基于不同的司法管辖权和业务类型的报告规定、针对设施关闭或减少冗余人员的法律约束，以及福利和非福利问题（如遣散费和税务法规）。

考虑到决策的重大意义，对并购及资产剥离的尽职调查应利用多方来源、业内及地方联系人及专家。

表 8-8 列举了人力资源部门在尽职调查中应考虑的因素。其中许多话题与人力资源

部门在劳动力状况年度调查中可能使用的话题相同。

表 8-8　人力资源部门进行并购战略尽职调查的相关话题

管理层 • 目前位于高层和中层的管理者。 • 并购后管理者的预期激励水平。 • 留住高管的可能性。 • 管理层的薪酬结构。 • 招募高管的能力。 **管理层风格** • 集权式？分权式？ • 家长型？专制型？协作型？ • 管理层风格与自身组织风格的不同。 • 管理层与新风格适配的可能性。 **文化** • 保持设定的价值观与领导者行动的一致。 • 每天的各种情况是怎么发生的？ • 做决策（如自主权范围、所需的审批级别）。 • “孤岛”的内部结构。 • 对内部和外部客户的认知。 • 学习和发展理念（如谁接受培训，如何理解并传达学习内容，为此花费多少钱）。 • 员工的年龄和多样性。 **一般员工信息** • 员工类型（全职、兼职）。 • 当地就业惯例。 • 保留计划（如适用的话）	**工作环境** • 员工态度。 • 员工敬业度。 • 员工的表现和参与类型。 • 缺勤率和残障率。 • 安全记录。 • 向监管机构提出投诉。 **社区劳动力环境** • 工会环境。 • 必要技能的可得性。 **当前人力资源职能** • 内部运营还是外包？ • 未来规划。 **人力资源政策和程序** • 成文或不成文的人力资源政策和程序。 • 与自身政策和程序的兼容度。 • 其他所需政策（如招聘中的多样化规定）。 **未来业务战略的影响** • 支持业务战略的必要人力资源活动（如招聘及运营关闭）。 **收购的隐性成本** • 与管理层签订的特殊合同条款。 • 面向新员工的更多福利计划及可转移性。 • 养老金计划状态（资金充分度、分配、未归属比例的留存）。 • 离职与激励薪酬计划。 • 薪酬方案。 • 未决诉讼和裁决

人力资源部门在整个并购流程中维持对“人员”维度的关注，同时做好尽职调查并对并购人力资源整合战略进行规划、执行、监督和评估。

规划并购流程

尽职调查结束之后，人力资源部门可以着手策划和比较两个组织的结构和流程，并决定如何管理二者的差异。确定关键人才，并制订留住人才的计划。人力资源整合计划应包括：

- 指定整合行动的领导人。
- 确保管理层提供支持和资源。
- 制订整合和沟通计划，设定适用于整合的可衡量目标，并建立一份可行的时间表。

执行并购计划

并购后整合通常指对劳动力队伍的精简和对多组薪酬体系的协调，因此人力资源部门将重点关注：

- 坦诚、快速地沟通，避免并控制不实流言传播。
- 在可能的情况下，迅速做出所需的改变。尽职调查过程的一项内容是明确实施计划遇到的限制，如影响既得权利的法律（被合并或被收购实体的现有义务）、劳动力的终止，及工作的重新指派。
- 融合或修订工作流程的辅助工作（可能启用了跨文化工作小组）。

人力资源部门也要确保利益相关者（如供应商或供应链合作伙伴以及受影响的社区）都纳入规划和实施的过程中。

并购之后

在并购完成后的阶段，人力资源部门保持监控，一旦发现问题苗头，即正确做出响应。该部门执行各种任务，如宣扬使命和价值观，打造凝聚力。它启动战略分析和成果评估的流程，时刻为将来的并购找到最佳实践。

资产剥离的尽职调查

人力资源部门也要对资产剥离做尽职调查。人力资源部门必须分析分离部门的技能和职能。如果剥离造成了缺口，就应确认填补缺口的成本是否超过剥离的经济利益。如果剥离是个更好的选择，这仍算一项重大的变革行动，应该慎重对待。工作关系的潜在损失和工作流程的必要改变要求进行与并购相同的规划、计划实施和监督。

人力缩减

人力缩减，即裁员，指出于业绩以外的原因，即经济需要或结构调整，而终止个别雇员或雇员群体的就业。

确定人力缩减影响到哪些员工的流程取决于不同因素。人力资源专业人士应对影响雇主缩减其劳动力规模的国家和当地劳动法及工会合同有所了解。雇主通常会考虑到技能、工作记录和资历。直接看资历是最客观的方法，但是可能不符合雇主的长期需求。影响专业人员的人力缩减通常较少考虑资历，而是对未来组织需要的绩效和技能更为看重。

人力缩减的替代方案包括要求员工维持减薪、自愿离职和/或带额外福利退休，或要求员工接受工作减量。

人力资源部门在人力缩减过程中的作用

人力缩减期间，人力资源部门帮助留下的员工面对以下挑战：

- 工作保障降低。
- 工作量增加。
- 工作任务不同。
- 组织的优先事项改变。
- 曾经打造组织特色的领导者/管理者的离职。
- 对业务运营熟知的老员工的离职。
- 同事或朋友的离开（“幸存者内疚感”）。
- 担心他们自己的工作可能不保，而寻求其他就业机会。

人力资源部门在人力缩减后的作用

人力缩减后，人力资源部门可以采取以下措施：

- 清晰传达新目标和新结构的理念。
- 向员工提供具体行为示例，哪些值得表扬，哪些不能容忍。
- 确保过渡期是短暂的；问题拖延越久，员工越有可能归咎为领导层的失败。
- 支持领导者和管理者以身作则并帮助员工应对新的挑战。
- 清晰定义工作描述和职责。
- 如有必要，调整奖励以支持组织目标。

人才管理

人才管理是指吸引、培养、聘用和保留特定员工的一整套人力资源发展和整合流程；这些员工具备满足当前和未来业务需求的知识、技能和能力。人才管理的目的是通过支持高价值员工的招募、培养、参与和保留，以提高工作场所的生产力。

因此，有效的人才管理需要做到以下几点：

- 就所需能力而言，应充分理解组织业务战略的影响。人才管理是管理人力资本的战略方式，因此必须与组织战略和策略性业务目标保持一致。组织应该将其视为一个长期且持续的过程，只有齐心合力、不断发展并保持活力，时刻跟随组织的战略指引而进步，它才是最有效的。
- 追踪影响人才供给的外界条件，如竞争激烈的就业市场、人口状况（如某些年龄段人口规模的激增），或需要新知识和技能紧跟技术变化。
- 体现了组织的价值观，以及对多样性、平等性和员工培养的承诺。组织具备以下几点有助于建立有效的人才管理战略：
  - 对人才差异化的期望。
  - 关于整合与地方差异化的整体思路。
  - 对人员培养中直线经理角色的理解。
  - 关于跨国界、跨业务部门和跨职能部门的人员流动原则。
  - 对人员配置战略中多元化作用的理解。
  - 关于为潜力还是为职位而招聘的信念。
- 致力于创建积极向上的工作场所和敬业的劳动力队伍。

人才池

建立和管理正式的人才池是组织人才管理战略中的关键一环。特殊人才池（如高潜力员工或潜在国际外派员工）的成员是符合一系列正规评鉴指标的员工。比传统的员工培养更胜一筹的是，这些员工通常经历了专门的人才培养和深化过程。

越来越多的组织投资复杂应用的开发，如申请人跟踪系统和人才管理套件，帮助他们和重要人才池的内部及外部成员时刻保持联络，并发展强有力的关系。

人才池：

- 象征着战略业务规划不可或缺的构成。如果人才管理和长期业务及战略规划保持严丝合缝的一致性，组织可针对有特别技能组合的员工，设计规划完善的途径，为他们提供人才发展体验，以备将来之需。
- 由此，组织可最大化利用并最有效确定目标员工，并为之铺设职业发展道路。
- 这个工具相当有用，可发现和累积未来国际外派员工候选人的发展经验。

- 在危机管理中展示有价值的资源。如果组织努力发现和累积重要的技能组合和经验，当组织陷入危机时，他们可以迅速利用这些资源填补劳动力缺口。

人才池的其他用途还包括：

- 利用人才池能帮助组织发现和认可扎实型员工，即那些维持组织每天正常运转的个人，但是他们没有因赞誉或特别的发展经验而脱颖而出，因为他们不是特别人才池的一分子，或未显露出对特别人才池的兴趣。
- 已确定人才池有助于阐明或指导薪酬决定，从而确保关键人才（包括极具潜力者及领导候选人）能得到奖励和激励。
- 人才池也是高效知识管理的额外推动力，特别是对国际组织而言。由职能专家和阅历丰富的员工组成的人才池在保护知识产权信息方面发挥着举足轻重的作用。

人才管理资源可以广泛运用，如为整个组织培养高潜员工。或者，雇主可以将其人才管理计划定位于骨干或关键人才池，这些员工对组织成功执行战略和实现目标贡献最强的推动力。

发展骨干人才要求对组织的战略有着深刻透彻的理解，明白什么样的活动对可衡量成果的影响最大，而且需要对执行这些活动的员工重点投入培养力度。举例来说，如果组织主要通过定期推出创新产品来创造其竞争势，那么人力资源部门可能发现组织的关键人才池将包括参与设计开发这些产品的员工。

换个角度，如果组织在提供高端服务给高价值客户方面有竞争力，则其重点关注的人才管理目标是与客户互动的员工。

> 作为人才管理职责的一部分，人力资源专业人士必须有能力预测组织未来的人才需求，并预见如果这些组织需求切实得到满足，潜在的员工人才池将是什么样子的。如果运用得当，人才池的建立和拓展将填补组织需要的人才和可能获取的人才之间的缺口。

衡量人才管理效能

组织对所有人才管理项目都必须定期评估，确保每个项目都发挥维持高绩效劳动力队伍的效能。衡量人才管理效能的方法包括：

- 评估有内部接班人的职位比例。
- 比较外部招聘和内部晋升的人数。
- 评估不同绩效水平之间的薪酬差异。

- 确定高潜员工，并评估相应的保留率。
- 跟踪组织各个级别的保留率和变动率。

成功的实践应值得认可和反复实行。

继任计划

继任计划是一项重要的人才管理战略，有助于确定并促进高潜力员工或其他求职者的发展。继任计划关注的是对未来组织需求最关键的职位。目标是为了让"人才驻扎在渠道中"，以及随时出任组织未来的角色。

重要的是，要意识到继任计划和人才管理其他方面一样，适用于组织各个级别的员工。

继任计划必须与下列人力资源管理功能紧密关联、保持一致：

- 职业管理。继任计划可确保特定人才池的人员获取洞察力、认知力和必要的现场经验，从而为组织持续做出贡献。
- 培训和学习。结构式培训经验提供所需的知识、技能，帮助员工成功出任职业成长阶梯的不同职位。
- 绩效管理。继任计划也必须与组织的绩效管理流程保持严丝合缝的一致性，确保未来的管理者和职能专家得到持续的发展反馈、关键评估和所需监督，以支撑他们的专业发展。

继任计划是一项着眼于长远需求、侧重于人才培养以满足这些需求的战略。更替计划关注的是对关键职位的合格备选人的紧迫需求及对其可用性的"快照"评估。在紧急情况或业务中断情况下，更替计划是业务连续性计划的一个重要因素。

表 8-9 比较了继任计划与更替计划。

表 8-9　继任计划与更替计划的比较

可变因素	继任计划	更替计划
时间限制	12 ~ 36 个月	0 ~ 12 个月
就绪程度	拥有最佳发展潜力的候选人	可用的最佳候选人
承诺程度	职位空缺出现前仅存在可能性	指定优先考虑的替代候选人
计划的重点	同时处理多个任务的候选人才池	部门或职能中垂直通道继任
计划的制订	为个人设定的特别计划和目标	通常是非正式的，关于优势和劣势的情况报告

（续表）

可变因素	继任计划	更替计划
灵活性	旨在促进发展，考虑备选项的灵活计划	受限于计划的结构，但实际上灵活性比较大
计划的基础	多个管理人员的意见和讨论的结果	每个管理者基于观察和经验做出的最佳判断
评估	不同管理人员对不同的任务做多项评估，做职业早期测试和扩展	观察一段时间的工作表现、展示出的能力和在部门的进步情况

留任的一个重要方面是能留住组织的高绩效人员。继任计划向员工展示组织对他们的知识和技能的关注，以及对他们的职业发展的承诺。通过确认关键的工作技能、知识、社会关系和组织实践，并通过继任计划将这些传承下去，组织确保人才在组织内的无缝移动。

继任计划也可能帮组织安然度过人口结构变动和人才稀缺的时期。继任计划帮助组织收获重要的组织知识，方便后续几代员工共享。

继任计划流程

成功的继任计划流程包含七大组成部分，详见表 8-10。

表 8-10　成功的继任计划的组成部分

- 来自高管层所有成员的明显支持。
- 明确的领导标准。
- 制订寻找、留住和激励未来领导者和高潜力员工的计划。
- 简单、易于遵循、可衡量的流程。
- 利用继任计划加强组织文化。
- 高度关注但不完全依赖领导力发展的程序。
- 属于真正组织优先事项的程序

谨慎选择继任计划的候选人，以便选出具有发展潜力的员工。继任计划通常会考虑当前管理层的员工，但不应该忽略有前途的非管理层员工。

一旦选定了候选人，精心制订的培训和发展计划对于候选人就职和履行岗位职责就非常重要。在确定最具效率和成本效益的未来员工培养方法中，人力资源部门起着重要作用。

未来领导者的培养方法包括内部培训、指导、来自外部资源的课程，或专为员工制定的特别项目。不管选择了哪种方法，培训应与继任计划和组织总体战略保持一致。

制订继任计划中常见错误包括：

- 仅根据过去或现在的经验来确定未来的人员配置需求。
- 孤立地制订继任计划。
- 一年举办一次活动，而不是作为持续的管理活动。

评估继任计划的效能

跟所有规划活动一样，组织必须对继任计划进行评估，确定其效能。

在继任计划伊始，组织应制定成功的标准，确定如何衡量项目成功的指标。评估继任计划的标准和指标有所不同，但通常应试图评估：

- 员工对个人发展计划的满意度。
- 管理层对员工绩效和工作就绪程度的满意度。
- 目标的实现程度和完成全部职能所需的时间。

组织管理层的变化不可避免。退休、辞职、死亡、新的商业机会、因员工绩效而终止雇佣合同或其他原因都会造成职位的空缺。继任计划有助于保持领导层的持续性，避免关键岗位的长期空缺，造成重大损失。

知识管理

知识管理是创造、获得、分享和管理知识的过程，以提高个人和组织绩效。尽管随着时间的流逝，劳动力会发生改变，但有效的知识管理能保持组织效能。

知识管理系统

在当今复杂、竞争激烈的环境中，组织必须获取、保存和分享知识、信息、实践做法和政策。预防裁员、退休、岗位的重新分配和自愿离职造成的知识流失也同样重要。

知识管理项目通常关注两大关键要素：

- 分享专业知识，进行组织学习。
- 保留知识，减少人力缩减造成的知识流失。

人力资源专业人士在推动知识管理中发挥了关键作用。他们要逐步培养新员工分享知识的态度，利用培训和绩效管理系统鼓励创造性、创新性和知识转移。

组织中知识管理工作的重点包含多种信息，例如：

- 领导的特征和行为。
- 供应商管理信息和技巧。
- 运营中的流程控制。
- 信息管理的实践、技巧和规范。
- 解决问题的技巧。
- 最佳创新实践。
- 人员承诺程序、政策和做法。
- 客户满意度实践、项目、技能和技巧。
- 新产品、服务或技术的发布和实践做法的引进。
- 变革管理的实践和能力。

建立正式的知识管理系统

组织中的知识管理系统往往是非正式或正式的。在非正式的系统中，员工和团队积累经验，培养识别并确定关键信息、最佳实践和经历的能力。

非正式系统极具影响力，对组织至关重要，但通常基于个人关系网络，大部分由个人联系信息组成。正式系统的特征是通过结构化的正式程序来获取信息，并设有特定的知识库来收集信息。

建立正式知识管理系统的步骤如表 8-11 所示。

表 8-11　建立正式知识管理系统的步骤

步骤	描　　述	
1	盘点知识资产	这一步骤包括对组织收集的有形资产进行编目，通常包括白皮书、提议、报告、企划书和市场营销计划以及增长和扩张计划。清单中一般也包括信息系统的组成部分（如具有特定技能、经历和负有特殊职责的员工的联系方式和名单）
2	创建知识库和名录	通常来说，可以通过内网或专用应用程序访问组织的图书馆或知识库。访问工具必须快捷、易于使用，具有强大的搜索能力。人力资本管理系统等更复杂的系统可以预测新项目所需信息，根据技能和经验的匹配程度来分配团队成员
3	鼓励系统的使用	这一步骤包括沟通、培训和其他旨在确保文化适用性和系统总体接受度的流程。如果系统并未被视作组织成功运营的必要条件，系统能否成功仍是未知之数
4	更新系统	对组织来说，维护系统的不断更新通常意味着挑战，持续更新系统对确保系统的完整性和可信性都至关重要

知识管理系统的应用

组织可以通过多种方式采用和使用知识管理系统。

- 执法机构使用知识管理系统来管理大量信息，简化和系统化刑事调查的每一步骤。
- 包括沃尔玛在内，越来越多的零售商正通过知识数据库来确定消费者的购买趋势。找出消费者在同一时段频繁购买的商品，让零售商可以创建购买点，举行其他产品促销活动，促进多种产品的销售。
- 礼来制药公司常常使用知识管理系统，管理行业内典型的超长产品开发和审批周期。知识管理系统有助于确保在组织内收集了试验用化合物早期开发阶段的关键信息，并且在监管审批和最终产品投放过程中可使用其所收集的信息。
- 麦肯锡和贝恩等咨询公司创建了知识数据库，从每一个任务中获得经验，进行组织学习。
- 埃森哲的交付套件也获益于其集体经验，将知识转化为一套行之有效的方法、工具、指标和架构。这是一个全球性的协作模型。建立了一种通用的语言和环境，有助于埃森哲的专业人士立即开展工作，持续改进组织的实践做法。
- 威拉姆特大学关于红十字会与红新月会国际联合会（IFRC）案例的研究指出，组织成员的价值来自对当地地区和利益相关者的深入了解。这一知识让组织可以在灾难中快速做出反应。每一次的参与都是获得、发布额外信息的机会。为了获得相关信息，各团队围绕学习到的经验教训和最佳实践提交"行动后报告"。行动细节被编入灾难管理信息系统，让所有 IFRC 组织成员可以实时获取数据。这一知识库有助于 IFRC 为季节性洪水或干旱等可预见的灾难做好准备，更有效地应对罕见灾害，如难民流动或飓风等自然灾害。

知识管理系统的关键成功要素

善于知识管理的组织注重下列关键要素：

- 创建鼓励最佳实践、促进分享和交流的环境和架构。
- 认识到信息必须在组织中进行流动并保留在组织内。
- 意识到个人关系网络在知识转移和信息传递中的作用和重要性。
- 建立知识友好型、数据共享的文化（必须鼓励不同文化背景和不同层级的员工分享知识和想法）。
- 认识到哪里存在知识，哪里的知识易于流失或未尽其用。
- 帮助人们培养信息管理和数据存取的技能。

- 解决“这对我有什么好处”的问题（从系统中“借用”知识的人也应当“存入”知识。换句话说，员工既是知识的提供者，也是知识的接收者。认识到这一过程是互惠互利的，能够推动系统的使用，保持系统活力）。
- 制定标准，定义成功的知识管理项目并进行衡量。
- 识别并应对多文化挑战，如组织内多语言环境和对于屏幕设计的不同偏好。

知识的社群分享

大多数员工认识到，提升绩效、提高技能和获得更多知识的大部分资源一直在他们身边：通过观察同事得到学习，接受来自主管的培训，了解切实有效的想法和最佳实践，每天简单地获得工作经验。

在全球性组织内，知识转移尤为重要，是一个十分有吸引力的机会。当员工调到新的岗位或工作地点、建立新的工作关系时，知识就会通过社群的方式在整个组织内进行流动。这一经历会提高组织对当地法律和商业惯例、当地市场需求和竞争态势以及当地员工的优势和发展需求的了解。

许多组织会用某种人力资源信息系统来管理任务，跟进被分配者的进程。

配备这些系统的组织可以拓展或修改系统，利用系统来获得并管理其所收集的知识。

雇主的挑战在于将这一社会化学习和知识转移所固有的特殊本质变得更具结构化和严谨性，通过社会关系网络和协作技术，创造学习和知识管理的机会。

社会化学习不一定需要基于技术的工具。培训和指导项目也属于社会化学习机会，仅要求主管进行规划，付出时间，几乎没有资金投入。他们还可以为不属于典型的知识型员工提供支持。

通过制定社会化学习解决方案，组织可利用最大的数据库，也就是组织内外所有人员的集体经验。社会化学习可以将整个组织转化为一个统一的学习型团队。

第 9 章　员工与劳资关系

员工与劳资关系是指组织与其员工之间就雇佣条款进行的任何交易。

组织能否成功从人力资源方面的大量投入中获益，取决于其管理雇佣关系的能力。雇佣关系可以是雇主和员工之间的个人关系，也可以是一名或多名雇主、员工群体和第三方之间的集体关系。第三方包括劳工组织（如工会或行会、员工委员会）和政府机构（如劳工部或劳工部门）。

雇佣关系受历史、文化、法律、道德体系、经济状况和行业惯例的影响。在上述条件的约束下，人力资源部门发挥了关键作用：

- 帮助建立积极的员工关系，进行沟通，包括确保工作场所纠纷和员工惩戒问题的有效解决。
- 制定并实施组织员工与劳资关系战略。
- 促进组织与第三方的关系（如合同谈判和管理、劳动法的遵守）。

雇佣关系

雇佣关系的特征受国家经济历史和发展状况、文化和制度、行业惯例及雇主个人价值观的影响。人力资源部门的任务是充分了解上述影响因素，帮助组织塑造员工关系，有助于组织的成功，帮助员工遵守道德标准、当地法律和文化规范。

国际劳工标准

在 21 世纪，员工关系的的根本是基本的员工权利和雇主权利，许多国际标准和协议对其进行了解释。

这些道德原则反映并在某些情况下，影响了当地的就业法律和法规。与就业有关的权利和职责在宪法层面、成文法和实施成文法的法规中都有所规定。劳动力法律和法规涉及工作场所关系的许多方面，包括个人和集体权利。就业法律和法规的细节和理念可能大不相同，所以人力资源专业人士应熟悉组织经营所在区域的就业法律和法规。这些法律规范了工资和工时、福利和环境（如反歧视、健康和安全）等问题，SHRM 学习系统®的其他职能领域对这些问题进行了解释。

即使这些标准未能反映一个国家的就业法律和法规，也设定了有道德的雇主需努力达到的标准。国际标准对于制定标准或试图在组织内实施标准的全球性组织来说尤为重要。

一百多年来，定义和承认基本的员工权利一直是个问题。国际机构努力建立有关员工权利和雇主职责的公认期望——国际劳工标准。这些标准反映了员工权利和雇主职责方面的共识。

达成上述标准对所有雇主都是一个难题，而对于全球性雇主或拥有全球供应链的企业来说，这是一个特别的挑战。

国际劳工组织

国际劳工组织设立的标准注重员工权利方面的关键问题。国际劳工组织的标准受到了世界贸易组织等国际组织的认可，为国内劳动法树立了典范。国际劳工组织是联合国的专门机构，总部位于日内瓦。其前身是国际劳工立法委员会，1919 年根据第一次世界大战后的《凡尔赛和约》成立。成员包括政府（现有 187 个成员国）、雇主和工人团体。成员们共同制订了有关四大战略目标的政策和项目计划：

- 促进工作中的权利。
- 鼓励体面的就业机会。
- 提高社会保障。
- 加强有关工作的对话。

劳工标准的制定经历了复杂的流程，包括研究和分析、报告、评论或讨论会、草案、修改并最终至少由三分之二的成员国通过才能成为公约。

成员国有义务向国内立法机构提交公约，制定相关法律和/或批准公约（在某些情况下，成员国可能不会批准公约，但会制定符合标准目标的法律）。

国际劳工组织制定了八大核心劳工标准：

- “结社自由和保护组织权利”，禁止公共当局的干涉，不需要雇主的授权。
- “组织和集体谈判权利”，保护工人免于报复，责成雇主与工会进行协商。

- “强迫劳动”，禁止除兵役、服刑和紧急情况（如战争和自然灾害）外的强迫和强制劳动。
- “废除强迫劳动”，禁止将强迫劳动作为政治胁迫或惩罚、针对罢工的报复、动员劳动力、劳动纪律和歧视的手段。
- “最低年龄”，禁止雇佣年龄过小、未完成义务教育的儿童，限制雇佣 18 岁及以下人员从事危险工作。
- “消除最恶劣形式的童工”，禁止任何可能对儿童的健康、安全和道德造成伤害的工作。
- “同酬”，要求男女同工同酬，拥有同等福利。
- “歧视”，禁止在雇佣、培训和工作场所的歧视，要求雇主推动机会均等和待遇平等。

法律规定的雇主权利

在国际社会，雇主权利没有得到像员工权利一样多的关注。尽管有一些关于知识产权和版权/专利保护的国际条约，但更多的是在当地法律、个人及团体雇佣合同中对雇主权利进行规定。

通常来说，只要雇主遵守相关法律，履行合同（个人或团体），就允许雇主指导员工工作，进行组织运营。

雇主有权保护组织资产免于受损（如盗窃或名誉受损），除非合同中规定了其他条款。雇主有权从员工工作中获益。

知识产权

知识产权指个人或企业对创新的所有权。在企业中，知识产权是员工创造力和企业资源的产品，代表商业企业的相当一部分价值，特别是对于技术和通信公司来说。知识产权包括受专利、商标或版权保护的产权，如发明和流程、图形图像和标志、名称、地理标志、建筑设计和文学及艺术作品。

知识产权也包括不受专利、商标和版权法保护的商业机密和专有或保密信息。这类知识产权包括战略报告、秘密配方、客户或价格列表、员工工作成果和财务信息。

保护上述权利可以让雇主参与物理安全和逻辑安全管理（如限制数据的访问或使用），采取监察措施（通过摄像机、限制网络流量或搜索社交媒体网站）。虽然雇主有权保护他们的资产和已为之支付报酬的工作，但他们也应意识到根据适用法律，上述权利可能与员工的隐私权和言论自由相冲突。在很多国家，雇主的行为受到法律或法律裁决的限制。

人力资源部门在保护雇主权利上发挥了直接作用，确保通过员工手册、政策和实践向员工传达了工作职责，让员工有所了解，并在雇佣协议中包含适当的语言（如保密要求）。

雇佣合同

雇佣合同中定义了雇主和员工的角色和职责，并包含了相关协议。雇主可以和员工个人或有组织的员工团体签订合同。

虽然很多国家的雇佣合同在形式和要求上大不相同，但都起到了规范的作用。在一些国家，雇主在给定时间内未能提供纸质合同将会受到处罚；另一些国家则将工资单视作雇佣证据。

在一些情况下，根据适用法律，缺少纸质合同可能会被当作默示合同。考虑到默示合同或将包括更高的离职补偿，规避默示合同符合雇主的利益。

必须正式修订雇佣合同。雇主试图在收购或兼并后修改员工雇佣条款，但可能受到既得权利法的限制，除非雇主能证明其有经济困难。例如，在英国，国家法律和欧盟既得权利指令（2001/23/EC）均要求雇主能证明雇佣条款变化或终止合同的“经济、技术或组织”原因；如果雇主给出的原因被证实有误，将会面临惩罚。通过解雇后以新的条款重新雇佣员工的战略来修订合同并不违法，但可能会被视作不公平解雇。

在与国际外派人员和全球员工签订合同时，组织应明确合同适用于哪一国家的法律，如有诉讼应适用于哪一管辖区。

雇佣后协议

雇佣后协议在法律上具有约束力，通常在雇佣时签订，旨在限制员工在雇佣期间和雇佣关系结束后的行为，保障雇主权利，保护企业。

特别是在知识型企业中，保密协议是常见的雇佣后协议，员工同意不讨论其在雇佣期间获得的知识，包括有关专利产品、商业模式和战略、客户信息或测试结果和未决诉讼等特许保密信息有关的知识。协议通常规定了禁止员工披露的时间范围，一般不限制员工使用公认的常见信息。

一些雇主会要求员工签署竞业禁止协议作为雇佣条件。竞业禁止协议可以预防员工离职后为雇主的竞争对手工作。协议通常规定了禁止员工为竞争对手工作的时间和地理范围。

雇佣后协议有利有弊。在管辖范围内合法、精心撰写的协议可以真正限制专有信息，保护雇主免受损失风险。在限制信息方面含糊不清或过于宽泛的协议会产生问题（如禁止员工讨论企业文化的保密协议，禁止低级别员工在类似企业寻求就业机会的竞业禁止协议）：

- 员工后续的雇主可能反诉要求执行竞业禁止协议的雇主。
- 地方司法管辖机构和政府可能认为雇主侵犯了员工工作和言论自由的权利，产生了不利的看法。竞业禁止协议被指降低了员工工资（因为员工不能离职后从事类似的工作），阻碍了创业，在某些管辖范围内可能被视为非法或受到了严格的限制。
- 二者都会降低雇主吸引和留住人才的能力。技术娴熟的年轻员工会认为任何一种协议的签署，都意味着取消该潜在雇主的资格。一些员工会离开特定市场区域，寻找不容易受限的管辖区。

雇主应仔细考虑是否有必要让所有员工签署协议，或者协议是否有必要应用于所有业务。雇主应避免样板协议，采用更具针对性和可协调性的协议。

员工关系战略

组织的员工关系战略应包括：

- 与组织战略保持一致，阐明员工关系战略如何帮助组织实现长期目标。
- 与就业法和商业惯例保持一致。在某些区域和行业，组织必须和员工委员会及工会一起工作。咨询第三方代表可能是出于法律规定，或是行业或国家员工关系的传统特点。
- 描述了领导希望创建的工作场所文化类型的愿景。
- 制定战略所依据的价值观，如尊重、团队合作、注重以顾客为中心、质量改进或安全等战略性问题。同样，组织经营战略必须符合组织文化，员工关系战略必须符合组织的价值观和信念。若不然，组织必须致力于改变文化，使其符合员工关系战略。

- 目标，例如，在工作场所中与劳工组织建立具有建设性的合规关系。
  - 实施沟通计划，确保关键信息的获得。
  - 及时分享，促进员工关系问题的尽早解决。
- 计划（一系列旨在实现组织目标的行动计划），例如：
  - 实施审计程序，让管理层的行为更透明，让管理层承担更多的决策责任。
  - 组建管理层和员工联合工作组，明确旨在促进管理层和员工之间沟通的手段和活动。

组织必须向员工传达员工关系战略，如通过新员工培训材料、员工手册或年度会议和职能会议。经理和主管必须了解员工关系战略及其在日常实施中的作用。

工作场所政策

雇佣关系的关键在于雇主对政策的明确传达，一般通过员工手册或说明书。员工绩效管理、惩戒和终止雇佣关系应包括员工对雇主承诺（如工作条款、申诉程序）和员工预期行为（如遵守反骚扰或药物使用政策）的理解。在受到劳工合同约束的工作场所中，合同替代了员工手册，但仍会使用手册来阐明工作期望。

政策是一份广泛的说明，反映了组织的理念、目标或关于特定管理层或员工活动的标准。政策反映了雇主的员工关系战略。从本质上来说，政策较为概括性，会通过特定程序和工作守则加以表达。

正确构思、恰当实施的政策可以帮助管理层和员工做出明智、符合政策的决定。在这一方面，政策为人力资源管理实践奠定了基础，搭建了实践做法的框架。

政策会被写入实体或在线手册，也可能不成文，通过语言或行动进行传达。

不管是否成文，政策都不是永久性的。

组织需要定期审查政策，修改过时的条款。然而，大批量、频繁更改政策可能会造成管理问题。

人力资源部门在政策和程序中的作用

人力资源部门在制定工作场所政策或程序中并不是必需的。在某些情况下，人力资源部门：

- 支持组织领导者制定政策。部分包括惩戒和解雇在内的政策由组织文化所驱动，人力资源部门的作用是帮助领导者将组织价值观应用到雇佣问题上，确定政策立场。

- 推动其他部门制定程序。一些部门承担了制定多项部门级政策和程序的职责，其他部门则需要人力资源部门的支持，制定一致、全面的政策和程序。
- 支持整个组织的政策沟通。人力资源部门需确保管理者对政策的意图和/或具体条款有清楚的认识，了解如何进行沟通并执行政策。如有必要，人力资源部门应为管理者提供相关培训。

在全球性组织中制定政策和程序

全球性人力资源管理强调，在整个组织中需推行一致、公平、透明的政策。然而，全球性劳动力、全球流动的员工和遍布全球的工作地点等现实情况都对全球性组织中的一致性和公平性的概念提出了挑战。考虑到遵守法律、适应文化的需求，完全标准化的政策和程序并非总能实现。如果达到了标准化，政策可能对所有人都不公平。

同时，缺乏一致性和公平性的全球性组织也会产生问题。如果国际外派人员在工作中发现了不同的期望和待遇，这种差异会造成矛盾，阻碍组织中有价值员工的留任。在全球电子化环境下，个人经历的故事将得到快速的传播，有损组织在员工心目中的形象。

员工手册

通常在员工入职和绩效管理活动中会使用员工手册，因此人力资源部门常常直接参与手册的撰写。

制定政策的目标是和员工进行有效的沟通。它们应以员工懂得的语言呈现，采取普遍可用-的媒体形式。例如，如果部分员工无法获得电子访问权限，雇主不应该仅仅依赖组织网页上的电子文档。主题大纲应清晰明了，用词简单直接。如果员工没有阅读能力，必须采取其他方式传递信息，确认员工的理解程度。

设有工会的雇主可以用不同的方式来解决手册问题。撰写政策手册，概述适用于所有员工的政策，无一例外。例如，手册中可以包含国家规定的权利（如探亲假）和非法行为的限制（如性骚扰、暴力和非法使用药物）。集体谈判协议或劳动合同向员工说明了协议中涵盖的雇佣条款和条件。

如果工作场所中存在未加入工会的员工，可撰写一本单独的手册。手册规定了雇佣条款和条件，但明确指出只适用于未包含在集体谈判合同中的员工。

表 9-1 总结了制定有用的员工手册的建议。

表 9-1　制定有用的员工手册的建议

- 确保手册反映了组织的情况。如有可能，查看其他组织的手册模板作为参考，但目标是完整并准确地反映了你所在组织的政策。
- 手册需符合当地的法律和规程。例如，在美国，必须声明手册起不到合同的作用，从而可以保持自由雇佣关系。
- 注重政策及政策相关程序，避免工作相关的程序或规程。
- 包括报告和/或解决违反政策和工作守则问题的程序。
- 期望需要符合实际，坚持执行政策。如果政策限制性过强和/或文化上不一致时，坚持执行政策将变得困难。
- 语言简短，对于普通读者来说易于理解，没有歧义

经理和主管的参与

经理和主管必须了解组织的员工关系战略及这一战略与具体管理实践的一致程度，如信任的建立要求经理和主管用公开、公平和一致的方式行事。工作场所中如存在有组织的劳动者团体，经理和主管应有能力解释组织的劳工战略和态度，应充分了解合同的条款和程序。

经理和主管职位的选择和晋升标准是，应具备良好的沟通、情商和道德行为（如避免歧视和骚扰行为）。

经理和主管应接受组织政策和程序相关培训，特别是关于解决冲突、处理纪律问题和发展机会，应由富有经验的经理和主管指导。更重要的是，绩效评估应包括在日常工作中与员工一起实施员工关系战略能力的指标。

劳资关系

劳资关系指组织作为一个集体而不是个人进行员工关系管理的方式。劳资关系通常涉及第三方——员工代表（如工会或行会、员工委员会和专业协会）和介入雇佣关系的机构（如监督劳动法遵守情况的政府部门，或制定劳工标准的国际组织）。人力资源专业人士必须熟悉第三方人士和机构、组织选择的劳工战略和人力资源部门在制定和执行劳动合同中的作用。

工会或行会

工会或行会是指协调自身活动，在其与单个雇主/雇主群体的关系背景下实现双方共同的目标（如更高工资、更合理的工作时数或工作条件、工作保障、培训）的工人群体。群体成员选出代表和管理层互动。在一些国家，行会还包括管理人员和专业人士，以及熟练工和非熟练工。

工会可能是组织工作场所和行业的一个公认特征，而人力资源部门的任务主要是支持组织的工会关系战略和管理合同。

在其他工作场所，工会可能正在寻求代表员工的权利，这可能是第一次在工作场所，也可能是代替另一个工会。在这种情况下，人力资源专业人士应熟悉当地的工会建立流程，因为不同国家的流程可能大不相同。流程可能包括政府部门的认证、工作部门的定义和所覆盖的员工范围，以及/或者选举。在选举之前，可能有广泛的竞选活动，其中包括第三方的参与，如全国劳工和雇主团体以及社会/宗教团体。

工会代表员工协商之前，人力资源专业人士应熟悉工会必须遵守的规定。他们还应确保经理和主管在这段时间注意任何约束管理层发言和行为的法规。同样地，法规因国家不同而异，但基本上都反映了国际劳工标准，即，禁止雇主干涉雇员参与组织的权利，禁止恐吓或贿赂雇员以阻止他们加入/组建工会，禁止对参与组建的雇员进行报复。

同时，经理和主管必须了解雇员在组织活动过程中的权利。人力资源部门可协助管理层的一项主要权利：有权向雇员传达其选择不参加工会的原因。

工会类型

工会因结构而不同，表现出的形式有：

- 单一企业，该模式可见于日本。例如，一个雇主的所有员工，无论工作类型或技能如何，都可以由一个单一企业工会代表。这些企业级的工会可以加入更大的国家或行业联合会。
- 特定行业或职业，如代表电气、化学或原子能工人的工会。
- 全国性的工会。在许多国家，不同的行业或职业工会加入全国性的工会联合会。联合会可能是紧密或松散的。
- 行业工会代表的工人来自某一行业的不同雇主，如钢铁或汽车制造业。

大型或全球性雇主可能与所有类型的工会互动。它们的劳动力队伍可能由多个行会代表，它们可能与国家级工会或行业工会进行协议。

在工作部门层面，职工通过选举产生代表。这些人可以称为工会代表或工会服务人员/工会管事。大型雇主中可能有多个工作部门，按工作类型或地点区分。在工会层级中还另外分为区域级、国家级和国际级。会员缴纳费用以支持不同的工会活动，如组织、研究、谈判、政治行动、退休会员服务（如医疗健康、退休金管理），以及意在吸引会员的各种服务。

了解独立工会/行会

有组织的劳工环境和独立工会有显著区别。2008 年版《国际人力资源管理》的作者 Briscoe、Schuler 和 Clause 在书中提出，人力资源专业人士应努力从与其组织互动的劳工群体中识别以下六个特征：

- 谈判发生的层面。雇主是单独协议，还是作为行业协会的一部分进行协议？工会是代表一个企业，还是整个行业？
- 谈判话题的重点。什么被视为劳资谈判的公平话题？在一些国家，协议局限于工资和福利，而在其他国家，协议将侧重于更广泛的社会问题。发展中经济体的一些工会将重点放在社会议题上，如反歧视、环境行动、艾滋病治疗和预防。
- 工会渗透率或工会密度。这些术语指的是属于某个工会的工人的百分比。各国的比例差别很大，特别是在工会成员退休后仍保留会员资格的国家。应谨慎考虑工会密度。一个工会拥有的成员数量和工会达成协议的能力并不总是有直接的关系，因为不属于工会成员的员工仍然可能被纳入集体协议。
- 会员资格。成为工会会员是强制性的吗？员工是以个人身份加入技术工人行会之类的工会吗？或者，会员资格是否与特定组织的雇佣情况相一致？（换句话说，如果你为 A 组织工作，你是否必须加入 Y 工会？）是否允许管理人员成为会员？就会员资格而言，工会可以代表低技能工人和高技能专业人员。这可能会影响谈判的主题和风格。
- 和管理层的关系。从历史上看，该种关系是比较紧张，还是更和谐？
- 政府将要扮演的角色。政府介入劳资关系的可能性有多少？什么原因导致其介入？它将带来什么关注点？

除了了解独立的劳资关系，人力资源专业人士还应了解和监控可能影响这个关系的外部力量，如经济表现和趋势、政治、法律和技术。

劳资关系战略

劳动关系战略提出组织应对第三方劳动力代表的做法，包括接受、回避和适应。

接受型劳资关系战略

各组织可能出于良好的理由接受成立工会。在一些国家，工会和员工委员会等第三方在历史上和文化上都已趋于成熟，并在法律上得到了很好的保护。工会可能是某些行业的常态。一些组织发现，尝试阻止成立工会的成本太高或太耗费精力。

回避型劳资关系战略

因为管理加入工会的劳动力（特别是加入数个工会的劳动力）会带来附加成本，失去管理决策的灵活性，增加制定和实施战略决策所需的时间，因此雇主会选择回避建立工会。在某些行业或市场中，加入工会的劳动力可能被视为一种竞争劣势。寻求回避工会成立的组织可降低工会的吸引力和/或保持警惕，积极抵制成立工会的工作。

弄明白员工考虑加入工会的主要原因可以削弱工会的吸引力。例如，提供有竞争力的工资和福利，培养信任和相互尊重，确保员工得到公平和透明的待遇，保持安全的工作环境，以及促进与员工的双向沟通。重要的是，要表达组织为什么倾向于保持不成立工会。

组织还可以培训经理和主管，让他们对成立工会的迹象保持警惕，并对此做出快速反应，体现了现有的劳动法规下雇主的利益所在。

适应型劳资关系战略

如果工作场所已经成立了工会，雇主可以确定他们希望与第三方代表建立的关系类型：对抗型或合作型。对抗型的关系涉及艰难的合同谈判，有关协议管理的争论，以及如果法律允许，寻求赶走或取代工会，这样雇主有可能对劳资决定拥有更大的话语权。然而，这也意味着在实施战略时要投入时间和资源，且增加业务中断的风险。

而基于与工会的合作型关系，一些组织发现工会和员工委员会有助于建立他们与员工的关系，特别是面对庞大而复杂的员工团体。通过与工会的合作和联手参与，雇主还可以减轻员工对必要变革的抵触，因此更容易实施变革计划。工会结构也可以提供一个可接受的方式来解决申诉和冲突。

合作型更强的劳资关系一般具有以下特点：

- 更接受劳资双方的伙伴关系。
- 分担权限的意愿增强。
- 更加开放和坦诚的信息共享。
- 对共同关心的问题联合决策。
- “双赢”的谈判技巧。
- 对结果的共同责任和问责。

人力资源部门帮助建立和宣传组织的观点，即重视管理层与工会代表之间积极而富有成效的关系。这意味着得到了管理层对这个方式的支持，并教会管理层了解合作型关系的成本和利益。

人力资源部门可以制定反映这个观点的政策，与当地人力资源部门合作执行这些政策，并处理与当地法律和文化惯例的冲突。

员工有权在劳动法限制下开展他们的业务，保护他们的资产。但是，行驶这些权利并不一定要和工作场所的工会建立敌对的关系。表 9-2 列出了几种可能改善劳资关系的战略。

表 9-2　改善劳资关系的战略

- 遵守适用于成立工会和其他工人权利的国际标准和当地法律。
- 遵守当地告知工人和让工人参与的法规。
- 制定公平的申诉和建设性争议解决方案程序，并建立内部上诉机制。这些程序应适合各地区，并覆盖所有员工，无论其是否有会员资格。
- 推行联合学习小组以解决共同问题。
- 平等尊重对待工会成员。
- 对员工的关心和参与工作场所问题表达真挚的感谢。
- 在问题尚未升级为申诉前，和工会领导协商以化解

全球劳资关系战略

因为劳动法，当地文化和劳动力特点随不同运营地区而异，跨国企业的劳资战略更加复杂。组织应选择是采用唯总部马首是瞻的统一战略，还是允许当地运营部门制定和实施独立的劳资战略。有些组织在一个地点建立的基准也可用于其他地点的协议谈判。

组织战略因运营和文化方面的重大差异而不同。这些差异包括：

- 企业制造在其子公司整合的程度。一些全球性企业的结构是相互依存的。例如，

某家日本电子制造商依赖的元件（电路板、电源、LED 显示屏）是由其他国家的子公司制造的。而分装和总装是各地区的独立子公司完成的。考虑每个子公司的劳动力关系之间的相互作用，对企业是有利的，因为一个地区发生重大问题就会扰乱整个生产链。管理层可以采取更集中的战略。

- 企业对待劳动力关系的文化态度和与工会/行会打交道的经验。一些研究指出，国家起源会影响全球企业与工会及员工委员会打交道时的默认立场。这些立场可能是双刃剑，一端是“敌对”，另一端是“合作”，中间则是“公平磋商”。对创立于美国的全球企业来说，其劳动力战略更常见的是敌对或公平磋商的工会关系，因此，与起源于欧洲国家的劳动力战略大相径庭，后者的管理层和人力资源部门在员工委员会的参与模式和共同决策方面有更多经验。美国跨国企业沃尔玛一直把反工会立场作为其企业战略。然而，它不得不适应以工会为常态的新市场，如中国。
- 创始公司与子公司之间的关系。当地响应力强的全球企业可能允许每个子公司制定自己的战略，而一个标准化的全球企业可能制定一个更统一的行业关系战略。例如，假设一个印度控股公司下有一个专门从事度假区物业管理的泰国子公司和一个专门从事高科技、尖端农业商品经纪的新加坡子公司。第一个子公司主要与服务行业的工会打交道，第二个子公司则与代表更多技能工人的各种工会合作。这两个组织有不同的行业利润水平和不同的劳动力供应条件。出于充分的理由，全球企业将允许每个子公司设计自己的劳资关系战略。此外，子公司的成熟度和重要性也会影响这种关系。一个组织更有可能参与到新收购或绩效欠缺的子公司的劳动力关系中。如果子公司只贡献其收入的一小部分，组织就更有可能把其本土国家的劳动力关系方法强加给子公司。

在第 4 版《国际人力资源管理》中，Dennis Briscoe、Randall Schuler 和 Ibraiz Tarique 阐述了国际企业可基于以上差别，开发适用于管理劳动力关系的七种做法。就像企业的全球战略一样，这些选择位于两种立场之间的连续统一体上：本地响应（在这种情况下，即不插手）和集中化或标准化（在这种情况下，即用源于总部的政策管理本地）。大多数全球组织设计的劳动力关系管理相关的全球人力资源战略，多少都处于这两种立场之间。

这七种做法是：

- 不插手。这种当地响应战略允许当地全权管理劳动力关系。
- 实行监控。总部追踪当地管理层决策并表示其关注和顾虑，但仍然让当地自行决策。

- 指导和建议。总部提出建议，并尝试将全球政策施用于当地惯例，但仍让当地自行决策。
- 战略规划。通过了解整个企业劳动力之间的参差，制定员工关系战略。政策在全球设立，但实践在各地完善。实践必须与全球政策相一致。
- 设定限制，审批特例。仅在总部人力资源部门审核并批准后，才可以实行部分当地调整措施。
- 总部与现场直线管理层的整合。共同做出劳资决策。
- 用源于总部的政策管理当地。在集中化或标准化替代方式中，当地人力资源部门人员仅需执行总部制定的人力资源政策和实践，而无须更改。

这些战略要求总部对当地劳资环境和实践有不同程度的熟悉度。担任全球职责的人力资源专业人士应依赖他们运营所在国家的劳资关系专家所提供的专业知识。

集体协议

集体协议是指管理层和工会代表就特定谈判方的就业条件进行谈判的过程。认同工会代表某个工作部门的权利之后，或因为现有合同的到期都将启动协议。协议内容覆盖工资、福利和工作条件，也可能包括成员们视为重要的其他事项。

如上所述，协议可能在个别员工和工会或多雇主群体和行会协会之间进行。过程可能集中于国家层面，而且政府有介入。

影响集体协议的合并因素大体分为以下几种：

- 法律和规程因素。要求对雇主达成强制性或可实施的集体协议。
- 协议先例。协议过程中导致先前协议和/或现有协议的因素。
- 公众想法和员工想法。公众对组织和工会的看法，以及员工认为相关的内容。
- 经济形势。当地和国内经济现状。

当管理层和工会代表会晤并讨论各种具体话题、问题和目标等协议主题时，各种因素将影响集体协议的流程。集体协议主题包括合同中将要解决的主题。国家劳动法具体阐述什么主题需要讨论和谈判（强制性的）、什么是可选的（可酌情处理），或什么主题必须特别严令禁止。

合同谈判流程

谈判流程旨在通过双向沟通，平衡员工、工会和管理层之间的权利和利益。参与集体协议的谈判团队通常由管理层和工会官员各方的小组构成。

接下来的一般流程是工会向雇主提交一份合同提案。雇主将有一定时间来响应提案并协商条款。在智利，如果雇主没有在一定时间内响应提案，则拟订合同将自动颁布。在美国，任何一方如未能真诚地进行谈判（积极达成协议），则被认为一种不当劳动行为。

合同谈判的目的是达成工会和组织双方都接受的可行性合同。双方都有责任建立一份有助于可持续建设性关系的合同，促进问题的有效解决。最难谈判的往往是第一份合同，需要双方联手制定集体协议。随后几年中，双方将修订和完善合同，努力澄清模棱两可的问题，并解决双方都关注的新问题。

如果双方无法达成一致，将借助外界调解和仲裁。在一些国家，这些争议解决机制是强制性的。调解方和仲裁方将是中立一方，或在某些国家，由政府工作小组或劳资法庭担任。

调解（也称安抚）是一种不具约束力的争议解决方案，帮助争议各方在中立第三方的努力之下达成双方都认可的决定。其目的在于保持劳资双方对话，以自愿达成和解。调解方无权迫使双方达成协议。相反，他们寻求找到共同点，并说服双方不诉诸罢工而达成协议是最符合他们利益的做法。

仲裁是由劳资双方同意提交争议给公正的第三方，并遵守仲裁方裁决的谈判程序。仲裁程序相比法院诉讼程序较为不正式，因此它更偏重于关键问题，解决争议比诉讼快。其目的是在合同存在期间保持运营不间断，并替代过往上的补救措施：工会罢工或雇主停工。

如果谈判成功，结果就是签订合同或集体协议书。集体协议书在指定时间内对谈判方的雇主和员工的日常关系进行管理。

合同条款可通过内部申诉和仲裁程序、劳工法庭或法院（某些国家）强制执行。

人力资源部门在集体协议中的作用

人力资源专业人士在提高合同质量方面发挥重要的作用。基于相关标准的经验和知识，他们能：

- 提议最具成本效益的流程，识别在创建高成效的工作场所方面可能无效的管理层提议（如增加压力的岗位重组）。

- 根据人力资源部门对员工需求的理解给出建议。在一些情况下，非货币性的让步对员工群体来说可能与工资和福利一样重要。
- 分析合同的措辞，分辨将来可能引起申诉的潜在执行误解或难点。
- 向谈判人提供关于员工人口统计情况、薪酬和福利成本等数据，可用于分析提案及让步的成本负担。
- 明确合同条款预期之外的后果，使其更充分地纳入考虑。例如，因为雇主的出价可能在合同有效期内没有经济可持续性或者报价过低，导致其他不受多年期限合同约束的雇主在合同批准后，以更高的工资诱使员工离开。
- 发现前合同中可能与新就业法冲突的条款。

工会合同管理与执行

人力资源部门直接参与合同的管理和执行，因为法律文件的引用内容可适用工作场所可能出现的复杂情况。人力资源部门尽其所能，确保遵守合同规定。这可能包括教授经理和主管熟悉新的合同条款、他们用行动执行合同的特定方式，以及他们在难题出现时该如何处理。有效的教育能防止出现申诉。

对人力资源专业人士同样重要的是，和工会代表建立良好的工作关系，如同他们与管理人员建立关系一样。良好的关系会使沟通和解决冲突变得更容易。

↘ 处理申诉

合同几乎总是涵盖了正式的申诉程序。该程序提供了一个有序的方式，解决协议有效期内和工会合同相关的不可避免的分歧。

需要注意的是，许多工会申诉的起因是因为合同没有具体指明问题，或单方或双方对政策误解或沟通受阻。为了避免这方面的申诉，管理层和工会代表都应对工作场所评估以发现潜在问题，并在它们变得棘手之前予以解决，也应全面了解协议（包括最佳实践和当地谅解备忘录），以及员工和他们的问题。

有些申诉可能涉及违反合同条款的行为，但许多申诉的起因是管理层在惩戒措施、与资历相关的特权或不公平和歧视性待遇（如遭受主管的欺凌）方面对雇员的不公平待遇。

申诉流程

员工申诉流程包括几个步骤。流程多少因合同或国家而异，但都使用以下通用步骤。

- 直接主管。觉得遭受不平待遇或认为自身的合同权利被侵犯的员工向直接主管提起申诉。此时，申诉的提交可以是书面或口头的，大部分申诉是书面形式。主管必须尽力精准地确定申诉的原因，并尝试解决问题。主管和工会代表或管事可以联手解决问题。如果工会代表同意未发生有效申诉，则流程结束。
- 上升到上一级别。如果员工、主管和工会代表无法共同解决问题，正式书面申诉将递进到上一级别：直接主管、部门负责人或部门经理及更高级别的工会官员。为了便于自由讨论，申诉员工通常不出席，而由工会代表出面。因此对双方来说，重要的是，详尽记录他们的事实和立场。
- 高层管理。如果申诉未能按合同规定在一定时限内解决，通常进行到上一级别，此时在工会一方，申诉委员会的一名成员或来自工会结构的一名代表将参与其中。有些组织的投诉最高只能抵达当地经理处，而在其他组织，投诉可以一路直达组织高管。如果申诉未能按合同规定在一定时限内解决，通常将来到最后一个阶段。
- 第三方裁决。如果申诉未能解决，将请外界中立仲裁方出面解决。在这个阶段通常代表的是双方的最高层。雇主一方可能包括人力资源副总裁（或平级）和/或法务顾问。工会一方可能包括当地工会主席、国家工会代表或法务顾问。

表 9-3 为雇主处理申诉提供有用指导。

表 9-3　处理申诉必做和不要做的事项

处理申诉必做的事项	处理申诉不要做的事项
• 必须调查并处理每一起申诉，即使最后结果是诉诸仲裁听证。 • 必须要求工会确定已涉嫌违约的具体合同条款。 • 必须遵守合同规定的申诉处理时间期限。 • 必须到访申诉相关的工作区域。 • 必须确定是否存在证人。 • 必须检查员工的个人记录。 • 必须全面检查此前的申诉记录。 • 必须遵守和工会代表出席并参与和员工的会议相关的规定。	• 不要做和劳资协议不一致，或排除了工会代表参与的个人员工安排。 • 不要在雇主错了的情况下，拖延补救措施。 • 不要承认之前做法的约束力。 • 不要让渡你作为经理的权利给工会。 • 不要以认为什么是“公平”来解决申诉（使用劳资协议作为你的唯一标准）。 • 不要讨价还价合同没有覆盖的事项。 • 不要给出冗长的书面申诉答复。

（续表）

处理申诉必做的事项	处理申诉不要做的事项
• 必须平等对待工会代表。 • 必须私下进行申诉商讨。 • 必须将申诉事宜完全告知自己的主管。 • 必须至少有两名管理层代表出席。 • 必须记录所有申诉会议，笔记应详尽	• 不要用申诉的解决来换取申诉的撤销（或试图通过在另一个申诉中妥协来弥补这一个申诉中的错误决定）。 • 不要以你“被管理层限制”为前提来拒绝申诉。 • 不要同意合同中不正式的修改。 • 不要建立一种惯例模式，依此所创造的权利并没有专门包括于合同中

员工委员会

员工委员会是指（通常在当地或组织层面）代表员工由劳动力成员组成的永久团体。其主要目的是接收雇主提供的、影响员工队伍和企业健康状况的信息，然后向员工传达此类信息。员工委员会不参与由工会组织的合同谈判。因国家不同，员工委员会和相关工会之间的关系亲疏有别。

工会可能支持推举某位成员去委员会。

员工委员会主要是在 20 世纪的德国发展起来的。委员会旨在与管理层合作，提高效率，促进工作场所和谐，提供解决申诉的方式，监督薪酬，建立安全和健康，并帮助管理福利计划。

这已成为欧洲工作场所的常见特征，地方法规要求具备一定规模的雇主应建立委员会，并使其制度化。阿根廷、孟加拉国、日本、泰国和南非等其他国家也有员工委员会。

美国没有员工委员会，因被视为违反了《国家劳动关系法》第 8（a）（2）条，即，禁止成立企业主导的工会。如果管理得当，员工参与的计划有助于提高员工对组织运营的参与度，如处理申诉或建议安全政策。

因组织和国家不同，员工委员会参与组织事务及与管理层合作的程度有所不同。在某些情况下，员工委员会实际上可参与就业相关决策。在国家层面（如德国），员工委员会可组成选区，推举代表进入国家立法机构。员工委员会也可能和整个行业或职业团体有关联。

员工委员会可被视为工会的补充且不允许参与谈判，但是有权在工作场所的层面使用合同，并致力于参与工作场所的文化和社会生活。员工委员会的成员并不一定是工会成员，但是同一个工作场所运作的员工委员会和工会之间的关系可能有所不同。在某种情况下，员工委员会可能是工会存在的延伸，而在另一个工作场所，其运作可能独立于工会之外。然而，通过员工委员会收集的信息通常用于工会对雇主的谈判中。许多工会视员工委员会为竞争对手，认为它是削弱了工会的因素。

员工委员会的结构

员工委员会的不同之处是它的构成，有以下几种情况：

- 既有管理层，又有工人代表。
- 仅包括工人代表，由管理层成员监督。
- 仅包括工人代表，不受管理层成员监督。

员工委员会成员人数通常随当地员工人数不同而不同。这些职位是通过选举流程填补的，工人代表通常享有重要的就业保障。

雇主通常必须告知员工委员会拟议的管理决策，并在付诸行动前积极寻求他们的意见，仔细斟酌他们的观点。德国和荷兰的雇主不仅需要以这个方式和员工委员会协议，还必须在执行之前取得他们的同意。在一些国家，如德国，员工委员会也必须对一般情况、财务状况和企业未来计划保持知情权。

共同决策和员工委员会

在一些国家，员工委员会的角色不仅是提供信息和咨询。员工实际上可参与业务决策。

共同决策是一种企业治理形式，要求存在双重公司董事会结构：典型的管理委员会和监督委员会，便于管理层和员工参与战略决策。共同决策权可以很广泛，为员工提供影响管理方面决策的方式。

共同决策的议题包括任何影响工人的问题，如结构变化、工作条件、员工关系、工作时数、职业安全和健康、人力资源政策和实践以及薪酬等。

共同决策有三种模式：

- 双重系统。除了典型的管理委员会，还存在一个监督委员会。取决于雇主规模的大小，监督委员会最多有一半的成员可能是工人。因为监督委员会有权接受或拒绝管理委员会的决定，组织在没有员工同意的情况下，基本上被禁止实施工作场所的变革。

- 单一系统。仅有一个董事会存在，但是包括来自员工代表的成员。
- 混合系统。员工代表也包括其中，但他们只是顾问（无表决权）。

人力资源部门和员工委员会的关系

因为要求和实践随地点不同而异，人力资源专业人士必须考虑在组织运营的不同国家中，雇主对员工委员会负有的职责。

重要的是，要理解以下几点：

- 员工委员会是否得到法规授权（如果是，在何种情况下）。
- 成立员工委员会的程序。
- 雇主对员工委员会的责任范围（例如，什么类型的问题必须同员工委员会协商，是否需要协议，在什么时机进行有关预定执行的此类协商）。

和工会一样，员工委员会提供途径，用以解决棘手的组织难题，找到避免劳动力中断的解决方案。如果问题和业务决策涉及未来雇主和员工的共同福利问题，如扩张、裁员、转移或外包等需求，组织应考虑主动参与员工委员会的可能性。员工委员会可成为一种途径，用来制定方案，从员工代表那里收集对计划的反应，以及结合他们的看法来调整解决方案，评估结果。

人力资源专业人士致力于与员工委员会建立善于协作且互相信赖的关系，以备未来之需。

政府及其他第三方劳工团体

使雇佣关系进一步复杂化的是，除了雇主和员工选出的代表，可能还存在其他团体。例如，可能包括如下团体：

- 雇主或行业协会。一些国家的合同可能在多雇主层面进行谈判。这些合同可能属于行业层面（如钢铁制造）或国家层面。例如，在美国的卡车运输业和酒店业，雇主和工会可能就单一一份合同进行全行业或区域性的谈判。在建筑行业，普通承包商将同多个行业团体谈判一份项目劳动协议。项目劳动协议要求特定承包商接受项目合同规定的某些条件，如支付公平工资，缴纳健康保险、养老金和培训基金。
- 国内政府和机构。从某种程度来说，国内政府一直是劳资关系的一部分，因为它们对员工关系、对雇主与工会及员工委员会的关系的各方面做出立法和规定。劳资政三方合作机制，即政府、雇主和工会三方的协商对话，在许多国家是常态。战争期间，政府已开始介入并阻止重大生产的中断。而经济危机时期，政府可能出手干预以保护员工的社会福利，包括采取措施增加招聘，鼓励雇主提供财政紧缩期一定程度的就业机会，或投入技能培养。

- 国际团体。为了应对始于 2008 年至 2009 年的全球经济衰退，由政府、雇主和工人团体组成的国际劳工组织达成《全球就业协定》，对各方应对经济危机可采取的措施提出了建议。政府可加大岗位的投入，提供社会保障，雇主可再次承诺遵守国际劳工组织的标准，实施更弹性的工作安排，如工人轮岗就业。
- 地方政府、非政府组织、宗教机构和社区团体。这些团体通常在地方层面比较活跃，它们对社会公正问题施压，并在经济危机期间帮助支持社会项目。在菲律宾，国家政府在提高就业水平的工作中把这些团体列为社会伙伴。这些组织也可以向国家层面的工作小组和仲裁小组派出处理雇员关系问题的代表。

有组织的劳工行动和不当劳动行为

劳动关系易受不良事件的影响。工会将采取行动以影响合同或抗议条件。雇主和工会都应遵守劳动法，禁止发生不当劳动行为。

有组织的劳工行动

"劳工行动"一词源于英国的用法，包括以保障工作条件为目的各种形式的集体员工行动（美国说法为"协同活动"），以及雇主行动。这个术语也包括雇主为了应对员工行动而采取的行动。

集体员工行动的目的在于破坏雇主实现其商业利益的能力。

出于以下各种原因，工会（或劳工群体，若组织工会缺席）将采取行动：

- 呼吁增加工资和福利。艰难的经济形势，导致员工负债增加，产生更多不切实际的期望，或因高管与员工之间的薪资差异而愤怒，以上种种都激化了工会在这方面的需求。
- 呼吁对合同条款违约、不公待遇、不当劳动行为或糟糕的工作条件的关注。
- 抗议工作制度的拟议变化，例如，如何处理晋升或申诉，如何安排工作进度。
- 抗议裁员期间判定员工去留的方式。

- 为雇主施压以进行合同谈判。
- 抵制被视为不公平的拟议合同（可能因为包含导致员工经济损失的“收回”条款）。
- 同其他工会竞争代表工人的权利。

各种集体员工行动如表 9-4 所示。

表 9-4　集体员工行动

行　　动	描　　述
大罢工	停工
静坐罢工	工人拒绝工作，也拒绝离开他们的工作岗位，导致雇主无法使用替代工人
同情罢工	为声援正在雇主处罢工的另一个工会而做出的行动。合同可能包括禁止同情罢工的条款
自发罢工	未经工会批准的工会承包经营的停工
支持行动或抵制	工会试图通过向另一方雇主（如供应商）施加压力来影响雇主
按章工作	工人完全按照规范或根据工作或任务描述执行任务，从而放慢过程的情况
拒绝加班	类似按章工作。员工拒绝任何加班，严格遵照合同规定的工作时间
罢工纠察	在行动目标的工作地点安排员工进行抗议。纠察与罢工目的相似，但不停工。在某些情况下，纠察者可能非法干扰雇主现场的商业活动

雇主采取的行动主要形式是停工，在此期间雇主停止运营，阻止员工工作。

对这些行动的合法性，全球各有不同，国家/地区应对采取行动所依据的条件做出严格规定。有些国家，只要合同仍有效是不允许罢工的。某些类型的行动也许根本就不被允许。雇主也许能或也许不能招聘替代工人。

人力资源部门预防和缓解劳工行动影响的作用

在理想的情况下，人力资源部门可以通过与管理层协商，传达员工看法和遵守合同的重要性，并提高监管质量，来避免劳工行动。因为管理层与员工关系的基调会影响到产业行动，所以人力资源部门对经理和主管要进行培训，消除欺凌和报复，促进沟通并参与建设性的冲突解决。

然而，组织必须对劳工行动有所准备。人力资源部门和管理层及其他职能部门合作，准备制定战略以消除罢工的影响。准备工作包括：

- 培训经理，识别并上报工会罢工行动和员工/工会不当劳动行为的迹象。
- 组织和培训经理以取代工人。

- 如果用替代工人是合法的，确定并安排应急工人。
- 帮助经理和主管学习了解可以做什么和不可以做什么，避免不当劳动行为的发生。

罢工一旦发生，人力资源部门就必须执行应急计划，开展培训并安排替代工人的薪水支付。如果员工返回工作岗位，人力资源部门会监测工作场所的气氛，并进行干预，帮助解决与罢工有关的未决冲突。

不当劳动行为

不当劳动行为是指对员工权利的侵犯，是劳资关系法规禁止的行动。一般来说，这些权利与国际劳工组织关于组织和集体协议权利的核心原则有关。

但具体看情况，当地的劳动法可以就批准工会、工会选举，以及管理层和劳工在组建运动和工作行动中的行为确定规程。

雇主或工会都可能发生不当劳动行为，而且可能在没有工会的情况下发生。例如，干扰员工组建工会的言论是在工会缺失的情况下发生的雇主不当劳动行为。

对不当劳动行为的指控通常由劳动局、委员会或法庭审理。雇主会被罚款或按令进行谈判，避免有问题的行为，或公开承认错误的行为。工会可被命令停止行动的实施。

表 9-5 列举了雇主和员工/工会常见公认的不当劳动行为示例。

表 9-5　雇主和员工/工会常见公认的不当劳动行为示例

雇主的不当劳动行为	员工/工会的不当劳动行为
• 阻挠员工参加工会的权利，包括以某种方式贿赂员工不要参与表决或加入工会，取消或威胁取消工作。 • 因工会会员资格歧视工人，阻止或要求加入工会，或因雇员投诉而歧视。 • 拒绝与公认的工会协议，或提供谈判所需的信息资料。 • 拒绝执行合同条款。 • 控制或干预工会运作	• 与雇主合谋，以工会会员身份歧视员工。 • 阻挠言论自由，胁迫或处罚员工。 • 对成员的投诉不予回应。 • 拒绝真诚的协议。 • 索取不合理或有歧视性的会员费用。 • 指挥明令禁止的工作行为

↘ 人力资源部门在预防不当劳动行为中的作用

人力资源部门应确保所有经理和主管了解受保障的员工和雇主权利、工会合同的条款和不当劳动行为的概念。对当地法律允许或禁止的特定言论和行为，人力资源部门应提供培训予以阐明，例如，问一些可能被理解为监视工会活动的问题，或对待雇员的方式可能暗示了非工会成员的员工会得到优惠待遇。

争议解决和员工惩戒

工作场所经常发生投诉。如果员工和主管或经理无法解决，投诉将被正式提交，人力资源专业人士经常应要求协助解决冲突。这要求他们具备沟通和冲突解决的技巧，以及在调查实践与惩戒制度方面的知识。如果投诉在组织之外提交，则可能要求和律师或政府机构之类的第三方互动。

工作场所的冲突

工作场所的冲突常因各种原因引起，形式也各不相同。人力资源部门可代表组织作为间接参与者或直接参与者，在其自身职能范围内解决冲突。

员工可以将与其他员工的冲突提交给主管或经理解决。这些冲突的起因可能是对工作本身的意见分歧或者个人分歧或冒犯行为。主管或经理也许可以成功解决其中部分冲突。还有一部分只能上升到人力资源部门，等待后续调查或行动。

员工可以投诉雇主。员工可以指控他们没有得到公平的待遇或工作条件无法接受。

雇主可以投诉员工没有履行就业条款，或者对其他员工已造成干扰且具有潜在危害。在一个已成立工会的环境下，这些冲突均可根据集体协议中的申诉程序来处理。在一个未成立工会的环境下，人力资源部门经常参与冲突的早期响应工作。由于员工通过诉讼或向政府机构投诉寻求解决，未决冲突可能成为对第三方的投诉。

人力资源专业人士试图通过运用他们的“沟通和关系管理”能力，调动他们的情商和对冲突解决技巧的认知，来进行调查和解决这些冲突。

冲突解决方案的跨文化考量

身处各种文化的员工都重视冲突解读方案的透明和公正。然而，人力资源专业人士应意识到他们组织内部的文化差异，以及国际组织内部可能引起冲突、使冲突解决复杂化的文化误区或偏见。

在对冲突的倾向和容忍度方面，各种组织文化有所不同。有些组织文化成员试图避免正面冲突，而其他人则安然接受，并以此为解决分歧的工具。在有些组织文化中，员工不太乐意表达分歧。因此人力资源专业人士需要技巧去发现，这些分歧何时会阻碍以相互满意的方式识别和解决冲突。

文化差异也影响到承认和解决冲突存在的方式。在一些文化中，冲突的解决必须私下进行，以维护冲突方的尊严或“面子”。文化规则也影响了第三方判断的选择。在一些文化中，与双方都保持联系且德高望重的前辈是最有说服力的，而在其他文化中，强大和坚定自信之人才是有效的调解者。

冲突的解决方案

首先要注意，解决冲突是个高风险行为，了解以下信息不足以让人力资源专业人士在此技能上成为专家。建议从业人员寻找机会加强对冲突管理技巧的理解，并在低风险的情境下进行实践。

解决冲突的初级阶段通常是员工与其直接经理的非正式会议。重要的是，经理认真聆听并提出疑问以充分了解来龙去脉。这点对解决冲突很有必要，而且对员工也是个信号，说明其投诉受到严肃对待。如果能达成解决方案，经理将澄清关键点并取得员工的同意。如果不能立即解决问题，经理将解释下一步做什么，例如，计划更深入地调查投诉并承诺再次开会。

如果冲突在基层无法得到解决，将向上提请至更正式的会议，与会者也许包括更高级别的管理层或内部冲突解决部门，如同行小组。会议将在私下秘密进行，聚焦于陈述和确认事实（可能由证人提供）。一旦提出解决方案，或承诺未来调查或另外冲突解决流程，会议即可宣告结束。

所有与会者都承诺：

- 聆听。
- 管理自己的情绪。
- 一致同意目标。
- 就事论事而不是人身攻击。
- 全面考虑。
- 共同参与问题解决和寻找替代解决方案。
- 就下一步达成一致。

该流程最后一步是向员工传达任何调查结果和管理层的决定。如果员工对结果不满意，冲突可升级到下个级别管理层，或交由中立第三方解决。

工作场所报复行为

通常因为冲突或投诉的结果，雇主、就业机构或劳动组织对员工采取不利行为，由此激发工作场所报复。在某些情况下，报复可能是一种非法歧视的形式。管理冲突和投诉的良好跟进行动，包括采取行动防止或减少报复性指控或诉讼的可能性。

雇主应采取以下步骤防止报复行为：

- 采取并传播强有力的反报复行为政策。尽管在组织的反歧视和反骚扰政策中能找到相关参考，但独立的反报复行为政策可能更有效。必须明确的是，组织不会容忍报复行为，包括员工出于反对工作歧视或骚扰或者参与歧视投诉程序的报复行为。
- 告知员工上报涉嫌报复行为的流程。组织的反报复行为政策应指出员工向谁报告报复行为。例如，员工应根据指令去找领导层中的任何人或组织的人力资源部门办公室。
- 培训经理如何处理报复。被指控歧视或其他违法行为的个人可能会抨击指控者或证人。经理应接受培训，了解针对反歧视法规定的受保护活动的可接受和不可接受的响应措施。
- 提醒主管有关组织的政策。确保主管了解组织关于禁止报复投诉者或证人的政策。告知主管，如果对投诉他们或对提供投诉相关信息的人员打击报复，他们将受到惩戒。
- 监督员工处境。对提出投诉或提供与投诉有关信息的员工的处境进行监督，以确保他们不会受到报复。仔细审阅任何拟向投诉者或证人采取的不利行动，确保行动是基于合法、非报复性质的理由。
- 调查指控，如有必要采取纠正行动。调查报复指控，并在发生报复时迅速采取纠正措施。即使报复行为没有严重到违反联邦或地方法律的程度，也应予以制止，防止升级到上述程度。

开展调查

人力资源部门负责对可能导致惩戒或解雇的员工投诉展开调查，也可能负责确保这些调查公正、彻底，并与文化相适应。为了展开有效调查，人力资源专业人士应考虑

表 9-6 所描述的步骤。

表 9-6　开展调查的步骤

步　　骤	具体行动
1	确保机密性。雇主应向那些卷入投诉的人员解释，调查中所有的信息都尽可能保密
2	提供保护。提供临时保护，防止继续骚扰或报复。这可能需要自愿改变工作进度、办理休假或调职
3	选择调查者。此人应客观地开展工作，具备调查经验和该领域的法律知识。调查者应擅长沟通，善于观察，保持谨慎，而且关注细节。调查者可能来自组织之内或之外。拥有丰富技能和背景的团队，如果行动协作良好，将被采用
4	制订计划。制订一份计划，以收集证据和进行面谈
5	设计面谈问题。问题的设计应促进沟通并聚焦于关键问题
6	进行面谈。调查者不应表达自己的观点，而应保证客观性，应记录观察结果。后续提问对取证来说将很重要
7	做出决定。经过详尽的取证，调查者基于证据和组织的政策及流程提出行动建议
8	结束调查。向投诉者和被投诉者传达决定。确保投诉者安心返回工作岗位。为了防止事件再次发生须采取必要步骤，可能包括纠正行为确保不再犯，酌情向投诉人提供赔偿，并根据需要改变政策和培训内容
9	对调查结果做书面总结。报告中应记录采取了何种调查行动，以及收集了哪些信息。应引用相关政策。对结论以及调查引起的雇主行动做详细描述

调查成效将有助于组织免于昂贵的员工诉讼或地方政府的诉讼，但也帮助组织建设更积极的工作场所和更强大的员工品牌。

第三方或替代性冲突解决方案

第三方解决方案，一些国家也称为替代性冲突解决方案，利用调解人来制定解决方案并消除冲突。这个方法在中立性、正式性以及复杂性方面程度各有不同。在一些亚洲国家，选择的调解人对双方都很熟悉，能倾听双方意见，而且能就解决方案达成一致；而在其他文化中，调解人对双方都不太熟悉。

最简单的替代性冲突解决方案将包括一项开门政策（上级帮助解决冲突，而不会对员工产生影响）、一个由值得信任和尊重的上级组成的小组，或一个同伴小组。一个监察员系统有助于开启流程：指定人采集证据并将投诉提交到管理层，等待后续行动。更复杂的流程包括正式调解，即找到外部谈判专家来帮助双方找到共同点，还包括仲裁，即双方同意遵守仲裁员的决定。表 9-7 列出了组织可用的替代性冲突解决方案选项。

表 9-7　替代性冲突解决方案选项

替代性冲突解决方案选项	描　述
开门政策	鼓励员工和直接主管或经理开会讨论工作场所问题；在一些环境下，允许员工接触管理层的任何人。开门政策可用于被视为先发制人式或防患未然式替代性冲突解决方案
监察员	指定一个中立第三方（来自组织内部或外部）以秘密调查员工投诉并帮助调解冲突。监察员可以表达意见，将争端提交给管理层，但通常无权解决申诉。监察员可以将未能解决的冲突升级为其他方式的替代性冲突解决方案
单一指定官员	确定由高层选定的特定个人来开展调查和解决冲突。此人的可信度可能取决于管理层的可信度
选定官员	允许员工从一群人中选择一名仲裁员，这样员工会觉得对自己的未来有所掌控
同伴评审	成立一个训练有素的员工小组（或由员工与经理组成），他们通力合作，聆听并解决员工投诉。小组的带头人可以是人力资源专业人士。他们不会改变组织政策，但有时对政策改变提出建议。同行评审有时仅限于停职或解聘
调解*	使用一名在调解技巧方面训练有素的中立第三方来帮助双方评估他们各自立场的优势和劣势。目标是谈妥一个双方都接受的自愿和解结果。调解员的作用更像达成和解的推动者，而不是做决定的法官。和解结果不能强加于任何一方
仲裁*	冲突将被提交给一名或多名公正人士，他们将听取双方说法并做出最后裁决。仲裁可以具约束力（当事人同意受仲裁员决定的约束）或不具约束力（当事人可以寻求其他解决方式，包括诉讼）

*有些雇主要求员工书面同意将调解或仲裁用作一项雇佣条件，以备替代性冲突解决方案的需要。

所列出的替代性冲突解决方案选项不是每个国家都视为合法或在文化上可接受。一些情况下，和法务顾问及当地专家合作制定冲突解决政策可能有所帮助。

人力资源专业人士应记住，可以在集体协议中明确定义冲突解决方法（如正式申诉程序）。因此，人力资源部门、经理和主管必须执行劳动合同中规定的申诉流程。

机构受理投诉与诉讼

在有些情况下，员工和工会的投诉将被提交至政府或法定机构，内部解决方案将不再成为组织的选项。外部机构将研究提交的证据，并做出具有约束力的法律决定。这种可能的行动方针凸显了建立强大的内部冲突报告和解决方案制度的必要性，为外部解决提供了一个替代方案。

全球性律所普士高律师事务所的律师们对七个国家（巴西、中国、法国、德国、南非、西班牙和英国）的外部冲突解决情况进行了调查研究，发现了它们的相同与不同之处。

通常流程从安抚（一般通过调解）开始，如果有必要，再进行到诉讼。诉讼中安抚工作可继续。即使部分问题可能转到民事法庭，经常用到的仍是专门的就业法庭。国家法律可能倾向于对其中一方（雇主或员工）更有利。雇主可能应要求准备投诉相关材料。如果认定他们应承担责任，雇主极少需要支付惩罚性损害赔偿，但是可能需要重雇员工并补交解雇日期之前的工资。

人力资源部门是主动还是被动响应投诉和诉讼，取决于组织和其他法律及文化因素。人力资源部门在代表公司调解或申诉等问题的处理上担任主角，他们或影响或决定解决方案战略与和解行动。此外，人力资源部门需要表现得被动一些，例如，仅提供记录和安排接触证人。

人力资源专业人士在问题出现之前，需要和他们的组织领导或者法务顾问紧密合作，以了解投诉流程、组织责任和权利，以及人力资源部门在投诉发生时应立刻采取的行动。地方法律和惯例可能决定了不同的响应。

惩戒员工

惩戒措施针对违反组织价值观的行为（包括性骚扰、歧视或威胁行为等），也可以针对因违反当地规范和惯例而威胁到工作场所和谐的行为。“惩戒”一词源于拉丁语“disciplina”，其本意指的是“指导”或“学问”，而不是“惩罚”。因此，可以理解的是，惩戒的重点在于纠正，而不是惩罚——强调改变行为，而不是简单的惩罚。

但是，员工必须明白他们因为什么而未能遵守规则、为何规则是重要的、未来应该怎么表现，以及如果他们重蹈覆辙将产生什么后果。

人力资源部门必须意识到，地方法律保护某些工作场所行为不受惩戒措施的约束，而且应确保经理和主管对这些例外了如指掌。例如，许多职业健康和安全法规定，员工在不安全的条件下拒绝工作或举报这些条件（也称告密），不必受到惩戒。

在一些文化中，举报可能被视为不忠诚，应被解雇，但在一些国家，举报人受到保护，免遭与举报活动直接相关的解雇。

国际型组织的惩戒制度必须建立快速、专注和连贯的纪律，并以合法和契合文化的方式贯彻。很少有雇主喜欢潜在的对抗局面，而且在某些文化中，管理人员可能更愿意完全避免这些冲突。

然而，经理和主管须谨记：

- 包括迟到和缺勤或对上级及同事不敬等违规行为将破坏所有员工的工作环境，并损害雇主品牌和工作场所生产力。
- 如果无法一视同仁地对全体员工应用规则，将可能引起对不公正解雇的法律调查，或招致经济上的处罚。这也破坏了对雇主公正和雇员信任的认知。
- 在拥有全球团队和外派人员的跨国组织中，惩戒的一致性如有缺失，将很快变得显而易见。

不管员工是否已明确工会合同保障的合法权利，组织都应该平等、公正地对待他们。惩戒程序应确保员工在面对违规或不当行为的指控时，有机会解释并辩护自己的行为。雇主能做到以下几点，则说明经营有道：

- 整理有说服力的证据，证明员工存在过失和玩忽职守。
- 给员工一个公平的机会来表达自己的观点。
- 为已判定的过错确定合适的处罚。
- 和其他人因类似违规而受到的惩戒相一致。
- 结合人力资源部门对所有重大/严重惩戒措施的评估，确保本次惩戒和过往事件保持一致，且没有违反工会合同、就业法或其他法律，或文化规范。

预防惩戒发生

惩戒员工的目的是为了避免从一开始就必须惩戒员工。因此，一开始就以适当方式来规范行为并减少惩戒的需求就变得有理可循。组织可以采取以下预防性措施：

- 先评估行为准则，再推行。人力资源部门能辨识遵守准则中面临的阻碍，并积极主动地调整环境或准则/预期。在全球运营地区沿用总部准则的情况下，这一点尤为重要。
- 设立清晰的期望。员工和管理人员均需要设立同样的期望。职位描述应包含充分的细节，这样员工会明白自己该做什么，该怎么表现。
- 行为一致。行动和决定应建立在政策、程序和工作规则的基础上。以书面或其他方式来体现，如通过管理实践或培训。经理或主管可查阅过去发生同样情况的记录。

- 创造沟通顺畅的氛围。创造并支持员工与主管之间持续双向的沟通氛围是至关重要的。有时沟通可能带来问题的解决。例如，经理可能得知经常迟到的员工通常有比较沉重的家庭负担。
- 维持开门政策。通过开门政策可进一步推动自下而上的沟通。

同样地，管理人员应意识到文化差异将影响员工寻求和主管沟通的努力程度。

另外，就业法可能影响实践。例如，在美国，因为自由雇佣原则，经理和主管可能使用自由裁量权（和一视同仁的处理），而不是依赖高度具体的成文政策。如果政策规定所有违规行为都以相同的方式处理，这可能会造成默示合同的出现，并构成自由雇佣的例外。在其他国家，过往做法可能影响将来的协议。

提供正当程序

惩戒措施旨在保护组织资源免于因员工行为招致的风险，这些行为可能包括丧失生产力、产品或服务品质低下、高设备成本以及对其他员工造成的负面影响。但是惩戒员工应采纳正当程序。

发起正当程序事关公正性和一致性（因此受到组织文化的影响），也事关法律。在任何不涉及轻微违纪的解雇时，如果未能采纳正当程序，将被员工运用于法律申诉，指控自己受到不公正的解雇。（轻微违纪之前不会有惩戒程序中任何常见的警告步骤。如果经过调查和听证判定员工违纪，员工将面临即刻被解聘或处罚。）表 9-8 列出了司法听证会上经常使用的七个基本检验方法，以裁定员工是否受到不当惩戒或解雇。

表 9-8 惩戒员工的正当程序检验

- 雇员被告知雇主的期望和程序，以及未能达到这些期望的后果。
- 惩戒措施是持续而可预期的。
- 雇主的决定是基于事实证据的。
- 雇员有权质疑证据并为自己辩护。
- 员工有权对惩戒决定提出申诉。
- 使用了建设性惩戒程序。
- 员工被视为一个独立个体

建设性惩戒

惩戒措施的类型和严重级别取决于违纪的类型和频率。有些行为导致立即解雇。例如，如果员工对主管人身威胁或携武器恐吓主管，极大可能被立刻停职或可能被解雇，等待调查。其他行为需要建设性惩戒措施。

建设性惩戒（也称渐进式惩戒）是一种惩罚慢慢加重的纠正措施。它与惩罚有关，但是其目的是修正行为，而不是施加经济、心理或社会痛苦。

建设性惩戒运用了 B. F. Skinner 关于人类行为的强化理论。雇主可以提供：

- 正面惩罚或附加要求，例如，要求员工实行绩效提高计划或参加愤怒管理心理辅导。
- 负面惩罚或取消重要激励，例如，不予晋升或培训机会，无薪停职。

惩罚的选择应基于事件本身及其对组织和其他员工的影响。

还有一种 Skinnerian 理论技巧称为消退法，即通过永不奖励消除某种行为。在工作场所，忽视某种行为不是值得推荐的改变问题做法的解决方案。组织将因此陷于严重的道德和法律风险中。

在一些国家，雇主可能在法律上有义务使用建设性惩戒，但是员工如果能够证明他们的待遇不符合雇主的政策、工会协议和/或法律规定的劳动合同终止，则可能有权获得某种形式的补偿（如赔偿、撤销雇主施加的惩罚）。

然而，建设性惩戒带来的好处不仅限于对法律的遵守，还能帮助雇主免于昂贵的民事诉讼费用，免遭不公平和任意行为的指控。它还能给那些为组织创造价值的员工第二次机会，来调整自己的行为以符合组织的期望。在这种情况下，雇主和员工获得了"双赢"。

建设性惩戒程序

建设性惩戒措施一般从最不严重的响应开始，然后转为更严重的响应。然而，制度可能有所不同，取决于步骤次数、员工获得的机会次数、书面或口头警告（诉讼文化重视书面记录）的使用，以及用来计算重复违纪次数的时间限制。例如，有些组织为重复违纪设定一个时间限制。如果员工在这个时限内没有再次违纪，程序则视为结束。有些制度只计算同一违纪行为的重复出现，而其他制度把任何违反工作规范的行为都加入惩戒范围。制度也可能包括员工上诉的某种机制，如通过同行小组上诉。

在没有依法规定固定的惩戒程序的情况下，建设性惩戒措施的典型顺序如下：

1. 口头咨询、解决问题并坦诚对话。最温和的惩戒措施能增进每个参与者的理解，减轻工作场所压力并推动沟通。意识到有问题就尽快开展讨论是明智之举，目的就是在问题激化前解决它。

2. 第一次正式警告。根据地方商业惯例和法律要求，首先要做的是发出官方正式的警告，不管是口头的还是书面的。管理人员应对员工行为设立明确的期望。讨论应私下进行。因为在某些文化中，公开谴责会让员工及其同事倍感尴尬。管理人员往往会失去所有受到公开谴责之人的信任和尊重。管理人员需要对绩效问题了如指掌，并具体知道需要如何纠正。

3. 第二次警告。如果员工未能纠正问题行为或重蹈覆辙，将发出另一个警告。这是个可选项，有些制度不包括第二次警告。如果第一次警告是口头的，那么第二次可以书面形式记录惩戒程序，应具体客观地描述问题以及所需纠正措施。基调必须是公事公办。如有正当理由，可对员工以观后效。签有员工签名的书面警告副本将保存在个人档案中。

4. 最后警告。如有需要，最后的书面警告应包括改正和休假的最后期限。惩戒性休假或停职可带薪或不带薪。(注意地方法律和集体协议可能会限制雇主惩戒方案。)最后的书面警告应明确指出，已记录的问题如果仍继续将导致员工被解雇。员工应签署一份文件，确认他们已阅读并理解书面警告的条款（即使他们不同意这些条款）。

5. 解雇或终止劳动合同。解雇是最后的手段，用于反复发生或严重违规的情况。

如果惩戒程序证明有效，而且员工也改正了问题行为，管理人员应在数月后评估情况并核查改进是否持续进行，并确认管理层对员工，或员工对其他员工没有存在报复行为。这些事项再过数月须重新确认。只有那时才能认为事情已真正解决。

因惩戒原因终止雇佣

终止合同不仅会对员工产生严重后果，对组织也会如此。它破坏工作场所的和谐，损害员工的敬业度和生产力。即使得以妥善处理，也会招致成本高昂的诉讼。然而，不终止合同也会带来同样的风险。因此这种情况需要谨慎考量和判断。使用表 9-9 中的建议能帮助人力资源专业人士更有效地执行劳动合同终止决定。

表 9-9　因惩戒原因终止雇佣

• 永远不要草率解雇员工。雇主应谨慎行事，即使员工犯的错看起来应该被解雇，雇主也永远不要当场终止劳动合同。首先开展一次彻底而客观的调查。根据调查结果的严重性，员工可能被“停职甚至解雇，等待进一步调查结果”。

（续表）

• 确保调查是彻底、详尽而且完好记录的。通常参与人员包括员工的主管和部门经理和/人力资源部门员工。收集双方证据。 • 和员工对话。与员工对话应采用调查式方法，而不是敌对或指责。 • 不要拖延。调查应尽快启动，慎重而快速地推进，并尽快将结果传达给员工。 • 总是做好“最后筛查”的审查。核对调查者的发现和建议以确认是否完整、精确，再做最后决定

确保提出的建议和之前类似情况相一致。

- 准确指出解雇的理由。必须细心确认并阐述解雇的理由。大多数雇主先口头传达结果，之后再做书面记录。
- 只要可能，应亲自告知员工合同终止的决定及原因。是谁做出终止劳动合同的决定以及如何通知员工这个决定，组织都应有一项明确的政策。如有任何可能的合同终止，主管应和人力资源部门协商。让主管的经理批准终止合同是个明智的做法。
- 警惕可能的反应。对可能的员工反应，如暴力、破坏公物或偷窃，应准备应对。

人力资源部门在惩戒流程方面的作用

人力资源部门须确保惩戒措施合法、合理且符合文化。另外，人力资源专业人士可以采取步骤确保员工理解工作规则和期望，经理和主管接受专业培训以做好惩戒工作，让组织和个人都能看到效果。

为了履行该职责，人力资源部门可以：

- 确保组织的行为准则反映组织的价值观，遵守适用的法律，并确保在整个组织内充分宣传该准则。
- 让当地人力资源部门参与确定当地急需解决的行为准则问题，以符合当地法律和惯例。
- 确保培训所有经理和主管，他们是保证高效、正确、公平和连贯的惩戒工作的关键人员。
- 监测政策和当地实践的合规情况。

第 10 章　技术管理

技术管理是指利用现有的和新兴的技术来支持人力资源功能，以及制定和实施对工作场所中的技术使用情况进行管理的政策和程序。

人力资源专业人士运用技术，使工作更高效和合理——收集、整理和分享信息，并利用这些信息探析模式和原因，以做出基于证据的明智决定。

管理人力资源技术可良好应用于风险管理目标的实现——最大化实现积极成果的机遇，最小化导致消极结果的机会。只要正确规划和管控技术采购流程，就可帮助组织提高人力资源部门的生产力和服务。包括员工和管理者自助服务及移动计算在内的技术应用能提高组织的生产力，帮助人力资源部门提供建议给管理层，以展示人力资源部门对组织的价值。然而，技术也会在采集、存储和传输数据时产生漏洞。员工的数据隐私可能会受到损害，组织的信息和流程可能会暴露于未经授权的访问、篡改和窃取。

人力资源专业人士并不志在成为信息技术专家，但是他们必须掌握一定知识，和信息技术人员协作，整合并支持人力资源信息系统，利用解放劳动力的工作场所技术（如自动信息收发、项目管理或演示软件），制定政策以保护属于员工和组织的数据。

人力资源与技术

人力资源专业人士在许多工作领域中都受益于技术，如人力资源信息系统。了解信息系统的一些基本概念有助于人力资源专业人士发现和预估技术问题。

大数据和人力资源

“大数据”一词出现在 20 世纪末，描述的是计算和通信的进步带来的可采集和存储的数据的“大爆炸”。大数据时代推动人力资源专业人士增加对技术的了解和使用。

以下三个大数据特点改变了对组织的技术要求。

- 容量大。数据集增长如此之大，需要新工具对其进行存储、访问和分析。使用云计算的存储技术（数据存储于通过互联网连接的远程服务器）已成为管理日益增加的数据量的普遍方式。
- 速度快。数据流入系统如此之快，其现时性成了一个问题。现在的数据分析需要实时或近乎实时的信息。纵观整个系统，数据都必须保持频繁或持续的更新。
- 变化多。现在，数据不仅是数字，也可能是静态图像、视频或录音。它可能来自社交媒体、手机或传感设备（如电子徽章之类的可穿戴科技）。系统必须能吸收这些形式多样的数据并将其整合，便于存储和访问。

大数据使人们看清格局和趋势，从而创建模型以隔离可能的原因，并预测结果。可靠、实时和可分析的数据帮助人力资源专业人士做出基于事实和证据的决策，并客观衡量他们行动的效能。

为了挖掘大数据的价值，人力资源专业人士必须在正确的间隔期采集正确的数据。系统必须接收和更新各种形式的信息，且必须具有可伸缩性，以更高效率增加容量。系统必须提供各种分析工具，因为数据价值不仅在于数据库的大小，还在于分析的质量。例如，分析员工的简历能将其绩效水平和职位与不同的变量相关联，如教育水平和分类、地点或个性评估。分析结果可用于发现问题（某一地点突然增加了人员变动），预测劳动力需求的冗余和不足（在数量和能力上）或提供候选人选拔标准。

Alec Levenson 在“大数据为人力资源带来的前景”一文中指出，人力资源专业人士需要拓展和提高他们对组织和业务环境的认知，因此他确定了以下大数据能做到的三点：

- 收集新数据。关于员工何时、何处及如何工作的新数据收集能提供业务流程见解、减少误差和提高效率。
- 更有效地使用已有数据。能更好地了解员工的敬业度和动机，以及为何而做。
- 更好的战略分析。绘制信息在组织内流动的方式和人们开展工作所依赖的各种关系。

获取技术的关键问题

在一些情况下，信息技术部门在提供符合组织标准的技术方面起主导作用，但是通常人力资源部门将联手信息技术专家来选择满足他们需求的技术。另外，人力资源专业人士也要增添提高他们生产力的工具，以支持机动性和协作性。人力资源专业人士应了解基本的信息系统术语和关键问题，这些问题影响了技术的选择和成功运用技术的能力。

信息系统构成

信息系统可简单定义为一种收集、整理、存储、分析和分享数据的方式。了解信息系统的组件有助于人力资源部门成为更好的技术采购者，也有助于人力资源专业人士向信息技术职能部门传达他们的需求。

信息系统的基本组件包括由表示层、业务逻辑层和通信层组成的数据层。

- 表示层是用户和系统交互的界面，在这里用户能输入请求并接收响应。这个界面可以是传统的计算机显示器或移动设备。它必须具备一定的安全保障级别以控制访问。它应该在不同身体能力上（如视觉、听觉、身体动作）适应用户。
- 业务逻辑层（或业务层）由保证系统运行的系统软件和应用软件组成。系统软件包括操作系统，其作用是：运行与表示层（或用户）交互的界面，在数据层和软件之间来回移动数据，管理与硬件组件（如显卡、显示器、打印机）的通信，以及控制系统资源。应用软件则提供具体的功能（如包括预算配置和进度规划工具的项目管理软件）；它必须定制以实现与系统软件通信。应用软件可以安装在计算机硬盘上或本地服务器上。它也可以放在公共网络（如互联网）上，并通过云端访问。最有效的软件采用易于解析的图像显示和交互技术，如拖放和点击粘贴。人力资源专业人士应力求更熟练地掌握多种应用软件，让他们的工作变得更轻松，包括标准的文字处理、表格处理、图像和演示制作、电子邮件、任务管理项目以及语音和图像识别等。
- 数据层存储的数据为应用层所用，以响应用户请求。数据可存储于本地盘、可移动设备和服务器。服务器可内部部署或远程部署，通过专门的私有路线或互联网/云端访问。设计信息系统的一大挑战是使应用程序必须等待数据请求响应的耗时最少化。另一个挑战是系统信息的现时性。这取决于数据多久更新一次——是分批更新（通常在低流量或低使用期）还是连续更新。能持续更新的系统是较为理想的，但是用户可能会发现其运行慢得令人沮丧。
- 通信层将一台计算机（或移动设备）与其他计算机或服务器联网，实现数据和应用程序的共享。网络可以是私有的，如局域网、私有云或虚拟专用网络。虚拟专用网络通过公共网络将安全私有的本地网络扩展到远程用户。这样，员工可以在支持的数字设备上实现远程办公。公共网络是通过互联网/云端来架设的。

数据集成

集成指的是一个系统中的用户可以共享相同数据的程度。企业资源规划系统的设计旨在让一个组织的不同部分访问相同的数据并更有效地运行。例如，运营部门能看到销售预期和订单并安排进度，物流部门能看到订单进度，而客户关系管理团队能访问客户历史、档案和当前订单信息。企业资源规划供应商确保其产品之间的集成。也就是说，薪酬应用可与集中数据库连接通信。

随着时间的推移，企业资源规划产品或套件已经接入更多的组织职能部门，包括人力资源。一个完整组织可选择的企业资源规划包括人力资源信息系统——这种技术支持人力资源功能，帮助人力资源部门采集、存储、维持、检索、修正和报告相关人力资源数据。

然而，有些人力资源部门可能发现企业资源规划有其局限之处。其应用程序是为普通用户设计的，可能无法用于独特的情况或满足用户的偏好。对于这些用户来说，有一系列人力资源技术产品可选，称为“单项优势”系统。虽然这些产品能与组织的数据库通信，成功的程度却不相同。（未经证明，不应接受兼容性的主张。）这意味着不得不手动添加相关的组织数据到系统数据库，导致资源消耗，而且可能造成错误。供应商或组织自己的信息技术部门也可以创建通往数据库的独有软件桥，但是也会消耗资源。

此外，个别人力资源部门和人力资源专业人士可能找到他们想要集成到其工作环境中的通用生产力应用程序（不是特别为人力资源设计的）。同样地，这些产品与常用企业资源规划或单项优势软件的兼容性也各不相同，而且可能需要信息技术人员帮忙实施和支持这些应用程序。

最终，一个组织可能拥有企业资源规划，人力资源部门可能拥有单项优势系统，个别部门可能购买了专门的应用程序为自己所用。安全性、一致性、控制权和集成性的实现变得越来越有挑战性。这就是人力资源部门和组织的信息技术部门建立协作关系的原因之一。评估技术采购的益处和风险是两个部门的共同关注点。

可伸缩性

大数据以及自动化和自助服务能力的提高产生了一个可伸缩性问题：如何在不增加

处理时间的情况下增加可存储的数据量，以及如何管理容量。最小化处理时间是一种技术设计挑战，而提高容量是一个经济挑战。如果当前实践中不制造浪费，就很难为未来需求建立容量。

这就是云计算受欢迎之处。服务订阅者只需为其使用的内存大小、处理时间或带宽付费。这项服务管理和维护硬件并确保其安全性。

云服务提供了灵活性和成本节省。对移动用户来说，这是访问组织数据最简单的方法，为组织节省购买服务器和建立数据中心或机房的巨大成本。然而，云计算的经济优势和风险必须两相权衡。云存储服务供应商是否有能力预防数据丢失（如通过应急备份系统）和阻止对数据未经授权的访问？是否能按需快速打上安全补丁并更新？

安全性

维护组织数据和工作流程的安全一直是个持续受到关注的重点。它影响系统的设计，设备和软件的选择，流程的运行和维护，以及旨在支持安全实践操作的政策。用户在购买技术时可能会关心：

- 集成出现的安全漏洞。例如，组织必须确信，访问组织系统的供应商只能访问某些区域，而且只有供应商可以访问信息，即应用程序中不存在后门来允许未知方未经授权的访问。
- 管理用户的安全级别。例如，用户将被分配安全分级保障，确保他们只访问信息系统中指定的区域。
- 治理。技术应有能力记录所有事务，从而显示是谁访问了系统、何时访问以及做了什么。

人力资源技术应用

人力资源部门可应用现有的技术产品到大部分核心及人才管理功能上。这些应用的范围如表 10-1 所示。

这些软件产品能：

- 使复杂流程自动化，并允许人力资源专业人士关注更具战略性和策略性的工作。申请人跟踪软件接收并保存应聘申请，使用关键词评估申请和简历，发送回复并安排面试和进一步筛选。软件包括招聘申请，在各种招聘网站和社交媒体上发布职位。申请人流程进展实现可视化。有些产品可整合其他应用，例如，直接接触合适的内部候选人的职业生涯管理计划，或能发现满足未来需求的部分候选人的劳动力规划。

表 10-1　人力资源技术应用的范围

核心应用	人才管理应用
• 员工记录。 • 工资单。 • 计时和出勤。 • 轮班管理（管理预定休息时段并为每个工作时段分配足够的技能工人）。 • 福利管理。 • 沟通（可以包括员工调查）。 • 数据分析。 • 项目管理。 • 报告制作（包括分析结果的图文演示）	• 人才招聘。 • 申请人跟踪系统。 • 招聘（在各个招聘渠道发布职位）。 • 聘前评估和筛选。 • 入职管理（跟踪上岗必需步骤的完成情况）。 • 绩效管理。 • 继任计划。 • 薪酬管理（一致性的内部评估、外部比较）。 • 学习管理制度（跟踪员工必需培训的完成情况）。 • 战略劳动力规划

- 用于其他应用程序的产品数据。例如，员工数据记录中的技能简介可用于发现那些具备组织所需技能和知识类型的员工。人力资源部门的人才管理计划可能关注上述人员，以确保他们的敬业度和保留度，并可能培养他们为领导职位做准备。

可穿戴技术能自动抓取员工数据。其表现形式是内置传感器的服饰或配件（如眼镜或手臂），有计算能力，能接入远程网络。当今的电子设备通常冠以“智能”前缀（如智能眼镜、智能服饰、智能手表）。从人力资源的角度出发，可穿戴技术能鼓励健康行为（如健身追踪器），通过解放员工双手来提高生产力（如智能眼镜），并监测员工处于紧张的身体状态下的健康和安全情况（如可穿戴定位和生命体征监测）。在采集和存储信息时，有关员工数据隐私和安全性的问题可能会随之发生。

- 支持数据分析，评估人力资源活动的效果和效率。例如，申请人跟踪软件的控制面板和分析结果能显示关键绩效指标，如聘用时间。
- 支持合规相关活动。申请人跟踪软件能衡量与内部招聘目标及法律要求的符合情况，并发布招募和聘用多样性报告。

软件即服务

人力资源技术可以被直接购买（作为独立的应用程序或人力资源信息系统的一部分），也可以通过订阅的方式购买。软件即服务是由一家或多家供应商拥有并远程交付和管理的软件模式。软件不是安装于计算机上，而是通过互联网随时交付给签约客户，可按需支付或基于使用标准来订阅。软件即服务应用通常在云端运作，意味着用户如需访问软件，仅需互联网使用权和可兼容的浏览器即可。

软件即服务可同时、安全地提供给多家客户。客户可要求提供额外容量、附加组件或性能。软件即服务供应商可提供相对无缝流畅的定期软件更新，帮助确保客户使用最新版本，享用最实时的维护和最与时俱进的增强。满足这些需求不用担心出现安装软件常见的技术或许可障碍。

软件即服务能为组织（特别是中小型组织）节省时间、金钱和资源。

人工智能和人力资源

人工智能的使用，即计算机模拟人类思维和行为的能力，将持续发展并为人力资源技术赋予新的能力：

- 自主学习机器可能基于所接收到的回应来改变它们的行为。它们不仅遵循程序指令（如人们可以看到语音应答系统中已定义的问答流程分支图），还将开始发展模型并将其应用于各种不同的情况，由此改善客户帮助热线的体验。
- 这些机器可配备视觉和语音识别，借此提高其学习能力，也使其对肢体受限用户更友好。
- 虚拟化可创造与用户轻松交流的听觉或视觉“代表”。

自助服务技术

自助服务技术可减少人力资源部门的实务性工作。

↘ 员工自助服务技术

员工自助服务技术允许员工访问个人人事数据，使他们能处理许多问题和工作相关事务，而原本这些都是由管理部门或行政部门的员工操作的。员工自助服务可通过入职流程为新进员工提供指导，提供所需交流，推进安全流程并允许他们登记福利。现有员工能记录日志和安排休假，提交开支报告，更新个人信息，管理他们的绩效评估和职业发展计划，并访问组织信息（如学习和职业机遇）。

对员工来说，这意味着重要信息可视化的改进和便捷性的增强；对组织来说，这可转化为大幅成本的节约和效率的提高。人力资源部门的人数通常随之减少。

员工能通过组织内网的网页进行自助服务，内网即组织“门户”，根据用户个人或群体量身定制，也能对接供应商（如管理退休计划的公司）的网站。门户由供应商管理，以减轻人力资源和信息技术的负担。24/7 全天候可用——每周、每天、每小时均可访问，深受时下员工的欢迎，这样他们在空余时间即可远程使用员工自助服务。对拥有跨时区劳动力且当地人力资源服务访问限制的组织来时，其需求也能得以满足。

管理者自助服务技术

管理者自助服务网站为管理人员提供员工实时数据和预算数据的访问，允许他们操作自己的事务，而之前这些需要由人力资源部门来完成。该服务还免去电子邮件的往返，使管理者能随时改变和推进工作。

通过管理者自助服务门户，管理人员能：

- 看到手下员工相关信息并生成报告。例如，管理者能使用管理者自助服务来配置并完成下属绩效评估文档、批准请假、生成员工信息的汇总报告。
- 完成各种事务，如批准加薪、员工晋升、批准请假或更改员工类别。门户可定制，允许管理者只处理某些事务。处理动作将自动生成通知传递给相关部门，如工资单。
- 管理包括绩效管理、继任计划和入职等功能。

和员工自助服务一样，由管理者处理事务能为人力资源部门节省成本并提高管理者和组织的效率。此外，摒弃了不安全的电子邮件或纸质表格，安全系统中的员工数据更有安全保障。已实施管理者自助服务的人力资源组织也报告改进了和内部客户的关系。管理者认为，人力资源部门更像战略资源，而更少充当实务操作工具。

信息技术采购流程

技术可以是一种资产，也可以是一种损失，这取决于人力资源专业人士在开展技术获取的过程中投入了多少心思。流程最开始先明确技术能解决的需求，再通过开发要求、确认并评估产品、成立业务立项及实施新技术来推进。

制定技术采购流程

获取并实施人力资源技术的流程取决于技术覆盖的范围。该产品是集成了内部数据库和外部供应商的人力资源信息系统，还是无须集成、仅面向一个用户的简单应用程序？所采取的步骤也取决于组织的文化和流程。组织是否有一个规定了步骤并指定了采购权的采购流程？组织是否有信息技术部门，并具体说明技术采购的要求？组织是否有一个想要用于所有内部和外部沟通的品牌？用户对变化的接受度怎么样？

所以要因地制宜地定制流程。采用系统的方法最小化错误和浪费将有益于技术的获取，不论其规模大小、复杂与否。

信息技术成为合作伙伴

信息技术部门或供应商是购买流程中不可或缺的合作伙伴。首先，该部门是组织当前技术以及许多技术产品的要求和性能相关信息的关键来源。他们知道该如何搜寻技术。其次，信息技术自身需求可能受人力资源技术的影响。信息技术部门领导要了解购入的技术将如何影响组织的信息系统。是带来冲突，还是安全漏洞？是否会造成服务器负担过重？再者，信息技术部门在提供必要技术支持、实施和维护方面功不可没。

确保信息技术的早期参与使流程本身更顺畅高效，并提高所选技术的质量和效果。

开展技术需求评估

选择技术的第一步是确定人力资源部门要求技术做什么。技术将如何改善服务和/或生产力？现有技术不应定义需求。事实是，技术能执行某个任务并不意味着它符合需求，或就是合适的解决方案。因此，流程必须从内部评估开始。

为了评估需求，人力资源部门应确定所有利益相关者，因为他们在整个流程中的参与是良好决策的依托。利益相关者包括那些签署采购合同的人、使用技术的人力资源员工和其他员工、参与实施技术的信息技术人员，可能还有合规专家。如果可行，人力资源部门可能想要成立一支采购小组，代表前述各个利益相关者的立场。表 10-2 列出了评估过程中必须回答的若干问题。

表 10-2　评估技术需求

利益相关者的要求	评估技术需求
人力资源部门的需求	• 与技术相一致的人力资源目标是什么？ • 技术解决了什么问题，或者赋予人力资源部门什么机会？ • 技术应做什么或产生什么结果？ • 存在哪些预算和技术方面的制约因素？ • 可能存在何种合规问题
用户的需求	• 用户将和技术怎么互动？用户需要了解什么、看到什么和做什么？ • 是什么限制了技术的使用（如文化水平、颜色感知、听力、高速访问、技术恐惧症）？ • 是否有不同类型的用户需要看或做不同的事情，或对数据有不同程度的访问？ • 用户需要访问的是哪些数据？它们位于何处
组织的需求	• 技术如何与组织当前战略保持一致？ • 技术如何与组织当前及未来需求保持一致？ • 组织的风险偏好是什么？组织倾向控制其行为到什么程度

优先满足技术要求

需求评估将产生一张要求清单，用于审核可用的技术方案并缩小方案选择。组织对灵活性和权限的优先考量将影响技术的选择。这些选择经常说明权衡的存在。对硬件或软件的直接所有权增加权限控制，但是也为组织带来一个难题：必须最小化运营和安全风险。但是，它削弱了灵活性和敏捷性，这些性能允许以更低成本快速改变技术。例如，因为组织正经历快速增长和变革，人力资源部门可能决定考察软件即服务解决方案。今天所用方案也许就跟不上明日的需求。然而，软件即服务解决方案必须包括一个可定制界面以契合组织的文化（或多种子文化）。技术也需要兼容已有的内部技术或供应商技术，以及社交媒体平台。软件即服务解决方案能满足这些需求吗？

人力资源部门应与信息技术顾问一起探讨是否使用集成方案。例如，ERP 人力资源信息系统能执行多个功能并服务于不同地点的多个人力资源部门；或使用多个小型单项优势系统，其中每个系统都能支持不同的人力资源部门或执行单个任务。表 10-3 对两种方案的优缺点进行了比较。

表 10-3　两种方案的优缺点

优　　点
集成解决方案 • 应用程序通常具有“观感”界面，让用户轻松学习和过渡。 • 利用集成数据和技术体系，减少管理多个结构的需求。 • 使多项人力资源功能的整合变得更方便。 • 因为只有一个供应商，所以减少了供应商管理的复杂性。 • 实施每个应用程序相比单项优势花费更少。 **单项优势解决方案** • 为每个功能领域开发“最佳匹配”解决方案。 • 因为系统更简单且覆盖的员工更少，所以该方案实施起来更快。 • 不要为全部需求锁定一家供应商。 • 促使供应商更快地响应用户需求。 • 有可能仅为功能性需求而购买
缺　　点
集成解决方案 • 因为系统的大规模和集成性质，方案定制的可能性极小。如果要定制或随着新版本底层程序包的发布维护定制，成本可能过高。 • 不必为每个功能领域提供最好的解决方案。 • 对升级是个挑战，因为一个功能改动可能会强烈影响其他功能。 • 复杂性延缓了新功能的推出和升级。 **单项优势解决方案** • 为各应用程序之间的数据整合增加难度。 • 因为缺少一致界面而增加了每个应用程序的学习曲线。 • 要求细心管理和多个供应商的关系，这具有一定的挑战性。 • 要求实现应用程序之间的互通性，这也不容易

需要与信息技术部门或供应商详细讨论组织的企业资源规划平台和单项优势应用程序之间的兼容性问题。执行预期的工作流程需要什么样的整合？如果购入的单项优势产品需要定制以执行一定的功能，或需要与组织平台整合，这个问题将变得更为复杂且带来昂贵的成本。当单项优势产品供应商推送升级时，需要信息技术部门与供应商的协作和充分的信息技术支持。

在考虑选择集成解决方案还是单项优势解决方案时，如何交付技术也很重要。有三种方式交付：

- 本地部署。通过本地部署方式，组织购买硬件和软件并安装于内部设备上，由内部信息技术人员或信息技术供应商提供支持。关键是和信息技术人员讨论组织适应并支持该技术的能力和意愿。
- 托管。如果采用托管方式，组织购买应用程序，但安装于供应商的网站上，并由外部信息技术人员提供支持。
- 软件即服务。有了软件即服务，公司无须购买或安装任何软件。这些软件为多用户开发且运行于供应商硬件上，组织只需订阅软件即可。该服务通过云端访问。

定义绩效目标

根据绩效目标对购买进行评估。例如：

- 目标预算是什么样？
- 技术启用的目标日期是哪天？
- 技术必须支持什么水平的流量？
- 技术将提供什么样的性能［如交易类型、传递参数（传递到期望信息等对象的所需点击数）、与其他技术的整合、报告、交易速度］？
- 人力资源部门、组织和供应商的职责分别是什么？

在选择供应商之前，基于对选择过程的下个阶段的了解，可以修改这些目标。

确认技术供应商并评估产品

在和供应商接触之前，调查潜在的供应商有许多方法：

- 搜索网络，笼统查阅文章和供应商网站。
- 查阅分析报告。你的组织可能订阅了高德纳公司或类似分析公司的调查报告，它们发布产品领域相关的背景信息和具体产品的评析。
- 向其他组织的人力资源同事请求推荐。
- 联系服务记录较好的现有供应商，询问它们是否提供附带所需功能的产品。
- 参加人力资源专业人士会议和技术贸易展览。在那里可能有和所需技术相关的演示和/或供应商展台。

一旦确认了几个不错的选项，人力资源部门与供应商就技术要求和限制应进行开诚布公的讨论。一名好的供应商要对客户情况了如指掌。推荐不符合客户需求的产品既不能为客户服务，也不能满足供应商。

因此，针对有效产品的绩效标准可能已发生变化。只要变化还符合组织需求和要求，就尚且能用。如果没有合适理由，就不需要添加功能。

选择一个技术供应商

一份描述人力资源部门的建议邀请书将发给几家供应商。作为回应，供应商将进行产品演示，并附上参考资料供人力资源部门使用。

选择供应商的流程与外包其他人力资源服务的流程相同。按重要性来选择和衡量标准，并为每个供应商评分。标准应不只包括成本和产品功能。关键是供应商可以提供支持，特别是在实施阶段。

成立技术购买的业务立项

技术成本如果过高，人力资源部门很大程度上需要获得管理层的支持。这要求制定一个业务立项，以获得管理层对组织资源投资的批准。组织领导者主要关注的是，采购如何与组织和人力资源部门的目标保持战略一致、将增加什么能力、将如何影响组织的风险级别，以及组织从投资中将获得什么样的回报。

表 10-4 的示例是购买申请人跟踪系统替代组织的人工招聘系统的情况。将当前人力资源部门与管理者互动的花费进行比较，互动工作包括：制定职位描述，按职位手动归档简历，发送计划表和简历给管理者审核，收集管理者决策意见，从面试流程到工作邀约对候选人进行跟踪，并跟踪候选人接受或拒绝邀约。成本包括人力和年度申请人跟踪系统产品许可费，还包括六名员工的培训费。

投资回报率反映了与备选方案相比，投资产生的价值。计算公式如下：

投资回报率=（投资收益 − 投资成本）÷ 投资成本

在这种情况下，投资收益是使用和不使用申请人跟踪系统各自所需运营成本之间的差额，即 312 000 美元。将成本数据应用于投资回报率公式，得出投资回报率为 1.15［（312 000−145 000）÷ 145 000］。投资回报率高于 1，说明申请人跟踪系统基本上是个不错的投资。

到了第二年，投资回报率会更高，因为仅需一名员工，花费仅需 60 000 美元，因此减少了 48 000 美元的成本［40 000 美元的工资+8 000 美元的附加福利（工资的 20%）］。系统年度许可费仍是 25 000 美元。如表 10-4 所示，投资回报率高达 2.71［（360 000–97 000）÷ 97 000］。这个收益再次说明申请人跟踪系统是个较好的投资。有人认为，对投资回报率的预测，第二年可能没有第一年那么准确。但是，结合新的信息可以调整投资回报率的计算。

表 10-4　购买申请人跟踪系统替代人工招聘系统的情况

第一年成本		第二年成本	
未使用申请人跟踪系统			
六名员工工资每人 60 000 美元	360 000 美元	六名员工工资每人 60 000 美元	360 000 美元
福利（工资的 20%）	72 000 美元	福利（工资的 20%）	72 000 美元
总成本	432 000 美元	总成本	432 000 美元
投资申请人跟踪系统			
一名员工工资 60 000 美元，另一名员工工资 40 000 美元	100 000 美元	一名员工工资 60 000 美元	60 000 美元
福利（工资的 20%）	20 000 美元	福利（工资的 20%）	12 000 美元
软件	25 000 美元	软件	25 000 美元
总成本	145 000 美元	总成本	97 000 美元
投资回报率			
收益（432 000 – 120 000）	312 000 美元	收益（432 000 – 72 000）	360 000 美元
投资成本（120 000 +25 000）	145 000 美元	投资成本（72 000 +25 000）	97 000 美元
投资回报率：（312 000 – 145 000）÷ 145 000	1.15	投资回报率：（360 000 – 97 000）÷ 97 000	2.71

实施和评估新技术

根据技术的复杂性，测试先在组织的一个组成部分进行，再推广到整个组织。测试为修正产品和加强培训（因为测试中会发现普通用户问题和难题）提供了机会。测试也是个机会，促使核心影响力群体接受新技术。

引进新技术的任务涉及人力资源专业人士的变革管理技能。通过展示技术的好处，人力资源部门为人力资源员工或用户提供充分的培训、支持和时间，培养他们对自身能力的信心，将纠正他们最早对新技术的抵触心态。人力资源部门应持续收集实施后的反馈，并与利益相关者沟通如何结合他们的反馈。

经过一段合适的时期，人力资源部门应根据原有标准评估项目。这需要收集早期更精确和更完整的技术成本数据，并重新计算成本。

人力资源部门也要调查利益相关者的态度。如果购买涉及与供应商的持续关系，那么这段关系也需要评估。例如，人力资源专业人士可能会考量供应商履行承诺的情况和针对上报问题的回应情况。

技术机遇和风险管理

技术让工作变得更轻松，能帮助人力资源专业人士更具生产力和高效，但是也会引发风险，因此必须对其进行预判和控制。未能遵守新数据隐私规定是其中一个风险。人力资源专业人士可以通过协助制定和实施有关技术使用的政策和程序，以及向所有员工传达可能的威胁和良好的“数字健康”，来管理技术带来的机遇和风险。

工作场所的技术带来的风险

技术会带来五花八门的机遇和风险，通常可以归纳为三类：

- 数据和系统安全。数据收集加快了工作场所的事务处理进度，提高了生产率、服务和决策力。基于这一点，数据成为组织最重要的资产。因此，必须保护数据，防止无授权访问和使用。
- 数据隐私。数据的收集、存储和使用必须透明化，并遵守政府的准则。
- 社会和道德影响。数据收集衍生的问题是如何使用数据。数据技术融入工作场所，由此催生出公平性话题。

数据和系统安全

对任何人力资源信息系统来说，安全性为重中之重。数据很容易被窃取、损坏和滥用。系统会被损害和操纵。例如，员工数据会被窃取并用于欺诈（如提交虚假的信用申请）。工资单记录会被抹去或篡改，进而干扰工作，欺骗组织。安全访问记录会被修改，进而破坏组织的实体设施或信息系统。专利信息会被窃取。

这些安全威胁可能来自组织之内或之外。风险可能是故意造成的，也可能是因为粗心或无知而无意引发的。

组织的安全措施必须解决以下问题：

- 电子存储的敏感数据（如个人或利益信息）的泄露。
- 个人敏感数据的丢失。
- 关键数据未经授权的更新。

保证数据安全是一项永不间断的复杂任务，常用的安全保护措施有：

- 限制对数据库和系统的逻辑和物理访问。
- 对在互联网传输或储存于系统服务器的数据加密。
- 防止黑客入侵和社会工程损害。

限制对数据库和系统的逻辑和物理访问

可以限制对数据库和系统的访问，如用防火墙——根据预设的规则，过滤传入和传出的通信的软件和/或硬件。对包含员工数据的数据库或对薪酬系统的访问可能只限于某些工种或个人。系统可以创建一个用于事务处理的可审核数字记录。通过密码或生物识别控制方式（如指纹）可确保安全访问计算机的数据和系统；培训员工，帮助他们认识解锁计算机带来的漏洞。更频繁地增强和更改密码。

对在互联网传输或储存于系统服务的数据加密

加密是将数据转换成一种格式，能保护其自然表示或原本含义。加密软件可用于存储或传输的数据。软件也能警示用户有人企图解密数据。

可能你已经对某一种网络加密形式颇为了解。当一个网站的 URL（统一资源定位符）带“https”前缀（安全超文本传输协议）时，其通过加密传输的数据提供更高的安全水平。网站带挂锁图标说明是安全的。

人力资源技术管理人员应和信息技术顾问讨论加密保护问题。用户，尤其是移动计算用户，需要了解加密的重要性并警惕不安全的网站。

防止黑客入侵和社会工程损害

黑客入侵是指未经许可企图访问数据的行为。一旦系统被入侵，数据就将遭到窃取、删除、篡改或损坏。如果遭遇勒索软件袭击，整个系统将因赎金勒索而中断。黑客会通过发送大量服务请求（拒绝服务攻击）到接入点发动洪水攻击，使系统瘫痪。恶意软件的植入会改变软件过程或破坏数据。

可通过未更新的防火墙之类的系统漏洞，或使用监视软件获取密码来非法访问。社会工程攻击也能捕捉可用于访问系统的数据。在计算机范畴内，社会工程指的是诱骗用户分享其信息，如密码、电子邮件地址或识别号码，从而达到访问系统的目的。

最常见的社会工程手段有：

- 网络钓鱼。要求提供信息或要求用户点击内嵌链接的电子邮件、电话、短信或即时信息。网络钓鱼使用用户已知数据制造合法环境。例如，一封假邮件发出的地址可能属于自己组织的一名高管。可通过搜寻网络公开信息而网罗地址。
- 假冒电子贺卡或职位空缺信息。电子邮件的附件是来自朋友或其他可信任来源的电子贺卡或职位空缺信息，而实际上附件包含的是可能感染计算机的有害程序。
- 虚假安全警示。声称来自信任来源的电子邮件或弹窗，警告你的计算机存在被感染或被黑客攻击的风险。声称能修复问题的链接或附件将感染你的计算机。
- “点击这个链接”骗局。电子邮件或社交网站引诱你点击一个链接来获得巨大优惠、浏览图片或视频，申领奖项或回报等。虽然链接经常看上去是合法的，但实际上它将跳转到有害的网站，窃取你的信息或感染计算机。

对用户进行教育是预防这些威胁的关键。一些网络安全服务提供用户培训，包括模拟网络钓鱼邮件演练。如果用户回复假邮件，他们将即刻收到一封纠错反馈。如果他们正确上报邮件为网络钓鱼攻击，则收到正面反馈。

用户培训应强调以下几个做法：

- 永远不要泄露密码给任何人，哪怕来源看起来是合法的。
- 不要向你不认识的人或没有合法需要的人提供私人信息（当面、通过电话、通过电子邮件或互联网）。
- 只点击可信任来源的链接。永远不要点击你不熟悉的来源的链接，除非你有办法独立验证其安全性。
- 删除不请自来的垃圾邮件；不要打开、转发、回复或点击其中的链接或附件。
- 如果邮件看起来不寻常，就要评估请求并调查。例如，你的首席执行官要求你提供员工数据，该请求可能看起来很有道理，但如果以前从来没有发生过，应该给首席执行官的办公室打个电话。

数据隐私

随着数据越来越重要，公众对不断收集的个人和交易相关的数据，以及如何使用这些数据也日渐不安。考虑到这些担忧，各个政府颁布了有关数据收集、存储、共享和使用的法律和法规。

欧盟在管制数据隐私方面一马当先。2016 年发布并于 2018 年实施的《通用数据保护条例》已成为组织设计和评估其数据实践的基准。其中一个原因是该条例的影响之广：《通用数据保护条例》可以约束任何在欧盟国家处理员工数据的人力资源组织，即使组织的总部不在欧盟；还有一个原因是不遵守规定将被施以重罚：高达 4%的年营业额（或收入）或 2000 万欧元，以较高者为准。《通用数据保护条例》对该问题的处理也很全面。

表 10-5 列出了《通用数据保护条例》对人力资源实践的影响。人力资源部门最重要的实践之一是对所有使用了员工/申请人数据的流程进行合规性审核。审核包括人力资源员工遵守数据隐私规定的准备工作。

表 10-5　《通用数据保护条例》对人力资源实践的影响

《通用数据保护条例》的主旨	人力资源部门的响应
透明度（如何使用数据）	• 向寻求数据使用明确许可的员工和申请人推送更新隐私通知
个人对数据的访问和权限	• 确定谁拥有数据（员工/申请人、组织、供应商），以及谁有使用数据的商业权利。 • 确保人力资源部门能快速回应员工访问或纠正数据的请求
数据处理的合法性	• 删除手册和协议中使用和提及“员工同意使用数据”的说法（协议规定不充分，必须依法遵守数据的使用）。 • 记录下所有数据处理活动的合理合法依据
数据质量及最小化原则	• 正式规定内部及供应商数据保留的限制。 • 制定和实施数据收集和留任政策
数据共享	• 和内部职能部门及外部供应商进行数据共享
数据迁移	• 绘制内部数据流，确定数据符合《通用数据保护条例》规则
数据泄露（有意或无意：因外部黑客入侵或因内部行为，如意外通过电子邮件发送员工数据）	• 实施数据安全措施。 • 制定和实施防数据泄露政策，确保 72 小时内上报泄露。 • 审核和使用与组织数据有关的离职协议
问责制	• 保留权限相关的综合记录。 • 对目前的做法进行评估（如员工监测和背景调查）。 • 实施培训和治理系统（内部数据保护专员、审核、惩戒准则）

社会和道德影响

随着技术首次引入工作场所，对数据的公平访问就成为一个问题。通过移动设备的网络访问扩展了数字访问，但对于求职者和远程工作者来说，这仍然是一个问题。

仅依赖网络的招募战略对那些有住房问题或无法持续使用网络和电子邮件的申请人来说可能是不公平的。对网络连接滞后的员工而言，自助服务员工门户并不友好。对视力或听力有缺陷的员工或申请人来说，有些数字内容可能无法访问。

社交媒体的搜索赋予潜在雇主发现更多求职人信息的能力，但是使用这些信息是否公平？信息是否完整和准确？信息的解析是否不带偏见？是否应给申请人机会解释申请被拒的证据？

员工记录包含大量历史数据。组织能否确保存储的员工数据将不会被用于歧视他们？和健康或家庭状况有关的信息是否影响到晋升机会？

目前，在人力资源部门的应用中使用人工智能更具挑战性。人工智能根据基于预测分析的算法或数学公式向员工或申请人推荐选项。从表面上看，算法看似完全客观，但实际上它可能基于不精确且有局限性的数据、有意识或无意识的偏见、偏见盲区。例如，员工可能因地点、年龄或背景不同而看到不同的内部工作机会。

员工使用技术的政策

Lisa Guerin 在《工作场所技术的适用政策》一书中指出，许多组织没有意识到工作场所技术政策的需要，或错误地认为现有政策能应对新技术。她的忠告是，拖延技术政策的拟定或更新将置组织于风险中，使组织资产暴露，而且产生潜在的法律问题。

本节内容检查有效的技术工作场所的政策和方法，适用于协作类领域、使用自己设备工作的员工以及社交网络。

管理协作风险

许多组织采用旨在维持结构的做法，同时在尽可能合理范围内，允许协作中出现人类互动的自然特性。部分有效的做法包括：

- 会议安排的时间能配合大部分与会者。

- 创建会议议程，估算并分配每个议题的所需时间。
- 为会议主持人提供技术工具的全方位使用权。
- 同时使用多任务技术（组件、VoIP、网页浏览器、智能手机等）确保与会者以多种方式参与。
- 记录下讨论/会议内容，便于无法实时参加会议的利益相关者访问并回顾结果。
- 使用通过码以确保只有受邀人才能访问并参与。
- 包括对源文件的访问（读/写）的权限等级，以确保源文件的完整性，同时跟踪已发生或拟发生的变动。
- 将法律免责声明包括于所有文件/项目中，阐述与会者的权利和责任。
- 在安全与权利保护的需要和用户友好的可访问性之间取得平衡。

“自带设备”

在许多国家，随着电子设备的使用激增，关于工作场所和工时的概念变得宽松了。员工不在办公室时用自己的设备工作和沟通将成为大势所趋。“自带设备”的做法对员工和雇主来说是个便捷性问题，许多人认为这是提高生产力的一个机会。既然员工使用自己的设备，企业因此可能会委托它们的信息技术部门为各种设备提供支持。

许多组织抵制自带设备，不仅因为这耗费信息技术人员宝贵的时间，还因为未被充分保护的设备可能带来安全威胁。此外，雇主在法律上需考虑的问题有：为员工在工作场所之外的工作时间支付薪酬，以及取回和/或保护员工自带设备上留存的专有信息。

然而，认为员工能完全遵守禁止自带设备的规定未免太想当然了。许多信息技术专家认为制定实际可行的自带设备政策对组织有好处，因为员工可以使用他们自己的电子设备访问组织的网络，但同时政策也定义了对个人设备的使用限制。

自带设备政策能做到：

- 当员工工作时间内在办公室上班时，其个人设备的使用受到限制。其目的是阻止失去生产力（因检查个人电子邮件和社交网站导致），规定雇主的责任（例如，如果员工用自带设备行不法或不道德之事，如开车发短信或观看色情网站），以及保护雇主的资产和其他员工的隐私（例如，不限制使用自带设备的网络摄像头）。该政策应阐述已许可和未许可的使用。

- 规定哪些设备将得到信息技术部门的支持，以及使用设备的要求（例如，信息技术部门批准并配置所有访问网络的应用程序，审核和确认合适的安全工具）。
- 详细说明财务安排（如报销使用个人移动设备的费用）和法律权利（抹去或清除设备的权利，而无须对员工的个人数据负责）。
- 明确安全措施，例如，要求正确的密码保护，没有信息技术部门批准禁止下载应用程序，禁止用个人计算机访问虚拟专有网络。

人力资源部门必须在其组织离职检查清单中加入从离职员工的设备中删除访问能力的要求。人力资源部门应和组织的法务顾问合作，确保政策和做法不会违反任何国家或地方法律，如和密码隐私相关的法律。

工作场所社交网络的使用

社交网络一般是指具有共同或共享利益的个人以群体方式在线聚集。社交网络服务或社交网络站点将具有相同兴趣的人连接在一起，即使他们处于不同的地理位置。网站允许用户创建简介并以各种方式（如交换私人或公共信息）与他人互动。社交网站内置各种工具，包括电子邮件、博客、即时短信、文本、直播、拍照和视频等。

众多专家建议，社交媒体中的“社交”一词是不合适的，因为它贬低了技术的商业用途和其他更实用的增值用途。例如，组织会阅读客户和员工在社交网络上的留言，以了解这些重要的利益相关者的观点。人力资源专业人士可利用社交网络推广组织的职位信息，并创建雇主品牌。他们可使用专业网站与时俱进地跟上人力资源趋势和观点，并和其他人力资源专业人士交流最佳实践。他们可利用架设于组织自身信息系统的社交网站，来创建项目团队或学习小组。网络增强了沟通和协作。

虽然社交网络创造了机会，但也给组织和个别员工带来了风险。如果员工发布有损组织或客户的留言，或泄露专有信息，组织将面临名誉受损的风险。还有一个问题是，组织有责任保护其员工不受其他员工的行为和言论的影响，例如，不被员工贬低，恐吓其他员工，或者避免员工披露同事的私人信息。

社交网络发布信息引起的风险导致一些雇主违反个人隐私权。例如，在 2013 年，有些雇主（特别是在美国）开始要求职位候选人提供他们的社交媒体密码，这样雇主可以浏览他们的网络简介。这引发了全球对该做法的合法性和道德观的讨论。自那以后，许多司法管辖权推行相关法律，保护候选人和员工不用被迫提供这些信息。

制定同时适用于雇主和员工的、周全且相互充分理解的社交网络政策不失为一个更好的解决方案。

↘ 制定社交网络政策

与社交网络的使用有关的政策和做法有助于平衡工作场所，既要重视人才、保持和谐，又要保护组织的专有信息、安全和法律利益，以及其他员工的隐私和福祉。

就业法律专家 Lisa Guerin 对想要制定社交网络政策的人力资源专业人士提出如下建议：

- 辨识关键风险。例如，患者隐私对医疗健康供应商来说是个关键风险因素。
- 审阅组织的员工手册，确定所包含的相关政策和实践是否可行，员工是否需要签署确认书。
- 和组织的信息技术部门或顾问探讨风险和顾虑。
- 和组织的法务顾问协议关键的合规问题。
- 使拟定政策与组织的文化和既定的价值观相一致。过分严格的政策可能损害组织与员工的关系。
- 制定书面政策，确保领导彻底审阅并做出承诺。政策可包括：
    - 关于组织资源（技术和时间）的使用禁令以及组织的监督权。例如，组织可保留权利监督所有技术的使用，以及在组织设备上展开、访问、发送或接收的通信，不管在办公室里的设备还是雇主提供的设备（如手机和移动计算设备）上。
    - 禁止发布或泄露任何机密、专有或知识产权信息。
    - 要求雇主批准发布有关于雇主设施、产品或服务的帖子。
    - 个人对组织的产品或服务认可的规定。
    - 与同事有关的个人发帖规定（如性骚扰零容忍、网络霸凌或威胁）。
    - 关于员工将对任何违反法律和政策的行为（包括匿名发帖）负责的声明。
- 传达政策并要求签署相应的确认书。
- 对员工和管理层一视同仁地执行政策。
- 保持政策实时更新并按需修订。

可能或确实会出现需要组织读取或监控员工电子邮件、网络浏览记录、博客等的情况。最好的策略是提前告知员工，他们的通信记录可以被读取或跟踪。告知员工潜在的监控措施可能对不正确的通信是一种震慑。员工通信隐私的法律权利部分取决于他们期望拥有多少隐私。如果组织告诉员工他们的通信不是隐私，而员工仍质疑保密性，这对他们来说可能有麻烦。

如果组织给具体个人（如媒体内容审核员）分配了监控的职责，实施社交网络政策将变得更轻松。该人员可以持续浏览网站并立即删除违法或专有内容，也可以将有趣的评论或想法发给组织内合适的人员。

SHRM

第3部分

人力资源专业技能：工作场所

接下来的四章将提供学习材料，帮助你学习人力资源专业技能胜任力中工作场所知识领域包含的四个人力资源技能知识领域。这四章为读者提供了所需学习的内容，以便为应对工作场所知识领域中的知识点做好准备。但是，请注意，第 14 章阐述了中国考生不需要接受美国相关就业法律与法规测试的原因。因此，第 14 章中并无相关学习内容。

虽然本部分包含一些法律内容，但不应将其解释为法律建议或与具体的实际情况相关。如果缺乏对所有相关事实、雇主的政策和惯例，以及雇主经营所在司法管辖区适用法律的全面、仔细、保密分析，那么任何一般性法律声明（不管看起来多么简单）均不能适用于任何特定的实际情况。

在 SHRM-CP®和 SHRM-SCP®考试中，工作场所知识领域的内容占 14%。这些概念通过知识点进行测试。

第 11 章 管理全球劳动力

管理全球劳动力侧重从多国、跨国和全球角度论述组织成长和劳动力的相关问题。

全球劳动力

科技持续用于创建一个更加全球互联的市场。一些组织正在向境外扩展业务并组建多元文化劳动力队伍。另一些组织也正在为其商品和服务或跨国供应链创建跨国市场。人力资源部门有助于组织充分获得全球化带来的利益；但是，为此，人力资源专业人士必须理解全球化背后的原则和组织获得全球化利益的各种方法。

制定全球战略是成功驾驭全球化环境的关键。为此，人力资源部门应就跨境工作等重要问题制定并遵守组织政策，因为这有助于避免组织在全球扩张时出现的一些问题。制定该等政策并将其渗透进整个组织里需要人力资源部门领导层的支持。

随着组织在全球范围内扩张，组织可能需要将员工派遣到国外的岗位上。从员工派遣之初到成功返回和再调整的过程中，如何妥善选择、安置和支持这些员工？对于负责协助这一过程的人力资源专业人士来说，这是他们关注的关键问题。

全球化

由于全球事件发生和影响企业的速度不断增大，理解全球化对于在当今的全球经济中成功运作至关重要。需要理解的内容包括全球化的背景和定义，以及影响全球化的因素（如全球危机和超链接）。

现代全球化的根源

如表 11-1 所示，有若干日期可以视为现代全球化的起点。

作为一种纯粹的经济现象，国际贸易的扩张是从 1944 年的《布雷顿森林协定》开始的。该协定是第一个经过全面谈判的多边贸易协定，因此也可能标志着现代全球贸易的开端。

表 11-1 全球化时间线

年份	事件
1984年	Apple Macintosh 问世：个人计算机普及（以及工作生活和个人生活融合）的转折点
1990年	在互联网上发布首个网页，标志着当今超链接全球社区的开端
1994年	《北美自由贸易协定》获批：《北美自由贸易协定》成为鼓励和简化全球一系列贸易协定的一部分
1996年	智能手机：诺基亚推出第一款智能手机
2002年	欧元：欧元取代欧盟大多数成员国的货币
2003—2005年	科技公司：领英、YouTube 和 Facebook 成立，谷歌首次公开募股，苹果推出 iPhone。全球互联加强
2008年	经济衰退：全球经济衰退开始
2012年	外商直接投资的全球性转移：流入发展中国家的外商直接投资首次超过了流入发达国家的外商直接投资
2016年	泛太平洋伙伴关系：关于泛太平洋伙伴关系贸易协定的讨论甚至在该协定正式确立并获得国际接受之前就造成了影响，人力资源部门必须对此做出回应和准备
2016年	英国脱欧：这是“英国退出欧盟”的缩写——2016 年 6 月英国选民公投退出欧盟。公投扰乱了全球市场和货币，英镑跌至几十年来的最低水平。英国于 2020 年 1 月 31 日脱离欧盟，但在 2020 年 12 月 31 日前的过渡期中仍受欧盟规则约束
2018年	关税：美国大选后旋即宣布开始加征关税。此举导致了全球贸易市场的关税连锁反应；因此，各组织需要迅速做出反应
2018年	《通用数据保护条例》（欧盟隐私法）：《通用数据保护条例》在欧盟颁布；该条例规定了用户数据在欧盟内存储和使用的方式，对跨国组织造成了级联效应。尽管该条例只在欧盟内执行，但许多组织变更了它们在各国的政策，以确保符合该条例的规定

但是，21 世纪全球化的根源，也就是托马斯·弗里德曼所说的“全球化 3.0”，在 20 世纪 80 年代和 90 年代显得尤为清晰：在那段时期，政治、经济、社会、技术、法律和环境（PESTLE 分析）事件都汇集在一起。20 世纪末的标志是柏林墙的倒塌、个人计算机和互联网的兴起以及贸易壁垒的消除。

不断加速和扩展的互联从此正式开始，并成为当今全球化的特点。如今，连发展中国家的农村也可以实时参与全球信息交换。

表 11-1 并不是明确的时间列表，而是想表明塑造了全球化演变的 PESTLE 分析的范围和互联。这些因素共同勾勒出当前世界经济加速互联互通的大致轮廓。

在有谷歌地图和谷歌翻译、在区域自由贸易区和经济共同市场允许随意移民的世界里，那些曾经定义“全球”的特征本身已经发生改变。无论过去如何，当今的全球化是个高度动态的概念。它的特征会随着其环境的变化而变化，对其本质的看法在很大程度上受个人观点影响。

正是这些个人观点的范围定义了当今全球化的关键悖论，以及全球化给人力资源专业人士带来的严峻挑战。

除了引起和影响现代全球化的那些造成政治、经济和技术变革之外，全球危机也极大地影响了全球化的传播和成长。

全球危机

全球危机已经清楚地表明，世界本身就是一个体系，牵一发而动全身。

- 经济危机。虽然 2009 年的经济衰退始于美国金融业（2008 年），但到了 2009 年，它已演变成一场急剧的全球经济衰退，不仅影响了发达国家，更影响了发展中国家。相互关联的金融市场削弱了资本来源，发达国家进口的急剧减少削弱了发展中国家，这进而削弱了发达国家的出口。
- 气候变化。二氧化碳和其他气体水平上升导致的变化没有政治边界。趋势是重视气候变化并承认其某些成因。各经济体一直在单独和集体采取行动。
- 流行病。像传染病一样，流行病是指会传播的传染性疾病或病毒性疾病。与传染病不同，流行病不局限于一个特定的地理区域。根据世界卫生组织的描述，且从新型冠状病毒肺炎的广泛影响可知，一场流行病有可能影响全球众多地区和国家的千百万人。人们对新型冠状病毒、甲型 H1N1 流感病毒、埃博拉病毒或寨卡病毒等传染病暴发的了解和防范意识不断加深；这凸显在疫情暴发期间和为疫情暴发做准备时沟通和协调全球应对的必要性。
- 执政党权力更替。当政府的执政党更替时，新的政党可能会在经济、贸易和移民等方面制定新的政策。如果这些政策明显不同于旧政策，且如果其制定迅速导致国家和组织无法提供意见、做出反应或调整，那么这些政策可能会在全世界范围内引起重大问题。

上述每一个例子通常会在许多方面影响人力资源。无论面临何种全球危机，各组织都必须准备好去充分了解和应对该危机。这些全球危机之间还可能相互影响。例如，执政党权力更替可能导致经济危机，或气候变化的影响可能加速执政党权力的更替。

世代对全球化的影响

在劳动力大军中有整整一代人（千禧一代）对全球化的看法可能就像鱼对水的看法

一样。他们无法真正了解以前没有全球即时通信的世界。那种虚拟的联系进而大大降低了实际全球旅行在他们眼中的艰巨性（除了它在全球经济大衰退后的世界带来的经济挑战）。

然后就是 Z 世代（千禧一代的后半批），他们正准备涌入劳动力市场。Z 世代被称为第一代“数字原住民”，在蹒跚学步之初就了解科技，从未经历过网速缓慢或根本没有网络的世界。他们在数字化环境中成长，具有更强的全球意识，接触过反恐战争和全球金融危机等全球事件。科技（社交媒体、短信、视频、员工门户网站、移动设备）与他们的生活密不可分。Z 世代喜欢多元化、平等与包容性，因此他们很容易在世界范围内结交朋友。

同时，劳动力市场上仍有一代年龄较大的劳动者。他们最初之所以在办公室里使用科技，仅仅是因为他们的雇主买得起计算机、打印机、传真机和早期的移动电话。与千禧一代和 Z 世代相比，这些老一代劳动者中有部分人并不是特别能领悟全球化，他们可能仍将世界视为在政治、文化和经济方面二元对立的离散岛屿。

因此，对全球人力资源来说，管理多代劳动力至少与管理多元文化劳动力一样具有挑战性。

全球化定义

托马斯·弗里德曼从一体化的程度和加速的角度来看待全球化。他将全球化定义为：

> 市场、民族国家和科技的必然融合达到前所未有的程度，使个人、企业和民族国家比以往任何时候都能更远、更快、更深入、更便宜地连接到世界各地，并使世界能够比以往更远、更快、更深入、更便宜地连接到个人、企业和民族国家。

还有人将全球化的各个方面描述为“一个相互联系的网络”或“人（劳动力）和知识（技术）的跨境流动”。虽然至今没有统一的全球化定义且对全球化的描述远多于本文，但有一点很明显：全球化改变我们看待身边世界的方式，也改变我们与各动态力量互动的方式。

我们看看关于微博/社交网络平台（Twitter）的如下事实：

- 2006 年 Twitter 上线时，超过 98%的用户选择英语作为主要语言。到 2013 年 12 月，仅 51%的用户选择英语。

- 到 2014 年 1 月，Twitter 的 2.32 亿活跃用户中有 78%居住在美国以外的地区。
- 2011 年之前，选择阿拉伯语作为主要语言的 Twitter 用户占比为 0。在该年的“阿拉伯之春”运动发生后，这一数字上升到 3.17%。
- 2013 年 11 月 7 日——Twitter 在纽约证券交易所上市的首日，Twitter 的收盘市值为 244.6 亿美元。

上述几点不仅表明 PESTLE 分析相互关联的方式，而且表明 PESTLE 分析推进全球化且由全球化推进的速度越来越快。几乎不可能把某个故事（如 Twitter 上的故事）划分为政治、经济、社会、科技、法律或环境类。在全球化的世界里，所有这些力量都是相互联系的。

以 2011 年日本地震和海啸为例。2011 年 3 月 11 日，当地时间下午 2 时 46 分，日本东京东北 231 英里处发生了 9.0 级地震。地震的后果包括：

- 地震引发的海啸激起了 100 英尺高的海浪，造成数千人死亡及约 25 万亿日元（合 3000 亿美元）损失，破坏了日本 54 座核反应堆中的几座，引起了辐射泄漏，瓦解了日本主要的能源生产基础设施。
- 许多行业（包括制药、汽车制造、轮胎和橡胶制造、钢铁制造和消费电子产品制造）的众多跨国公司停产，导致全球供应链中断，许多企业的收入和营业利润发生灾难性下降。
- 世界各国开始重新评估它们在核能方面的投资，不少国家停止（至少是暂时停止）拟议和已启动的设施建设和升级。

这一事件产生了全球性的 PESTLE 分析效应，扰乱了全球供应链和国家能源政策。这次日本海啸也再次证明，在全球化的世界里，任何事件都不再是纯粹地方性的。

在研究当今塑造全球化的两种全球力量之前，我们不妨回顾一下以下首要因素，以便更好地理解这两种力量（或任何其他全球力量）。

- 全球力量需要仔细分析。人力资源部门应努力了解哪些全球化事件、力量和趋势是对特定组织和该组织中的人力资源部门职责非常重要。重要的是，人力资源部门要区分大规模的力量和趋势与更即时的事件和“趋势性”现象。以上这些都可能很重要和/或具有关键影响，但需要以不同的方式来理解和解释。全球变暖不同于 2005 年美国的卡特里娜飓风或日本海啸等事件。同样地，社交网络的影响也不同于领英突然比 Facebook 更受欢迎。
- 全球力量应从它们之间联系的角度来看待。虽然塑造全球化的各种力量可以表示为 PESTLE 分析，但这些因素实际上是相互联系的，且只有将这些联系考虑在内才能得到充分理解。以全球变暖为例。全球变暖是一种会带来社会后果的环境现象，但它亦会受到经济力量和政治行为（或不作为）以及法律和技术对策的影响。人力资源部门应该了解每项重要的全球力量、事件或趋势影响下列项目的独特方式：

- ○ 母组织的总部及其各子组织或东道国。
- ○ 其所在行业和竞争格局。
- ○ 其组织的总体目标和战略。
- ○ 当母公司要实现某个力量、事件或趋势的效益最大化且成本最小化时，人力资源部门在其中必须发挥的作用。

- 全球力量具有独特的文化内涵。虽然某特定全球化力量的影响具有全球性，但不同的文化、行业和组织对这种影响的感受可能会各不相同。再次以全球变暖为例。它对发展中国家和发达国家的影响是不同的，对非可持续（石油、煤炭）产业和可持续（风能、太阳能）产业的影响也是不同的。

全球化及其从发达经济体转向新兴经济体

在弗里德曼于 2000 年描述的全球化体系中，美国是“唯一、占主导地位的超级大国”“所有其他国家都在某种程度上服从美国”。2007 年，弗里德曼认为全球经济的竞争环境是平等的。随着时间的推移，欧盟和中国加入了超级大国的行列。在评估当今地缘政治格局时，美国、欧盟、中亚和南亚、非洲和南美都是重要参与者。

↘ 外商直接投资

这种持续转移的主要标志和全球化的重要特征就是迅速增长的外商直接投资，即外国资产对国内结构、设备和组织的投资。根据联合国贸易和发展会议的数据，2012 年，流入发展中经济体的外商直接投资首次超过流入发达经济体的外商直接投资。这一趋势延续到 2013 年，流入发展中经济体的外商直接投资达到创历史新高的 7780 亿美元，占外商直接投资总额的 54%。

此外，还有一些值得注意的新动态。

- 由于设在发展中国家的跨国公司收购了发达国家公司在发展中国家经营的附属公司，新兴经济体的外商直接投资流出也创下历史高点。新兴经济体投资占全球外商直接投资流出的 39%，而在 21 世纪初期这一比例仅为 12%。

- 最贫穷的国家对采掘业投资的依赖大大减少；90%的新项目属于制造业和服务业。
- 2013 年是经济衰退后外商直接投资首次出现增长的年份，但这种增长并不是均匀分布的。《外商直接投资情报杂志》发布的《2014 年外商直接投资报告》是对绿地（从头构建起来的新业务）外商直接投资的年度回顾。该报告指出，外商直接投资增长最快的是中等规模的新兴经济体，如尼加拉瓜、缅甸、越南、伊拉克、约旦、哥伦比亚、秘鲁和莫桑比克。相比之下，全球外商直接投资最多的中国和美国的外商直接投资略有下降。

全球人口二元态势

从发达经济体向新兴经济体转移的另一个关键部分是平行的人口变迁——Brad Boyson 在《全球人力资源专业人士手册》中将其描述为“人口二元态势”。大体而言，新兴经济体的劳动力日益呈现出不相称的年轻化，而发达经济体的劳动力正迅速老龄化。评级机构穆迪公司的一项研究指出，目前有三个超过五分之一人口年龄在 65 岁或以上的“超级老龄化”国家（德国、意大利和日本），但在 2020 年，有 13 个这样的国家，其中大部分在欧洲。到 2030 年，美国、英国、中国香港、韩国和新西兰也将加入这一行列。（值得注意的是，美国推迟加入这一行列的部分原因是相对强劲的移民势头为其带来了更年轻的人口结构。）穆迪公司认为，老龄化会导致全球经济增长放缓。

Boyson 将新兴经济体当前的现象与西方在 20 世纪七八十年代受教育程度较高的婴儿潮一代进入劳动力市场时经历的“人口红利”相比较。人口膨胀的那代人正准备离开劳动力市场，导致发达国家在经验丰富、训练有素的劳动者方面出现相应“人口赤字”。

世界范围内人均寿命的延长、生活水平的提高和人口增长率的降低都加剧了这一基本二元态势的影响。麦肯锡全球研究院的研究发现，2020 年，在老龄化的先进经济体中，高等（大学和研究生）学历劳动者的供需缺口达到了 11%。

2016 年 SHRM“未来洞察”报告列出人力资源部门面临的关键挑战：“随着劳动力市场状况的改善，以及世界各地对有技能和受过良好教育的劳动者的需求增加，各组织发现争夺优秀人才愈加困难。”人口二元态势和随之而来的教育挑战是这一挑战的核心。

逆向创新

这是新兴经济体增长的最后一个值得探讨的方面。“逆向创新”是 Vijay Govindarajan 和 Chris Trimble 在其同名著作中创造并推广的一个术语，是指为新兴市场或由新兴市场创造，然后引入发达市场的创新。也就是说，它颠覆了在富国开发产品和工艺然后在穷国销售的这一传统创新模式。

Govindarajan 在他为《哈佛商业评论》撰写的博客中引用了以下例子：

- 一家为世界各地的汽车制造商、消费者和其他企业（包括豪华汽车的精密视听系统）构思和设计产品的美国公司，为新兴市场的中端和入门级汽车开发了一种简单得多、便宜得多的系统。这款低成本系统后来经改造用于发达市场的更高端汽车。
- 美国一家跨国企业集团的医疗成像部门为印度农村开发了一种售价 800 美元、电池驱动、易于使用的便携式心电图机（相比之下，他们在美国销售的心电图机为 1 万美元）。这些产品现在也在发达国家销售，创造了新的应用空间和公司成长，而不是与更大型的机器竞争。

另一个例子是，一家美国跨国科技公司打破了高端设计和价格的界限，在提供高端智能手机的同时，推出了便宜些的智能手机。该公司还设计开发了更为实惠的手机，配上色彩鲜艳的风格化塑料壳，以便角逐新兴市场。该公司最终还将该款智能手机作为低成本替代产品在发达国家推出。（另外，有多色保护套可供选择将这款手机明确面向年轻人市场；参见上文关于人口二元态势的讨论。）

逆向创新并不仅限于产品。一家运营超市、折扣百货店和杂货店的美国跨国零售公司在尝试进军新兴市场之初栽了跟头，尽管它以低价为卖点。该公司后来成功了。部分原因是该公司根据当地人的偏好大大缩小了商店规模，因为这样，当地人可以更快更方便地购买日常必需品（以更小、单人用包装销售——这又是一种逆向创新）。这些占地面积更小的商店已引入美国和其他发达国家，并受到竞争对手效仿。

或许，逆向创新的最重要一点是它反映出来的全球战略变化。当跨国组织的创意流、商品流、服务流有多个方向时，该组织就成了真正意义上的全球化企业。当这种现象重复得足够频繁时，全球化就完全成为现实。

超链接

世界经济论坛将“超链接”定义为“人与物在任何时间、任何地点不断增强的数字互连”。这是全球化“加速互连”的纯数字/虚拟方面。超链接正在塑造全球化，正如全球化放大科技在加快新产品、新工艺和新文化现象方面的作用一样。

超链接（即刻、不断在全球范围内联系）很可能是当今全球化的典型现象。超链接不仅涉及我们现今使用的各种工具（从台式电脑和笔记本电脑转向智能手机和平板电脑）以及这些工具的连接和性能的不断提速和加强，而且取决于各组织和国家如何使用这些工具——社交网络、博客和微博的普及以及数据挖掘能力的增强。综合来看，超链接的这些净影响比仅仅增强连接要广泛得多，而且远远不是那么立竿见影的。

随着数据挖掘和分析能力的不断提高，人们可以测定和分析新类型的数据，提出新的问题并建立新的标准。这很重要，因为测定对象往往就是行动对象。尤其是，凭借这些能力，我们能够对迄今因似乎过于主观或“软性”而无助于战略决策的业务各方面采取统计上有效的措施。

在全球迅速传播和实施的创新技术可能造成社会和企业都没有准备好面对的问题。全天候（24/7）全球工作场所的出现可能会大大提高效率，因为无论白天还是晚上的任何时间，任何员工在全球的任何地方都可以通过移动电话或平板电脑完全投入工作中。但这无疑给人力资源部门带来一系列新挑战，因为这牵涉到工作和生活的模糊化以及达到适当的工作/生活平衡。

这种非期望后果的另一个例子涉及组织如何收集、存储、处理和访问关于大范围人类活动的数据。提高生产力的这种技术能力也引发了人们的担忧——人们认为，有必要从法律上保护数据隐私。近期的一些例子表明，企业、政府和个人现在都必须处理隐私的影响：

- 在关于“被遗忘权”的案件中，欧盟法院裁定一家专门从事互联网相关服务和产品的跨国科技公司必须应要求删除其持有的个人数据。
- 揭秘者 Edward Snowden 披露了美国国家安全局的行动，这在全球引发了公民和领导者的强烈反应。
- 美国联邦贸易委员会呼吁，要向人们提供查看、控制和修复其信息的工具，以此来保护消费者的数据免遭未经检查的采集和分享。
- 在与美国重大政治活动相关的人员的信息安全遭到破坏之后，维基解密将私人电子邮件曝光。
- Facebook 收集数据以及其向各组织提供用户信息一事已是众所周知。

遵守不同的数据隐私法律要求是全球人力资源部门的重要义务，但新技术能力带来的数据隐私问题的范围和复杂性表明，人力资源的角色需要远远超出合规。

全球组织

新的全球组织可以是企业、政府机关、非政府组织、非营利组织、协会或教育机构。它可能是大型的或小型的，可能是跨国结构的，或者只是从事国际贸易。例如，一家在世界各地拥有子公司的大型瑞士制药公司，或者一家拥有数百名员工、为世界各地的公司开发在线游戏应用程序的中国公司。

《走向全球》的编辑 Kyle Lundby 指出，成功的全球组织通过整合四个结构/战略要素，“有效地利用和发挥其全球足迹”：

- 物理分散——该组织在多个国家运营。
- 战略目标积极利用思想、人员和文化的多样性。
- 通过明确的单一组织身份来实现统一。
- 有目的地选择全球化；认识到自己的全球影响力，并利用地理和文化多样性来实现它们定义的成功。

随着企业实现全球化，它们也认识到全球融合的组织往往更富有创新力。全球劳动力为整个学习型组织贡献独特的视角和过程。例如，某家美国跨国科技公司的研究部门在中国、埃及、德国、印度、以色列、英国和美国都设有研究中心。尽管做出这个决定的原因可能有很多，但这些世界性的研究中心有助于突出该组织的特点，并增强该组织的全球竞争力。

↘ 全球人力资源的角色

无论企业的结构或经营范围是什么，全球化都会同时带来挑战和好处。为此，领导者必须制定好战略，使组织的目标和资源契合不同国家的运营、法律和文化要求。全球人力资源专业人士将通过如下途径在支持战略管理方面发挥重要作用：

- 参与制定组织的特定全球战略。
- 根据组织的全球战略调整人力资源流程和活动。这些活动包括：
  - 吸引并留住具有实施组织战略所需知识和技能的领导者和员工。
  - 培养组织对全球化的认识和对组织构成文化的欣赏。
  - 实施相关流程以加强知识的整合和交流。
- 增进组织与其利益相关者之间的沟通。
- 确保人力资源部门拥有相关技能、知识和资源，以履行其全球角色并展示其在全球战略管理中的价值。

- 根据需要调整其流程，以适应全球组织每个方面的文化环境和法律环境。考虑到文化和法律框架的复杂性，人力资源专业人士可能需要咨询当地专家和其组织的法律顾问。为了更好地理解这些法律建议，你还可以初步研究与组织有业务往来的特定国家法律。

全球战略

寻求跨境业务扩张涉及相当大的财务和战略风险以及对资源的投资和配置。这些成本和风险有助于解释为什么制定全球化战略是全球扩张的关键先行步骤。一个组织可能经历过这些工作的积极影响也经历过消极影响，所以它的全球扩张应该有令人信服的理由。

全球化的推拉因素

理解全球扩张的原因有助于解释一个组织关于如何全球化的后续战略决策。这些原因可以分为“推”和“拉”两类。为了应对商业环境的变化，组织被推向了全球化。通过全球化实现更大组织价值的愿景把组织拉向了变革。下面一些因素同时体现了推动因素和拉动因素。

推动因素

在某些情况下，组织是由其行业的竞争因素推向全球化的。这些因素包括但不限于：

- 开拓新市场的需要。在本国的市场机会没有多大空间后，一些公司开始到海外寻找新的消费者和发展机遇。2008 年，某家韩国公司（企业集团）在手机市场上只占很低的份额。为了发展，他们必须打入西方市场，与市场领导者（某家发布了主导市场的智能手机的美国跨国科技巨头）展开激烈竞争。从 2011 年开始，这家韩国公司在营销和研发方面大量投入，并开始与另一家美国大型科技企业合作。结果是这家韩国公司在世界市场的份额迅速增加。到了 2013 年年底，这家韩国公司的全球市场份额已超过 32%，超过了包括市场领导者在内的所有竞争对手。然而具有讽刺意味的是，这家韩国公司 2014 年利润下滑，部分原因是中国竞争对手希望扩大自己的市场，因此生产了便宜些的智能手机，由此为韩国公司带来了新的竞争。

- 成本压力增大和竞争加剧。运营成本和劳动力成本的增加以及竞争的加剧导致许多公司难以达到持续运营所需的利润水平。全球化已成为削减成本和保持盈利的出路。不过，值得注意的是，这种成本削减的形式正在发生变化。早些时候，公司通过离岸外包（追求发展中国家较低的劳动力成本）来削减成本；但现在，运输成本的上涨、发展中国家工资的上涨、自动化程度的提高和在某些情况下负面宣传的影响正在抵消这种成本削减。另一种较新的成本削减模式是设立离岸运营机构，以便将生产转移到更靠近新离岸市场的地方。也就是说，原则不变，但具体的激励因素在变。
- 自然资源和人才供应短缺。由于发达经济体的原材料资源越来越匮乏，企业为了节省成本而将业务转移到更靠近这些原材料的新来源地。企业选择全球化还可能是由于需要在当地无法获得的特定技能。例如，由于训练有素的程序员和系统分析师减少，发达市场的公司已将发展中国家作为劳动力来源。
- 政府政策。受到国内政府规定或政策的激励，一些企业跨境扩张。例如，20 世纪 90 年代，欧洲公司大量合并和收购美国制药公司，以平衡欧洲单一支付者医疗卫生系统施加的价格限制。随着美国价格管制的加强，制药公司将目光转向了发展中经济体。这些地区已成为医药行业收入增长的主要区域。

最近，为了规避美国较高的企业税率，某些美国公司试图收购设在外国的竞争对手，然后将总部迁至被收购公司的总部——这种做法称为“税负倒置”或“税务外移”。这些公司表示其合并的理由与税收无关，但避税显然是关键动因。对美国公司来说，低税收的爱尔兰一直是个有吸引力的企业迁移目的地。

应该指出的是，这样的举动可能会引起社会强烈反响。一家美国工具制造商就因此放弃了税负倒置做法。美国财政部的相关规定可以用来降低税负倒置的吸引力。但是，只有法律才能完全阻止税负倒置。例如，2004 年，立法封堵了允许公司为了避税而名义上将其法律意义上的主要运营地迁移至百慕大等地的漏洞。

但需要采取进一步立法行动以在已经确定的界限之外永久扩大限制。

- 贸易协定。随着外国竞争对手进入市场，贸易协定加剧了国内公司的竞争。甚至为了在国内生存，本土企业被迫向全球扩张。
- 全球化供应链。企业可能会被供应链中的合作伙伴吸引到国外发展。为某大型国际企业的电子产品生产组件的小公司就是例子。该大企业可能开启自己的全球化战略，在别国建立新的生产和市场总部。该小公司可能发现，为了满足该大企业客户对质量和交付的期望，它自己必须走向全球化，在离该大企业新中心更近的地方建立生产设施。也可能反向作用：某公司可能认为将生产设施搬到离国外市场供应商更近的地方更为可行。

拉动因素

在组织被推向全球化的同时，全球化也有支持组织实现其愿景的吸引因素。这些因素包括：

- 更大的战略控制力度。一些企业发现，通过发展成跨国公司，它们可以对自己的业务施加更多的控制。它们以前可能仅通过当地经销商或特许经营出口商品或服务。现在它们意识到，通过在东道国开设子公司，它们可以更好地控制品牌形象等因素。它们还可以整合自己的业务部门，吞并竞争对手，保护盈利能力。
- 促进向国外投资的政府政策。例如，中国以多种方式促进向国外投资，包括单一企业税（以避免重复征税）、特别融资条款和保护投资者免受风险的资金。
- 贸易协定。贸易协定也可以拉动企业走向全球，开放市场，促进劳动力流动。贸易协定可能会通过要求缔约国承认知识产权条约来降低扩张的风险。

全球化的战略方法

企业可以通过不同的途径“走向全球”或国际化。这些途径包括但不限于：

- 创建新实体——要么通过购买已经存在的机构（交钥匙经营），要么通过从头开始建立新公司（绿地经营），要么通过改造现有的废弃设施（棕地经营）。
- 收购可以通过合并和收购来全资拥有和经营的子公司。
- 加入联盟或合伙关系。
- 将所有或指定任务外包给新市场的供应商或执行者。
- 将某现有的能力离岸外包到新地点。离岸外包是独特的全球扩张手段（后面会更详细地讨论）。

每种战略的吸引力取决于许多因素。这些因素包括：

- 企业的核心战略目标。
- 企业的经济能力和经济资源、组织能力和组织资源。
- 企业必须弥合的（地理、文化、法律、社会政治）差异。

特定全球化推动因素或拉动因素的应对可能更多是战术性的而不是战略性的（降低税收或降低生产成本的举措），或者可能涉及更大的战略考量。但是，如果某组织对可能出现的各种推拉因素仅能做出一系列的战术反应，那么该组织无法获得长期成功。取得成功需要全面的业务战略，以便能够采取协调一致的对策和积极主动的措施。这跟应对全球化是一样的。

全球人力资源部门必须了解组织的全球化战略和导向，以及这些特征会如何影响全球人力资源活动，然后制定和实施适当的人力资源战略。

Perlmutter 描述了跨国公司的四个导向：

- 种族中心。总部对子公司保持严格的控制，要求子公司遵循总部制定的战略模式、价值观、政策和做法。只有“一个最佳途径”。“种族中心”一词在这里是指管理层通常具有共同的种族背景，这不同于子公司的种族构成。
- 多国中心。子公司只要盈利就可以获得很大程度的独立性。子公司可以根据自己国家的商业和文化背景来规划自己的发展道路，有“许多最佳途径”。
- 区域中心。子公司按地区（如欧洲、北美或亚太）分组。区域内的战略协调程度较高，但区域与总部之间的协调程度不高。
- 全球中心。子公司既不是接受指令的卫星，也不是设定自己路线的独立机构。总部和子公司是同一个网络的参与者，它们都要贡献其独特的专长。本质上有一种超越国界的“团队方式”。

Perlmutter 描述的全球导向在全球组织的结构战略中表现得尤为明显。接下来，我们看看希望（或发现必须）在全球市场上竞争的那些组织的战略选择范围。

全球整合与当地响应

选择跨境竞争的组织会制定战略以满足客户需求并扩展发展机会。这些需求通常成为全球整合或当地响应的驱动力，在这一对比呈现的连续统一体中，广泛的全球战略是可能的。

全球整合强调全球运营中的方法一致性、过程标准化和共同企业文化。它允许组织利用标准流程和规模效益来提高效率；这可以降低运营成本，提高定价灵活性，并增加利润。例如，全球市场的技术标准化会给那些成功地保持控制和一致质量水平的公司带来回报。

当地响应强调适应当地市场的需求，允许子公司发展独特的产品、结构和系统。

它可以提高组织的灵活性和敏捷性。这样，组织可以快速识别和利用当地市场机会，纠正产品和服务与客户期望和习惯的不一致之处，并根据当地法规和业务做法调整。在服装或食品等深受文化因素影响的行业中，全球参与者必须善于根据市场的文化偏好调整其产品。

不论组织的规模和范围或其特定的组织结构或目标如何，都需要在全球和当地的考虑因素之间做出这个基本选择。

虽然组织战略决策取决于很多因素，但选择是强调全球整合还是强调当地响应通常由四个驱动因素共同决定，如表 11-2 所示。

表 11-2　四个驱动因素

驱动因素	例　　子
市场	客户需求的同质性。 是否有全球配送网络。 共同开拓市场的机会
成本	规模效益。 运输费用。 研发成本。 可转移的技术优势
政府	贸易政策。 技术标准和要求。 监管环境
竞争力	行业竞争对手的全球化程度和方法

随着国境之间的渗透性更强、全球消费者概念变得更加真实，全球整合的吸引力日渐增强。在《全球挑战》中，Evans、Pucik 和 Björkman 提出以下优势：

- 将关键活动集中起来或将世界各地的专门中心结成紧密网络，以此来实现规模效益。
- 整合从研发到配送物流的价值链活动。
- 能够服务全球整合的客户。
- 全球品牌推介，提高广告和推销资源的效率。
- 分享组织能力和知识。
- 通过共同的标准和流程来更好地确保质量。
- 利用全球资产进行当地竞争。

各组织通过以下途径以不同方式实现全球整合：

- 人员。重视一致性有助于确保在当地做出的决策反映全球视角。传统上，在将信息和关注点从总部传递到全球各地运营机构的过程中，外派到海外工作的人员将发挥重要作用。

- 流程。由技术支持、能够促进沟通和透明度的标准化流程可强化组织对价值链战略部分的控制。
- 绩效。绩效目标和奖励是从全球角度规定的。这有助于更好地控制组织活动，也有助于避免个人绩效目标之间发生潜在冲突。例如，某个地区的销售目标会损害其他地区的工作。
- 文化。共同的愿景和价值观让组织成员能够以符合全球性身份的方式做出各种日常决定。

许多公司走上了全球整合道路。

在某些情况下，标准化意味着某个组织在全世界销售相同的产品，或者保持一致、通用的流程标准。在另一些情况下，全球化的焦点是在于去“拥有”某些关键战略职能，如研发和产品开发。

有时，全球整合会涉及多种战略。例如，某家瑞典家具零售商推行的全球整合战略包括：

- 标准化产品（尽管由全球供应商生产）。
- 与制造、物流和客户服务相关的标准化工作流程。
- 通过招聘和入职培训来传播标准文化。

在当地响应战略下，全球企业的各地方分部可能在集中管理之下联系起来，但地方决策和行动的根本原因是由其自身市场的需求、规则和机会确定的。这种全球公司本质上就像国内公司，注重本地客户、本地产品、本地合作伙伴和本地劳动力资源。

在有些行业中，流程标准化或规模效益几乎没有什么价值，尤其是跟由更强地方联系产生的价值相比。例如，水泥公司严重依赖所在国的资源和生产。类似地，在石油勘探和营销等受监管的行业中，当地响应的优势也很显著。被视为本地企业的公司可能有更多机会接触决策者，对政策和法规有更大的影响力。但是，地方政治结构的突然变化会对当地响应的组织产生强烈的影响。

Evans、Pucik 和 Björkman 描述了当地响应的优势：

- 能够响应当地客户的需求（如根据当地口味定制全球快餐菜单）或当地分销的需求（如温度敏感性、单位大小、包装）。
- 通过使用当地替代品来提高效率（例如，某家跨国食品和饮料公司按地区调整其婴儿谷物产品的成分，如在欧洲为小麦，在亚洲为大豆）。

- 能够遵守当地法律法规（如运营时间、营销策略）。

发展地方管理是实现当地响应的关键。虽然当地管理者不是独立自主的，但是总部允许他们就当地业务做决定，他们也需要就自己的决定负责。这些管理者以不同的方式支持本地化工作：

- 他们了解当地客户的需求和商业惯例。
- 他们提供与地方政府、商业网络和媒体更熟悉、更可信的联系渠道。
- 他们知道如何吸引和留住高素质的员工。

全球整合和当地响应均有强有力的论据。然而，经常提出的“全球化思考、本地化行动”警告表明的观点是：最好的做法是在这些备选方案之间取得平衡，以符合每个组织在其存续期间每个阶段的情况。下面的例子表明，这样做并不容易。

全球整合和当地响应的例子

在全球竞争中成功与否取决于企业如何把握整合和响应的拉动因素。通常，找到恰当的全球-当地混合战略是个循序渐进、反复试验的过程，连拥有大量可利用全球资源的大型跨国公司也是这样的。

- 在《全球挑战》中，Evans、Pucik 和 Björkman 讲述了一家美国跨国电子商务公司在试图进入亚洲市场的过程中如何屡次栽跟头——失败的部分原因在于它依赖母国的业务做法，对当地策略响应不力。在进入日本市场之初，该公司采用了在美国使用的相同业务结构，结果在激烈的本地竞争下失败。不过，该公司在中国的战略更为本地化——部分收购某中国消费者对消费者交易网站。但它还是在四年内失败了，原因是它的做法导致它难以与灵活的本土初创企业竞争，因为这些企业能够制定更符合中国消费者文化的流程。

《全球挑战》讲述的故事到此就结束了。2011 年，该公司以新战略重新进入中国市场。它并没有直接与当地对手竞争，而是致力于去解决那些尚未得到满足的当地需求，因为该公司能够运用其全球能力独特满足这些需求：通过该公司的国际贸易网，授权中国本土小型卖家为新的全球客户提供服务。该公司还向其亚洲子公司赋予更大的战略发展自主权，并加入了当地的战略联盟，以更好地响应当地市场的需求。该公司正在亚洲、拉丁美洲和俄罗斯重点发展采用移动手机的交易（“数字钱包”），利用发展中国家依赖手机作为互联网访问和金融交易主要工具的这一趋势。

- 在《重新定义全球战略》中，Pankaj Ghemawat 追溯了某家美国饮料公司作为全球性企业的历史，阐述了全球整合和当地响应的拉动因素。该公司一开始只是纯粹的国内组织，但随着国际业务的增长，它开始在美国以外设立装瓶工厂。20 世纪 80 年代，为了扩大在国际市场的发展，该公司开始了积极的标准化进程，在全球整合资源。2000 年，由于一些因素（包括政府法规和当地装瓶企业反对价格上涨），该公司被迫放弃了标准化，开始了“本地思考、本地执行”时期，赋予地区领导者更多的决策权。然而，当地响应策略导致其全球品牌弱化和竞争力降低。

最终，该公司意识到，它必须保持其全球身份，但同时要根据当地情况竞争。它开始根据本地偏好调整其产品，以提高销量和盈利能力。在印度，该公司推出体积更小、价格更低的瓶装饮料，通过收购一家当地公司来重新专注于本土品牌，从而拓展了它在印度的市场。最终，这家跨国公司凭借全球-当地混合战略实现持续成功。

全球战略的全球整合/当地响应矩阵

多位学者提出描述跨国企业战略导向的概念网格。全球整合/当地响应矩阵描述了组织将全球整合和当地响应要素组合成单一全球化战略的方式。

该分析考虑了全球整合（有时在网格的纵轴上显示）和当地响应（有时在网格的横轴上显示），这两个因素构成的矩阵包括跨国公司的四项战略选择。

关于总部和各当地子公司如何相互关联、当地活动在哪儿和如何受到控制，每项战略都有独特的组织哲学。接下来讨论上述每项战略。

- 国际战略。Briscoe、Schuler 和 Tarique 认为国际组织的全球整合程度较低——因为提高效率的压力很小，而且当地响应程度也较低——因为针对个别外国市场定制产品或服务的优势很小。

在《跨境管理》中，Bartlett 和 Ghoshal 将国际组织描述为“协调的联盟”。东道国的外国部门被视为母国的“附属物”。这些部门代表着重要的资产，对其所在地区或国家的当地生产、销售和分销是不可或缺的，而战略、研发、管理和特色管理文化均源自母国。

第一批跨国企业中有不少是国际组织。例如，那些在欧洲和世界其他地区之间交易成品和原材料的贸易公司。19 世纪，德国的化学公司向进口国出口用于合成到药物中的原材料。

如今，国际战略适合那些具有强大全球品牌识别度或产品或服务非常专业而当地竞争不激烈的组织。某家在世界各地制造用于特殊工业用途机器人的德国公司就是一个例子。另一个例子是一家总部设在美国的国防承包商——出于安全原因，它必须在其各个国际子公司之间保持明确的界限。

- 多国化战略。Briscoe、Schuler 和 Tarique 将多国化组织定义为那些在多个国家拥有分支机构、总部仍在母国、分支机构之间和分支机构与总部之间具有相当独立性的组织。分支机构开展的活动重要而多样，从研发到运营和销售。

Bartlett 和 Ghoshal 将多国化组织描述为“分散的联盟”，作为“独立企业组合”管理。这些组织基本上反映母国企业在外国的情况。许多跨国公司的大量工作人员是东道国的公民，但主要管理者则来自总部，而关键决策也由总部做出。大量的制度知识被开发出来，但往往被存储在当地。

多国化组织被认为全球整合程度较低，因为这些组织的战略不侧重于通过整合来提高效率；这些组织的当地响应程度较高，因为它们认识到自身的产品必须适应不同市场的需求和偏好。虽然总部可能施加相当程度的控制，但分支机构仍作为独立的市场被看待和管理，分支机构的领导者有权决定根据当地的需求和机会调整战略和流程。

- 全球战略。Briscoe、Schuler 和 Tarique 使用“全球”一词来描述全球整合程度高但当地响应程度低的战略。总部（可能在也可能不在起源国）与每家子公司保持紧密的关系，整合业务以利用子公司市场的条件（如廉价的劳动力或材料），并使其产品或服务标准化。因此，子公司在根据当地市场调整方面不那么自由。Bartlett 和 Ghoshal 用“轴辐式”比喻总部和子公司之间的关系：集中化的总部做出关键的战略决策，对子公司实行严格但简单的控制。这种战略适合销售标准化技术和面临激烈竞争的公司，如电信公司或飞机制造商。

组织努力塑造全球身份而非国家身份，尽管占主导地位的国家文化会继续影响企业的态度和活动。人才可以（在总部和子公司之间）双向流动。国际派遣可能是晋升的条件之一，而派遣第三国公民（既不是工作所在国公民也不是总部所在国公民的雇员）比较普遍。

- 跨国组织结构。Bartlett 和 Ghoshal 将跨国公司描述为同时面临标准化和本地化压力的结果。跨国公司将其价值链活动安排在最有利的地方。在这个意义上，跨国公司是高度整合的。跨国公司行业的性质包括激烈的本地竞争；这要求子公司要有自主权以适应当地文化，并对机遇和竞争威胁迅速做出反应。结果就是“全球本土化”——拥有强大全球形象同时具有强大本地身份的组织。具体表现包括跨国组织结构的全球整合程度和当地响应程度均较高。

McFarlin 和 Sweeney 举了一个例子：某家美国跨国消费品公司的个人护理部门在其全球发售的护发产品使用含量相同的香料。在日本，消费者喜欢清淡的香味，所以要使用较少的香料。在欧洲，消费者喜欢更浓烈的香味，所以要使用较多的香料。

Briscoe、Schuler 和 Tarique 以欧洲最大信息技术软件和服务公司为例。该公司高度分散。该公司总部设在法国，在逾 40 个国家运营。该公司故意将子公司维持在较小规模，以便子公司能敏捷、及时响应客户需求。同时，通过内部公告栏等电子通信手段和全球项目小组等人员网络，该公司确保创新和最佳方案在全公司实施。

通过知识和经验的全球整合，跨国公司在各个地区最大限度地实现资产和创造力的价值。每个地区都贡献整个“价值图”的一部分，但是当所有部分都存在并相互适当关联时，这个图才最有意义。

人才和思想的流动方向不再是从母公司或母国到子公司。现在，人才和人员会在子公司之间流动，或者从子公司流动到母公司。研发现在可能会分散在各部门，或设在既不是母国也不是总部所在国以外的国家。产品可能由各部门以高度协调的方式生产出来的组件组装而成，这样做是为了节省成本和保证质量且不用考虑政治或公司界限。跨国公司既需要了解全球和能有效管理全球资源的人才库，也需要了解和能处理当地市场的本土员工。

全球最大的化妆品美容公司以独有的方式体现了这一原则。Hae-Jung Hong 和 Yves Doz 在《哈佛商业评论》中写到，这家法国公司建立了在国际市场上销售的一系列全国性品牌（如在美国、英国和意大利销售的特有品牌）。这些品牌，尤其是与同名的巴黎品牌，受益于全球规模和经营范围，但仍须高度响应当地文化。随着该公司在亚太、非洲和中东这些新兴市场扩张成功，它已经找到了自己的跨国公司解决方案。尽管有着高管为法国人的传统，但该公司积极地招聘（尤其是为公司的新产品开发团队积极地招聘）具有多文化背景的高管。例如，Hong 和 Doz 指出，拉丁美洲的护发产品团队由一个黎巴嫩-西班牙裔美国人和一个法国-爱尔兰裔柬埔寨人领导。所有这些管理者都首先在巴黎、纽约、新加坡或里约热内卢负责全球产品工作。这样，理念交叉融合，与核心全球视角相结合。

Nancy Adler 在《组织行为的国际维度》中将这些业务全球化战略与前面描述的全球导向联系起来：

- 种族中心主义在往往以总部为中心的国际战略中常见。
- 多中心主义是多国企业追求多国战略的特征，是一种“联盟”风格。
- 区域中心主义是全球组织的典型特征（全球组织偏向母国）。
- 全球中心主义是跨国组织的特征（跨国组织是高度整合的平等机构形成的网络）。

表 11-3 总结的四种全球整合/当地响应矩阵战略将以不同的方式实施，并需要采用不同的正式和非正式组织来促进所需的整合和自主水平。

表 11-3　四种全球整合/当地响应矩阵战略

战　　略	描　　述
国际战略	公司向国外出口产品或服务。公司可以设立生产设施或服务中心，但产品/服务、流程和战略是在母国制定的
多国化战略	组织是分散管理的子公司组合。因为竞争性需求，目标和战略是在当地制定的。知识在地方层面共享，而非全球层面
全球战略	公司将世界视为单一、全球性的市场，并提供全球性的产品；这些产品只有很小的国家差异，甚至没有国家差异，或者以可定制的元素设计。战略、创意和流程均出自总部
跨国组织结构	公司将其价值链活动安排在最有利的地理位置。公司允许子公司调整全球产品和服务以适应当地市场。最佳做法和知识在整个组织中共享

另外两种“全球本土化”方法

如上述内容所示，全球整合和当地响应战略很少是简单的非此即彼选择题。全球整合和当地响应战略可以以不同的方式实现，并不是相互排斥的。这两种战略在某些组织均得到了采用。

分析人员找到了描述和组织基本的全球整合-当地响应连续体中战略选择范围的不同方法。在这里描述其中两种：上游战略和下游战略、身份调整和流程调整。

上游战略和下游战略

Briscoe、Schuler 和 Tarique 用上游/下游比喻来描述应用这些战略的不同方式。表 11-4 总结了上游战略和下游战略。

身份调整和流程调整

在《走向全球》中，Kyle Lundby 和 Jeffrey Jolton 区分了身份调整和流程调整，如表 11-5 所示。

表 11-4 上游战略和下游战略

描　述	对全球人力资源的意义
上游战略	
决策在组织总部层面做出。 决策用于战略和协调，并侧重于流程标准化和资源整合	为下列内容而制定的战略： 劳动力调整。 组织发展。 知识和经验共享
下游战略	
决策在当地层面做出。 决策旨在根据当地的实际情况调整战略目标和计划，换句话说，就是当地响应	为下列内容而制定的战略： 与当地员工群体的协议。 根据当地的文化惯例（如假期和休息时间）调整关于工作条件的标准政策。 根据当地法律要求调整

表 11-5 身份调整和流程调整

描　述	挑　战
身份调整	
范围： 在人员、产品/服务和品牌管理中提倡多样性。 接受地点之间的差异。 可能根据当地文化调整产品/服务和品牌身份。 例子：全球快餐连锁店除了提供标准菜品外，还提供本地化菜品	除非企业品牌已经稳固，否则本地化的产品可能会稀释品牌。 本地方法可能会消融核心身份
流程调整	
信息技术、财务或人力资源等基础业务跨地区整合的程度。 例子：各单位有共同平台的业务： 在所有地区使用相同的技术。 在所有地区采用相同的业务绩效指标。 在所有地区建立统一的人力资源系统	通过收购建立的企业通常具有独立的流程；每个单位更倾向于独立运行，保留许多原来的做法

区别身份/流程的关键点是特定组织可以有多样的身份一致性，但也可以有整合的流程一致性，反之亦然。例如，无论全球快餐连锁店菜单上的产品有多本地化，将它们送上餐桌的根本流程可能是高度整合的。这种整合包括人力资源政策和做法。

跨境工作转移

随着全球化的到来，工作转移已经成为世界性的做法。许多术语都是这种现象的一部分，有些经常混淆，包括外包、离岸外包、在岸外包和近岸外包。

人力资源部门在处理工作转移的功能、结构和战略方面发挥着重要作用，因此我们接下来还将探讨人力资源的角色。

外包

外包（有时也称“合同外发”）是指公司将部分工作（如流程或生产）转移给外部供应商而不是在内部完成。一般来说，外包将活动包出（或分包）的目的是降低成本，为其他活动腾出人力和资源。

> 通过将客户支持服务职能外包给外部供应商，制造公司能够减少运营费用，并利用节省下来的部分成本增加营销和销售预算。

外包并不一定意味着某个流程或产品就是外包到国外，尽管可能是外包到国外。在这一点来看，外包实际上是几种外部工作安排的总称。离岸外包、在岸外包和近岸外包均为外包的不同形式。这三者之间的关键区别在于外包的地点。

离岸外包

顾名思义，离岸外包是指将流程或生产转移到另一个国家。离岸外包的常见原因包括：

- 更低的成本（如更低的工资、更便宜的设施）。
- 更靠近必需的生产资源。
- 在企业税收方面更有利的经济环境。
- 财政激励（如直接现金支付、低息贷款）。

历史上，离岸外包主要是将业务从发达国家向遥远的发展中国家转移。

> 某家英国金融服务公司在泰国开设了一家机构，为其英国业务执行后台银行交易。通过较低的地区劳动力和设施成本以及各种财政激励措施，这一举动可节省大量成本。

离岸外包通常是转移相对独立的运作流程或服务。考虑到上述情况，该英国公司可能会制定其对当地银行交易的要求，然后将这些要求交给泰国机构执行。

在《管理全球人力资源》中，Paula Caligiuri、David Lepak 和 Jaime Bonache 提出离岸外包的其他原因（除上述原因外）：

- 获得人才。由于发展中国家增加了对教育和培训的投资，它们正成为科学和技术专长和创新的来源。

- 24 小时轮班制。离岸的每天 24 小时轮班作业可以提高效率，降低作业成本。这样，企业能够提供 24 小时的客户服务，如呼叫中心接入。
- “日不落”服务。通过利用时区差异，特定项目的工作可以不间断地进行。当一个团队的工作日结束时，项目移交给另一个时区的离岸团队。这可以缩短设计和开发时间，让产品更早上市。

由于全球化的力量，离岸外包的动因、其发生的地点以及哪些公司将其作为全球战略来采用都在发生变化。例如，从发达国家到发展中国家的成本节约程度正在发生变化。

- 印度和中国的工资水平正在稳步上升。
- 虽然越南、印度尼西亚和菲律宾等国保持了较低的工资水平，但它们缺乏效率、规模和供应链——这本身会产生成本。
- 通过海路将货物运回的成本大幅上升，而在运输途中花费的数周时间又进一步增加了成本。
- 机器人技术和其他自动化创新降低了劳动力在总生产成本中的比重。

简而言之，计算离岸外包节省的成本变得更加复杂。

关于离岸外包的其他考虑因素

一些受欢迎的离岸外包目的地的工资水平上涨，而且高技能、受过良好教育的劳动力增多。这两点带来离岸外包的另一个动态——造就一批新的中产阶级。就总部设在发达国家的公司销售的商品和服务而言，这些地点已成为更具吸引力的市场。因此，离岸外包的另一个好处得到了新的重视：将设计和生产设施设在离新兴市场更近的地方。

离岸外包动态的另一个因素是发达国家的政治后果——企业将其母国紧缺的工作岗位转移到低工资的发展中国家引起社会的强烈反应。例如，欧洲和美国许多行业的工资和就业增长一直停滞不前。在这些情况下，离岸外包可能会为企业留下负面、不爱国的形象，这可能导致品牌声誉受损、销售损失等。

所有这些力量的最终结果是，离岸外包工作现在是双向流动，或者更确切地说，是同时向多个方向流动。

以下面的情况为例：

- 越来越多的海外亚洲电子公司为美国市场巨头制造的智能手机是专门为亚洲市场制造并直接销售到亚洲市场的。

- 某家美国食品饮料公司在中国的工厂有数千名员工，并在中国生产适合中国消费者的加工食品。
- 某家跨国企业集团已将若干业务“移回国内”。之前的离岸职能已转移回原来的本国运营场所或新的国内设施。

离岸外包的风险与挑战

尽管离岸外包有各种潜在好处，但同时也存在多种风险和挑战。除了上文提到的潜在“对不爱国行为的强烈反响”外，与离岸外包相关的其他风险和挑战还包括：

- 文化差异。
- 距离问题（如不同的时区、不同的远程团队一起工作）。
- 人才流动率高。
- 质控问题。
- 技术学位无法可靠地反映出实际的技术技能。
- 语言问题。
- 知识产权受损。
- 政治不稳定导致效率受损。
- 当地管理层的不道德行为或做法造成的名誉损失。

在岸外包

顾名思义，在岸外包是指将业务流程或生产转移到与业务相同的国家内成本较低的地点。在岸外包有时称为“本国外包”，其中也包括企业允许员工在家工作的情况。除了有可能降低运营成本，在岸外包的好处还包括拥有本地员工和避免与远距离离岸外包相关的许多问题。

> 有些活动需要深层次的流程知识、直接与客户互动、靠近客户、用同一种语言流利交流的能力，某组织选择在岸外包这些活动。

近岸外包

近岸外包是指公司将其业务流程或生产的一部分承包给相对靠近的国家（包括其所在地区）的外部公司。例如，英国企业可能会近岸外包到东欧，或者美国企业可能会近岸外包到墨西哥或加拿大。

对于近岸外包需要考虑到的是，邻国往往会受到相似的金融和法律约束或贸易协议的约束；这些约束或协议是为了在地区内实现社会上和经济上的稳定。距离越近的国家更有可能拥有共同的文化价值观和相似的思维方式。而且，与离岸外包相比，在岸外包的时差更小，差旅成本也更低。

人力资源在跨境工作转移中的作用

无论当前的全球环境如何，考虑工作转移的任何组织都需要清楚地知道自身希望达成的目标、想通过工作转移得到什么和工作转移涉及的风险。

工作转移的这些方案都不能保证可以节省成本。

某家美国公司将其部分制造业务搬到了马来西亚，其产品将出口回美国。虽然与生产相关的一些成本降低了，但也会产生可能冲抵掉所节省成本的其他费用，如增加的管理成本、差旅成本以及由于误解或质量控制问题而产生的额外返工费用。

选择某地点而不选择另一地点的这么多因素都与劳动力和人才问题相关，因此人力资源部门通过尽职调查为工作转移决定提供支持，从而发挥关键的作用。表 11-6 强调尽职调查期间人力资源研究的关键方面。虽然所有这些考虑因素均适用于离岸外包，但它们并非均与在岸外包或近岸外包相关。

表 11-6　工作转移的尽职调查主题

• 成本与质量。 • 与其他方案相关的工资结构。 • 税收结构。 • 不动产。 • 基础架构（如电信网络、交通、能源）。 • 社会政治环境。 • 政府的接受程度、监管力度。 • 政界和商界的道德环境。 • 生活质量。 • 可及性	• 风险水平。 • 政治和劳工动乱。 • 自然灾害。 • 信息技术安全。 • 人身和财产安全、知识产权。 • 经济稳定，包括货币汇率的波动。 • 监管稳定性。 • 人才库。 • 语言和文化差异。 • 具有所需技能的劳动力的规模。 • 离岸外包的规模和出口份额。 • 信息技术等特定服务供应商的服务可用性

总体来说，实践证明，外包是很好的商业模式，可以降低运营成本、提高利润率等。最适合哪种外包取决于组织的目标、业务流程、风险管理战略和其他因素。

但是，远程运营总是更难管理。选择的外包方案将决定需要解决哪些种类的问题。

管理国际派遣

根据劳动力解决方案提供商睿仕管理顾问公司对首席执行官和人力资源高管的调查，许多国际派遣都有可能带来巨大损失——机会和投入资源的巨大损失。其中一些失败当然是由派遣过程中的失误造成的：候选人甄选标准有缺陷，对任务缺乏培训和准备，派遣期间的支持不足，或调回/重新部署流程没让派遣人员或组织充分受益于全球经验。

国际派遣方法

根据 Stroh、Black、Mendenhall 和 Gregersen 的分析，组织从战略-系统的角度或战术-反应的角度来处理国际派遣，如表 11-7 所示。

表 11-7 国际派遣方法

战略-系统	战术-反应
将国际派遣视为长期投资	将国际派遣视为短期支出
为了制定和实施竞争战略而培养具有必备全球视野和经历的未来高管	重在快速解决国外业务中的短期问题
提高总公司和国外业务部门之间关键协调和控制职能的有效性	随机、随意地执行派遣的一些职能，到出现问题时再集中解决
在全球组织内有效地传播信息、技术和价值观	未能在价值观、技术、产品和品牌方面系统地整合全球组织

如表 11-7 所示，从战术-反应的角度而不是从战略-系统的角度对待国际派遣意味着：至少组织放弃了人才发展和留任的好处，放弃了在未来领导者中建立跨文化沟通的娴熟度，放弃了在机构知识和知识共享方面的成长。纯粹的战术方法还可能导致国际派遣的失败率更高。

在很大程度上，一个组织的业务战略性质决定了其国际派遣方法。战略更多国化或国际化的组织可能：

- 选择表现普通、良好级别的人作为派遣人员。
- 把这些派遣人员派到另一个国家去管理某个项目或完成特定工作。

相比之下，具有全球战略的组织：

- 使用多种国际派遣类型。
- 选择高潜力的管理者和高管作为派遣人员。
- 把派遣看作领导力、事业和组织发展机会。
- 由于很多因素而派遣，而不是情境式项目管理或解决问题的补救性干预。

初次进入全球市场的组织可能会发现，在选定派遣人员或为新业务配备人员之前，建立人员配置政策是有帮助的，如在任何可能的地方配置当地人员和从组织内部提拔人员。核心人员配置政策的存在可以简化当地人员配置和国际派遣决策流程。

国际派遣的考虑因素

国际派遣的类型

不久前，只要提到国际派遣，人们的脑海中就会浮现出一个明确的形象："外派人员。"外派人员是指从某组织的母国长期（通常为两年或以上）派遣至另一司法管辖区的雇员。该组织是跨国公司；其母国几乎必然是发达国家；派遣是该组织的想法，而不是外派人员的想法（外派人员选择接受派遣很可能期望这可以为其带来可观的"特别待遇"）。按照传统定义，被派遣到另一个欧盟国家工作的欧洲公民会被视为外派人员，而自己选择生活于和迁移到另一个国家的人则不会被视为外派人员。

随着全球化本身的程度越来越高和扩散越来越广，"外派人员"这个概念已经失去了最初的意义。但是在今天的全球化市场中，原来在荷兰为日本跨国组织工作的墨西哥雇员现在可能会被派遣（或可能申请派遣）到该组织位于加拿大的子公司。

被重新派遣到另一个司法管辖区的雇员现在通常称为"国际派遣人员"（international assignee，IA），而"外派人员"现在一般是指既非居住国的公民也不打算成为永久居民的任何人。

外派人员传统形象的另一个关键方面（孤独感）已经改变。互联网、智能手机、平板电脑、Skype、Twitter 以及相关通信平台和技术已经从根本上改变了国际派遣体验。在国外，外派人员可以与同事、家人和朋友持续、即时联系。现在，人们可以方便、清晰地了解世界各地的事件和本国对这些事件的解读。这并不能消除国际派遣的"异国性"（或不应该消除——如果过度使用或滥用，那么虚拟连接会将派遣人员与东道国文化分割开来），但可以改变派遣人员的舒适程度。对于手持平板电脑和智能手机的年轻一代来说尤其如此，无论走到哪里，他们都觉得"在家里"（同样也觉得"身处办公室"）。

全球化形态的变化同样意味着传统、长期外派向更新、更灵活的全球人才使用转变。Briscoe、Schuler 和 Tarique 发现国际雇员情况多样得让人眼花缭乱。并非所有派遣都具有战略意义（一些派遣甚至可能不明智），但它们反映现实世界中的各种可能性。这些包括如表 11-8 所示的派遣类型。

表 11-8　派遣类型

派遣类型	描　述
全球性人员	他们在整个职业生涯中都处于国际派遣中，从一个地方搬到另一个地方
当地雇员	在子公司所在国当地聘用（也称东道国国民）
短期派遣人员	派遣不到一年但超过几个星期，通常家人不一同迁移
国际派遣人员	传统外派人员，全面调动派遣持续一到三年
通勤人员	经常穿越国境去工作
临时外派人员	为某项任务而雇佣的临时或合同工

忠诚管理

正如组织出于各种各样的商业理由而使用国际派遣一样，接受或寻求这些职位的个人也是出于各种各样的个人、职业和其他因素。不管员工接受派遣的理由是什么，这些情况都为个人的经验和另一类责任增加了一个维度。它们不可避免地在个人对母国/总部所在地的忠诚和对东道国当地业务和情况的忠诚之间造成一些紧张和冲突。紧张程度可能取决于多种因素，包括派遣时间的长短、派遣人员的原籍国和年龄、以前派遣的数量和类型。用 Black、Gregersen 和 Mendenhall 的话来说，忠诚可以是拒绝融入当地文化的“留恋母国派”，也可以是完全拥抱当地文化和工作模式的“融入当地派”。

了解潜在派遣人员的忠诚程度和类型可能有助于组织：

- 找出并招募在特定类型的国际派遣任务中最可能成功的人。
- 让派遣人员了解他们可能遇到挑战其忠诚度的情形和可能遇到的压力。
- 为人员归国做准备，并支持派遣人员可能有的任何独特需求。

国际派遣指南

当组织计划和管理国际派遣时，它们可以做一些事情来确保派遣对个人、对组织都是成功的。表 11-9 呈现了关键步骤。

表 11-9　国际派遣的关键步骤

步　骤	活动/考虑因素
把派遣看作过程，而不是一个动作	在组织整体业务战略和领导力发展活动的大背景下考虑派遣事宜。 确保派遣过程明确契合其他组织举措
认识到和考虑派遣经历的所有方面	除了与员工直接相关的问题，还要考虑家庭、后勤、法律、文化、组织和其他问题。 确定派遣人员和组织面临的潜在风险，例如，与特定派遣相关的健康或安全风险。

（续表）

步　　骤	活动/考虑因素
认识到和考虑派遣经历的所有方面	确保在选择过程中考虑到所有标准（不仅是候选人的职业能力和沟通技能）
对候选人进行全面专业的评估	确认选择过程基于正确的标准。 让合适的人参与选择过程。 提前计划，为选择留出足够的时间
建立并保持合乎实际的期望	避免把选择过程变成销售或营销活动。 将派遣的好处和挑战均说明。 鼓励候选人与返国的派遣人员沟通
提供培训	为候选人全家提供跨文化培训。 提供语言培训，这通常是必要要求
提供适当的健康和安全保障	确保派遣人员接种必要的疫苗。 为在东道国的安全、医疗保险和必要时的紧急撤离制订计划。 建立沟通制度以便组织能够随时找到派遣人员并确认他们的状态。派遣人员还应该有紧急联系方式
提供计划周详、持续的培训和支持	预测潜在派遣人员将面临的挑战，并制订应急计划。 确保派遣人员在派遣过程中不会感到被抛弃
为派遣人员返国，以外派时同等呵护计划、准备与提供支持	制订计划以确保返国人员的留任；返国人员若离开组织则意味着组织对返国人员发展投资的损失。 认识到员工返国后可能会对组织和自己做出最大贡献
快速、彻底、积极地解决问题	认识到会出现问题。 在应对问题后，寻找问题发生的原因

Michael Schell 和 Charlene Solomon 认为，安排国际派遣的管理者需要准备好回答求职者的问题，并在选择过程中有效参与。表 11-10 列出了 Schell 和 Solomon 关于所需管理知识的指南。

表 11-10　管理知识指南

管理者应该尽可能多地去了解：

- 他们的派遣人员将前往的某个国家或多个国家。
- 必要的发展性派遣和经历。
- 具体的工作职能和派遣目标，以及派遣地点会对这些因素产生的影响。
- 跨文化调整的过程，以预测派遣人员可能经历的感受。
- 文化维度以及这些维度对不同文化看待生活的方式产生的影响。
- 与派遣相关的潜在问题方面

表 11-11 提供了有效国际派遣管理的检查清单。

表 11-11　有效国际派遣管理的检查清单

- 使用额外选择标准（除了流利的东道国语言和技术技能）。评估派遣候选人的关键特质，如灵活性和适应性。
- 将派遣人员和配偶的文化适应性培训作为选择过程的一部分。
- 必须为派遣人员及其家属提供跨文化培训，以减少派遣失败的风险，管理预期，并促进调整和提高绩效。
- 确保国际派遣政策明确而具体。
- 在派遣人员离开母国之前开始返国计划和继任管理，并在派遣结束前持续至少一整年。
- 在受派遣期间与派遣人员保持联系。
- 为派遣人员及其家属提供返国融入培训。
- 为所有到访总部的员工以及所有出国开展国际业务的员工提供根据经验制订的入境前和入境后国际分配引导计划。
- 制定整个过程（从出发前规划到现场管理再到完成和返国）的政策、咨询和管理制度。
- 在国际派遣期间，制定和实施持续的项目，以培养和保持跨文化能力和全球知识管理做法。
- 在派遣人员从其被派遣岗位返回之前和返回后立即开始派遣后工作汇报。利用汇报信息建立相关学习的资料库。
- 把社会责任与道德联系起来，发展培养道德行为和支持当地社区的项目，将道德价值观与实践中的责任承担直接联系起来。
- 遵守影响世界各地业务的适用劳动标准、法律和法规，包括国家法律和域外法律

国际派遣流程

大部分组织在选择、准备、部署、管理和调回派遣人员时遵循相似、连续、多步骤流程，至少对于战略性或计划持续数月或数年的派遣而言是这样的。虽然这个流程看起来是按时间顺序进行的而且简单易懂，但有许多业务、战略、文化、财务和其他背景因素影响着每个阶段。我们下面将详细讨论这一流程的各个阶段。

阶段 1：评估和选择

评估和选择派遣人员是成功与否的最重要决定因素之一。评估和选择过程的主要目的是确保组织在合适的时间、合适的地点安排合适的人员。表 11-12 列出了这一阶段涉及的关键活动。

表 11-12　全球派遣人选的评估和选择

关键活动	具体安排
制定选择标准	为派遣制定具体的选择标准。 创建潜在国际派遣人才库

（续表）

关键活动	具体安排
让合适的人参与	从人才库中挑选候选人并联系候选人。 在适当且法律允许的情况下，让候选人的配偶、重要他人和家庭成员参与。 联系并安排本国和东道国的管理者参与评估。 协调好参与选择过程的供应商和顾问
采用最优选拔方法和工具	开发多种数据收集工具。 访谈并确保调查完成
完成评估/提出建议	分析数据。 根据需要安排后续几轮的访谈和评估会议。 做出最终的推荐和选择

阶段 2：管理层与派遣人选决策

一旦候选人被选中，组织就有成本、益处、后勤和全球派遣的其他方面需要尽职调查的信息。

同样，候选人必须评估这个派遣聘书，以确保自己在做出正确的职业和个人决定。

决策点期间发生的活动包括：

- 分析派遣的成本与效益。与其他主要的组织投资一样，国际派遣必须产生具体、可量化的效益，以证明其资助和执行的合理性。对派遣投资回报的详细分析是个日益增长的趋势，也是全球组织日益关注的问题。
- 派遣计划的制订。国际派遣计划指导派遣过程，并阐明组织和派遣人选对派遣情况的期望。国际派遣书是由派遣计划衍生出来的关键文件。通常情况下，派遣书是谅解备忘录，规定派遣的业务相关情况、薪酬、福利和当地工作规则。根据东道国的规定，派遣书可能需要满足其他法律要求。
- 候选人接受或拒绝工作聘书。正如组织在评估国际派遣的潜在成本和效益时遵循流程一样，候选人也应该有机会接触到有助于其做出合理个人和职业决策的人员和信息。候选人应该考虑的方面包括：
    - 长期的职业优势。
    - 充分的财政激励措施。
    - 成长和学习的机会。
    - 家庭支持以及平衡子女教育和配偶职业生涯中断的机会。
    - 外派地点的合意性。

阶段 3：出发前准备

到这一阶段结束时，派遣人员及其家人应具备在东道国最初数月所需的实用知识和日常生存技能。

由于国际派遣的复杂性，组织经常使用专门的第三方供应商来协调和管理部署过程的关键方面。不使用第三方供应商服务的组织应准备一份出发前检查清单，以便在派遣人员离开本国之前预见并解决需要解决的所有关键问题。需要特别注意出发前准备的三个方面——签证/工作许可、安全简报和跨文化咨询。

- 签证/工作许可。不同的国家有不同的签证/工作许可（就业授权）法规和要求。短期派遣可能比 90 天以上的派遣更容易安排。大多数国家不允许个人入境找工作；工作职位必须已经存在，而且工作授权通常取决于雇主是否能够证明当地劳动力没有类似技能。时间在两个方面都是关键因素：首先，组织必须计划好获得必要文件所需的时间；其次，组织必须了解签证/工作许可上的所有时间限制（有效期）。这些考虑因素都掌握在东道国使领馆手中。确保所有要求都得到满足是组织的责任。
- 安全简报。这类简报是必要的，特别是就派遣到局势不稳定的地区而言。安全简报有两个重要方面：国外的个人和家庭安全，以及业务方面的安全，包括对组织雇员、资产和知识产权的有形和无形威胁。
- 跨文化咨询。如果在国际派遣前和派遣期间进行跨文化咨询，那么派遣成功的可能性会增加。全面的跨文化咨询和准备过程包括：
    - 初步情况和需求评估。
    - 国家概况和日常生活信息。
    - 业务概述。
    - 个人文化意识活动。
    - 讨论家庭及国际调动问题。
    - 特定国家的案例研究。
    - 制订的详细支持和安置计划。

阶段 4：被派遣期间

派遣人员可能需要一年或更长时间去适应新地点，通常包括几个不同阶段：蜜月期、文化冲击期、调整期和掌控期。

- 蜜月期。一切都是新的、令人兴奋的，每个人都对去国外工作这一决定感到高兴。

通常，在派遣的早期阶段，母国和东道国都会提供足够的支持。

- 文化冲击期。随着在国外生活和工作的挑战变得明显起来，新奇和享受在不同程度上转变为幻灭和不满。支持力度逐渐消退，派遣人员及其家人越来越需要自己想办法。
- 调整期。在东道国工作和生活变得容易起来、熟悉起来。派遣人员正在克服困难，学习东道国的规范和模式，学习如何处理好事情。这不是自然发生的，而是需要兴趣和动机。
- 掌控期。经过数年调整和不断学习，进入掌控阶段。Oberg 称之为“二元文化”阶段。派遣人员能够充分地、舒适地参与到东道国的文化中。

大多数派遣人员实际上经历了两次这种调整过程：一次是出国到派遣初期，另一次是回国或去另一个国家时。逆向文化冲击可能跟最初的文化适应一样具有挑战性和令人不安。表 11-13 列出了关于派遣期间可以让调整过程容易一些的人力资源支持思路。

表 11-13　国际派遣期间的人力资源支持

- 协助派遣人员取得东道国税号。
- 协助派遣人员取得驾照。
- 协助派遣人员在东道国取得银行账户和信用卡。
- 介绍东道国的情况。
- 审查和批准东道国的住房租赁和发放押金。
- 根据东道国情况的变化调整津贴和扣除额。
- 处理和跟踪所需的税款支付。
- 收集本国报告所需的薪酬和税务数据。
- 协调紧急请假和访问母国。
- 定期与派遣人员的母国导师沟通。
- 在派遣结束前至少六个月开始积极开展返国工作。
- 办理签证和工作许可的续签和延期

阶段 5：完成派遣

虽然完成派遣可能是派遣过程中最重要的环节之一，但它经常被忽视。完成派遣涉及两个方面：调回本国和重新部署。

调回本国涉及在国际派遣后让员工重新融入本国。它包括适应新工作和重新适应本国文化和环境（包括任何潜在的逆向文化冲击）。

重新部署并不总是涉及调回本国。派遣人员的下一次任务可以是返回本国，去另一个全球运营场所，或去当前东道国的新运营场所或新岗位。

被调回本国的雇员在全球组织中将发挥关键作用。凭借国际经验，派遣人员能够为组织的全球思维和对世界市场的认识贡献宝贵的知识，并成为未来派遣人员的榜样和潜在导师。

如果不能有效地调回本国，派遣人员可能会经历一个非常类似于抵达东道国之初经历的调整周期。组织可能因为无法提供以下内容而导致这个过程更加困难：

- 关于派遣即将结束的充分通知。
- 明确的调回计划。
- 确保派遣人员在派遣期间获得的技能和经验在新任务中得到有效运用。
- 调回支持服务（可能从指导和咨询到后勤支持、补偿和福利调整）。

第 12 章　风险管理

风险管理是指对风险的识别、评估和排序，以及相应地使用资源来尽量减少、监测和控制风险发生的可能性和影响。

风险是每个组织都面临的一个永恒问题，无论组织的规模或行业如何。风险可能是很小的，对组织、资产、客户和员工的威胁很小；风险也可能产生重大影响，威胁到组织的存亡。组织如何识别风险、准备如何应对风险和实际如何应对风险有助于确定事件对组织的影响有多大。

在一定程度上，风险总是存在的。因此，分析关键的组织特征并根据这些特征制定风险管理战略是非常重要的。创建和实施风险管理计划并评估该计划的有效性可以持续减少事件的影响。

风险管理计划必须由组织领导层来推动，因为它必然涉及分析整个组织的问题。妥善制订和实施有效的风险管理计划需要领导者的适当支持、重视并分配资源。

人力资源专业人士在风险管理计划的制订过程中起着关键作用。他们有助于组织、分析和领导计划的制订，并有助于部署应对各种事件所需的资源。为了发挥好这一关键作用，人力资源专业人士需要正确地理解风险管理背后的流程。人力资源部门有助于巩固风险管理文化的途径（还包括招聘和入职流程），以及将风险管理纳入职位说明书和绩效管理体系。

风险与风险管理

风险描述一系列可能影响业务运营的因素（包括产生于内部和外部的因素）。了解什么是风险，如何对风险分类和如何管理风险，对于一个组织在全球经济互联中的持续稳定和成功至关重要。

风险与风险管理的定义

经济学人智库的一项调查显示，绝大多数领导者都认识到风险对组织战略成功和生存的影响。能否识别风险尤其是新出现的风险至关重要，支持高管做出更好决策的使命也至关重要。

同时，这些领导指出，他们的组织最擅长管理与法规遵从性相关的风险；而且在灾难发生后他们的风险意识会很高，但随着时间的推移，风险意识总是会下降。换言之，尽管知道从战略角度审视风险的重要性，组织仍会经常以纯粹防御、临时的方式应对风险。

要想获得成效，组织对风险管理必须有更广泛的关注点，包括影响战略目标的风险和影响日常运营的风险。风险管理必须成为组织中每个成员永久思维模式的一部分——不仅是领导者和管理者，也不仅是在危机期间。正如工程公司 KBR 的负责人 Tom Mumford 所说："我们现在都是风险经理了。"

2009 年，国际标准化组织发布了标准 31000《风险管理：原则与实施指南》。国际标准化组织 31000 提出与风险相关的定义、组织在提高自身适应力和风险管理能力时应遵循的原则以及风险管理流程。

国际标准化组织只是将风险定义为"不确定性对目标的影响"。虽然风险通常被视为消极的，但严格来说，它既不是积极的也不是消极的。它是潜在的，是可能会发生的。这一措辞是国际标准化组织刻意选择的。这一措辞强调：不确定性既可以带来好的意外（机会），也会带来坏的意外（威胁）。它还能带来改变，而此改变是好是坏则要取决于组织对它的态度。"风险"的这一更广泛含义挑战了只将风险视为消极因素的传统认识；因此，想要改变组织中的这些认识可能需要花费时间并坚持不懈。

一个富有社会责任感和道德感管理风险的组织可以从风险承担中获益。愿意承担风险是企业家成功的关键，也是引进颠覆性技术重新定义行业的关键。

Nassim Nicholas Taleb 创造了一个术语"反脆弱性"——不仅能抵御影响重大的事件或冲击，还能改善并从中受益。

风险应该被理解为具有即时、短期和长期的影响。因此，目标是预测尽可能多的风险，确定这些风险的优先级并管理这些风险。例如，一个比预期更有影响力的销售广告可能存在正面风险。短期影响是积极的，但长期影响更为复杂。该广告的成功可能会带来更高的品牌知名度和持续增长的销量。不过，销量上升可能导致生产压力的增加，从而导致劳动力紧张。然而，组织可以找到新的劳动力来源。那么从长远来看，这可以提高劳动力的稳定性。产量的提高也可能给为这些商品提供材料的供应链带来压力。因此，一个不太可靠的供应商可能侥幸通过尽职调查，或者组织可能去发掘新的、有吸引力的供应商作为合作伙伴。

总之，对于一个不确定的事件，应该考虑各种可能的结果；此事件随着时间的推移，在不同的配置中展开，具有相应广泛的、潜在的影响。

国际标准化组织将风险管理定义为“就风险指导和控制组织的协调活动”。风险管理战略旨在改变风险事件发生的概率和/或风险事件对组织目标影响的程度。

↘ 风险类别

由于各组织的目标和业务各不相同，因此它们必须处理各种不同类型的不确定性问题。因此，国际标准化组织迟迟不肯描述具体的风险类别或风险分类。然而，考虑对风险分类可以加强我们对风险总体特征的认识。

已知的未知和未知的未知

在基本层面上，在评估风险时，从掌握的知识的数量和种类这一角度对风险分类可能是有用的。在这方面，风险可以分为“知道我们知道”、“知道我们不知道”和“不知道我们不知道”：

- “知道我们知道”是可以预料到的事件，因此几乎没有不确定性。
- “知道我们不知道”是我们知道存在的不确定性，但我们对它们的概率或影响知之甚少。
- “不知道我们不知道”是我们不知道存在的风险。它们是那些让组织（或个人或整体文化）“措手不及”的事件。Nassim Nicholas Taleb 的“黑天鹅”理论与未知的未知相关。“黑天鹅”是不可预见的“离群”事件；它们极为罕见，具有重大影响，而且在事后来看是可以合理预测的（如技术突变或突发社会政治变化的结果）。

一些人认为，还有“不知道我们知道”：我们误以为了解的那些风险。

以这种方式看待风险更加表明，有必要知道可知事物的范围。当一个组织能够充分考虑所有类别的风险时，它就可以更主动地管理风险。当一个组织承认它不能完全预测未来时，它就会提高警觉，提高应对“黑天鹅”的能力。这种应对的形式可能包括教育运动、备用资金、保险或接受未知可能性的应急计划。

Kaplan 和 Mikes 的分类

在《哈佛商业评论》的一篇文章中，Robert Kaplan 和 Anette Mikes 讨论了三类风险。这些风险类别说明风险的一些基本特征：如何看待风险（是将风险作为负面因素避免，还是将风险作为潜在正面因素接受）以及风险可控程度（风险是可以预防的，还是只可以设法增加或减少的）。Kaplan 和 Mikes 的分类包括：

- 内部可预防风险。这些风险来自组织内部，可能包括违反道德规范和日常流程中的失误。
- 战略风险。这是组织在实施战略时愿意接受的不确定性，例如，关于贷款能否偿还或员工能否充分发挥生产力的不确定性。
- 外部风险。这些不确定性的来源在组织之外，超出了其控制范围。它们包括经济或法律法规的变化、颠覆性技术以及训练有素员工的可用性。

企业风险

美国反虚假财务报告委员会发起组织是另一个致力于给风险下定义和分类的组织。

该组织成立于美国，主要是为了满足金融行业的需要并支持财务审计而设立的。该组织的企业风险管理综合框架认为风险是一个综合问题，必须由企业的各个职能部门一起管理。企业风险管理综合框架将风险分为四类：

- 战略风险，即影响组织实现其目标的能力的风险。
- 运营风险，即影响组织创造价值的各种方式的风险。
- 财务报告风险，即影响组织财务业绩和财务状况信息准确性和及时性的风险。
- 合规风险，即与满足法律法规要求相关的风险。

每类别都可以包括风险来源的许多子类别，表 12-1 是将风险放在人力资源责任的背景之下的分类。每个组织必须识别其面临的特定风险，然后加深对这些风险的理解。

表 12-1　风险类别

风险类别	风险来源	人力资源的责任	人力资源流程方面
战略	投资。 创新。 竞争行为。 消费者行为。 合作伙伴。 员工敬业度和多元化	劳动力管理。 人才管理。 员工敬业度。 人力资源职能管理。 人力资源职能的连续性	招聘。 继任计划。 培训与发展。 员工交流。 奖励机制。 投诉处理。 应急计划

（续表）

风险类别	风险来源	人力资源的责任	人力资源流程方面
运营	可持续发展。 供应链。 健康和安全。 数据隐私。 流程效率和有效性	注意义务。 绩效管理	工作场所安全。 全球任务。 员工关系。 福利管理
财务报告	资产增长。 资产挪用	衡量和报告劳动力数据	技术。 数据隐私。 分析与决策支持
合规	工作场所要求。 报告要求	遵守国际、国家和当地法律以及组织政策	所需报告的归档。 与员工的交流

风险处理的好处和障碍

企业风险管理综合框架提供的综合清单说明风险管理如何使一个组织受益：

- 系统化的风险管理方法使流程与组织的战略和战略目标保持一致。一个将未来押注于创新和员工敬业度的组织在看待人力资源风险时不应将其视为仅仅是遵守健康和安全法规的问题。它必须注意影响人才可用性和人才质量的各种政策和流程。
- 风险管理使得组织能更有效地应对风险。管理风险的过程有助于更广泛地了解风险的原因及其可能性，并采用更系统的方法来评估各种方法的成本和相对有效性。
- 风险管理使组织能够对自身整体的风险做出更一致的应对。组织采用相同的标准和流程，从而加强可预测性和控制性。
- 损失减少，组织的资源没有浪费。组织更容易识别、抓住和增强机遇。
- 在复杂的战略和组织中，风险管理有助于组织理解和管理全组织风险的相互关系和可能的相互作用。

此外，擅长风险管理的组织对新出现的风险具有更强的抵御能力，这些风险可能尚未被识别、尚无准备好的对策。这在高科技市场中是一个越来越重要的考虑因素。

组织也有机会成为风险管理方面的专家，从而使其风险管理活动成为收入来源。化工公司杜邦利用自己在工作场所安全项目方面的经验，创建了运营风险管理咨询子公司。该子公司至今已为全球数百万非杜邦员工提供安全培训和咨询服务。

风险管理的障碍主要是结构上的障碍、认知上的障碍和文化上的障碍。

- 结构上的障碍。采用谷仓结构的组织倾向于从运营角度而非战略角度应对风险。它们忽视了组织内部可能产生风险和/或干扰前瞻性风险管理的依赖情形。关于整个组织的做法的风险和监控，沟通渠道少之又少。标志性游戏材料的某世界领先制造商从谷仓模式发展到综合的企业风险管理模式。早期，该公司的运营风险是通过计划和生产来处理的。该公司通过遵循国际标准化组织最低认证标准实现了雇员的健康和安全。“危险”被外包给了保险公司。信息技术部门负责数据安全，财务部门负责优化财务管理，法务部门负责版权和合同管理。管理战略风险需要更全面地看待威胁和机遇。该公司随后实施了全公司范围内的风险管理战略。
- 认知上的障碍。有效地管理风险还需要想象力和乐于接受变化。合规性历来在风险管理中占据如此多关注的原因之一可能是受合规性的相对清晰所吸引：风险已被确定，且应对措施已充分确定。这是“如果-那么”场景的一个领域：在这个领域中，一个人发出某些警告，提供某些安全设备，并以规定的间隔提交包含某些信息的某些报告。我们需要更多的想象力才能超越合规性，看到“万一”的领域——这个领域不那么确定，包含其他风险来源尤其是新出现的风险。那些应对风险的人还必须愿意尝试管理风险的新方法。
- 文化上的障碍。文化障碍归根结底涉及人们寻求什么样的思维模式、灌输什么样的思维模式和什么样的思维模式会得到回报。

组织必须清楚地向其成员传达组织在风险方面的立场和偏好。组织必须就风险管理的纪律教育可能做出涉及不确定性的任何决策人——这最终会意味着组织中的每个人。组织必须在整个组织中建立风险意识和风险智慧。一个组织还必须意识到其员工的多元文化背景如何塑造每个员工给组织带来的观点和态度，包括那些与风险有关的观点和态度。基于文化的不确定性规避以及文化是重视明确性和一致性还是接受模糊性等方面的差异，可以极大地改变人们对风险的感知方式。为创建具有风险意识的企业文化而努力时必须考虑到这些不同的文化态度。

国际标准化组织风险管理方法

国际标准化组织在其标准 31000 中阐述了 11 项风险管理原则，如表 12-2 所示。这些原则可供组织评估其风险管理能力和风险管理成熟度。

表 12-2　11 项风险管理原则

• 创造和保护价值。 • 成为所有组织流程的有机组成部分。 • 成为决策的一部分，明确地处理不确定性。 • 具有系统性、条理性、及时性。 • 基于可获得的最可靠信息。 • 适应组织的风险和控制环境。 • 考虑到人类和文化因素，具有透明度和包容性。 • 具有动态性、迭代性和变通性。 • 促进组织的持续改进

国际标准化组织还描述了支持营造风险意识和风险智慧文化的组织框架。该框架包括：

- 管理层承诺管理风险并明确指出，风险管理是组织战略和文化的一部分。这就需要与此承诺一致的管理行动：运用适当的风险偏好，以保护和增强利益相关者利益的方式管理风险，以与风险管理目标一致的方式奖励个人。例如，对高管的奖励应与董事会批准的战略目标挂钩。管理层的承诺对于为风险管理活动获得适当的支持和资源至关重要。
- 风险管理框架的设计，包括组织治理层的政策和旨在实现这些政策的过程。这还包括组织的道德和价值观、组织领导者的示例，以及组织中每个人的决策和行为模式所营造的文化。
- 实施风险管理以确定具体风险的管理方法。框架的这一部分包括风险管理流程。
- 定期监测和审查框架，以确保其实现风险管理的目标。这可能包括确定流程是否按要求在整个组织中实施，以及组织成员的行为是否与其风险意识文化保持一致。
- 框架的持续改进，这可能涉及根据组织新制定的风险管理战略调整框架，使框架更能应对新出现的风险，增加对新管理方法的认识和经验，并改进审计策略。

风险管理流程

风险管理流程包括两项持续进行的活动："沟通与咨询"和"监督与审查"。这些情况经常发生，成为这种模式的核心，影响流程的四个组成部分：

- 确定风险背景。界定组织的风险偏好并设定风险管理目标。
- 识别与分析风险。收集信息以准确评估风险并对风险排序。
- 管理风险。采用和实施适合于每个风险的应对措施。

- 评估风险管理。审核风险控制，检查有效性，并监测风险的变化。

由于沟通与咨询的持续性，在风险管理过程的所有阶段都需要将内部和外部利益相关者纳入。他们的意见和观点有助于使风险识别和分析更加完整和平衡，且有助于确保控制措施在其预期环境中发挥作用。这将形成对控制计划的掌控，并使风险管理过程更具可持续性。

持续的监督与审查有助于组织的风险管理战略与总体战略保持一致，有助于组织遵循既定的政策和流程，并有效和高效地实现为管理每个已识别风险而制定的目标。

确定风险背景

在评估风险时，了解组织的当前状况是了解需要做出哪些变更（如有）的关键。这包括了解组织面对风险的意愿、组织处理风险的能力，以及组织当前政策处理风险的有效性。

组织的风险偏好和风险容忍度

在风险管理流程的第一个阶段，组织试图了解风险在组织中扮演的角色有多突出，风险主要存在于何处，以及风险的典型来源是什么。组织可以使用不同的工具来评估市场和周围的环境，以防止风险。例如，SWOT 分析经常用于评估战略能力，比较威胁和机会。PESTLE 分析搜索特定类别（政治、经济、社会、技术、法律和环境）下的环境力量，以更好地了解组织的威胁和机会。

对于全球性组织来说，PESTLE 分析数据是制定全球组织和职能战略所必需的。在全球背景下的分析比在国内背景下的分析更具挑战性，因为它需要当地的专业知识（或至少对当地环境的认识）。

某家专门帮助和保护边缘目标群体（如少数民族、穷人和有需要的人）的非政府组织在将业务扩展到另一个国家之前，使用 PESTLE 分析评估风险。

该组织识别出以下 PESTLE 因素，供考虑。

- 政治。税收政策、就业法规、环境法规、贸易限制、关税、政治稳定，以及地方政府可能不希望提供产品或服务的地方。
- 经济。利率、汇率、通货膨胀、工资、工作时间和生活成本。

- 社会。文化、健康和安全意识、人口增长率和各种人口特征。
- 技术。生态环境因素、可获得的产品和服务，以及非政府组织现有的技术能否在新地点发挥作用还是需要变动和创新才能兼容。
- 法律。可能影响非政府组织的运作，在国内各地可能有所不同的法律。
- 环境。可能影响非政府组织服务提供方式的气候变化、季节或地形变化。

在风险管理中，对风险来源的内部和外部审查也应该考虑跨职能部门的风险。例如，某所大学的人力资源部门召集所有员工参加一个研讨会，以确定风险在其组织中扮演的角色。他们首先列出主要的利益相关者和他们的期望：

- 行政管理部门最关心的是超额发放年度工资和优化现金储备管理。他们希望有关工资和福利支出的数据能够准确、快速地上报。但考虑到工作种类和福利的范围之广，这是一件具有挑战性的事。
- 教员们担心他们的福利受到损害，特别是研究（包括助理）津贴和旅行补贴。研究是大学的收入来源，而削减研究经费可能会威胁到大学未来的收入。无法进行高质量的研究将损害各级教员未来的就业前景。这里的主要风险是有才能的教师流失到竞争机构中。
- 学生和家长关心的是教员的素质。他们希望大部分课程由终身教授授课，而非由副教授或助教授课。他们还希望那些教授来自著名机构。这里的主要风险涉及满足那些支付学费的人和吸引有才能的教师。
- 设施管理部门必须确保从讲堂到学生宿舍、食堂到科学实验室的各种场所都符合非常具体的清洁和外观标准。他们越来越需要高技能的技术人员来支持信息和控制系统。
- 由于最近发生了几起针对学生的袭击事件和盗窃事件，安保部门一直处于压力之下。
- 政府一直在向大学施压，要求削减学生的学费，为弱势学生提供更多奖学金，并增强多元化，而不是借助任何形式的优惠待遇。
- 社区希望能够更多地使用大学资源，以抵消交通量和噪声增加给社区带来的较多不便之处。

然后，人力资源小组考虑了其他外部风险来源，如校园恐怖主义和天气干扰。

这些经历塑造了人力资源小组对风险的看法。他们曾一直希望讨论工资制度、健康和安全问题，但人力资源风险显然是大学里一个更为复杂的问题。

只要快速浏览一下这些观察结果，就会发现一些有趣的问题。首先，行政管理部门是否应该更关注预算以外的风险？它在提供资金的政府、家长、学生、校友这些关键付款方中的声誉可能会因其管理其他风险（如人才留任、学生安全和校园形象）的能力而受损或增强。其次，这些风险中有许多本质上是具有跨学科性质的。预算会影响教员，而教员又会影响学生。安全会影响学生和社区，进而影响资金。如何管理这些相互交织的风险？

在了解组织内部和外部存在的威胁和机会之后，领导者需要为他们定义的每个风险类别设置一个风险头寸。风险头寸可以定义为组织的期望收益或可接受的价值损失。（请记住，关于风险管理这方面的许多术语来自金融和保险业。这些术语有非常专业的含义，而我们在这里只是概括。）

组织选择的风险头寸将受到其风险偏好或风险容忍度影响，即受到组织为实现其风险管理目标而愿意追求或接受的不确定性的数量影响。

风险偏好是对可接受风险的一种高级描述，例如，“我们不会因为招聘不力而冒险将管理职位空缺出来”。风险容忍度在目标风险头寸之上和之下设定了一个更明确的范围：“我们将采取必要措施，确保在 30 ~ 45 天内填补管理职位。”

在风险管理的下一阶段，大学的人力资源部门领导者将仔细研究这些方面的每个方面，是什么造成了风险，目前正在采取什么措施来应对风险，以及还有什么可以或应该做的。

组织治理的力量

风险偏好和承受能力又受到其他因素影响。这些因素包括：

- 组织的战略目标以及风险在多大程度上有助于实现这些目标（例如，与可能提供更好短期储备资金回报的某家新金融服务公司合作）或干扰实现这些目标（例如，校园犯罪统计数据对未来学生及其家庭的影响）。参与早期组织战略会议的好处之一是，人力资源部门领导者可以听取组织内不同领导提出的问题，并提供人力资源角度的意见。
- 组织对风险的特有态度（深受领导层和文化的影响）。有些组织是规避风险的，它们会避免收益过低或成本过高的选择。另一些组织则寻求风险，愿意拿大笔资金冒险而几乎没有成功的保证。为了更好地了解组织对风险的态度，人力资源专业人士应该把风险意识和态度作为一个主题来探索，因为他们在组织内部建立了网络，扩大和加深了联系。他们可能需要运用自身的领导与导航能力，以及咨询能力来帮助他们的组织认识到重新评估组织对风险态度的必要性。

- 组织的资源承载力或风险承受能力。资源有限的组织可能更不愿冒险。财力雄厚的大学可能比实力较弱的大学更愿意参与国际知名教师的竞争。人力资源部门领导者可以与负责监督和控制组织资产的高管（如首席财务官）讨论这些问题。
- 外部施加的要求，如所需的保险和风险管理战略（如信息系统认证、防火设计、现金储备基金）。一些组织指定了可以就这些要求提供更多信息的风险管理办公室（财务人员、法律顾问、设施经理、董事等也可以）。
- 预期损失。组织风险可以用定性和定量的方法来评估。损失预期是定量评估方法的一个例子。这种定量分析是为风险成分分配货币价值。预期损失可描述为单项预期损失或年化预期损失。

单项预期损失（Single Loss Expectancy，SLE）是指每次风险发生时预期的金钱损失。它涉及资产价值（Asset Value，AV）和风险因子（Exposure Factor，EF），用以下公式表示：

$$SLE = AV \times EF$$

资产价值可能随通货膨胀、市场变化等而变化。引入预防措施可以减少风险因子。

年化预期损失（Annualized Loss Expectancy，ALE）是指在一年内风险导致的资产预期货币损失。它涉及 SLE 和年化发生率（Annualized Rate of Occurrence，ARO），用以下公式表示：

$$ALE = SLE \times ARO$$

风险管理的目标是以合理的成本实现最佳的目标。根据组织的风险容忍度和风险偏好，组织可以考虑采取缓解措施，即使缓解措施的成本可能高于预期损失。例如，一个组织可能会考虑实现一种每年花费 10 000 美元的安全措施，即使这个成本比威胁造成的预期损失还要多，但还是值得的。

所有这些标准必须一致。组织应该投资于管理符合标准的风险，即具有战略影响的风险。风险偏好和风险容忍度应与组织的资源和法律要求相适应。

当组织的风险态度和它寻求的立场与这些因素不一致时，对这些风险有更深刻理解的那些人就有责任针对有关问题教育决策者。错位风险的三个常见例子是道德风险、委托代理问题和利益冲突。

当一方知道自己不承担风险的后果（因为其行为造成的所有损失都将由另一方承

担）而从事风险行为时，就存在道德风险。

例如，保险可能会产生道德风险这一并不期望的后果：刺激人们比没有保险时更鲁莽地行事。2008 年和 2009 年的金融危机在很大程度上是由个人高风险行为导致的，这些行为让机构蒙受了巨大损失。

道德风险的其他例子包括：

- 某经理为了获得奖励而瞒报工作事故。
- 某零售经理高估盘点的存货量，以低估已销售商品的成本，从而增加该期间收入的账面价值。
- 某经济联盟的成员国知道自己将从更大的组织获得支持，因此借入了超出其偿还能力的贷款。

委托代理问题（或代理人困境）是一个经济概念，经常与职业中的道德风险联系在一起。当代理人（如雇员）代表委托人（雇主或所有者）做出决定或采取行动但其个人动机可能与委托人的动机不一致时，问题就出现了。

一般来说，这是通过提供激励措施（有时称为代理成本）来解决的，这将有助于协调委托人和代理人的利益。激励措施可能包括佣金、绩效奖金或股票期权，以及员工所有权安排。或者可能存在道德激励，如当某个组织要求其员工遵守可能需要付出额外时间和努力的可持续发展标准时。即使在最公共化的、以家庭为导向的、对社会负责的组织中，我们也不能总是假设雇员和雇主的动机是完全一致的。

利益冲突，即一个人或组织有可能受到两套相反的激励措施影响，这在道德风险和委托代理困境中都有所体现。

潜在利益冲突的例子包括：

- 某员工选择一个私人朋友拥有的供货公司。
- 某员工直接由其配偶监督。
- 某上市公司的所有者/高管寻求将其公司私有化，并在此过程中增加其个人持股的价值。

对利益冲突的解释会而且确实会取决于司法管辖区。因此，在断定某一特定情况在法律上构成利益冲突之前，最好先咨询称职的法律顾问。

当前风险控制措施的有效性

风险管理战略旨在改变风险事件发生的概率和/或其对组织目标的影响程度。为管理风险而采取的行动称为风险控制措施。

在建立组织风险背景时，评估当前风险控制措施的有效性是很重要的。查看已识别的风险时，首先要问："是否有相应的风险控制措施？"如果有，则问："数据是否表明控制措施有效？"

以下是风险控制评估可能如何发生的一些例子：

- 安全培训是为了防止背部受伤，但受伤率没有变化。由于控制措施没有效果，因此必须探索另一种方法。
- 人力资源部门虽有核实求职申请信息的流程，但出现了非常明显的失误：申请人没有所需的资格证书。尽管在这种情况下，这些控制措施可能已经广泛有效，但组织必须进行额外的调整以确保在其他异常情况下不会再有漏网之鱼。

识别与分析风险

组织会选择保护自身免受哪些威胁影响？组织会冒险投入资源去抓住哪些机会？为了回答这样的问题，组织必须首先查明在其所有地点和业务的所有部门中影响其战略和业务的所有内部和外部风险。风险识别与分析阶段始于从各种来源收集信息，以确保组织考虑到其战略和业务的所有方面和观点。然后，分析这些信息以更充分地了解每种风险。基于这一分析，组织可以将资源集中在重大风险上和在风险登记簿中跟踪风险，以此来优化其风险管理计划。组织还可以制定关键风险指标，即威胁或机会可能正在形成的信号。

识别风险

风险管理流程这一阶段的目标用首字母缩写 MECE 表示，MECE 代表"相互独立，完全穷尽"（"mutually exclusive，comprehensively exhaustive"）。换句话说，组织希望确信它已经为其业务的所有战略和运营方面识别出了所有可能的风险，但它希望在识别过程中避免重复或重叠。重复的风险可能意味着浪费资源和繁复的报告，这可能会妨碍合规性的实现。重叠的风险可能导致对风险的管理不完全，风险的不同负责者之间的冲突，以及组织对风险管理控制权的丧失。

重叠的风险跨风险类别影响组织。例如，数据泄露会影响组织对数据隐私法的遵守，其在利益相关者中的声誉和财务稳健性。管理这些复杂风险的工作需要相关风险负责者之间的仔细协调。

风险识别方法

组织可以使用各种方法来识别潜在的风险。让我们通过一个例子来说明这些方法。这个例子涉及为员工履行注意义务的关键人力资源责任。

雇主的注意义务是一个难以简明定义的术语。从最广泛的意义上说，审慎义务是指组织应采取一切可能的合理措施来确保雇员的健康、安全和幸福，并保护他们免受可预见的伤害。雇主的注意义务贯穿整个雇佣关系持续期间，从招聘到雇佣到终止，在某些情况下甚至会超出该范围（如退休）。在某些文化背景和外派员工的情况下，雇主的注意义务还会延伸到员工的家庭。对于全球外派人员和远程工作者的注意义务可以延伸到主要工作场所。因此，注意义务对人力资源部门来说是一种严肃而又富有挑战性的责任。

试想一个组织中的人力资源部门曾以不协调的、合规导向的方式响应注意义务责任。其主要的关注点是遵守当地工作场所安全标准和流程，而在这些标准和流程中，人力资源的流程仅侧重于确保当地运营部门执行了最低限度的必要措施或行动。

然而，新任首席人力资源官认为注意义务具有战略意义。注意义务会影响雇主的品牌、成本（通过保险费率）以及其与当地政府和社区的关系。因此，组织和人力资源部门致力于更深入地了解影响保障员工这一责任的不确定性。

对于这个组织来说，建立一个全面和多角度的风险观是很重要的，因为它的风险是因地区和业务部门而异的。那么，组织应如何提高对这一广泛风险范围的理解？

- 咨询专家和信息来源。在我们的例子中，组织首先咨询了专家并审查了文档。它检查了保险索赔以确定受伤的原因。它跟保险公司谈话，以了解保险公司如何看待在这个行业中所看到的风险类型，以及在全球外派人员工作的地理区域所看到的风险类型。设备手册也经过检查以识别危害。危害是指潜在的损害，其通常与如果不加以控制则可能导致伤害或疾病的某种情况或活动有关。危害有可能对员工造成直接伤害，有时甚至造成严重伤害。

人力资源部门的人员接触类似领域的同事和同行。他们联系自己的政府机构（大使馆和领事馆）和与商业有关的机构（商会、行业联合会、高管俱乐部等），甚至联系外派人员所在国的记者，以检索与健康问题、犯罪、绑架等有关的信息。

- 焦点小组和个人访谈。人力资源部门在不同场所（如不同的地点和不同类型的运营机构）和不同的员工群体（如在不同背景下的文员和行政人员、后勤或餐饮人员以及经理和主管）组织一系列的焦点小组。焦点小组是结构化的小组访谈。在个人访谈中，参与者（被选为代表组织任期的良好范例）会在引导下就他们所遇风险的类型展开集体讨论、分类和建立共识。个人访谈的对象则是一些关键个人。焦点小组的访谈结果会对这些一对一的讨论起到激励作用。
- 调查。在焦点小组和个人访谈均不可行的情况下，为了给迄今收集到的数据提供更深入的统计背景，人力资源部门分发旨在支持数据分析的调查。
- 流程分析。鉴于组织的价值观和战略优先事项，人力资源部门将它自己的一些流程认定为特别关键的流程。对于这些流程，他们会进行流程分析。流程被绘制成流程图并进行分析，以确定关键点的需求。这些需求可能意味着风险。
- 直接观察。漏洞可以通过员工或访客在设施中走动来观察到。例如，可以检查当地生产制造场所的火灾易损性和防火控制措施：是否有灭火和探测系统以及紧急疏散路线。工作场地可能有导致跌倒的堆放杂物或疏漏。在较高位置存放重物亦可能造成伤害。攻击者可能通过缺乏安保措施的出入通道进入工作场地。

分析风险

每个风险都必须加以分析，以回答有关组织易受威胁程度或组织机会敞口程度的某些问题。由此收集到的信息将有助于决定管理风险的方式。

为了妥善分析风险，很有必要知道风险事件发生的可能性有多大，风险事件将如何影响组织，风险事件可能出现的速度有多快，目前是否有控制措施来管理风险，这些措施是否有效，以及风险可能的根本原因。

风险分析工具

风险分析的基本工具之一是风险公式，风险公式试图量化风险所代表的不确定性。一般情况下，风险等级可以用下列公式来描述：

风险等级=发生概率×影响大小

风险等级可以通过风险计分卡量化，也可以在风险矩阵图中可视化。风险等级是决策者在制定风险管理预算时必须考虑的因素。

风险计分卡

风险计分卡是一种工具，用于收集对各种风险特征（例如，发生频率，对组织的影响、损失或收益的程度，当前控制措施的有效程度）的单项评估。与组织相关的各种风险列于某模板。单项风险的权重可能取决于其战略重要性。每项风险均根据其权重评分和调整。当汇总分数时，结果表明组织是如何感知特定风险的。这可能会直接引起对管理策略的思考或进一步的分析。

表 12-3 基于某项在线调查，该调查要求人力资源部门为不同风险事件的某些方面赋予数值。人力资源部门需要考虑：

- 风险发生的可能性有多大，即事件概率。
- 如果风险发生了，它会以多快的速度变为现实，即发生速度。
- 组织目前对风险的准备情况如何，即现有缓解措施。
- 风险事件发生可能产生的影响，即影响的严重程度。

表 12-3 某项在线调查的结果

职能和地点：人力资源，某国

事件/威胁	A：事件概率	B：发生速度	C：现有缓解措施	D：影响的严重程度	威胁等级指数
	1=不太可能 2=可能 3=很可能	1=非常慢 2=逐渐 3=突然	1=强 2=一般 3=弱/没有	1=小 2=相当大 3=严重	将每项事件/威胁的评分相乘（A×B×C×D）
供水中断超过 4 小时	1	3	3	2	18
化学品泄漏	1	3	2	1	6
停电超过 4 小时	2	3	2	2	24
飓风	3	2	2	2	24
数据库丢失超过 4 小时	2	3	2	2	24
妨碍员工来上班的冬季事件	3	2	1	1	6
关键人员的突然流失	2	3	3	3	54

在本例中，分数是一个指标，由各个分数相乘决定。这一特定地点似乎特别容易受

到关键人才流失的影响，还在低一些的程度上受到与天气有关的电力中断和办公室使用中断的影响。因此，其风险管理工作将集中在这些事件上。

风险矩阵图

风险级别通常会在一个风险矩阵图中直观地表示。风险矩阵图是一个简单的网格，其中横轴表示事件发生的概率，纵轴表示事件发生的情况下对组织或功能部门影响的严重程度。例如，如果一个人力资源部门有多个培训设施而且这些培训设施所在的建筑相当现代化而且没有可能导致火灾的活动，那么由于火灾而无法使用培训设施这一情况可能就会被认为具有很低的影响和可能性。但是，对于一个拥有集中的员工记录数据库却对信息系统的访问控制薄弱的组织来说，数据完整性的丧失会产生很大的影响，并且发生的概率更大。

具体的风险及其概率和影响将因组织、行业和地点而异。

风险矩阵图的缺点是，它不能反映组织或职能部门目前受风险防控措施保护的程度。

然而，作为风险分析研讨会的分类工具，风险矩阵图是有用的。事件在矩阵图上的位置暗示着某些行动。

需要注意的是，这里展示的风险计分卡和风险矩阵图的例子所关注的是负面风险，但这些工具也可以用于分析正面风险或机遇。它们经常用作投资选择。

我们还应该注意到，建设性地分析风险的那些人应该准备好接受组织中其他人的抵制，因为这些人对风险的存在或组织受风险防控措施保护的程度持不同意见。要实现可靠的风险分析，就必须诚实地对待所有可能的缺点，对索赔持怀疑态度，并勇于挑战假设。

评估风险

在风险管理流程的这一步骤中，组织根据分析结果对已识别的风险进行优先级排序。

> 在某些情况下，还可能会在评估之前，对具有巨大潜在影响的风险进行进一步分析。例如，可以为严重程度不同或机会不同的事件创建场景。如果新招聘主管的成功程度不同，则会对组织执行战略计划的能力意味着什么。针对不同级别的风暴所造成的生产力损失，风险分析可以显示很强的技术性。

风险矩阵工具可以用以对风险进行优先级排序。组织可以选择将资源集中在更确定和影响更大的威胁或机会上。在这种情况下，它们将最密切地关注事件的控制。需要注意的是，有些活动值得采取“观望”法。

另一种风险矩阵工具 PAPA（Prepare，Act，Park，Adapt）使用两个轴：纵轴考虑变化速度，横轴考虑可能性程度。该矩阵既可用于分析威胁，也可用于分析机会。四象限代表推荐的组织行动。

- “准备”事件不太可能发生，但一旦发生就会迅速成形。这意味着必须制订应急计划，并确定早期指标。我们即将讨论关键风险指标的概念。例如，人力资源部门可能意识到，偶尔的季节性风暴会在其所在地区造成严重的破坏。组织投入资源来开发数据备份和远程访问的应急措施，关键人力资源人员远程处理关键流程的能力，以及与所有员工快速沟通的方法。
- “行动”事件发生的可能性很大，而且变化迅速。对于这些威胁和机会，组织需要做出即时反应，以提高获得机会的可能性，减少威胁发生或造成重大损害的可能性。例如，不幸的是，工作场所事故是采矿业中的常见事件。人力资源部门确保应急设备到位，所有人员都接受了应对事故的培训（如快速稳定现场，防止未经授权的人员进入，提供紧急治疗，与关键人员沟通），人力资源人员接受了培训因而知道如何处理与工伤记录和工伤报告相关的所有合规性问题。
- “停滞”事件进展缓慢，不太可能发生。虽值得监测这类事件特征的变化，但不值得投入相应的缓解措施或应急措施。例如，人力资源部门认为，由于文化和工作类型，霸凌行为在其工作场所不是什么问题。它们认为这些情况不会立即发生变化，所以它们不会将此风险视为优先事项。不过，它们的确确保其已经制定了“开门”政策，以便在可能有迹象表明这种状态发生变化的情况下得到报告。
- “适应”事件实际上在慢慢地成为可能对组织产生重大影响的趋势。例如，人力资源部门指出，越来越多患有不同类型和不同程度残疾的员工被雇佣。如果实施改变物理空间和流程的计划以使得这些员工能更有效率地工作，那么该组织将受益。这不是一项紧迫的需求，但其可以在今后三年的规划期间逐步解决。

关键风险指标

美国反虚假财务报告委员会发起组织将关键风险指标定义为“为企业各个领域风险暴露增多提供早期信号”的指标。这些信号可能意味着需要改变管理风险的优先次序或改变管理行动本身。

关键风险指标在战略上与关键举措或战略目标保持一致，它们是通过思考风险的根本原因和可能预示变化的中间事件而制定的。只有当组织监控各种风险警报时，关键风险指标才能帮助组织管理风险。忽视来自关键风险指标的警报会导致关键风险指标失效，并使组织面临不必要的风险。

识别关键风险指标将组织置于其试图管理的风险面前，这使得风险更加明显，并为开发和实施有效的控制措施提供更多的时间。

风险登记簿

风险登记簿列出了关于管理特定风险的信息和责任。这些信息提高了组织中风险管理流程的透明度和问责性。风险登记可以作为风险管理流程的一部分逐步发展。

风险登记的模板在网上容易获取。风险登记簿一般包括下列类别的信息：

- 风险类别。
- 风险事件。
- 风险分类。
- 关键风险指标。
- 风险管理控制措施。
- 风险责任人。
- 报告要求。

管理风险

一旦一个组织了解了它所面临的风险，它就可以采取行动来应对这些风险。根据风险的预期结果，组织将采取不同的应对方式。实施应对风险（包括紧急情况）的计划是确保组织充分处理任何风险事件的关键。

风险管理战术

因为风险事件可能有积极或消极的结果，所以存在管理正面风险（机会）和负面风险（威胁）的并行战术，如表 12-4 所示。

其他类似的措辞也可以用来描述风险管理战术。例如，避免、降低、分担和保留也是组织用来描述其风险处理的经典术语。

表 12-4　风险管理战术

正面风险管理战术	方　法	负面风险管理战术
优化	消除不确定性	规避
分担	重新确定所有权	转移
增强	使用杠杆来增强或缓解影响	缓解
忽略	不采取行动	接受

- 避免。不参与风险状况的决定或退出风险状况的行动。
- 降低。为减少与风险相关的可能性、负面后果或既减少可能性又减少后果而采取的行动。
- 分担。与另一方分担风险带来的损失或利益。风险分担可以通过保险或其他协议来实现，但它会产生新的风险或改变现有的风险。风险源的转移不是风险分担。在某些情况下，法律、强制或法定权利会限制、禁止或强制分担某些风险。
- 保留。接受风险带来的损失或收益。

这里的后续内容是指表 12-4 中列出的正面风险战术（优化、共享、增强、忽略）和负面风险战术（回避、转移、缓解、接受）。人力资源专业人士应该知道他们组织使用的术语。

制定风险应对措施需要投入资源和时间，因此大多数组织只针对那些已确定为优先事项的风险事件制定应对措施。在选择特定的风险管理方法时，组织必须权衡无所作为的代价与响应的成本，以及相信响应将实现风险管理目标的程度。

在制定应对措施时，组织应更新风险登记簿，以纳入已选定的应对机制和负责实施的个人或群体。

消除不确定性

通过消除不确定性，组织或职能部门采取措施来保证积极风险事件将会发生，而消极风险事件将不会发生。它们必须彻底地研究和分析这些措施，以确定所需的绝对确定度。

以下面的情况为例。

优化

人力资源部门正在制定国际派遣政策。为了使派遣政策尽可能具有吸引力，并吸引尽可能多的合格候选人，人力资源部门列出有保障的收入规定。

规避

人力资源部门正在筛选申请，但因一个有问题的申请暂停。该申请人拥有必要的技能，并可以立刻接受派遣。然而，其工作经历显示其多份工作的持续时间较短而且有无法解释的工作中断。提早离职和工作间隔可能有正当的理由，但也可能意味着其难以适应工作环境。于是，在其他“A组”申请人经过筛选后，人力资源部门决定将该申请人列为第二候选。

重新界定所有权

在这种情况下，所有权是指谁对财务成本和运营承担责任。分担是指引入另一方以帮助尽可能提高一个不确定事件的正面潜能。企业经常参与战略联盟和合资企业，以管理某些战略举措中较高水平的不确定性，如开发新产品或向另一个国家扩张。转移是指第三方（通常是保险公司）将在收取费用的情况下承担经济损失、义务或者可能的责任。对人力资源专业人士而言，转移风险的一种常见形式是职业责任保险，或称过失与疏忽保险。

然而，人力资源专业人士应该意识到，所有权永远不会因为负面事件而完全转移。即使组织可能会在消费者投诉后受到责任损害赔偿的保护，但它们也将因消费者信心受损而面临不利局面。就工伤事故向雇员或其家属提供赔偿的保险并不能消除与员工的关系因此类伤害而受到严重削弱的可能性。将一个危险的工序外包给另一家公司（这家公司让其员工暴露于危险中）并不能免除该公司的道德责任。

以下是这种风险管理战略的例子。

分担

某家零售商预计将迎来一个非常繁忙的假日季，其人力资源部门已雇佣了临时工来增加工作人员数量。如果这一季比管理层预期的更繁忙，工作人员不足可能意味着货架空空如也、顾客愤怒、销量损失。因此，人力资源部门与一家人事机构协商，为其根据需要提供应急工，尽管该机构收取的报酬比临时工的工费还高。

转移

某公司经常将员工派遣到绑架发生可能性较大的地区，因此该公司将购买绑架和赎金保险。这种保险通常包括负责谈判员工释放事宜的专家服务。

使用杠杆来增强或缓解影响

增强和缓解风险的管理战术是指希望通过某些“杠杆”来改变风险的数量。“增强”涉及增加机会形成的可能性。例如，如果制造商提前交货，那么其可能有权就合同获得额外的报酬。它分析自己的选项，发现该奖励金额高于满足提前交货日期所需的加班费。因此，制造商通过授权生产线加班来增加其提前交货的可能性。

“缓解”的目的是减少风险发生的可能性或减少风险将产生的负面影响。预防是缓解风险的一种形式。禁止没有安全徽章的任何人进入某个区域，可减少未经授权的人员窃取专有信息或破坏公司资产的机会。消防喷淋系统会减少对员工造成伤害的危险，降低公司资产受损的数额。

这里应该注意到，增强和缓解举措可能成本高昂。因此，在执行之前，组织应在实际条件下彻底测试这些举措，必要时修改。组织还必须仔细检查：

- 成本是否超过机会带来的有形和无形利益，或是否超过避免或减少威胁的成本。
- 增强/缓解计划的成功程度。
- 如果计划创造另一层机会或风险（称为“次生风险”），那么还必须管理次生风险。例如，人力资源部门实施强制性背景调查以降低雇佣风险。然而，筛选需要相当长的时间，并产生次生风险——延迟将减少公司能够聘用其首选人选的机会。人力资源部门需要找出能够保证快速筛选的服务提供商。

人力资源方面有很多增强和缓解的例子。

增强

人力资源部门对职业道路定位，将每个职位的某些培训/教育要求包含在内。人力资源部门认为，通过要求所有新主管完成沟通和管理技能方面的培训，组织更有可能提高员工敬业度。

缓解

人力资源部门认为，为了保护生产力、员工敬业度和利益相关者（政府和社区）的利益，有必要积极主动地应对某些威胁。为此，人力资源部门在若干方面制订了政策和计划：

- 设立工作场所安全委员会，以便更准确地评估危害，并提供切实可行的预防和缓解技术。委员会指导培训并开展事件调查。
- 所有员工均接受相关教育以知道如何发现可能的暴力行为迹象以及当暴力发生时如何应对。提供咨询计划以支持工作场所、家庭暴力或恐吓的受害者，并在可能的情况下采取干预措施。

- 为竭力维持一个无毒的工作环境，组织需确保其药物滥用检测和治疗政策和程序符合适用的法规。该公司还推行对毒品零容忍的政策，并在非法使用毒品的合理怀疑得到核实后严格执行政策规定。
- 某城市的人力资源部门确保其应急响应团队接受专门方案培训；这些方案旨在减少正在治疗的受害者受到感染或传播感染的可能性。这些方案的遵守情况受到监测，是工作要求和绩效预期的一部分。
- 全球外派人员必须每天报告，以确认他们的位置和状况，并始终随身携带装有全球定位系统的手机。

不采取行动

不采取行动意味着组织决定去忽视或放弃可能的机会，或接受威胁的发生。运用这些风险管理战略的情形包括：机会或威胁不大可能增加，收益和损失不值得投入缓解努力，或进一步行动不大可能产生任何效果。最后一种情况称为剩余风险，即在用尽所有风险管理措施后仍然存在的不确定性。

忽视机会意味着组织会满足于它得到的任何运气，但不会采取行动去保证或加强结果。接受威胁意味着组织不会投入时间或金钱来降低或转移风险，也不去规避风险。这并不意味着该组织毫无反应地继续经营其业务。该组织可能继续监控风险，或创建应急基金以支付在风险发生时应对风险的费用。

接受

人力资源部门制订计划，相信该计划通过创新的招聘方式和新员工指导方式有助于组织实现其多元化目标。如果该计划最后超越了这些目标，那将是大好消息；但只要能实现目标，人力资源部门就满足了。

忽略

人力资源部门认为，考虑到业务的性质和地点，总部不太可能受到恐怖主义威胁。此外，其他应急计划已足够应对恐怖袭击产生的影响。因此，在这种情况下，人力资源部门不发布特定方案，也不要求进行与恐怖主义有关的培训。

实施风险管理计划

风险管理战略一旦选定，就要在任何项目或变更中实施。战略实施的责任必须指定给具有执行计划所需组织专长、沟通技能、可信度和管理支持的人。组织在风险登记簿上注明这一职责，并说明风险管理战略、用于评估其有效性的指标以及监控风险的职责。监控可以揭示风险特性的变化，而这种变化可能需要重新分析和管理方法调整——增加或减少管理风险影响的工作。

制定风险管理绩效目标

在实施中，显然需要得到组织高层的支持，因为实施风险管理计划需要预算和资源。如果风险负责人能够根据具体的、可测量的、重要的目标报告绩效，以此来证明风险管理战略的有效性，那么其将更容易获得组织高层的支持。有些风险可能对组织的战略至关重要；因此，与风险管理绩效相关的指标将在管理面板上实时报告。

与所有绩效衡量一样，人力资源部门的风险管理绩效目标应该：

- 注重战略。某些风险可能已经列为优先事项，因为其可能干扰组织和人力资源部门实现其战略目标的能力。衡量应侧重于直接影响战略目标实现的绩效。例如，组织可能特别依赖能够提供坚定指导的强有力领导层。人力资源部门可以利用包含在人力资源继任规划和高管薪酬流程中的各种风险管理战略，以此来帮助管理失去领导力的风险。绩效指标可能侧重于确定关键职位和每个职位的继任者，以及定期进行高管薪酬调查和根据需要修改组织的薪酬战略。
- 将活动和结果结合起来。与活动相关的指标显示效率，而与结果相关的指标显示有效性。对于一家致力于保障员工安全的公司而言，人力资源部门进行的工作场所检查的次数证明人力资源部门在部署这种预防战略方面的效率。在一段时间内发生的工作场所意外的数量表明该战略的有效性。
- 将滞后指标和领先指标结合起来。滞后指标回顾已经完成的工作，而领先指标衡量影响未来结果的绩效。例如，某个组织可能已经确定它的一个关键风险涉及它雇佣特定类型工程师的能力。滞后指标可能是可容忍空缺率或招聘期。领先指标可能是与授予该领域学位的机构建立关系，从而形成持续的高质量候选人来源。

除了管理特定职责中的风险，一些组织中的人力资源部门还可能负责管理组织治理（其文化、政策和流程）带来的风险。此处的绩效目标包括：

- 修改与不合规相关的风险。这可能涉及衡量：
  - 对组织进行法律法规教育的工作。
  - 举报政策及制度的实施。
  - 不合规报告的发生率。

    - 罚款的发生率和级别。
- 向组织成员灌输和在组织流程中融入风险管理原则。这可能涉及衡量：
    - 为董事会、领导层和管理层开设的研讨会。
    - 所有项目中风险审查实施程序的制定。
    - 组织风险管理政策（例子包含风险管理部分的项目计划的百分比）的遵守情况。

↘ 整合

实施还将涉及整个组织的个人和群体。它必须是整合的企业工作。

在讨论和分析利益相关者的需求和观点之后，风险管理团队将更好地了解解决方案的需求及其约束。例如：

- 人力资源部门可以与信息技术部门合作，以确定哪些提高人力资源数据记录安全性的方法是有效的、可行的。备份记录在何种程度上是最新的，并由授权人员快速访问？计划中提出的备份流程是否与信息技术标准相冲突？使用云存储是否会产生必须缓解的其他安全问题？
- 如果设施丢失或无法使用，那么人力资源部门可能需要与设施管理部门合作，确保人力资源人员获得临时工作空间和设备。
- 该组织的安全官员可以合作创建可行的项目，以应对工作场所的暴力事件：制定进入工作场所的政策，安装摄像头和检查点，并设立可上锁的安全屋。

↘ 沟通

有效的实施还涉及向员工传达员工要改变行为或观念的要求。从这个意义上说，实施风险管理计划需要员工理解为什么采取新做法（例如，当检测到传染性健康威胁时，为什么要求他们带着笔记本电脑回家工作；为什么要求匿名举报欺凌和潜在的暴力行为）。

员工必须准确理解他们需要做什么。这可能需要手册、培训班或演示或标识。人力资源部门必须确保这种沟通对其特定文化中的所有员工都是有效的。

组织必须加强沟通渠道。当风险管理政策和流程没有得到遵守或没有得到有效执行时，组织必须有办法让员工报告而无须担心遭受报复。当然，对这些反馈必须有有效的回应。报告防火门被锁的员工应该相信，责任人会因此受到适当的处罚。

应急准备和业务持续性

通过可持续的组织准备和执行不同类型紧急情况的应对措施，以及准备和执行如何在关键职能部门中尽快恢复到可接受运营水平的计划，组织履行对员工的注意义务，支持员工的工作效率以及员工及其家人的福祉。组织还履行对经济利益相关者的责任：采取措施迅速恢复，并在恢复期间保持组织的运转。

应急准备和业务持续性需要：

- 就预见到的和未预见到的事件做准备。这包括识别风险和制订长期或短期紧急情况的应急计划。应急计划是组织在识别出的风险事件发生时实施的方案。
- 确保员工健康和安全并保持生产力的应对能力。这可能涉及制订计划，实施政策，获得必要设备以及实施应对计划。例如，为了在发生劳动中断的情况下继续运营，人力资源部门可能在关键职能部门实施管理交叉培训，与临时工供应商签订合同（如果使用临时工是对这种情况的合法应对措施）。人力资源部门还可以构建组织的制度和流程，将工作重新分配到其网络的其他部分。

一个组织的准备工作可能以迥异的方式受到挑战，以下面的情况为例。

- 2013 年，在中国的某家医疗用品工厂的经理受到 100 名员工劫持；这些员工要求获得补偿，赔偿金额相当于该工厂最近被解雇工人的丰厚遣散费。
- 2011 年，日本地震期间，某家商业银行面临的一项任务是安置 100 家分支机构的员工以确保员工及其家人的安全。
- 2009 年 6 月，猪流感袭击某家商业通信企业的英国子公司。到 7 月底，10%的员工被感染，不得不被送回家中。

组织可能面临各种令人沮丧的威胁和可能的危机。其中许多可能是前所未有的或极其罕见的事件，组织很难提前做准备。危机管理（包括应急准备和业务持续性）专家指出，通过培养危机管理思维，各组织可以更善于处理各种危机，包括预见到的和未预见到的危机。

由于充分了解员工的地点和需求，由于沟通和培训角色，人力资源部门通常都是组织危机管理团队的核心成员。从业者应该熟悉危机管理的流程以及人力资源部门在每一步骤中可以扮演的角色。

危机管理计划和准备流程

这种模式将传统的计划、执行、检查、调整循环应用于危机管理，强调需要测试计划且需要从测试和实际危机中学习。我们关注一下人力资源部门在每个阶段可以扮演的角色。

危机管理旨在识别可能对设施和/或员工造成突然、巨大损害从而对业务造成重大中断和带来风险的风险。人力资源部门在这一阶段发挥着重要作用，因为它确保计划处理不同地点员工的薄弱之处以及短期和长期外派人员的独特薄弱之处。人力资源部门还可以将文化问题意识引入危机管理计划的制订中；这些文化问题包括提供支持的宗教和社会结构、可能使通信和撤离复杂化的大家庭结构以及基础设施的限制。人力资源部门能够识别外派和商务旅行频繁发生的地区。

根据威拉姆特大学"全球人力资源管理在行动"系列的案例研究，考虑以下例子。

某家美国跨国银行和金融服务公司在世界各地开展业务，在全球拥有超过 25 万名员工。通常，这些员工一年的商务旅行超过 10 万人次。为了预防危机，该雇主必须识别出高风险的地区和旅行方式，并迅速与旅行的员工沟通，告诫他们，让他们改变旅行计划，或查看他们的安全状况。

制定应急方案时必须考虑到具体目标，包括：员工、公司资产和所有利益相关者的即时安全；对当地法律法规的遵守；所需的文件和报告；跟进。这些方案应具体规定角色和时间范围，而且必须有培训和实践机会支持。

在某些情况下，地方当局要求制订应对计划，然后它们会审批计划的充分性。但是，对于绑架等某些风险，雇主应该将计划保密。

应急方案通常处理人力资源可能涉及的多个方面：

- 政策。人力资源部门有助于制定和传达旨在避免或缓解风险的员工政策，例如，关于出差员工在抵达或离开时报告或报告每日日程的要求。人力资源部门可以将危机管理的角色整合到职位描述、绩效管理系统和差旅系统中。
- 撤离和调迁。人力资源部门可以建立并及时更新详细的员工名册，以便在员工撤离后确认他们所处的位置。
- 通信。人力资源部门可以使用员工联系信息（在隐私法允许的情况下）来研制自动收发通信系统。这些系统可以在危机期间向员工发送状态信息和指示，并记录员工的回应。例如，日本海啸和地震后，某家日本银行使用短信系统追踪其员工。人力资源部门还可以为外派人员和出差人员提供在必要地区使用的手机。人力资源部门可以是组织与员工家属和媒体之间的联络人。
- 培训。员工必须接受有关政策、危机发生时自身角色以及特殊设备使用方面的培训。例如，就工作场所暴力而言，员工必须接受如下方面的培训：安全问题（如不让未经授权的访客通过安全门）、防止暴力的方法（如识别虐待迹象或暴力的可能性），以及在发生暴力事件时的做法（如触发警报，前往指定的安全地方直到警报解除）。

- 持续性。除了其他职能，人力资源部门还可以识别继续运营或迅速恢复到运营水平所需的人力资源流程，例如，向员工和供应商支付款项或报销费用。人力资源部门对员工记录和合同等数据必须保存妥当。人力资源部门还要找出组织内部的临时替代人员，或获得替代人员/临时人员并安排他们的培训和工资事宜。

这些计划需要投入大量资源，不是为了获得收益，只是为了防止损失。因此，最好能获得组织高层的支持。分到规划任务的人应该得到尊重和支持，并能够组建和运行一支有效的团队。

计划可分阶段审查：

- 高级工作人员的初步审查将有助于确保所有贡献领域在规定的时间范围内高质量地完成其计划任务。
- 部门间审查可以发现潜在的瓶颈和在哪些领域协调至关重要。
- 模拟可以在测试区域中运行。
- 如果可行，为了测试该计划，可以关闭失败可能性较高或失败对企业构成高风险的区域。

危机管理计划软件有助于组织逐步完成这一过程，而整个过程可以外包给专门从事这一领域的供应商。

有大量的资源可以协助一家公司。许多国家的大使馆、领事馆和商务部门都会发布这类信息。当地和国际组织（欧盟人道主义援助办公室备灾计划、美国联邦应急管理局、国际红新月会和红十字会和世界卫生组织）就如何为各类自然灾害和人类灾难做准备及从中恢复提供了宝贵信息。

计划应整体或按组成部分进行测试。例如，可以在建筑物内进行撤离演习。喷淋或报警系统以及自动呼叫系统都可以接受测试。参与者还可以讨论如果发生不同类型的危机，那么他们将如何采取行动。当一个计划涉及多个职能部门时，组织还可以举行模拟研讨会。

应该培训在计划中扮演特定角色的员工，让他们观察危机发生事件是如何展开的、计划是如何调用的。他们可以报告人员、技术或基础架构的表现，以及常见的压力和困惑。

从测试和实际危机中获得的知识可用于加强未来的应对措施。在日本地震中，前面例子中提到的商业银行发现，它用短信联系和定位员工及其家人的解决方案受到手机系统本身故障的影响。该银行还指出，员工并不总是注意更新手机号码和电子邮箱。

无论是从逻辑角度还是从情感角度看，我们都很难为造成灾难性后果的事件制订计划。危机可能意味着失去领导者和员工。由此产生的困惑和沮丧会影响组织恢复的速度和恢复的可能性。所有的企业运营都可能停止，本可用于重建组织的收入可能损失掉。供应链和系统可能必须重建。

然而，没有应急计划就不可能有重建和恢复。

管理工作场所风险

处理风险的任何组织战略均必须包括在工作场所本身发生的特定风险。员工健康和安全风险是一个关键领域，包括安全威胁、疾病和受伤（包括全球外派引起的疾病和受伤）以及药物滥用。

安全威胁

这一风险类别包括人身安全威胁和网络威胁（对信息技术系统和结构以及敏感组织数据的威胁）。

人身安全威胁包括工作场所暴力。在美国，根据职业安全与健康管理局的数据，工作场所暴力每年影响着大约 200 万美国工作者。工作场所暴力可能由员工之间、员工与客户之间、员工与非客户（家人、朋友、其他合作者）之间的冲突引起。

各组织必须积极主动处理工作场所暴力。各组织应制定书面的工作场所暴力预防政策。该政策概述了组织对工作场所暴力的立场，并概述了防止可能的威胁升级的应对程序。指定应对小组、雇佣保安人员和为员工开发资源是有助于预防工作场所暴力的额外措施。

演习（包括积极的射击演习）可以确保员工知道如何应对工作场所暴力事件的发生。

网络威胁通常被视为只涉及信息技术部门的问题。但是，人力资源部门应该与信息技术部门一起制定用于预防和应对攻击的政策和程序。预防始于起草用于防止泄露的政策，这可能涉及规范组织内技术使用的具体规则。这些政策以及信息技术部门建议的其他程序和使用技巧均应包含在员工手册中。人力资源部门还应要求对所有员工进行信息技术培训，以确保员工及时了解不断演变的威胁和保持最佳做法，以避免违规行为。

人力资源部门还应该参与快速应对计划和业务持续性计划的创建和实施。应对计划可能包括与泄露所涉及员工面谈的程序、开始遏制威胁的可行措施、了解因泄露而产生的任何法律责任以及在必要时公开处理泄露的最佳方式。业务持续性计划会指导员工使用备份系统的措施，并在系统恢复时将问题及员工职责的任何变化告知员工。快速应对计划和业务持续性计划均必须定期更新，以确保它们持续有效。

疾病和受伤

传染性疾病可能在员工之间或员工与客户之间传播。根据国家的法律，雇主可能对在工作场所感染病毒的人负有法律责任。根据 SHRM 关于处理工作场所传染病的一篇文章，当工作场所存在潜在传染病风险时，应采取以下五项基本措施：

- 通报和核实疾病风险。
- 了解疾病和资源。
- 识别风险的范围。
- 确定雇主风险。
- 处理内部和人力资源部门合规事宜。

组织可能有向相关政府当局报告某些疾病的要求。

环境健康危害可能导致员工或客户生病或受伤。这包括各种各样的因素，主要分为三种基本类型，如表 12-5 所示。

表 12-5　环境健康危害因素

类　型	具体因素
物理危害	高温、噪声、振动、空调、辐射、通风、吸烟、卫生条件、饮用水、工作场所设计
化学危害	灰尘、烟气、气体、有毒物质、有毒化学物质、致癌物质、烟
生物危害	细菌、真菌、昆虫

在工作场所生病或受伤的情况下，人力资源部门需要处理公共关系和员工关系问题，也需要与那些受影响者的家属打交道。公司处理这些问题的方式会极大地影响公众和员工对组织应对措施的看法，而这又会影响组织品牌建设的工作和员工士气。人力资源部门也有责任协助组织开展培训和规划工作，以应对与疾病和受伤风险相关的潜在劳动力影响，并与组织领导层沟通，以确保在公共场合和组织结构内采取正确的行动。

药物滥用

无论药物滥用是在工作前、工作中还是工作后，药物滥用（使用或滥用非法药物、酒精或处方药物）的症状和风险都有可能出现。药物滥用的早期迹象包括：

- 粗心的工作习惯。
- 旷工。
- 攻击性行为。
- 工作表现下降。
- 事件增多。
- 屡次迟到。
- 情绪爆发。
- 内向或狂躁的性格。
- 记忆力受损或思维不合逻辑。
- 与同事相处困难。
- 可疑、隐秘和孤立行为。

这些症状还可能对组织构成风险。

工作效率的丧失可能对其他员工产生影响，这是与药物滥用相关的一个主要风险。药物滥用引起的事件可能导致组织财产受损和其他员工受伤或患病。

有关药物滥用的培训和教育对于减轻药物滥用对工作场所造成的风险非常重要。教育管理者和员工如何发现可能表明滥用药物的行为，以及教育管理者如何有效地应对可疑的药物滥用行为，是培训应该关注的重要领域。

制定有关绩效、纪律和康复的组织政策可以使管理者对可疑的药物滥用问题采取更迅速、更自信的行动。这些政策需要通过会议、培训和员工手册与员工分享。

在进行任何药物测试之前，必须验证组织政策和程序是否符合所有适用的联邦法律法规和州法律。不同的司法管辖区可能有法律涉及工作事故后或任职前测试和其他工作场所筛查期间的测试程序。

法律可以规定在阳性测试后可接受的补救渠道。例如，一些司法管辖区规定，员工可以选择在第一次检测呈阳性后参加康复计划，禁止公司因此解雇员工。

评估风险管理

为了确保能够应对风险，组织必须不断评估其风险管理政策的有效性。事后汇报和事件调查、评估合规性、质量保证和持续改进都是至关重要的工具，它们将使组织能够在风险演变时正确地规划。

评估风险管理政策和流程的有效性

风险管理流程的最后一个阶段涉及提供监督。这对于单项风险管理计划和整个风险管理框架都是必需的。评估的目的在于：

- 通过衡量和报告风险管理结果来增强透明度和问责。
- 确保符合要求。
- 评估单项风险管理战略的有效性。
- 评估组织风险管理框架（价值观、政策和流程以及文化）的有效性。
- 通过调查事件和识别改进战略和框架的机会来持续改进风险管理。

具体的风险管理计划应该在每个重大事件之后和以商定的间隔时间（如每年一次）评估。结果应与管理风险的目标比较，并报告给管理层；管理可能选择干预，改变战略方面的投入。那些需要员工准备就绪并应对或需要使用特定设备的计划也应该定期重新评估。新员工安全培训支持健康和安全风险管理计划，定期更新法规可减少合规风险。

事后汇报和事件调查

"事后汇报"一词来自应急管理学科。它通常用于审查风险应对战略有效性的会议，如工作场所撤离、出于安全原因就地封锁、工作场所受伤或暴力行为或业务的临时转移。一般来说，事件调查的范围比较有限，例如，因生气而发生的纠纷变成动粗并需要干预、工伤或员工违反组织的政策。它们的范围可能不同，但方法是相似的。

事件和应对措施必须记录在案，并向外部各方报告，通常作为应对法规、保险要求或法律建议的合规措施。但是，组织应确保对事件进行检查、记录和内部报告。人力资源部门要负责领导或参与事后汇报，必须善于领导小组讨论和解决问题。为了调查，人力资源专业人士必须善于采访、倾听和观察。

所有事件（包括不涉及合规性或可能是误报的事件）均提供学习和改进风险管理战

略的机会。正如经济学家 Paul Romer 所说："千万不要浪费危机。"这种观点与 Nassim Nicholas Taleb 的观点相呼应。他说："航空业的每一起重大事故实际上都让行业变得更安全，因为有从错误中吸取教训的制度。"

事后汇报可以成为每个与会者的教育机会。这是一个很好的论据，因此，无论何时使用风险管理计划，汇报原则均应适用。汇报团队提出的问题包括：

- 发生了什么？为什么会发生？事件的结果是什么？
- 我们采取了什么应对措施？
- 我们按照计划做了吗？
- 与管理此风险的要求相对照，结果是什么？
- 发生了什么意外事件（有益还是有害）？它们对我们目前的计划或过程意味着什么？
- 我们彼此之间、与外部机构以及与员工之间的沟通情况如何？
- 我们本可以做些什么来改善我们对这一风险的处理？

要想有效地汇报，员工需要接受培训，知道即使在充满挑战的情况下自己也有责任观察和记住细节，并尽快记录下自己的记忆。

事后汇报或事件调查可能引出改进特定风险管理的建议。这些建议可能是细节方面的（如增设记录合规性的检查表）或实质性的（如调整薪酬结构以阻止领导和员工承担不适当的风险，或全面改进组织文化）。由于目标是增加组织的风险敞口，因此汇报和调查结果的风险很高。因此，改变的理由必须具有说服力，并有令人信服的论据和数据支持。

↘ 检举

检举是指员工举报组织违反政策和流程的行为，直接适用于风险管理。

员工检举可以指向尚未识别出或尚未充分管理的风险，如特定安全或保安问题。这些问题可以揭示没有得到遵守的政策，如为确保符合组织价值观和当地法律而制定的反歧视政策遭到违反。检举可以使人们注意到在实施和测试风险管理战略方面存在的虚假记录。

人力资源部门有助于确保有沟通流程可供检举人直接接触组织高层决策者并保护检举人免遭报复。我们应该注意到，在一些国家，法律保护检举人免遭报复。应向员工提供有关这一流程的教育，应让管理者了解检举人的权利以及那些可能被视为报复的行为。

当内部沟通渠道和保护措施建立起来后，检举人就没有太多理由向组织之外的政府机构或媒体透露其检举事项。

评估合规性

审计可在内部或外部进行，以检查风险管理政策是否充分、到位、得到遵循并产生预期的结果。审计需要有合适的人，即没有偏见的第三方。该第三方要有合适的资质，包括风险管理专长，了解组织的业务和流程以及有最佳做法意识。由于审计可能得出负面的调查结果和提出变更建议，因此管理层支持审计流程并致力于实施建议是至关重要的。

人力资源部门可出于合规需要和/或改进流程的目的要求实施审计。例如，对招聘和雇佣做法的合规审计可能审查文件（如广告、筛选数据、申请资料核查单、面试指南、少数群体选择率），以证明反歧视和公平就业条例得到遵守。政府机构可能要求提供这些信息。

健康和安全审计正式地评估组织对安全和健康风险管理的有效性。它们可以非常有效地预警事故隐患或工作健康问题。通常，雇主可以从其员工的赔偿承担者、当地安全协会或身为合格安全和健康专业人员的第三方顾问那里获得执行安全检查所需的帮助。

质量保证和持续改进

质量保证和持续改进非常有助于保持有效应对风险的战略。质量保证是指组织采取行动以确保它正在按照设定的标准执行工作，且正在正确并完整地使用指定的流程。由于与风险管理相关，因此质量保证会考虑到组织的积极主动性、预防性、预测性和先发制人行动，以确保其有信心去控制不断变化的风险。持续改进相当于改进和维护风险管理流程质量的组织方法。

> 风险管理不是一个静态的过程。风险在本质上是动态的，它们会随着内外环境的变化而增加或减少。因此，组织必须定期重新评估已识别的风险，以确定风险是否仍然存在或已经消散，或者风险的级别或特征是否发生了变化。

此外，随着战略重点的每一次改变，组织应重新审查风险与新战略或变更后战略的契合性。组织结构、规模或文化的变更（如在合并或重大文化变更举措后）可能产生或消除组织风险。技术、通信、工作习惯和业务流程的变化会增加薄弱之处和机会。

尽管汇报和测试可以显示出如何提高特定风险管理战略的绩效，但有一点也很重要，即领导者偶尔回顾风险管理的框架和政策是否仍然体现最佳做法。单项战略应加以重新审查，看看是否有新的和更有效（更具成本效益）的方法。技术变更可能意味着更好的探测和防止威胁的能力。新的数据分析方法可以支持更明智的机会投资。新设备和新材料可能造成更少的健康和安全危害。

组织定期重新评估其风险管理体系是很好的做法。人力资源部门应定期评估的风险管理因素如表 12-6 所示。该表提供的仅仅是一般性例子，并不是面面俱到的，因为许多风险是某组织独有的。

表 12-6　定期评估的风险管理因素示例

人力资源活动	持续的风险考虑因素
人才获取	是否遵守就业法律法规以避免可能的歧视行为？ 对潜在应聘者的筛选是否彻底，以确保招聘到合适的候选人
员工融入和融合	是否为新员工提供足够的入职引导和培训
培训与发展	是否为承担新职责或新岗位的现有员工提供了足够的培训
职业安全与健康	是否提供了安全的工作条件？ 员工是否接受过充分的安全程序培训？ 工作中是否提供适当的安全服和用品？ 是否定期开展安全检查（如消防演习和紧急疏散）？它们是否符合当地法规
员工行为	职位描述是否明确？ 新员工培训是否全面、充分？ 监督是否充分？ 员工手册是否包含全面的政策和程序？ 员工是否在政策和程序方面得到充分的告知和培训
绩效管理	是否有健全的绩效管理方案？ 是否保留绩效问题的书面记录？ 反骚扰政策和程序是否充分
离职员工	是否进行了离职面谈？ 是否所有的访问码、密码等都已失效？ 组织财产（信息和设备）是否已从离职员工处收回

风险管理是一项持续的活动，而不是可以从“待办事项”清单上划掉的东西。运用质量保证原则、结合持续改进有助于组织在其风险管理过程中保持警惕。

第 13 章　企业社会责任

企业社会责任指组织承诺以一种道德和可持续的方式经营，参与、促进和支持慈善活动、透明、可持续性和符合道德规范的治理实践。

理解企业社会责任

组织的行为方式越来越重要，因为如今的消费者能更好地观察组织的行为，并基于这些观察做出决策。公司在技术、环境政策、人权等方面的立场，通过社交媒体和传统媒体发布。那些被视为负面的行为引发的强烈反应会损害组织的品牌，甚至可能导致对产品和服务遭到抵制。对人力资源部门更为重要的是，组织对社会和环境实施的行为会影响其招聘年轻员工的工作，因为社会研究人员已经注意到年轻员工对雇主的社会影响感兴趣。这进而又影响培育组织人才库和未来领导者的计划。

担心公众的强烈反应不是企业社会责任对人力资源专业人士来说很重要的唯一原因。可持续发展举措在面对气候变化时至关重要，而实施这些举措往往依赖于员工的参与和获得他们的支持。遵守法规是道德、法律和经济角度的现实做法，因为它可以防止工伤和事件，并有助于避免代价高昂的诉讼和罚款。通过慈善和志愿者服务提升员工敬业度和赢得公众好感的机会代表着通过企业社会责任工作可能取得的积极成果。

为了使组织在其企业社会责任方面取得成功，必须制定统一的战略。该战略必须由管理层推动，且必须成为各级组织战略的一部分。实施企业社会责任计划需要人力资源专业人士的大量投入。要执行这些战略，他们必须了解推动组织企业社会责任战略的原则。

当今的企业社会责任

企业社会责任是企业更积极主动地处理对慈善事业和法律合规问题的传统关切的方法。它这种方式将组织的价值观和目标付诸行动，从而使企业社会责任成为组织结构

（过程和文化）的一部分。

企业社会责任演变

企业社会责任涵盖组织创造价值的各种方式，超越传统的投入收益利润衡量标准。组织可以采取影响品牌声誉或员工士气等非货币性资产的行动。近几十年来，企业社会责任主要在两方面发生了变化。

第一个变化是将企业社会责任的定义从传统的关注领域（尤其是企业道德、治理、慈善事业和志愿者服务）扩展到包括可持续性概念。这一概念要求考虑更广泛的决策或行动对更广泛的利益相关者领域产生的影响。

第二个变化是企业社会责任已经从公司的外围转移到中心。作为一项指标，请考虑《前路：毕马威 2017 年企业社会责任报告调查》中的一些关键调查结果。毕马威是“四大”审计、税务和咨询服务公司之一，每年都会审查企业社会责任和可持续发展报告的范围和质量。其 2017 年的报告显示：

- N100 公司（美国 100 家最大的公司）中有 75%发布了公司责任/可持续发展报告。
- 超过 90%的 G250（全球最大的 250 家公司）发布了企业社会责任报告。
- 在 78%的 G250 年度财务报告中，现在定期将企业社会责任的表现包含在内。
- 报告率最高的四个国家是印度、马来西亚、英国和南非。
- 各组织在加大对其企业社会责任工作审计的投入。

另一个指标可以在 SHRM 的企业社会责任和可持续发展特别专家小组在 SHRM 的 2016 年“未来洞察”报告表达的观点中找到。该小组认为企业社会责任是实现以下目标的途径：

- 争夺并留住顶尖人才。
- 产生可扩展的解决方案和数据丰富的结果。
- 提升雇主品牌。
- 扩大全球触角，在全球市场竞争。

实际上，企业社会责任已经向成熟度曲线上方移动：从将企业社会责任作为战术方法到“回报”或行善，或者作为保护公司声誉和股票价值的合规活动或防御举动，再到将企业社会责任作为完全整合到组织使命和核心业务战略中的战略方法。

现今的企业社会责任更有可能是战略上保持一致的，而不是孤立的。例如：

- 员工志愿者工作可能与组织特定的可持续发展目标和问题更充分地结合起来，并成为雇主品牌建设的核心。
- 如今，除了评估供应商的员工关系和反腐绩效，对供应链的道德监督更倾向于考虑供应商的环境记录。
- 行为规范更倾向于阐述对雇主和雇员行为的期望，并将组织的可持续性地位作为所有期望的基础。

与任何战略举措一样，从战略上调整企业社会责任需要大量的规划和工作，包括：

- 对现有标杆（包括国际框架和准则以及公司企业社会责任工作和举措的报告结果）的必要准备性研究。
- 企业社会责任战略制定和实施流程。

三重底线

传统的企业损益表或资产负债表衡量一个组织所有项目和活动的成本（如生产、配送和销售产品或服务的成本），并将其与从这些活动中获得的收入相比较，以确定组织的“底线”利润或损失，即组织的价值。三重底线（John Elkington 于 1994 年提出）这一概念应用可持续发展的 3P 原则［人（People）、地球（Planet）、利润（Profits）］，认为一个组织产生的环境和社会成本和效益也应该纳入考虑范围。通过衡量这种“隐藏”成本，可以更准确、更完整地计算出一个组织的总价值。术语“全成本会计”和“真实成本会计”用于描述这种方法。表 13-1（摘自 Andrew Savitz 的《三重底线》）大体介绍了可衡量的各种因素。

表 13-1 可衡量的各种因素

经济		环境	社会
常用措施	销售额、利润、投资回报率	排放的污染物	健康和安全记录
	已交税金	碳排放量	社区影响
	资金流	回收和再利用	人权，隐私
	创造的工作岗位	水和能源的使用	产品责任
	供应商关系	产品影响	员工关系

三重底线可以视为对追求企业社会责任或可持续发展（这些术语有时可以互换使用）战略的组织的绩效衡量标准；因此，它的目标是在这三个领域中的每一个领域都实现正的投资回报率。它还可以用作评估是否和/或如何执行特定项目以达到可持续性

目标的衡量指标计分卡或检查单的组织原则。

表 13-2 提供了三重底线领域的衡量指标。

表 13-2　三重底线领域的衡量指标

三重底线领域		衡量指标
经济可持续发展	投资回报率	直接经济效益。 净现值
	业务敏捷性	项目的灵活性/可选性。 提升的业务灵活性
环境可持续发展	运输	就地采购。 数字通信。 旅行。 运输
	能源	已使用能源。 已使用能源的排放物/CO_2
	垃圾	回收。 处理
	材料和资源	可重用性。 合并的能源。 垃圾
社会可持续发展	劳动实践和体面工作	就业。 劳动者/管理者关系。 健康与安全。 培训与教育。 组织学习。 多元化与机会平等
	人权	不歧视。 结社自由。 童工。 强迫与强制劳动
	社会与客户	社区支持。 公共政策/合规性。 客户健康与安全。 产品和服务标签。 市场传播与广告。 客户隐私
	道德行为	投资和采购做法。 贿赂和腐败。 反竞争行为

也许最重要的是，三重底线已经成为跨国公司衡量和公开报告企业社会责任或可

持续发展表现的基础。发布年度可持续发展或企业社会责任报告已成为对任何企业尤其是全球企业的期望。

这一趋势是三个主要因素共同作用的结果：

- 对企业社会责任实践重要性的态度发生变化。
- 数据挖掘和分析能力日益成熟，使有意义的收集和分析社会责任数据成为可能。
- 报告指标和方法标准化。

标准化的主要力量是全球报告倡议组织。它们为可持续发展报告提供了接近普遍接受的指导文件。

必须了解的是，这种标准化企业社会责任报告得到普遍接受对企业社会责任的战略重要性有着巨大的影响。它允许对公司实践进行有意义、有效的比较。

政府监管机构首先注意到（政府监管机构越来越多地要求企业报告企业社会责任措施）这一点，而公司的营销部门也注意到了这一点。企业社会责任已经成为公司品牌建设和产品差异化的有力工具。只要快速浏览任何一份企业社会责任年度报告或其公司网站上的相应页面，就可以清楚地发现，企业社会责任措施正被视为公司宣传材料的关键组成部分。这一战略角色又标志着，在塑造和实施企业社会责任以及通过企业社会责任来制定和实施公司战略方面，人力资源部门有机会发挥更重要的作用。

三重底线原则的另一个应用是社会审计。企业社会责任年度报告是向外的，是组织向投资者、监管机构或潜在员工展示自己的方式；而社会审计主要是自我评估手段。

社会审计是对组织的社会和环境政策和程序的正式审查。某联合国机构将其描述为"了解、衡量、核实、报告和改善组织社会表现的一种手段"。社会审计类似于财务审计，其目标是评估组织的当前状态，识别缺失或不充分的元素或效率低下的现象，并确定改进措施。它还类似于 360 度绩效评估，因为它始于采访组织的所有利益相关者（内部和外部），最后以所有参与者都可以使用的格式发布所有结果。

表 13-3 列出了社会审计检查的主要方面，以及它在每个方面力图解答的问题。

表 13-3　社会审计检查的主要方面和问题

审计方面	关键问题
道德	组织的政策、实践和日常活动是否公正、诚实和透明？ 组织的慈善捐赠和志愿者工作是什么

（续表）

审计方面	关键问题
人员	组织如何奖励、培训和发展员工？ 组织如何确保对所有员工一视同仁、公平公正？ 组织如何促进多元化、平等与包容性
环境	组织在能源使用、废物管理和处置、项目的环境影响和减少损害方面的政策是什么
人权	组织如何确保自身不侵犯人权，或不与侵犯人权的组织打交道，进行贸易或不向此类组织提供支持
社区	组织与当地社区和社区参与有关的政策是什么？ 组织如何维护与社区达成的协议
社会	组织如何努力改善社会或造福社会？ 这如何转化为政策、活动和程序
合规	组织如何确保其遵守法定和法律要求（如健康与安全法律、就业相关法律、环境法、刑法、金融法和税法）

社会审计的方法与企业社会责任战略制定过程（后面有介绍）非常相似，特别是在内部和外部利益相关者的关键作用方面。由于人力资源部门是利益相关者的主要联系人，因此人力资源职能在定义和实施企业社会责任战略中扮演着重要角色。

塑造企业社会责任的力量

关键术语不会重新定义自己，而范式转换也不会凭空发生。以下是 PESTLE（政治、经济、社会、技术、法律和环境）力量的简要概述，这些力量塑造了目前描述的众多变化。它们中的一些力量加强了企业社会责任问题的重要性，还有一些帮助确定了这些问题是什么。

技术

网络、智能手机、全球定位系统和社交媒体的结合使通信全球化、连续化和即时化。在众多影响中：

- 公司的行为（以及供应商和各高管的行为）在全球范围内均可立刻知晓。例如，当电子和服装跨国公司的新兴经济体子公司的恶劣工作条件被曝光后，其影响可能是巨大的、负面的。
- 这种全球通信能力也增加了各国政府的压力；这要求它们更具环境可持续性和社会责任感，这又增加了对公司的监管压力。

由于数据挖掘和数据收集方面的进步，企业社会责任因素更容易被衡量和理解，这也为组织带来了新的道德和合规挑战。值得注意的是，隐私和工作/生活平衡问题变得越来越普遍和复杂。随着社交媒体的不断发展，从雇主与雇员之间的隐私问题，到政府要求公司提供客户数据所引发的合规问题，隐私问题已经在各个领域占据一席之地。

↘ 环境问题

由于气候变化，要求采取与可持续发展相关工作的政府规章制度和要求（包括报告要求）增多。随着公众越来越关注气候问题，可持续发展已成为公司品牌塑造的中心内容。

作为一种积极的力量，气候变化挑战为组织创造了新的创新机会。由于不断增长的能源成本，提高能源效率的可持续发展工作将带来更高的积极经济回报。

↘ 经济压力

持续的财务压力同样会对公司的可持续发展工作产生积极和消极的影响。在财力有限的情况下，能源效率可能会产生更大的影响，可持续发展工作更有必要。当这些工作与正面宣传和公司形象改善的竞争优势相结合时，其财务影响会进一步增加。

经济压力导致公司更难寻找、吸引和留住熟练员工（甚至导致许多非熟练员工失业），这进一步提高了企业社会责任对员工的价值（特别是在工资和福利待遇面临限制的情况下）。

但是，经济压力也会限制公司资助企业社会责任工作的意愿。或者，组织可能选择将其企业社会责任计划限制在那些只需要小额投资（如员工志愿者计划），但有可能立即得到回报的高曝光度的地方计划。

↘ 社会政治力量

公民权利和社会权利运动在世界范围内都引起了关注，这导致公众舆论出现了一些惊人的快速变化，即对同性恋、双性恋及跨性别者问题看法的变化，如同性婚姻就是最新的一个例子。这些运动改变了公司和政府的政策（同性配偶福利、家庭休假政策等）。

公众对多元化和环境问题等关键问题的看法不断变化，这也有助于人们认识到该强调哪些社会责任工作以及什么是“适当”的应对措施。

企业社会责任成熟度曲线

一些资料将组织不断发展的企业社会责任方法描述为沿着成熟度曲线向上发展：从纯战术、反应性方法，到更加战略性整合的姿态，到最后基于企业社会责任（道德和可持续性）原则重新定义公司的核心价值观和目标。

基本上，步骤如下：

- 合规。这是一种防御姿态。社会责任被视为开展业务的一种成本，是对监管要求或负面宣传的一种战术回应。社会责任工作可能是展示良好企业公民形象的一种手段，但很少与公司的核心战略保持一致甚至往往是相冲突的。
- 整合。企业社会责任是企业正常运作的一部分。这些组织重新设计了它们的产品或服务以及流程和程序，使之更负责任和更具可持续性。它们将企业社会责任视为理性利己做法。
- 转型。这些组织重新定义了自己及其品牌，以体现自己致力于企业社会责任。这成为将自己与竞争对手区分开来的战略的一部分。例如，许多食品生产商注重当地采购（以降低运输中的碳使用），使用回收和/或可回收的包装，将部分利润捐赠给社区项目以及它们的共益企业认证等可持续实践中，以此来推介其产品。

人力资源专业人士面临的一个关键问题是，确定他们的组织目前在曲线上的位置，以及为了将组织推向下一个更高阶段而在下一步应该采取的合理可行措施。

如果某组织希望努力实现成熟度曲线转变水平，那么可参加一项国际认证计划。满足非营利组织共益实验室对社会和环境绩效、责任和透明度的详细衡量标准后，组织将获得共益企业认证。目前，有来自 60 个国家、150 个行业的逾 2655 家共益企业。

企业社会责任与人力资源

企业社会责任的重新定义为人力资源部门创造了机会。员工培训和监督职能一直将人力资源部门置于企业社会责任工作的最前沿。

但是，虽然传统上将企业社会责任视为战术和外围领域，即运营成本而不是价值创造途径，但现在已将企业社会责任视为具有战略价值。这可能意味着人力资源扮演着在战略上更重要的角色。

正如 SHRM 在“推进可持续发展：人力资源角色调查报告”中说明的那样，在全球报告倡议组织的衡量指标中，约有 20%直接涉及人力资源。全球报告倡议组织衡量指标包括劳动关系、人权/童工、多元化、健康和安全、保健、员工满意度等。

该报告提出四个关键的人力资源机会领域：

- 文化变革。组织当前的企业社会责任成熟度曲线越低，其进行必要文化变革的规模就越大，难度也越高。提高利益相关者参与度和提高响应客户的能力比较难，但至关重要，而人力资源部门完全应当帮助组织实现与人有关的这些目标。
- 公司战略。利益相关者越直接参与战略流程（这种参与是全球报告倡议组织报告的一个衡量方面），人力资源部门在战略规划中的作用就越重要。员工行为对企业社会责任战略的成功实施越重要，人力资源部门在战略实施中的作用就越重要。
- 组织效能。企业社会责任需要有关公司结构和流程的决定和改变。是否有独立的企业社会责任部门？是否需要外部组织或顾问？人力资源部门有良好的能力帮助实现正确结构和流程与组织文化和需求的匹配。
- 人力资本开发。创建企业社会责任战略重新定义公司该如何看待它的使命和目标，以及它的员工该如何看待他们的工作。帮助公司形成这些愿景并帮助它们协调一致是人力资源部门的职能所在。

对人力资源职能的影响

人力资源部门有机会在企业社会责任工作方面发挥重要作用，从而也有助于制定公司战略。但反过来也是对的，由于当今企业社会责任工作更具战略性和综合性，它们对传统的人力资源职能将产生更大的影响。

"推进可持续发展：人力资源角色调查报告"列出了将受到影响的七个方面：

- 员工合同。渴望在重视可持续发展的组织中从事有意义工作是一种趋势；人力资源部门必须首先积极地将这种趋势传达给管理层，然后必须将这种趋势融入公司文化。
- 招聘。招聘工作需要调整其关注点，将组织的可持续发展状况纳入其雇主价值主张。
- 品牌。许多员工（尤其是有技能、有才华的年轻员工）并不只看重薪水和福利。他们会看重组织的环境和社会记录、该组织为其员工提供的志愿者服务机会、自己可以在组织中"有所作为"或发挥创造性和创新性，这些都是宝贵的无形资产，极大地提高了一个组织的雇主价值主张。
- 敬业度。员工需要有机会根据自己的利益行事，以促进组织的使命和价值观所倡导的社会和环境责任。

- 人员的工作方式。减少组织碳排放量的工作需要对新的工作方式持开放态度，这可能涉及从远程办公到弹性工作制再到新技术。
- 责任与衡量。需要将企业社会责任纳入关键业绩指标。需要实施对可持续发展绩效承担责任的报告机制。
- 培训和领导力发展。需要将可持续发展纳入所有培训和领导力发展课程。

推行企业社会责任战略可以提高组织的雇主价值主张和雇主品牌战略。雇主价值主张回答："为什么一个有才华的人会想为这家组织工作？"雇主价值主张必须与组织的战略计划、愿景、使命和价值观相一致，并创造能够吸引和留住员工的形象。

因此，雇主价值主张战略加强了组织的雇主品牌战略。

当然，吸引和留住员工以及拓展利益相关者都是关键的人力资源技能和责任，强调人力资源部门在创建和实施企业社会责任/可持续发展战略中应发挥非常重要的作用。

企业社会责任、道德与合规

区分遵守法律法规和以合乎道德的方式行事是很重要的。要让组织成员知道决策要合乎道德的重要性；这种教育有助于他们为法律可能未禁止但可能对组织构成风险的各种情况［那些损害组织声誉及其与利益相关者（包括员工）关系的风险］做好准备。

合规与道德

合规由 SHRM 基金会在"人力资源管理在企业社会和环境可持续发展中的作用"中定义为：符合组织所有运营地点的国家、联邦、地区或地方法律法规和政府部门的要求。这通常意味着需要满足法律规定的技术要求。

道德是一个组织为了确保适当的道德、伦理商业标准而期望其所有董事、管理者和员工遵循的一套行为准则。道德行为侧重于按照关于"诚实、尊重、公平和责任"的"核心道德信仰和信念"行事。

合规和道德问题经常在以下方面重叠：就业权利、环境、消费者利益、儿童福利、公司披露和透明度、利益冲突、腐败、贿赂、维持商业记录、歧视等。这些问题跨越整个组织，甚至可以跨越管辖界限来控制组织行为。

尽管有重叠，但还是要认识到这两类问题的原因不同。合规方面的违规行为可能会引发法律问题，如限制开展业务、罚款或法律诉讼。违反道德要求会损害公众对组织的看法，损害在竞争激烈的市场中至关重要的品牌形象。

道德与合规挑战

> “第一，不伤害他人。”
>
> ——希波克拉底誓言
>
> “不作恶。”
>
> ——谷歌的企业箴言

即使怀着最好的打算，“不作恶”这一简单的要求也并不总是容易实现的。以下是技术服务领域的例子：

- 2018 年 7 月 26 日，《华盛顿邮报》头条新闻“多年的隐私争议如何终使 Facebook 尝恶果”表明了问题的复杂性。在这个案例中，对组织内部隐私协议的担忧以及对多个司法管辖区遵守法律的担忧直接冲击了 Facebook 的舆论和价值。

全球性组织尤其必须采取某种平衡措施，在努力与它们经营所在的新国家的主流商业惯例竞争的同时，要避免道德上的失误，例如导致最近几十年商业丑闻的那些失误。这些失误会破坏市场稳定，削弱法治，使公司更难在平等的基础上竞争，从而破坏营商环境。

以价值观为基础的组织企业社会责任战略具有清晰、全面的合规和道德定位，以及完善的公司治理体系，为其在可能危险的环境中经营奠定基础。个案处理或事后解决既不是有效的做法，也不是可接受的替代办法。

↘ 道德普遍主义与文化相对主义

当组织从事超越国界的业务时，它们和其员工要面临无数的道德和合规挑战。简单地说，在一个国家被认为不道德和/或非法的行为在世界其他地方可能完全可以接受。在这些情况下，由于各国的文化、价值观、商业惯例和经济发展水平不同，选择正确的道德道路变得尤其复杂。因此，公司在制定其行为准则时，必须仔细考虑标准化（道德普遍主义）与本地化（文化相对主义）问题。

道德普遍主义认为，有一些基本原则适用于各种文化，全球组织在一个国家做出决策时必须应用这些原则，而无须考虑当地的道德规范。但是，组织可能会将母国的道德体系误认为普世价值，可能将其道德做法强加给其他文化。此外，基本原则可能在地方层面上会以不同的方式表达，而不同的文化对价值观的优先排序也不同。

文化相对主义认为，道德行为是由当地文化、法律和商业惯例决定的。然而，一个组织可能会发现自己直接违背了它的核心价值观，从而削弱了它的道德品格。此外，不属于某文化的人会难以准确地衡量该文化的道德规范，特别是在接受当地道德规范可能符合其自身经济利益时，如在当地文化允许低成本童工或对工人安全标准更为宽松时。在后一种情况下，可能有用的做法是将长期公司价值（和价值观）置于短期成本削减措施之上。

供应链中的道德

对于扩展型组织（依赖于供应商关系的组织），确保其供应商的政策和做法与其自身的道德政策紧密融合已成为一个关键且复杂的问题。虽然组织对其外部供应商的兴趣历来基本上仅限于产品特性、质量、价格和供应情况，但供应链行为问题现在已经与组织的政策紧密融合。这种立场不仅是防御性的（避免供应链因罢工、负面宣传或诉讼而中断）；这是好事。符合道德的供应链行为意味着更好的产品、更满意的客户、更可持续的工作社区，从而支持业务的增长。

因此，我们需要做的是确保整个供应链都接受组织的行为准则（或者至少接受那些直接涉及特定供应商行为的条款——范围可能从其劳动关系行为到其环境政策）。

某家英国家装、电器和电子产品零售商将对供应链行为的关注纳入其企业社会责任计划。这家跨国公司认为，这种关注既加强供应链，也提升自己的品牌，因此制定了以下政策：

- 了解其出售的每种产品的来源，即产品的卖方是谁和产品是在哪里制造的。
- 制定和评估供应商工厂的工作场所标准。
- 与供应商、政府和非政府组织合作解决供应链中的难题。
- 帮助工厂达到零售商的标准。

公司根据国际劳工组织的公约制定了一套工厂工作条件的行为准则。然后，每个运营公司和采购办事处制订自己的行动计划以实施和监测该准则。表 13-4 显示了组织应对其供应商行为负责的一些具体领域。

表 13-4 组织对供应商负责的具体领域

重点方面	关键考虑因素
工作场所安全	各行业、国家和国际组织越来越愿意共同努力制定可接受的商业行为标准
童工	几项国际协议都明文规定禁止使用童工。然而，在新兴经济体，儿童的工资可能是贫困家庭的关键收入来源
可持续性	人们关注的焦点已经从传统的供应链指标急剧转移到整个供应链的可持续性指标

组织可能必须努力找到正确的道德方式。例如，在发展中国家的供应链中完全禁止童工来切断贫困家庭的收入来源是不道德的。

但是，组织必须找到一种方法来保护这些儿童在工作时不受伤害。组织可能也会发现很难平衡资源消耗、排放物和废弃物产生的现实与消费者对绿色产品日益增长的需求。

表 13-5 描述了有助于组织确保其供应商道德行为的指导方针。

表 13-5 保证对社会负责的供应商行为

对所有潜在的商业伙伴进行广泛的尽职调查	建立详细的数据库，以跟踪对每个供应商考察的结果以及针对发现的任何负面情况采取的行动
研究它们母国的道德薄弱环节	使用该信息做出与特定供应商相关的后续决策
考察其工作场地；采访其客户、员工和当地社区成员	评估与在特定国家开展业务相关、范围更广的风险，并制定在未来将这些风险降至最低的策略
寻找法律和道德行为是重中之重的证据	积极主动地向客户提供这些信息
专门为供应商制定行为准则，并在合作协议中规定合规是业务往来的条件	
建立持续报告和监测程序	

治理在企业社会责任中的作用

治理是一个组织为确保其遵守当地和国际法律、会计规则、道德规范以及环境和社会行为守则而制定的规则和流程系统。

> 良好的治理是对企业所服务社区的法律、道德和公民义务以及对支持这些义务履行的系统开发深思熟虑评估的结果。

良好的治理源自高层——董事会和执行总裁，并通过组织的每个后续管理和监督层继续得以体现。治理良好的组织在每个级别和职能上都是透明且负责的。目标是在内部

（内部行动和交流）和外部（其运营所在的社区以及与其合作和竞争的个人和组织）均按道德行事。

要注意的是，当一个组织缺乏良好的治理且未能识别和应对道德问题时，其利益相关者可能会执行有损其利益的任务。如前所述，我们生活在一个高度联系的世界中：私人信息经常会在瞬间、在全球范围内成为公共信息，而社交媒体可以迅速加强和集中公众的反应。例如：

- 消费者抵制行为。这些活动有时（但并非总是）是由维权组织（如人权、动物权利、环境保护分子群体）策划的；它们的出现是为了回应各种各样的行动，供应链子公司工作条件的公开声明。公关公司 Cone Communications 在 2017 年发布的研究报告称，87%的美国消费者会根据公司的价值观选择是否从该公司购买产品，76%的消费者表示如果得知公司持他们不认同的价值观就会抵制该公司。这些消费者也愿意并且在技术上有能力通过社交平台广泛而快速地分享这些负面情绪。
- 股东决议。股东倡议组织 Proxy Preview 跟踪年度大会上提出的决议，发现这些决议在稳步增加。有时，决议会触发运营上的变更。例如，投资者已经说服化妆品和食品公司采购 100%经过认证的可持续棕榈油，而不要在毁掉热带雨林和动物栖息后改成的种植园中生产棕榈油。
- 员工招聘和留任。更常见的是，某组织可能只是简单地认为，自己之所以无法吸引顶尖人才，是因为自身的负面名声。众多研究表明，专业人士在求职时会考虑社会和道德问题（在某项英国研究中，该比例为 75%），雇主可以通过强调企业社会责任政策来降低员工流动率（某家全球制药公司因此将员工流动率降低 5%），注重企业社会责任的组织文化可以提高生产力。

可持续发展

从最广泛的意义上说，可持续发展意味着以一种不损害后代的方式行事。对人力资源专业人士来说，可持续发展在不同方面都有着重要意义。许多年轻员工被有企业社会责任计划的雇主所吸引；组织的可持续发展目标和计划可以用于招聘和留住员工。可持续工资和工作条件的概念是劳资关系的有机组成部分。

可持续发展的定义

“可持续发展”一词最初是指生态目标，即保护环境。如果某组织开展的项目使用尽可能少的资源和/或依赖可再生资源，以此来尽量减少对环境的负面影响，那么视为该项目是有利于可持续发展的。环境最终被认为一个由各部分紧密相连的系统。企业和人们试图满足自身需求的行为给环境带来了压力。可持续发展是一种系统性解决办法，是一种为长期共同利益而调解利益冲突的方式。一个可持续发展的企业要有长远目光，旨在创造一种商业模式、政策和实践，以既满足当前的需要又不损害后代满足其需要的能力。

为了可持续发展，一个组织的实践必须从其社会、环境和经济影响方面分析，或者说分别从人、地球和利润角度分析。

环境问题包括资源的使用和环境污染物的排放等问题。社会问题涉及对健康、安全和幸福的影响。从经济角度考虑，企业需要盈利才能履行对投资者的道德义务，并继续雇佣员工。

可持续发展的最佳平衡点

人、地球和利润重叠的地方通常称为可持续发展的最佳平衡点，即一项行动能够满足三方面期望的地方。它对人、环境和组织预算都有益处。在《三重底线》中，Andrew Savitz 和 Karl Weber 认为，从适当的角度看，可持续发展可以成为创新的引擎和识别商业机会的手段。通过关注商业利益和公共利益之间的共同点，组织可以发现新产品、新流程、新市场和新商业模式。

根据特定的业务重点和市场，这方面对每个组织都是独特的。Savitz 和 Weber 提供了“可持续发展的最佳平衡点”实现人、地球和利润三方面益处的成功例子。

- 通用电气公司开发清洁技术的“绿色创想”倡议。成功的产品包括省油的喷气式发动机和机车发动机，以及风力和天然气涡轮机。所有这些产品都卖给了需要减少碳排放和燃料消耗成本的客户。自从“绿色创想”推出以来，通用电气“在研发上投入了 120 亿美元，创造了超过 1600 亿美元的收入”。
- 百事公司收购纯果乐和桂格燕麦，使他们能够在产品组合中引入更健康的零食和饮料。百事公司还减少了能源消耗、废弃物产生和包装，并改善了生产设施和供应链的用水管理。这些举措有益于百事公司的客户和供应商及其经营所在的社区和环境，同时降低其长期成本，提高其财务表现。

简而言之，可持续发展的最佳平衡点提供以新方式来思考“通过做好事来把事情做好”这一非常古老的命题。

重新定义可持续发展的利益相关者

> 可持续发展要求组织的价值由更广泛的利益相关者定义。利益相关者是受组织的社会效应、环境效应和经济效应影响的所有人，即股东、员工、客户、供应商、监管者和当地社区。

可持续发展的人、地球和利润扩展了利益相关者的概念，从与组织有直接经济利益关系的那些人扩展到影响组织的社会和环境价值或受到组织的社会和环境价值影响的那些人。内部或外部利益相关者的个人和组织的范围是比较广泛的。例如，内部利益相关者可以包括员工资源组织、内部部门、高管团队和管理者。外部利益相关者还可以包括媒体、特殊利益集团、工会、顾问或社区组织。

可持续发展还扩展组织与其利益相关者互动的方式。现在，在帮助组织定义和实施从单个项目到更大的企业社会责任战略和目标方面，这些利益相关者发挥着更积极的作用。一个可持续发展的组织会去积极寻求内部和外部利益相关者的意见，以了解利益相关者的期望和顾虑，并从他们的想法和建议中获益。

一个可持续发展的组织还更有可能与外部利益相关者群体形成联盟和伙伴关系，包括非政府组织、社区组织、政府机构和其他公司。这些群体的优势与营利机构的优势形成互补：

- 非营利组织提供“接地气”的社区认识、专业技能、信誉和降低启动成本的能力。
- 政府机构可以利用公共基础架构，制定政策框架，并降低投资风险。

德勤的一份白皮书提供了成功联盟的以下例子：

- 都乐食品公司通过与 11 家当地生产者组织合作，在秘鲁建立了小型有机农场主的可持续供应链。通过这些组织，小型农场主获得了满足都乐质量、数量和成本要求所需的技术援助和认证。
- 汤姆布鞋已经发展为一家价值数百万美元的企业，基于其“买一送一”的商业模式，即在非洲、亚洲和拉丁美洲的消费者每购买一件商品就获赠一双鞋。汤姆布鞋与非营利组织如关怀非洲、联合国儿童基金会和卫生管理科学中心合作，找出确定发展中国家值得帮助的受赠者，分发捐赠，并通过将捐赠与其他来源的产品

“配套”来实现其价值最大化。

重新定义可持续发展底线

在《哈佛商业评论》的文章“创造共享价值”中，Michael Porter 和 Mark Kramer 引入了“共享价值”的概念，以解决被视为相互冲突的价值观——一方面是公司财务目标，另一方面是社会和环境问题。

在传统的盈亏模式中，为了满足社会和生态需求，政府对公司征税和设限，从而降低公司价值。共享价值则提出了双赢方式，“通过满足社会的需求和挑战来为社会创造价值，从而创造经济价值”。（Porter 和 Kramer 在使用“共享价值”一词时将环境问题包含在内。）

他们提供组织实现这一点的三种方式：

- 重新审视产品和市场。首先要问：“我们的产品对客户来说有用吗?”他们的例子包括为满足新兴经济体和其他未得到充分满足的市场的需求而开展的新工作，如为新兴市场的低收入消费者提供移动银行服务的廉价手机。
- 在价值链中重新定义生产力。通过检查价值链中的每个参与者和流程，即减少浪费，最大限度地减少资源使用，确保员工健康和安全，组织既可以降低成本，又可以造福社会。例子包括：
    - 雀巢转向与咖啡种植者建立支持度更高的关系。这虽然在短期内增加成本，但提高了生产力和质量。
    - 强生公司改善员工医疗福利，效果为每花费一美元生产效率就提高 2.71 美元。
- 促进本地集群发展。Porter 和 Kramer 认为，大多数公司的成功有赖于一系列其他组织（相关企业、供应商、学校）和基础架构（道路、通信网络、水和能源供应）的集群。组织建立和增强本地集群并改善在其中运营的组织的条件从而使组织及其社区受益时，就会产生共享价值。

Porter 和 Kramer 将公司共享价值与传统定义的企业社会责任相对比。他们认为，传统的企业社会责任工作往往侧重于声誉，只与核心业务略有关联，因此其投入难以得到合理解释和长期维持。另外，共享价值工作更受到支持，因为它们是“公司盈利能力和竞争地位不可或缺的一部分”。

创建企业社会责任战略

经验表明，如果没有明确的计划，那么再好的初衷也不会转化为行动。企业社会责任战略将组织的目标转化为具体的小目标和举措。利用不同的资源组织可以制定企业社会责任小目标并衡量其成功。

企业社会责任框架和准则

制定和实施企业社会责任战略的最佳出发点，是对国际上已经开展的界定企业社会责任问题和应对措施的工作有一个清晰的认识。一些国际组织已经为创建企业社会责任战略提供了框架、模板和指导。下面我们会简要介绍一些最具影响力、得到广泛接受的框架和准则。

需要注意的是，虽然这些框架和准则可以作为一个很好的起点，但每家公司都必须酌情适当调整，要考虑其特定行业和本地环境特有的需求和指标。因此，在这个阶段，查看其他组织的年度企业社会责任报告或可持续发展报告也一样重要。这些报告表明其他组织如何定制总则和报告准则，以专注于自身特定行业的兴趣领域和自己的战略目标。

经合组织的《跨国企业准则》

经济合作与发展组织（“经合组织”）于 1976 年制定的《跨国企业准则》是与公司治理相关的最早举措之一。《跨国企业准则》衍生于国际劳工组织的公约，是经合组织成员国政府根据其法律向跨国公司提出的建议。《跨国企业准则》的遵守属于自愿性质，不受政府强制执行。

该准则于 2011 年更新，涵盖以下主题：

- 信息披露。
- 人权。
- 劳资关系。
- 环境。
- 打击贿赂、索贿和勒索。
- 消费者利益。

- 科学与技术。
- 竞争。
- 税收。

全球报告倡议组织的《可持续发展报告标准》

全球报告倡议组织的《可持续发展报告标准》是报告组织可持续发展计划结果的公认标准。采用《可持续发展报告标准》可提高向利益相关者报告结果的透明度，使得对组织的可持续发展表现进行有意义和一致的比较成为可能。

组织根据《可持续发展报告标准》报告与特定经济、环境和社会主题相关的结果。每个主题的《可持续发展报告标准》建议该如何衡量和提高绩效。表 13-6 展示了《可持续发展报告标准》中的主题。

表 13-6 《可持续发展报告标准》的主题

经　济	环　境
• 经济效益。 • 市场形象。 • 间接经济影响。 • 采购实践。 • 反腐败。 • 反竞争行为	• 材料。 • 能源。 • 水和废水。 • 生物多样性。 • 排放物。 • 废水及废弃物。 • 环境合规。 • 供应商环境评估
社　会	
• 就业。 • 劳资关系。 • 职业健康与安全。 • 培训与教育。 • 多元化与机会平等。 • 非歧视原则。 • 结社自由和集体谈判。 • 童工。 • 强迫或强制劳动。 • 安全措施	• 土著权利。 • 人权评估。 • 当地社区。 • 社会供应商评估。 • 公共政策。 • 客户健康与安全。 • 营销与标签。 • 客户隐私。 • 社会经济合规

作为企业社会责任团队的成员，人力资源专业人士应熟悉《可持续发展报告标准》在实施和评估可持续发展计划中的运用。

ISO 26000

ISO 26000 是一项质量标准，为社会责任的关键主题提供指导。它包含社会和环境责任的原则，以及行动准则和执行期望。该标准提供可用于制定企业社会责任战略的定义、原则和惯例。

企业社会责任战略流程

制定和实施企业社会责任（或可持续发展）战略的六步流程可用于关注一些独特的企业社会责任战略问题。这些步骤不一定是连续的，有些步骤可能与另一些步骤同时发生。人力资源将在几乎所有步骤中发挥主要支持作用。

步骤 1：管理层承诺

任何战略计划都需要最高层的认同。获得这种认同的关键是为企业社会责任建立商业案例，证明企业社会责任具有商业价值。如前所述，如今，人们越来越认为企业社会责任是与公司经营战略相一致的，甚至在公司经营战略中发挥着基础性作用，因为它提供以下战略优势：

- 提高组织吸引和留住顶尖人才的能力。
- 通过追求可持续发展的最佳平衡点来增强创新和新产品开发能力。
- 降低运营、运输和能源使用的成本。
- 向公众树立遵守道德和遵循可持续发展的组织的形象，以此来提高品牌形象价值。
- 通过改进合规措施来减少制裁。

至关重要的是，要认识到为企业社会责任战略举措制定的任何商业提案都必须针对具体组织的需要和目标。这需要对组织各种职能和地点可能产生的影响进行初步评估。

在“可持续发展的商业维度：麦肯锡全球调查结果”中，麦肯锡和某家管理咨询公司为开展这项任务提供了一个有用的模型。如表 13-7 所示，它将可持续发展“获取价值”的潜能分为三个主要方面：

- 增长。包括“可持续发展的最佳平衡点”产品创新。
- 资本回报率。包括减少碳排放量的工作和“绿色”营销工作带来的销售额提高。
- 风险管理。包括合规问题以及对公司声誉和品牌建设的影响。

表 13-7 可持续发展“获取价值”的三个方面

三个方面	具体描述
增长	业务组合的构成。 创新与新产品。 拓展新客户与新市场
资本回报率	绿色销售和市场营销。 可持续发展价值链。 可持续运营（如减少排放、节约能源、减少浪费、节约用水）
风险管理	运营风险管理。 声誉管理。 监管管理

通过依次检查每个方面对组织的影响，组织就可以就企业社会责任对组织的战略价值建立详细的案例。

步骤 2：评估

评估的目的是提供组织目前的详细情况，并通过在已审查的现有企业社会责任准则、模板和举措的背景下“构建”该情况，并直观呈现该组织的发展方向。

评估有两个组成部分：

- 审查自己组织内的系统和程序，以确定其当前的可持续性状态。
- 收集内部和外部利益相关者的意见。

对其他组织的企业社会责任报告的现有框架、准则和例子的预备性审查应使人们清楚地了解组织内哪些领域需要审查，这是制定全面、针对组织的企业社会责任战略的有用预备步骤。下一步是要将所学到的知识应用于对组织的彻底检查。审查的内容包括：

- 所有当前的企业社会责任制度和流程（对于某些组织来说，这可能只是道德和治理部分；而其他组织可能已经制订了可持续发展计划）。
- 运营、产品和服务、运输和物流、员工关系、市场营销。
- 对于全球性组织，要审查所有子公司，着眼于识别企业社会责任战略需要考虑的地方差异。
- 供应链（组织须对其供应商和供应商的行为负责；供应链也可以是很快带来经济和环境回报的可持续发展措施的来源）。

接下来，应该咨询组织中的所有关键利益相关者，以了解他们如何看待组织目前所处的位置、组织如何与他们的领域或团队互动、他们在变革方面的优先事项。这可以通过面对面访谈、调查或焦点小组等各种沟通渠道来实现。收集到的资料可用于制定整体的企业社会责任战略和制定道德规范等主要组成部分。需要提出的问题包括：

- 内部利益相关者。他们认为组织及其做法、政策和程序目前处于什么位置？他们对自己所在领域的现状有什么感觉？他们希望看到什么变化或改善？他们的优先事项是什么？他们如何认为自己能对组织的可持续发展做法和战略产生积极影响？他们期望自己在企业社会责任中的角色是什么？
- 外部利益相关者。他们对组织当前可持续发展的评估是什么？他们的优先事项是什么？他们如何看待自己的利益和组织的利益在可持续发展问题上的重合或冲突？是否存在结成战略联盟的机会？

虽然与所有利益相关者协商是关键的第一步，但同样重要的是，要认识到在实施、评估和修订企业社会责任战略期间与利益相关者持续沟通的必要性。所有这些沟通都是人力资源部门在企业社会责任战略过程中发挥主导作用的重要机会。

步骤 3：基础架构建设

这一步包括建设负责指导、监督、管理、审查和倡导企业社会责任战略的基础架构。需要回答的问题包括：

- 企业社会责任是否会只有一个负责人？
- 是否会设立一个独立的可持续发展部门？
- 人力资源部门是否会成为战略实施的先锋？
- 对于一家全球公司来说，是否会有负责当地工作的当地部门、分部或个人，以及如何将这些工作与全球目标和计划协调起来？
- 数据将如何收集，将交给谁，由谁来评估结果？
- 是否需要引入外部咨询机构或个人来组织和管理这项工作？

也可能需要为总体战略的单项举措和组成部分做出类似的决定。例如，是否会有单独的委员会在制定行为准则时带头？

人力资源部门在战略和地理方面的定位是促进企业社会责任在整个组织（全球和当地）的参与。英国特许人事发展协会指出人力资源部门应参与实施企业社会责任战略的两个原因：

- 人力资源部门的参与有助于确保组织的政策转化为行动，而不被视为“公关或肤浅的‘装模作样’”。

- 从人力资源的角度来看，参与企业社会责任政策使人力资源职能在组织内达到更高、战略性更强的层次。

具体来说，为了支持企业社会责任战略的实施，人力资源部门可以：

- 通过招聘、教育和供应链管理，帮助组织实现符合道德的管理和建立有道德的员工队伍。
- 将组织与所在社区联系起来。人力资源部门可以利用其国际人脉和当地人脉来寻找社会参与的机会，建立伙伴关系。它可以推进志愿者机会，将员工专长跟社区需求相匹配，以此来推动员工参与社区活动。
- 检查违规行为对组织的重要性（激励与处罚的合规计划措施、补救措施、评估/风险评测）。如果不能纠正组织道德基础建设中的缺陷，那么几乎肯定会有更多问题出现。

确保员工和供应商理解道德要求，并在努力遵循公司的准则时得到支持。通过与管理层、员工和供应商的定期沟通，人力资源部门可以提请人们注意组织的企业社会责任政策，并确保将这三个群体都纳入其制订的培训计划中。

步骤 4：计划实施

这一步的主要任务是：

- 制定战略。
- 设定优先事项和目标。这里应该阐明过渡性、战术步骤将如何促进长期目标的实现。他们还应该清楚地定义要如何衡量结果以及谁应为此负责。
- 执行所制订的行动计划。

SHRM 基金会建议设置人力资源责任、目标、优先事项和指标的计分卡，以及实现每个目标的商业价值的清晰表述。表 13-8 显示了他们提供的可持续发展计分卡样本。

表 13-8　可持续发展计分卡样本

人力资源管理的角色	人力资源管理的目标	人力资源管理的指标	商业价值
价值观和道德观	员工理解并遵循公司的价值观	接受过价值观和道德培训员工的百分比	减少员工不道德行为造成的风险；提高公司声誉和信任度
		在调查中表示支持公司价值观的员工的百分比	

（续表）

人力资源管理的角色	人力资源管理的目标	人力资源管理的指标	商业价值
招聘	招聘要以多元化原则为基础	按性别和少数群体招聘的雇员的百分比	改进了业务结果，增强了创新，提高了客户满意度
报酬	报酬是由男女机会平等驱动的	男女基本工资比率	人员流动导致的人力资源成本降低，积极性和信任度提高
	薪酬与可持续性表现挂钩	在年度工作计划中有可持续发展目标的员工的数量	可持续业务战略的执行改善
福祉	员工适合贡献出他们的最大能力	参与企业福祉计划的员工的百分比	企业健康成本降低，缺勤率降低，生产力提高
		福祉（健康、压力、饮食等）改善的员工的百分比	
发展	不同的员工都有晋升的机会	女性担任管理职位的百分比	改进了业务结果，增强了创新，提高了客户满意度
		少数群体担任管理职位的百分比	
敬业度	员工理解可持续发展战略和原则，并据此行事	接受过可持续发展培训的员工的百分比	改善可持续经营战略的执行
	员工加强企业社区关系	员工志愿者的百分比	员工敬业度，声誉效益，加强社区关系
	员工为改善环境影响做出贡献	参与“绿色”活动的员工的百分比	减少能源成本和材料成本

实施合规计划

发展良好治理的关键是为行为制定组织标准，向整个组织上下传达原则和标准，并培训管理者和员工如何将这些标准应用于与工作有关的常见情况中。其基础就是行为准则。反过来，合规计划积极主动地确保组织的所有成员理解并遵守准则，并将准则用于解决出现的新情况和问题（当然，新情况和问题必然会出现）。

合规计划的关键组成部分

要做到积极主动，合规计划必须：

- 公司文化的支持，有支持其文化价值观和目标的明确渠道和程序（公司文化鼓励员工就合规和道德问题寻求建议，并举报违规行为）。

- 有不仅提供行为准则而且提供决策指导的全面教育环节。
- 有确保其有效性的持续监控、审计和评估环节。

除了高管的积极支持和参与，还需要领导者去负责合规计划的各个方面，可能还需要负责合规计划的合规官员和/或监督委员会，该委员会拥有对任何不合规问题采取行动所需的权力和资源。监督结构的细节最好在企业社会责任战略制定的基础架构建设阶段确定下来。

人力资源部门直接参与了行为准则的制定，因此也会负责合规计划的各个方面（培训和教育、评估等）。人力资源部门还直接负责项目成功的必要条件，如招聘中（特别是对管理、财务和合同等敏感职位）的尽职调查。

员工必须知道在哪里可以找到关于如何应对合规和道德困境的信息和指导，合规和道德行为必须包括在绩效评估中。关键是让员工知道遇到道德/合规问题时去哪里寻求建议，并可以毫无畏惧地寻求建议。

与所有教育一样，合规培训必须让接受培训的员工积极参与。它远不止是对规章制度的演练。最有效的培训应该呈现出具有挑战性的道德情况，并允许员工一起分析他们的即时反应。也就是说，合规培训应该基于价值观，而不是基于规则。

该计划必须确保对违规行为的反应是适当的、一致的（且完全基于对违规行为的充分、公正、全面的调查），而且这种反应既保护组织的责任又保护个人的权利。（没有人愿意为有可能“把自己推到车底下”的组织工作。）

它必须有制度既能处理不道德或有害的行为，又能防止此类行为再次发生。相关预防措施可能包括纪律处分，但也可能涉及合规计划或行为准则的变更。例如，某项准则可能没有得到明确传达或充分强调。在这种情况下，预防措施可能包括准则措辞或表述方面的额外培训或修订。

预防措施还必须包括持续合规风险评估措施和合规计划评估（包括年度绩效比较和行业对标）。

一个组织应该有明确的检举程序、制度和政策，使组织内的个人能够唤起对他们发觉的组织中任何层面的有害、浪费或不道德行为。

通常情况下，必须达到一种平衡。一方面，员工必须感觉到，他们有明确、保密（仅限需要知道的人知道）的方法来报告他们认为不当的行为，而不必担心遭到报复。另一方面，他们必须感到有有效的制度可供及时、公正、公平地调查这类报告——他们不必害怕有人出于个人动机恶意指控。

这些问题往往直接涉及人力资源（这取决于组织结构），对组织履行其企业社会责任价值观的能力尤为重要。

关键是，所有利益相关者要都相信组织是有道德的，并愿意采取必要的行动来践行其原则。

Kenneth Johnson 区分了两种评估计划的方法，这两种方法都是必要的。

- 合规计划的流程评估监控组成部分和输出情况。其目的是监控哪些计划活动得到实际实施以及它们的输出情况如何。它会提出以下问题：
  - 有哪些培训课程？
  - 多久举行一次？
  - 多少人参加？
  - 他们记住了哪些知识？
  - 他们对课程的满意度如何？
- 结果评估旨在确定计划所取得的实际结果。它会提出以下问题：
  - 不当行为是否减少了？
  - 不当行为的风险是否降低了？
  - 员工和代理人在工作中发现合规问题了吗？
  - 决策时参照标准、程序和期望的频率是多少？
  - 员工和代理人寻求建议的意愿有多大？
  - 员工和代理人报告其关切的意愿有多大？
  - 那些对管理层的应对表示担忧的人的满意度如何？
  - 员工对组织的投入度如何？
  - 利益相关者对组织的满意度如何？
  - 组织的文化是否提倡道德行为、阻止不当行为？

通过结合这两种方法，组织可以清楚地了解计划的哪些元素在起作用，因此可以根据需要调整个别元素，以达到最佳结果。

步骤 5：衡量、报告和评估

以《可持续发展报告标准》为基础，组织要确保所有目标都有相应的指标，并具备完整的报告和评估基础架构。（也就是说，组织中的每个人都应该知道提供数据的内容、时间和方式，负责分析和报告数据的人也应该有明确的议程、时间表和一套程序。）

所有的衡量和评估都应与步骤 4 中设定的具体目的和目标相匹配。为了维护企业社会责任战略的商业案例，组织还应该有明确的程序，为市场营销和其他部门提供获取结果的渠道，以便这些部门能利用这些数据获利。

步骤 6：重新评估和修订

根据对结果的评估，组织应该修订战术和战略目标，而且有必要继续考虑可持续发展成熟度曲线，同时要不断重新评估组织在曲线上的位置，并考虑下一步采取哪些措施进一步提升组织在曲线上的位置。

这一步骤的关键是建立基础架构和流程，使整个组织清楚地了解所取得的进展、所取得的胜利以及需要采取的下一步行动。

企业社会责任中的慈善事业与志愿服务

道德行为可能始于“不伤他人”的指示，但有道德还涉及努力去做积极的好事。在传统的企业社会责任中，道德因素往往与公司的核心战略相去甚远。然而，慈善工作和员工志愿服务可以完全嵌入全面的企业社会责任战略，同时成为关键人力资源举措。它们可以被整合到从招聘到聘用的所有人力资源实践中，还可以成为领导者和员工工作与生活中更明显和完整的一部分。

慈善事业

公司慈善事业可以有多种形式，而这些形式都可以契合企业社会责任和商业战略。

- 组织可以只是向现有的慈善事业捐赠。社会和环境慈善组织的范围很大，因此组织可以相对容易地选出符合其战略目标的事业。
- 规模较大的组织可能成立向个人或组织提供拨款或赞助的基金会。例如，《福布斯》列出由公司颁发的十大高校奖学金项目，其中许多奖学金的定位非常明确。别克通过通用汽车基金会为计划进入汽车领域的工程、设计和商科专业的学生提供奖学金；电子公司西门子为数学、科学和技术专业的学生提供奖学金；肯德基向有创业倾向的学生颁发奖学金。
- 公司可以与非营利组织建立战略伙伴关系。例如，环保组织“大自然保护协会”已经与世界各地的公司结成战略联盟；每个联盟专注于一个或多个具体的环境改造项目。总部位于澳大利亚的资源公司必和必拓公司与大自然保护协会合作开展“马尔图活沙漠项目”，帮助澳大利亚的马尔图部落可持续地管理地球上最大的干旱生态系统之一，并帮助保护智利南部海岸线上的热带雨林瓦尔迪维亚沿海保护区。

- 一家组织可以通过创建和管理自己的实体来管理和提供社区、社会或环境服务。作为提高计算机科学领域多元化企业社会责任战略工作的一部分，谷歌创建并管理了一个叫“码农制造”的计划。该计划与其他组织合作，并通过 Code.org、“女性码农”、NCWIT 和“黑人女性码农”等组织开展工作，提供旨在让女孩参与计算机科学的入门编程项目。

员工志愿者服务

与慈善捐赠一样，员工直接参与志愿者活动可以带来相当大的战略效益。在这种情况下，组织应当提高员工在工作中的敬业度和积极性，并增强他们的团队合作能力、领导能力和人际交往能力，因为这会带来额外的好处。

在“人力资源管理在企业社会和环境可持续发展中的作用”中，SHRM 基金会确定了志愿者自身和他们所效力的组织获得的四类益处：

- 个人益处，包括员工获得的认可和技能。
- 团队益处，包括团队合作能力和员工获得的友情。
- 组织益处，包括公司文化的加强。
- 商业益处，包括公司声誉的提高和品牌形象的加强。

SHRM 基金会的文件还描述组织参与员工志愿服务的各种情况，包括从没有组织支持的个人员工努力，到由组织支持、赞助或计划的努力，乃至完全融入组织的公司战略的努力。

全球与当地的慈善事业/志愿服务

与组织战略的其他领域一样，全球组织必须确定它们是否将在战略慈善事业和志愿者服务方面采用全球整合的方法（基于一致性、标准化和共同的公司文化）或本地响应方法（适应本地市场的需求，并允许子公司开发独特的结构和制度）。表 13-9 列出了每种方法提供的一些关键优势。

表 13-9　全球整合和当地响应计划的优势

全球整合计划的优势	当地响应计划的优势
更少的关系和指定人员意味着更低的运营成本。 单一的关注点为更多的分享式学习提供机会。 与单一业务的主导关系可以强化组织的品牌，减少组织利用该业务的现象。 当地管理者最喜欢的项目不太可能被挑选出来而获得支持。 单一的关注点可能放大捐赠的效果。 组织与多种、鲜为人知的事业相联系产生的风险降低	当地管理者能更好地判断当地利益相关者的需求。 当地利益相关者（包括政府和消费者）可能受到当地慈善事业的影响。 组织可以创造每个国家最需要的影响力。 竞争对手不太可能复制组织的努力。 拥有多个非营利合作伙伴可以减少捐助疲劳。 风险分散在非营利合作伙伴身上

第 14 章　为什么中国考生不需要参加美国相关就业法律与法规考试

美国相关就业法律与法规涉及美国所有与就业有关法律法规的知识和应用。这些规定为每个人力资源技能知识领域和整个组织设置参数和限制。

此技能知识领域仅适用于在美国境内考试的考生，美国以外的考生不参加美国相关就业法律与法规考试。因此，为了集中将在中国考试中心考试的中国考生的精力，本章不涉及具体的学习内容。

在中国的考试中心，SHRM 认证考试的试题将用工作场所其他的三个技能知识领域的附加试题代替美国相关就业法律与法规的试题。